零碳建筑
机电系统
设计导则

中国建筑设计研究院有限公司 编 著

赵 锂 潘云钢 李俊民 张 青 祝秀娟 赵 昕 主编

中国建筑工业出版社

图书在版编目（CIP）数据

零碳建筑机电系统设计导则/中国建筑设计研究院
有限公司编著；赵锂等主编. —北京：中国建筑工业
出版社，2023.10
ISBN 978-7-112-29133-5

Ⅰ.①零… Ⅱ.①中… ②赵… Ⅲ.①生态建筑-机
电系统-系统设计 Ⅳ.①TU201.5

中国国家版本馆CIP数据核字（2023）第172200号

责任编辑：于　莉
责任校对：芦欣甜

零碳建筑机电系统设计导则
中国建筑设计研究院有限公司　编　著
赵　锂　潘云钢　李俊民　张　青　祝秀娟　赵　昕　主　编
＊
中国建筑工业出版社出版、发行（北京海淀三里河路9号）
各地新华书店、建筑书店经销
北京锋尚制版有限公司制版
天津图文方嘉印刷有限公司印刷
＊
开本：787毫米×1092毫米　1/16　印张：21¼　字数：514千字
2023年10月第一版　　2023年10月第一次印刷
定价：**198.00**元
ISBN 978-7-112-29133-5
　（41759）

《零碳建筑机电系统设计导则》
编制组名单

主　　　编	赵　锂　潘云钢　李俊民　张　青　祝秀娟　赵　昕

副　主　编	郭汝艳　王耀堂　曹　磊　徐稳龙　李京沙　胡建丽
	夏树威　匡　杰　申　静　刘永旺　王　睿

参 编 人 员

给水排水专业	李建业　吴连荣　朱跃云　尹文超　林建德　梁　岩
	王　晔　安　岩　石小飞　李茂林　赵德天　卢兴超
	檀　旭　刘　海　杨巧云　杜　江　郝　洁　沈　晨
	张艺馨

暖通空调专业	张祎琦　王陈栋　林　波　张　昕　李　莹　伊文婷
	吴中洋　曹　颖　王　峥　高　伟　吕海越

电 气 专 业	李维时　熊小俊　许士骅　袁天驰　王　昀　史　敏
	杨　媚　王　昊　肖　彦　高学文　张　辉　于　征

示 范 工 程	裴　俊　刘洞阳　肖　彦　汪春华　姚登科　周　岩

序一

在国家"双碳"目标的指引下如今"零碳",亦或"净零碳"的话题热了起来。我虽然十分赞赏这种积极的响应态度,但也深知做到零碳还真不容易。盖房子要用许多建筑材料,每一样材料的生产、加工过程都要用到能源,用到电,谁能保证这能这电是来自无碳的清洁能源?盖房子要用许多工具、机械和劳务,哪一样也离不开电、油和人力保障,都要用能。盖房子还一定用到大量的机电设备,这些设备的生产要用能,使用也要用电,光伏的电量不够还是要用碳电托底。如果听真话,这样一点点、一层层追算下去,怎么可能算出"零"呢?当然流行的另一个概念说用碳汇买,用碳多的地方向用碳低的地方买配额,买来的配额刚好达到消耗的碳就中和了,就归"零"了,这听起来是个交易,对人类社会的碳排总量来说并没有减,只是一次碳指标的移动,从左口袋移到右口袋,从全生态来看没什么实际意义。还有另一种比较积极的方法就是用种树种庄稼种绿植来抵偿,因为植物在生长过程中要吸收二氧化碳,即固碳,所以盖一座房子便种一片树林也许是个可以中和的抵偿机制,但实际操作上因空间分布,管理机制等问题,也很难操作和核算。因此,真让建筑零碳绝不像说说概念那样容易。

当然,虽做不到零碳,并不意味着就什么都不做,让建筑就这么把碳继续铺张地消耗下去,设计师也不能这么随性地逃避应该承担的责任。于是这些年建筑设计行业还是积极行动起来开展绿色建筑的设计与研究,已然蔚然成风。中国建筑设计研究院有限公司的许多专家在赵锂大师的领衔主持下编写了《零碳建筑机电系统设计导则》,是继2021年中国建设科技集团推出的《绿色建筑设计导则》之后的又一升级版,相信一定包含了各位在一线工作的工程师们的智慧和良苦用心,也一定会提升我们院绿色低碳建筑设计的水平,甚至对国内行业中的兄弟单位同仁也有所影响和帮助,我十分愿意谈几点粗浅的认识和期待。

在绿色建筑设计中我们特别关注因地制宜,建筑处于什么气候区?这个气候区不同季节有什么特点?建筑空间的特点与气候变化如何适应或偶合?机电系统应该如何应对?我想这是设计的基本问题,各位工程师一定要很清楚才能做好设计和正确的判断。

在绿色建筑设计中我们特别关注半户外空间,即"灰"空间,它有时在前廊下,有时在架空层,有时在平台处,有时还是可变的,适宜的温湿度时就开敞,从室内变为室外,有时过冷、过热或过湿时就要关闭,变为室内,这样的空间机电怎么设计?以往外廊外平台都是一般休闲区,而现在是否可以作为办公区?会议区?用什么方法可以保证它功能的实现?绿色设计要求机电工程师们把眼睛从室内延伸到室外。

在绿色建筑设计中我们强调内部功能按性能分区,高性能的要保证,一般性能的要可调,低性能的作缓冲。机电设计自然要按不同的标准来做设计,不能简单化、粗放化,另外机房选在哪儿?管线走在哪儿?也要用这种分区思维来布局,当然也要提醒建筑师如何调整布局让机电系统更集约、更有效。

在绿色建筑设计中我们会尽量减少装饰吊顶,不仅为了节材,也为了空间的高度,另外也方便了设备的维护和调整。这就要求机电管线布局合理、空间紧凑、安装美观、末端设备精制，符合室内空间的要求，这就要求建筑师、机电工程师和室内设计师精心合作，耐心配合，有一种展现机电美的愿望和决心。

在绿色建筑设计中我们会尽量保留既有的结构和有特色的空间界面，不仅是为了留下时间的痕迹，更是为了减少建筑垃圾排放，保护环境。当然这其中需要全部更新的是机电系统，旧的设备旧的管线都会拆除进行循环利用。但是在既有建筑改造设计中，如何巧妙地区分新旧界面？如何高效地利用新空间和如何让旧空间成为气候缓冲区？也是节能减碳的设计思路，虽然这里更多的是建筑师的工作，调整和调度好新旧空间，但机电系统也要利用好这些留出的缓冲空间走管线、藏设备，在照明上也要分区处理，哪亮哪暗，要精心设计，把旧部件照成新空间的陈列品，成为视觉的焦点。其实在既有建筑改造中，机电、室内设计要齐头并进，在建筑师的统筹下，用最少的钱产生最好的效果，关键在一个"巧"字。

在绿色建筑设计中我们追求智慧化和人机互动，达到运维管理信息、设备用能信息、空间品质信息和行为引导信息的可视化，营造一种使用者可以参与的绿色节能的运维场景。这就要求原本自动化或智能化的机电控制系统末端从物业中心扩大到楼宇各空间，让建筑"透视"化，让使用者都有互动权，让参访者都有知情权，让绿色建筑显示出其科技性和开放性。

说了这么多对绿色建筑的设想和对机电专业的期待，最后也提一件"小"事情说说我们建筑师自己。这几年夏季气温不断升高，我们这座绿色办公楼总体上还算不错，中庭的微风、遮阴的平台、西侧的遮阴陶板都为大家提供了良好的办公环境，但是就是有一部分用空调也凉不下来，也包括我那间不大的办公室。物业团队认真查找问题和分析原因，发现是空调室外机安装位置太窄，风吹不出去。我一看现场，也发现不仅预留的位置空间窄，其中还多了一道没用的墙，不仅使空间更窄，还更封闭，这让我深深感到，建筑师如果不注意设备的需求，不让机电设备"舒服"了，那建筑也就舒服不了！

因此，用心设计不仅为了某一方面的合理性，更要关注方方面面的适宜性，只有建筑、结构、机电都好了，建筑才能好、才能绿，虽然难以零碳，但向低碳迈进是必须的！不对之处，敬请各位专家指正。

中国工程院院士
全国工程勘察设计大师
中国建设科技集团首席科学家
中国建筑设计研究院有限公司总建筑师

崔愷

序二

实现碳达峰、碳中和，是以习近平同志为核心的党中央经过深思熟虑作出的重大战略决策，事关中华民族永续发展和构建人类命运共同体。中国正在朝"3060"的"双碳"目标稳步迈进。据联合国统计，全球人口在2060年有望达到100亿，要容纳这些人口，现有建筑存量将翻倍，面对大规模建筑需求，建筑行业碳减排至关重要。

2022年3月住房和城乡建设部发布的《"十四五"建筑节能与绿色建筑发展规划》，要求到2025年完成既有建筑节能改造面积3.5亿平方米以上，建设超低能耗、近零能耗建筑0.5亿平方米以上，给建筑行业提出了明确要求。建筑设计是行业减碳的源头，是决定建筑选材和建筑运行能否达到"双碳"目标的前置条件，通过规划设计的建筑造型与空间构建、建筑选材、结构选型、设备选配和运行调试等，可以从源头开展以低碳为导向的优化设计。我国正处于城镇化高速增长阶段，设计行业有着较为广阔的发展空间，但仍缺乏在建筑设计阶段对建筑全生命周期减碳的顶层设计。建筑机电系统涵盖给水排水系统、暖通空调系统、建筑电气系统，这些系统是建筑碳排放的重要组成部分，其设计、建造和运维各环节直接影响建筑全生命周期碳排放总量。

中国建筑设计研究院有限公司（以下简称"中国院"）以国家科技发展战略为导向，支撑国家重大战略，助力建筑领域达成"双碳"目标。"中国院"设立了科技创新重大项目及课题，成立了由"中国院"班子成员"揭榜挂帅"担任负责人和多部门多专业联合的重大项目攻关团队。《零碳建筑机电系统设计导则》（以下简称《导则》）是赵锂大师领衔的专家团队进行院重大课题攻关的主要成果。《导则》内容涵盖系统构建、技术优选、参数优化、运行维护要求等全系统、多要素的建筑机电系统低碳与零碳设计方法，将有力支撑"双碳"背景下新建建筑的低碳设计及既有建筑的低碳改造工作。

随着《导则》的出版，零碳建筑设计模式将进一步推广，助力建筑领域达成"双碳"目标。"中国院"将继续坚持科技创新和制度创新双轮驱动，加强科技创新激励保障机制建设，筑牢绿色高质量发展思想，推动行业高质量发展！

中国建筑设计研究院有限公司党委书记
中国建筑设计研究院有限公司董事长　　宋源
中国建筑设计研究院有限公司总建筑师

前言

推进碳达峰碳中和（简称"双碳"）是党中央经过深思熟虑作出的重大战略决策，是我们对国际社会的庄严承诺，也是推动高质量发展的内在要求。建筑承载着为人民提供美好生活环境和公共服务的功能，同时建筑行业也是碳排放的重要领域之一。我国建筑行业广义碳排放量约占全社会总量40%，其中建筑在运行阶段的碳排放约占全社会总量的22%。建筑行业的碳减排工作是国家碳达峰碳中和的重要组成部分。建筑的机电系统运行，如何在满足使用者的使用要求，同时满足建筑功能的条件下，通过被动式建筑设计降低建筑供暖、空调、照明需求，通过主动技术措施提高能源设备与机电系统效率，充分利用建筑本体可再生能源、蓄能与碳汇，使建筑在使用周期内的减碳量大于或等于建筑建造、运行、拆除过程中全部碳排放量是我们的技术追求。

建筑设计是建筑行业减碳的源头，设计贯穿建筑全产业链，对建筑最终的减碳效果起决定性作用。建筑设计是决定建筑选材和建筑运行能否达到"双碳"目标的前置条件，同时设计作为建筑工程从投资到产品的前端环节，将起到统筹引领的关键作用。建筑机电系统低碳与零碳设计与建筑减碳效果关系直接。建筑给水排水系统、暖通空调系统、建筑电气系统，是建筑运行阶段碳排放的重要组成，其设计、建造和运行与维护各环节直接影响建筑全生命周期碳排放总量。目前，建筑领域的低碳及零碳技术还处于快速发展阶段，新理念、新技术、新产品不断涌现，也急需一些辅助工具帮助设计师科学决策。我国处于快速城镇化阶段，如何让大量的新建建筑及海量的既有建筑走向低碳化，是建筑设计的重大低碳命题！

本书是中国建筑设计研究院有限公司的重大课题"零碳建筑机电系统设计方法与研究"的主要成果。该课题围绕建筑给水排水、暖通空调、建筑电气的建筑机电系统范畴，按照"现状系统调研—关键问题识别—低碳与零碳设计优化—方法体系构建"的技术路线，进行了典型建筑机电系统调研与"双碳"关键问题识别，研究建筑机电系统碳核算边界和核算方法，开展"双碳"背景下的建筑机电系统关键设计要点优化研究，构建涵盖系统构建、技术优选、参数优化、运行维护要求等全系统、多要素的建筑机电系统低碳与零碳设计方法，打造具有前瞻性、引领性的建筑机电低碳与零碳设计体系，支撑"双碳"背景下新建建筑低碳设计及既有建筑的低碳改造工作。

本书提出控制建设、控制用材、控制用能、控制碳排的建筑零碳设计策略，"零碳建筑机电系统"的核心是建筑机电系统性能化设计，通过机电系统构建、技术优先、参数优化的系统设计，以达到系统适配、能效适合、能源适应的成效。

在零碳建筑水系统中，提出通过能源结构转化，以逐渐取消直接碳排放能源应用，降低间接碳排放能源应用强度，提高可再生能源利用率，提高水系统特别是生活热水系统的电气化率；提出系统优化设计，以系统轻量化设计，多要素参数确定，高能效设备选型，全生命周期选材；同时给出一些先进技术的应用，如多恒压变流量技术与全变频控制技术、可再生能源耦合梯级应用技术、模块化户内中水回用技术、全系统智能化监管技术等。

在零碳暖通空调系统中，提出系统设计应秉承降低用能需求、提高用能效率、加强系统控制与调适来降低能源消耗；通过终端用能电气化替代减少建筑直接碳排放；提出暖通空调系统制冷剂优选自然工质，减少非二氧化碳温室气体排放；采用模拟分析方法进行设计方案优化优选，通过精细化设计和性能化设计实现最终设计目标。

在零碳建筑电气系统中，提出优化耗能源头用电负荷，调控供配电线路及运行能耗，实现综合用能最优化；调整能源结构，通过分布式能源与市政电网、储能装置的结合，实现建筑电气用能零碳化目标；建立以供电侧与负荷侧的零碳建筑电气用电能零碳化导向。

本书的出版，将助力我国城乡建设领域碳达峰的实施，为城乡建设方式全面实现绿色低碳转型提供技术支撑。

由于编著者水平有限，书中可能存在错误与不足，敬请读者给予批评指正。

全国工程勘察设计大师

中国建设科技集团首席专家　　赵锂

中国建筑设计研究院有限公司总工程师

目录

第 1 章

零碳建筑机电系统
实施路径

1.1

零碳建筑

2020年9月22日，习近平主席在第75届联合国大会一般性辩论上宣布中国二氧化碳排放力争于2030年前达到峰值，努力争取2060年前实现碳中和。实现碳达峰、碳中和，是以习近平同志为核心的党中央统筹国内国际两个大局作出的重大战略决策，是着力解决资源环境约束突出问题、实现中华民族永续发展的必然选择，是构建人类命运共同体的庄严承诺。2021年10月，《中共中央 国务院关于完整准确全面贯彻新发展理念做好碳达峰碳中和工作的意见》明确了碳达峰碳中和工作重点任务，提出要"提升城乡建设绿色低碳发展质量、加强绿色低碳重大科技攻关和推广应用"，对建筑领域减碳发展提出了明确要求。根据IEA数据2020年我国年碳排放总量约为105亿t，其中建筑领域总碳排放约为23.5亿t，占我国碳排放总量的22%，占全球碳排放总量的5%左右。建筑部门碳排放在社会整体碳排放中占比较大，以建材碳排放为主的建筑隐含碳排放和以运行能源消耗为主的建筑运行碳排放是建筑全寿命周期碳排放的主要组成部分。开展零碳建筑的研究和实践有助于加速建筑部门深入推进碳减排，在建材碳排放和运行碳排放两方面发力，促进建筑从运行阶段零碳排放到全寿命周期零碳排放，进而推动实现个体到整体的建筑零碳排放目标。

各国对零碳建筑的定义有相同之处，但也有差异。加拿大对零碳建筑的定义为：在建筑现场生产的可再生能源和应用的高质量碳补偿措施能够完全抵消建筑材料和运营相关年度碳排放的高效节能建筑。英国对零碳建筑的定义为：在一个年度内，满足建筑内供暖、空调、通风、照明、热水等所有电器、设备使用的能源碳排放为零的建筑。我国目前尚未有零碳建筑的正式定义，但从上述对比可以发现，建筑碳排放计算范围的差异、进行碳抵消前建筑的性能是各国标准对零碳建筑定义的主要分歧点。

世界绿色建筑委员会提出的零碳建筑又称净零碳建筑（Zero Carbon Buildings，ZCB）。从定性上讲，零碳建筑是适应气候特征与场地条件，在满足室内环境参数的基础上，通过被动式建筑设计降低建筑供暖、空调、照明需求，通过主动技术措施提高能源设备与系统效率，充分利用建筑本体可再生能源、蓄能与碳汇，使建筑使用周期内减碳量大于或等于建筑建造、运行、拆除过程中全部碳排放量的建筑。

本书中的零碳建筑，是聚焦于单位建筑运行周期（通常以年为单位），以降低建筑运行实现零碳排放为目标的整体建筑设计策略，涵盖建筑、结构、景观、给水排水、暖通空调、电气等专业。

1.2

零碳建筑机电系统

建筑机电系统是建筑的核心要素，在建筑运行阶段，建筑机电系统服务于建筑功能运转，势必会产生碳排放，因此运行阶段的建筑机电系统无法独立实现零碳排放。零碳建筑机电系统是服务于零碳建筑目标实现的机电系统，而非零碳"建筑机电系统"，它是一种基于零碳建筑总体目标下的建筑机电系统的优化形式。

1.3

零碳建筑机电系统实施路径

零碳建筑机电系统，主要是通过能源选择、系统优选、参数优化、效率提升等方式，尽可能降低运行能耗，提高能源利用效率，拓展可再生能源利用范围，通过多种方式实现建筑机电系统单位运行周期碳排放为零。零碳建筑机电系统实施路径如图1.3-1所示。

1.3.1

零碳建筑水系统实施路径

围绕零碳建筑水系统的实施路径，首先展开建筑水系统的用能、设计、用材、运营现状调研，进行建筑水系统设计工况、运行工况的效能分析，识别能源类别系统设计、设备选型、管材选择、运行维护等方面与零碳建筑水系统的主要差距，解决生活热水化石能源占比高、水系统运行能耗大、用材选择无规律等关键问题。

基于零碳建筑水系统关键问题，结合不同类型零碳建筑的设计要点，从建筑给水系统、建筑

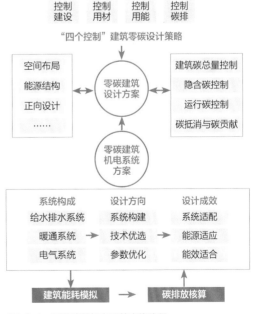

图1.3-1　零碳建筑机电系统实施路径

热水系统、建筑排水系统、建筑消防系统、建筑水处理及非传统水源利用系统、建筑循环冷却水系统、建筑水系统智慧监管等方面展开设计方法优化研究。以系统匹配、能效标准、设备及管材

为重点，梳理建筑水系统的轻量化设置原则；统筹项目用地红线为物理边界、全生命期为时间边界，从能源类型、参数确定、系统优化、设备选型、管材选用等方面，构建整体优化的建筑水系统优化计法；明确生活热水能源结构转化方式；提出以消防时保证灭火设施的安全可靠，平时运行系统合理经济的消防系统设计理念；形成以低碳运行的智慧化监管措施的目标及措施。

建筑水系统在满足使用安全、需求、舒适的前提下，通过系统设计优化、能源结构优化、先进技术应用等方式达到节水节能的目标。通过生活热水逐渐取消直接碳排放能源应用，降低间接碳排放能源应用强度，提高可再生能源、废热余热利用率，提高智能化率等方式实现能源结构转化；以性能化设计为目标，从节能提效的系统优化、多因素多工况校核设备参数及选型、从全生命期的角度选材等方面进行设计方案优化优选，形成兼顾高品质、高安全的零碳建筑水系统设计方法体系。

1.3.2
零碳暖通空调系统实施路径

暖通空调系统实现零碳的关键在于用能总量和强度"双控"。一方面，需要降低用能需求、提高建筑围护结构性能，提升设备用能效率；另一方面，应加强可再生能源利用、降低电力碳排放因子即电网清洁化。暖通空调系统相对复杂，从冷热源、输配系统、末端形式、运行策略均有多种可选方案，同时影响因素众多，很难直接判断选取方案的优劣，因此需要在设定目标下，采用技术经济论证方法进行方案优选。

暖通空调系统的冷热源种类多样，既有传统的电制冷冷水机组、燃气锅炉、市政热力，又有

与气候条件及地质资源直接相关的蒸发冷却、浅层土壤源热泵、中深层地热能等多种形式；暖通空调的输配系统包括风系统、水系统、冷媒系统等，简单来说风系统有变风量系统和定风量系统，水系统同样有定流量系统和变流量系统，而每种系统与末端形式及控制系统息息相关。建筑性能决定了暖通空调系统的"量"，控制与调适决定了暖通空调系统的"质"，只有"量"和"质"协调统一，暖通空调系统才能达到用能节省、系统高效、环境舒适。

暖通空调系统设计应秉承合理降低用能需求、提高用能效率、加强自动控制、注重系统调适来降低能源消耗；通过终端用能电气化替代、伴随电力脱碳进程减少建筑直接碳排放；暖通空调系统制冷剂优选自然工质，减少非二氧化碳温室气体排放。借助模拟分析方法进行设计方案寻优设计，通过精细化设计以及基于目标分解的性能化设计，最终实现设计目标。

1.3.3
零碳建筑电气系统实施路径

首先，实现建筑内耗能源头的用电负荷的供配电和负荷运行把控，使其综合用能最优化。在电气机房选择上首先以减少线路损耗和电压降为导向，优化其合理的位置；在线路供配电敷设路径上，尽量采用较高等级的电压，以增加供电能力；在用电设备的选型上首先考虑选择能效等级较高的用电设备，再对其运行时间、运行策略进行运行优化控制，如高效制冷运行系统、智慧能源监测及运行调控、人工照明有效利用等，以提高单位用能效率。

其次，调整能源结构，通过分布式能源与市政电网、储能装置的结合，构建零碳建筑电气用能零碳化的目标。在电气能源的使用上，以合理

预测设计用电指标来最大化布置分布式光伏和分布式风能为目标，配置储能装置，通过分布式电源与储能装置协同和实现建筑内用电设备碳排放的零碳化；并通过与市政电网的并网运行，运用用电负荷柔性调节技术，使供电负荷连续性得到有效的保障。最终，建立以供电侧与负荷侧的零碳建筑电气用能零碳化导向，如图1.3-2所示。

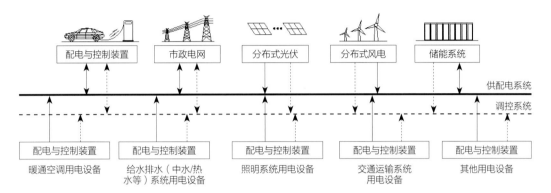

图1.3-2　建筑电气用能零碳化系统导向示意图

第 **2** 章

零碳建筑机电系统
碳核算方法

2.1

机电系统设计阶段碳排放核算边界

国内外针对建筑碳排放的范围定义有广义和狭义两种，广义定义包含建材生产、建造、运行、拆除等全过程排放，狭义定义仅包括运行阶段供暖、空调、生活热水、照明等用电设备耗能产生的碳排放量。

工业、交通、建筑三大领域终端用能部门推动着能源消费和碳排放变化，各领域能源消费和碳排放受活动水平、内部结构、技术效率等因素影响。本书涉及的碳排放核算边界划分有物理边界和时间边界两个维度，其中物理边界以单体建筑或同类相似建筑组成的建筑群为核算单元，时间边界以建筑全生命期为核算时限。目前国际上对于建筑全生命期的建筑碳排放计算体系

按建筑的建设过程整体划分为建材、建造、运行、拆除四大核算范围，《建筑碳排放计算标准》GB/T 51366—2019中将建筑全生命期划分为建筑材料生产及运输、建造拆除、建筑运行三个阶段。

建筑全生命期的三个阶段按能源消费及碳排放领域划分，建筑材料生产及运输属于工业和交通领域，建造拆除、建筑运行属于建筑领域，其中建筑运行阶段的碳排放量占建筑全生命期的80%～90%。本书涉及的碳排放核算范围主要包括建筑水系统、暖通空调系统、建筑电气系统运行阶段的碳排放量，建筑机电系统碳排放核算边界如图2.1-1所示。

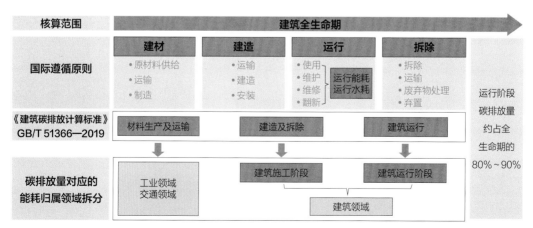

图2.1-1 建筑机电系统碳排放核算边界

2.2

建筑运行阶段碳排放量计算公式

政府间气候变化专门委员会（IPCC）将碳排放系数定义为：某一种能源燃烧或使用过程中单位能源所产生的碳排放数量，即碳排放量=活动水平×碳排放因子。

建筑机电系统运行阶段碳排放量应根据各系统不同类型能源消耗量和不同类型能源的碳排放因子确定，建筑运行阶段单位建筑面积的总碳排放量（C_M）应按下式计算：

$$C_M = \frac{\left(\sum_{i=0}^{n} E_i EF_i - C_P\right) y}{A} \quad （2.2-1）$$

$$E_i = \sum_{j=0}^{n} (E_{i,j} - ER_{i,j}) \quad （2.2-2）$$

式中　C_M —— 建筑运行阶段单位建筑面积碳排放量（$kgCO_2/m^2$）；

　　　E_i —— 建筑第 i 类能源消耗量（kWh/a）；

　　　EF_i —— 第 i 类能源的碳排放因子；

　　　$E_{i,j}$ —— j 类系统的第 i 类能源消耗量（kWh/a）；

　　　$ER_{i,j}$ —— j 类系统消耗由可再生能源系统提供的第 i 类能源量（kWh/a）；

　　　i —— 建筑消耗终端能源类型，包括电力、燃气、石油、市政热力等；

　　　j —— 建筑用能系统类型，包括供暖空调、照明、生活热水系统等；

　　　C_p —— 建筑碳汇系统年减碳量（$kgCO_2/a$）；

　　　y —— 建筑设计寿命（a）；

　　　A —— 建筑面积（m^2）。

零碳建筑机电系统设计过程应关注建筑全生命期，根据建筑不同使用年限合理选择设备及系统形式。根据《民用建筑设计统一标准》GB 50352—2019的规定，民用建筑的设计使用年限划分为四类，见表2.2-1，其中普通建筑和构筑物的使用年限为50年。实际计算中可参照设计文件，无相关资料时，可按50年计算。

民用建筑设计使用年限分类 表2.2-1

类别	设计使用年限（a）	示例
1	5	临时性建筑
2	25	易于替换结构构件的建筑
3	50	普通建筑和构筑物
4	100	纪念性建筑和特别重要的建筑

2.3

建筑水系统运行阶段能耗种类及核算方法

建筑水系统能源消耗按直接碳排放和间接碳排放类型进行划分。通过提高可再生能源利用率，废热余热利用率，提高非化石能源占比等关键路径并明确建筑水系统在碳达峰目标约束下的实施路径。在参考《建筑碳排放计算标准》GB/T 51366—2019和《建筑碳排放计量标准》CECS 374—2014能耗计算公式的基础上，本节分别给出了建筑生活热水系统年耗热量核算方法和建筑水系统电耗量核算方法。

2.3.1
建筑生活热水系统年耗热量核算方法

零碳建筑生活热水系统根据热源的选择不同，相应的碳排放量也不同，有燃煤、燃气等化石能源消耗产生的直接碳排放量，有采用电加热产生的间接碳排放量，从碳排放的角度，生活热水的热源选择趋势应逐步取消直接碳排放的化石能源，减少间接碳排放量的电消耗量，应用尽用可再生能源。

1. 建筑生活热水年耗热量和日平均耗热量计算公式

建筑生活热水年耗热量计算应根据系统实际运行情况，按式（2.3-1）进行计算；建筑生活热水日平均耗热量，按式（2.3-2）进行计算：

$$Q_{r1} = TQ_{rp} \qquad (2.3-1)$$

$$Q_{rp} = \frac{4.187mq_r C_r(t_r - t_l)\rho_r}{3600 \cdot T_1} \qquad (2.3-2)$$

式中　Q_{r1} —— 生活热水年耗热量（kWh/a）；

Q_{rp} —— 生活热水日平均耗热量（kW）；

T —— 年生活热水使用小时数（h/a），$T = T_1 \times T_2$；

T_1 —— 每天生活热水使用小时数（h/d）；

T_2 —— 每年生活热水使用天数（d/a）；

m —— 用水计算单位数（人数或床位数，取其一）；

q_r —— 热水年平均日用水定额[L/（人·d）或L/（床·d）]；

C_r —— 热水供应系统的热损失系数，$C_r = 1.10 \sim 1.15$；

t_r —— 设计热水温度（℃）；

t_l —— 年平均设计冷水温度（℃）。

2. 建筑生活热水年能耗计算方法

建筑生活热水年耗能按下列公式进行计算：

$$E_w = \frac{\dfrac{Q_r}{\eta_r} - Q_s}{\eta_w} \qquad (2.3-3)$$

式中　E_w —— 生活热水系统年能源消耗量（kWh）；

Q_r —— 生活热水年耗热量（kWh）；

Q_s —— 可再生能源提供的生活热水热量（kWh）；

η_r —— 生活热水输配效率，包括全部生活热水系统管路和储热装置的热损失，与设计文件一致；

η_w —— 生活热水系统热源年平均效率，与设计文件一致。

3. 建筑太阳能生活热水系统的年供热量计算方法

建筑太阳能生活热水系统的年供热量按下式进行计算：

$$Q_{s,a} = \frac{A_c J_T (1-\eta_L) \eta_{cd}}{3.6} \quad （2.3-4）$$

式中　$Q_{s,a}$ —— 太阳能热水系统的年供热能量（kWh）；

A_c —— 太阳集热器面积（m²），取值为太阳能板实际面积；

J_T —— 太阳集热器采光面上的年平均太阳辐照量［MJ/（m²·a）］；

η_{cd} —— 基于总面积的集热器平均集热效率（%）（集热器总面积的平均集热效率 η_{cd} 应根据经过测定的基于集热器总面积的瞬时效率方程在归一化温差为0.03时的效率值确定；分散集热、分散供热系统的 η_{cd} 经验值为40%～70%；集中集热系统的 η_{cd} 应考虑系统型式、集热器类型等因素的影响，经验值为30%～45%）；

η_L —— 管路和储热装置的热损失率（%）（集热系统的热损失 η_L 应根据集热器类型、集热管路长短、集热水箱（罐）大小及当地气候条件、集热系统保温性能等因素综合确定，当集热器或集热器组紧靠集热水箱（罐）者 η_L 取15%～20%，当集热器或集热器组与集热水箱（罐）分别布置在两处者 η_L 取20%～30%）。

2.3.2
建筑水系统耗电量核算方法

1. 耗电量核算公式

建筑水系统除选用化石燃料的生活热水消耗的能量外，其他均为电耗量。运行阶段的耗电量应由系统运行过程中的监测数据得出，或者由模拟设备运行阶段工况的能耗模拟数据得出，当资料不足时可按式（2.3-5）进行计算，需注意年平均运行小时数的取值受用电设备的运行效能和实际运行工况的影响。

$$AD_{YXD} = \sum_{i=1}^{n} l_i \cdot P_{di} \cdot T_{di} \cdot N_i \quad （2.3-5）$$

式中　AD_{YXD} —— 水泵等设备运行的年耗电量（kWh）；

P_{di} —— 第 i 类设备系统的电功率（kW）；

T_{di} —— 第 i 类设备系统的年平均运行小时数（h/a）；

N_i —— 第 i 类设备系统的数量（台）；

l_i —— 第 i 类设备系统运行的时间年限（a）；

i —— 设备系统的种类代号。

2. 二次供水设备吨水耗电量

中国质量认证中心认证技术规范《二次供水设备节能认证技术规范》CQC 3153—2015给出了不同供水设备结构和设备流量范围的单位供水耗电量，可作为二次供水设备吨水电耗量的参考值，详见表2.3-1。

3. 建筑水系统其他设备吨水耗电量计算

建筑水系统用电设备可获得额定功率、每小时处理流量时，可按经验公式（2.3-6）进行计算吨水耗电量。

单位供水能耗值 表2.3-1

供水设备结构	流量范围（m³/h）	单位供水能耗［kWh/（m³·MPa）］
2泵设备（1用1备）	流量≤15	≤0.96
	流量>15	≤0.88
3泵设备（2用1备）	流量≤50	≤0.80
	流量>50	≤0.76
4泵设备（3用1备）	45<流量≤80	≤0.72
	流量>80	≤0.64

$$AD_{吨水耗电量} = \sum_{i=1}^{n} \frac{P_i}{Q} k_i \qquad (2.3-6)$$

式中　$AD_{吨水耗电量}$ —— 每吨水运行的耗电量（kWh/m³）；

　　　　P_i —— 第i类设备系统的额定功率（kW）；

　　　　Q —— 每小时处理流量（m³/h）；

　　　　k_i —— 第i类设备实际运行功率与额定功率折算系数；

　　　　i —— 第i类设备系统的数量（台）。

2.4

建筑暖通运行阶段能耗种类及核算方法

2.4.1

暖通空调系统用能模拟方法

暖通空调系统运行阶段碳排放计算应采用模拟方法，碳排放量应根据各系统不同类型能源消耗量和不同类型能源的碳排放因子确定。

建筑运行阶段的运行能耗包括电能、燃油、燃煤、燃气等形式的终端能源，建筑总用能按不同类型能源进行统计汇总，再根据不同的碳排放因子计算每种能源消耗的碳排放量。

暖通空调系统的运行能耗与建筑物体型、建筑功能、建筑使用情况、采用的暖通空调系统形式、运行管理等有关，同时冷、热负荷特性还与室外气候条件息息相关。故任何单一公式都很难计算出运行能耗。随着科技的发展，各种能耗计算软件出现，通过建立建筑信息模型，输入暖通空调系统中各用能设备及控制策略，可较为准确地计算出全年运行能耗。但在模拟软件使用过程中发现，同一项目的模拟计算，结果会因人而异，因此需要使用人员严格遵守工程实际，不以结果为导向设置输入条件，让模拟结果更接近实际运行。

暖通空调系统运行阶段碳排放计算包括冷源、热源、输配系统、末端空气处理设备等能源消耗产生的碳排放量、制冷剂泄漏引起的碳排放量及可再生能源使用的减碳量，其中输配系统主要包括冷冻水系统、冷却水系统、供暖水系统、风系统和冷媒系统等。暖通空调系统能耗也相应由以上几部分构成。

国外较常用的建筑能耗模拟软件有 DOE-2、BLAST、COMBINE、TRNSYS、ESP、HVACSIM+、EnergyPlus、SPARK、TRACE 等；国内较有影响的建筑能耗模拟软件是清华大学开发的 DEST；国内用于碳排放计算的有斯维尔建筑碳排放计算分析软件、PKPM碳排放计算分析软件等。

能耗模拟结果受软件设置参数的影响比较大，主要包括气象数据、室内活动数据和设备效率参数等。因此，对于软件设置的参数，室内人员行为优先根据建筑中人的实际行为模式确定，这需要建筑使用方提供；如果无法确定的情况下，采用《民用建筑绿色性能计算标准》JGJ/T 449—2018附录C或者相关节能设计标准的规定。

设备系统效率参数应根据设计建筑的设备选型进行设置，由于能耗模拟是逐时动态模拟，因此，在能耗模拟过程对于设备系统参数设置过程中应考虑以下几方面：

（1）冷热源、风机和水泵应进行系统选型；

（2）冷热源、风机和水泵应设置部分负荷运行效率曲线；

（3）应根据室内温湿度情况，设置室内末端开启的策略；

（4）应根据设计工况，设置相应的冷热源群组控制策略。

2.4.2

各类能耗估算公式

（1）建筑运行耗电量

建筑运行耗电量可按下式进行计算：

$$AD_{\mathrm{YXD}} = \sum_{i=1}^{n} I_i \cdot P_{di} \cdot T_{di} \cdot N_i \qquad （2.4\text{-}1）$$

式中　AD_{YXD} —— 建筑运行的耗电量（kWh）；

　　　P_{di} —— 第 i 类设备系统的电功率（kW）；

　　　T_{di} —— 第 i 类设备系统的年平均运行小时数（h/a）；

　　　N_i —— 第 i 类设备系统的数量（台）；

　　　I_i —— 第 i 类设备系统运行的时间年限（a）；

　　　i —— 设备系统的种类代号。

（2）建筑运行的燃油及燃气耗量

建筑运行的燃油及燃气耗量可按下式进行计算：

$$AD_{\mathrm{YXYQ}} = \sum_{i=1}^{n} I_i \cdot P_{yqi} \cdot T_{yqi} \cdot N_i \qquad （2.4\text{-}2）$$

式中　AD_{YXYQ} —— 建筑运行的燃油量（t）或燃气耗量（Nm³）；

　　　P_{yqi} —— 第 i 类设备系统的平均每小时燃油量（t/h）或燃气耗量（Nm³/h）；

　　　T_{yqi} —— 第 i 类设备系统的年平均运行小时数（h/a）；

　　　N_i —— 第 i 类设备系统的数量（台）；

　　　I_i —— 第 i 类设备系统运行的时间年限（a）；

　　　i —— 设备系统的种类代号。

（3）建筑运行的耗煤量

建筑运行的耗煤量可按下式进行计算：

$$AD_{YXM} = \sum_{i=1}^{n} I_i \cdot P_{mi} \cdot N_i \qquad （2.4-3）$$

式中　AD_{YXM} —— 建筑运行的耗煤量（t）；

P_{mi} —— 第 i 类设备系统的年平均煤耗量（t/a）；

N_i —— 第 i 类设备系统的数量（台）；

I_i —— 第 i 类设备系统运行的时间年限（a）；

i —— 设备系统的种类代号。

（4）建筑运行外购的蒸汽及热水耗能量

建筑运行外购的蒸汽及热水耗能量按下式进行计算：

$$AD_{YXZR} = \frac{Q_{ZR} \cdot I}{\eta \cdot h_{dw}} \qquad （2.4-4）$$

式中　AD_{YXZR} —— 建筑运行的耗煤量（t）；

Q_{ZR} —— 每年外购的蒸汽或热水量（MJ/a）；

η —— 热力站制备蒸汽或热水的平均热效率（%）；

h_{dw} —— 热力站制备蒸汽或热水所用

一次能源的低位发热量（MJ/t 或 MJ/Nm³）；

I —— 建筑运行的时间年限（a）。

2.4.3
"非二气体"碳排放计算方法

暖通空调系统中由于使用制冷剂而产生的温室气体排放，应按下式计算：

$$C_r = \frac{m_r}{y_e} GWP_r / 1000 \qquad （2.4-5）$$

式中　C_r —— 建筑使用制冷剂产生的碳排放量（tCO_2e/a）；

r —— 制冷剂类型；

m_r —— 设备的制冷剂充注量（kg/台）；

y_e —— 设备使用寿命（a）；

GWP_r —— 制冷剂 r 的全球变暖潜值。

式（2.4-5）是假设制冷设备达到使用寿命后制冷剂不回收，完全排放时的计算值。"双碳"目标下应采取制冷剂回收措施，根据回收情况，确定制冷剂实际排放量，以此计算制冷剂产生的当量二氧化碳排放量。

2.5
建筑电气运行阶段能耗种类及核算方法

2.5.1
建筑物照明能耗计算

照明系统无光电自动控制系统时，其能耗计算可按下式计算：

$$E_1 = \frac{\sum_{j=1}^{365} \sum_i P_{i,j} A_i t_{i,j} + 24 P_p A}{1000} \qquad （2.5-1）$$

式中　E_1 —— 照明系统年能耗（kWh/a）；

$P_{i,j}$ —— 第 j 日第 i 个房间照明功率密度值（W/m²）；

A_i —— 第 i 个房间照明面积（m^2）；

$t_{i,j}$ —— 第 j 日第 i 个房间照明时间（h）；

P_p —— 应急灯照明功率密度（W/m^2），一般可按 $0.06 \sim 0.1 W/m^2$ 选取；

A —— 建筑面积（m^2）。

2.5.2

电梯系统能耗计算

电梯系统能耗可按下式计算：

$$E_e = \frac{3.6Pt_aVW + E_{standby}t_s}{1000} \quad （2.5-2）$$

式中　E_e —— 年电梯能耗（kWh/a）；

　　　P —— 特定运行消耗 [MWh/（kg·m）]；

　　　t_a —— 电梯年平均运行小时数（h）；

　　　V —— 电梯速度（m/s）；

　　　W —— 电梯额定载重量（kg）；

　　$E_{standby}$ —— 电梯待机时能耗（W）；

　　　t_s —— 电梯年平均待机小时数（h）。

2.5.3

光伏系统发电量计算

光伏系统发电量按下式计算：

$$E_{pv} = IK_E(1 - K_S)A_p \quad （2.5-3）$$

式中　E_{pv} —— 光伏系统的年发电量（kWh）；

　　　I —— 光伏电池表面的年太阳辐射照度（kWh/m^2）；

　　　K_E —— 光伏电池的转换效率（%）；

K_S —— 光伏系统的损失效率（%）；

A_p —— 光伏系统光伏面板净面积（m^2）。

2.5.4

风力发电机组发电量计算

风力发电机组发电量可按下式计算：

$$E_{wt} = 0.5\rho C_R(z)V_0^3 A_w\rho\frac{K_{WT}}{1000} \quad （2.5-4）$$

$$C_R(z) = K_R\ln(z/z_0) \quad （2.5-5）$$

$$A_W = 5D^2/4 \quad （2.5-6）$$

$$EPF = \frac{APD}{0.5\rho V_0^3} \quad （2.5-7）$$

$$APD = \frac{\sum\limits_{i=1}^{8760} 0.5\rho V_i^3}{8760} \quad （2.5-8）$$

式中　E_{wt} —— 风力发电机组的年发电量（kWh）；

　　　ρ —— 空气密度，取 $1.225kg/m^3$；

　　$C_R(z)$ —— 高度计算的粗糙系数；

　　　K_R —— 场地因子；

　　　z —— 离地高度；

　　　z_0 —— 地表粗糙系数；

　　　V_0 —— 年可利用平均风速（m/s）；

　　　A_w —— 风机叶片迎风面积（m^2）；

　　　D —— 风机叶片直径（m）；

　　　EPF —— 根据典型气象年数据中逐时风速计算出的因子；

　　　APD —— 年平均能量密度（W/m^2）；

　　　V_i —— 逐时风速（m/s）；

　　　K_{WT} —— 风力发电机组的转换效率。

2.6

建筑机电系统运行阶段相关的碳放因子

建筑机电系统运行阶段相关的碳放因子统计见表2.6-1。

2022年3月15日，生态环境部发布了《生态环境部办公厅关于做好2022年企业温室气体排放报告管理相关重点工作的通知》（环办气候函〔2022〕111号），加强企业温室气体排放数据管理工作，强化数据质量监督管理，并发布《企业温室气体排放核算方法与报告指南发电设施（2022年修订版）》[①]，全国电网排放因子进行了调整。

在进行2021年及2022年度碳排放量计算时，全国电碳排放因子由0.6101tCO$_2$/MWh调整为最新的0.5810tCO$_2$/MWh。

建筑机电系统运行阶段碳排放因子统计表   表2.6-1

能源名称	数据来源	碳排放因子	
燃油	《建筑碳排放计量标准》CECS 374—2014	原油	73.3kgCO$_2$/GJ
		柴油	74.1kgCO$_2$/GJ
		液化石油气	63.1kgCO$_2$/GJ
		燃料油	77.4kgCO$_2$/GJ
燃气	《建筑碳排放计算标准》GB/T 51366—2019	55.54tCO$_2$/TJ	
电力	生态环境部2022年3月15日发布的《企业温室气体排放核算方法与报告指南发电设施（2022年修订版）》	0.5810tCO$_2$/MWh	
市政热力	《中国建筑节能年度发展报告（2018）》	57.4kgCO$_2$/GJ	
自来水	《建筑碳排放计算标准》GB/T 51366—2019	0.168kgCO$_2$/t	

① 《企业温室气体排放核算方法与报告指南发电设施（2022年修订版）》内容："数据的监测与获取优先序、电网排放因子采用 0.5810tCO$_2$/MWh，并根据生态环境部发布的最新数值实时更新。"

第**3**章

零碳建筑水系统
设计方法

3.1

给水系统设计

3.1.1
给水系统分区

1. 制定合理供水压力，合理确定给水竖向分区。

【释义】建筑物给水系统的竖向分区应根据建筑物用途、层数、使用要求、材料设备性能、维护管理、节约供水、能耗等因素综合确定。分区供水的目的不仅为了防止损坏给水配件，同时可避免超压出流。

超压出流是指给水配件前的静水压大于出流水头，其流量大于额定流量的现象；两流量的差值为超压出流量。超压出流除造成水量浪费外，还会影响给水系统流量的正常分配，当建筑物下层水压过大且大量用水时，必然造成上层缺水现象，严重时可能造成上层供水中断。

通常可以通过合理限定配水点的水压，设置减压阀、减压孔板或节流塞等措施以及采用节水龙头，控制超压出流。

2. 当建筑设有集中热水供应系统时，给水系统的竖向分区几何高差不宜大于35m；未设置集中热水供应系统的建筑，其给水系统的竖向分区几何高差不宜大于30m。

【释义】当系统管网水头损失小于5m时，给水系统的竖向几何分区高差不宜大于40m。对于住宅类建筑层高小于3m时，当无集中热水供应系统时，给水分区宜为8~10层一个区；当有集中热水供应系统时，最多可11~12层一个区。对于公共建筑，根据其层高结合35m高差综合考虑确定分区层数。

3. 对于高层建筑应结合建筑性质、建筑高度、物业管理模式、设备维保等多方面因素进行系统分析，选择适合的分区供水方式。

【释义】对于高度小于100m的高层建筑，一般低层部分采用市政水压直接供水，中区和高区采用分别设置变频调速泵组，向对应的分区供水，如图3.1-1所示；也可采用一组变频调速泵组供水，中区经减压阀减压供水，如图3.1-2所示。此两种供水方式的各分区内再用支管减压阀局部调压，运行能耗与系统用水量、设计秒流量、用水均匀系数、分区高度、控制方式等密切相关，须结合项目具体情况进行量化分析，择优选用。有集中热水供应系统的建筑，如：酒店、病房楼、康养建筑等，推荐采用分设变频泵组的分区供水方式。

4. 在条件允许的情况下，超高层建筑宜适当扩大重力供水范围。

【释义】对于超高层建筑，从节能角度分析重力水箱供水较变频供水更优。以某国际中心超甲级办公部分为例，分析得出采用重力供水系

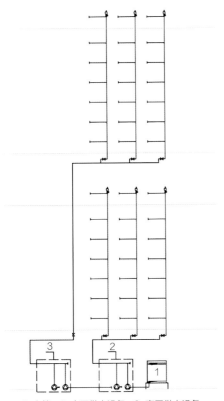

1-水箱；2-中区供水设备；3-高区供水设备

图3.1-1　分设变频泵组供水系统示意图

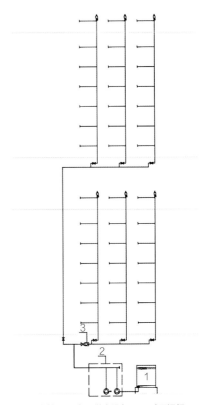

1-水箱；2-合用供水设备；3-减压阀组

图3.1-2　共用变频泵组供水系统示意图

统节能达15.6%，且重力水箱供水水压相对恒定。在条件允许的情况下，适当扩大重力供水范围，可以降低整个系统的运行能耗。

3.1.2

加压给水技术与设备配置选型

1. 应根据建筑功能、性质及属地水务部门的要求选择合理的加压方式。

【释义】目前常用的二次供水方式主要有：水泵+高位水箱联合供水、低位水箱+变频调速水泵联合供水、叠压供水。

2. 二次加压泵房应靠近用水负荷中心或供水水压要求高的用户。

【释义】水泵房位置接近用水负荷中心或供水水压高的用户，可平衡整个给水系统的压力，

降低最不利用水点到加压泵站的压力差，降低水泵扬程，节能降耗。

3. 在条件允许的情况下宜提高二次加压泵房的智慧化程度，为智慧建筑水系统预留条件。

【释义】随着信息技术的不断发展和广泛应用以及互联网技术的普及，水务行业信息化得以深入推进。智慧泵房包括泵房设计布局、设备管道安装、电控系统、安防系统、通信模式、管理制度等标准模板，另设置其他可选标准模块以满足不同的用户需求。智慧泵房将用户感知、能源管理、智能识别、人机互动、水质保障、降噪减振、供电保障等一系列系统进行有效集成，提升设备的使用寿命、规避水污染风险，降低漏水率，实现低碳节能，保证居民用水的便利、舒适与安全。

通过对设施、运行监测数据、维护管理数据的挖掘与分析应用，辅助供水过程的优化决策，使低碳设计更直观、更落地。如通过水质在线监测与水质模型应用，可避免黄水等现象，通过水龄控制可提高供水数质，保障供水安全，避免清洁水的浪费；结合水泵基础信息及运维数据可优化水泵运行调配，使供水曲线更科学、更节能。

4. 变频调速供水设备宜采用数字集成全变频控制技术，每台水泵均独立配置具有变频调速和控制功能的数字集成专用变频控制器。

【释义】变频调速供水设备从20世纪90年代开始在我国推广使用，主要由泵体组、管路和电气控制系统三部分组成。伴随三十多年来电气设备控制元器件的更新换代，变频调速供水设备先后经历了由继电器电路变频调速控制技术（早期单变频控制技术）、局部数字化电气电路变频调速控制技术（中期单变频、多变频控制技术）和数字集成全变频控制技术（近期全变频控制技术）三个主要发展阶段。

数字集成全变频控制恒压供水设备中的每台水泵均独立配置一个具有变频调速和控制功能的数字集成水泵专用变频控制器。系统通过出口端的压力传感器检测当前的出水口压力值，将检测值与设定目标值进行比较，确定变频驱动水泵运行的台数和运行频率，当多台工作泵同时运行

时，系统通过数字集成变频控制器内部的总线实现相互通信，自动分配运行比例，实现多台泵运行频率一致，并根据实际用水量需求的增加或减少，系统自动对多台水泵同步升频或降频，确保系统运行期间处于全变频运行状态，避免工频泵运行状态和水泵偏离效率区，确保供水压力恒定。反之，当不需要多台泵并联时，系统自动依次减泵，直到整机进入停机休眠状态。

与计算机控制变频调速供水设备相比，数字集成全变频控制供水设备的节能有如下特点：

（1）水泵高效区流量范围扩展，每台水泵的高效区流量范围可从传统微机控制变频调速供水设备中水泵额定流量的100%~60%延伸100%~50%。多工作泵全变频控制运行，同等扬程下流量叠加，高效区与单台泵相比要宽两倍多，并联同步运行有更宽的高效区段，见图3.1-3。

（2）设备在多台工作泵全变频运行时采用等量同步、效率均衡运行模式，达到了更加理想的节能效果，克服了传统设备中多台水泵并联运行时，有水泵偏离高效工作区段的弊端，见图3.1-4。

（3）控制系统中的电气元器件和线路自身电能的损耗大幅度减少。

（4）对小型水泵和气压罐的配置更加合理。

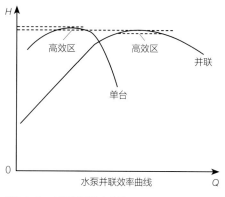

图3.1-3　水泵并联效率曲线

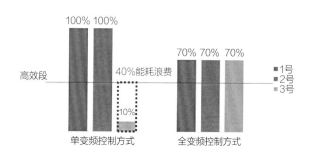

图3.1-4　共用变频泵组供水系统示意图

5. 当用水规律性较强时，变频调速供水设备可采用多恒压变流量控制技术。

【释义】目前变频调速供水技术根据其出口压力值不同，分为恒压变流量和变压变流量两种控制方式。

恒压变流量控制方式：系统设定的给水压力值为设计秒流量下水泵出水管处所需的压力。在水泵出水管上安装电触点压力表或压力传感器取样，将反馈的压力实际值与系统设定的给水压力值进行比较，其差值输入到控制单元的CPU运算处理后，发出控制指令，控制泵电动机的投运台数和运行变量泵电动机的转速，从而达到供水管网压力稳定在设定的压力值上。

变压变流量控制方式：在供水管网末端安装电触点压力或压力传感器取样，将反馈的压力实际值与供水管网所需的供水压力值进行比较，其差值输入到控制单元的CPU运算处理后发出控制指令，控制泵电动机的投运台数和运行变量泵电动机的转速，从而使管网末端水压保持恒定，而水泵出水管压力随供水量变化而发生变化。

恒压变流量与变压变流量控制方式如图3.1-5所示。

供水设备按照设计流量及设计压力来选型是必要的，但实际运行阶段管网中的流量大部分时间是小于设计流量的，当管网中的流量变化时，所需的压力值也发生变化。当水泵按照管网特性曲线来运行时，真正实现按需供水，供水曲线最大限度接近用水曲线，能达到最大节能效果。

实现变压变流量供水目前还存在着较大的技术难度，如压力变送器距离供水主泵较远，运行管理不方便，信号传输故障概率大；在供水范围大、距离远时水流输送水头损失大，远近用户之间的水压差大，变化也大。但变频多恒压技术在市政供水领域及建筑供水中已被广泛应用。出口多恒压控制是指在水泵出口管处设定多个压力值，即根据用水曲线的情况将用水时间酌情分为若干个时段，每个时段对应一个水泵出口压力值，在各个时段内进行恒压控制，进而实现全天变压。现行城市市政供水可采用分时段恒压控制的阶梯式供水方式。当用水时段越精细和水泵出口处所需的压力值越准确，就越低碳节能。

随着智慧建筑与水系统的构建，可以利用现代技术手段建立管网特性数学模型，在现场测取不同时段最不利点的压力与流量的关系数据，并

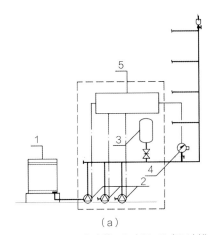 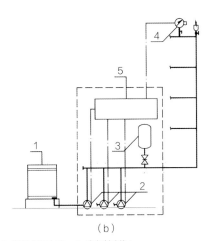

（a）　　　　　　　　　（b）

1-水箱；2-水泵；3-气压水罐；4-电接点压力表；5-变频控制柜

图3.1-5　恒压变流量、变压变流量控制方式示意图
（a）恒压变流量；（b）变压变流量

且在实际使用中不断根据新的数据对模型进行修正，使模型不断趋近实际工况。

6. 在征得当地供水主管部门的同意下应优先采用叠压供水技术。

【释义】叠压供水是指利用城镇供水管网压力直接增压或变频增压的二次供水方式。叠压供水的优点：可充分利用市政供水管网的水压，减小水泵扬程，节省电耗；省去水箱、吸水井等构筑物，节省投资，节约用地，简化系统；避免水箱等构筑物中的二次污染和可能的溢流损失；便于水泵自动控制、安装简便，叠压供水设备组成如图3.1-6。

7. 变频调速泵组应根据系统设计流量和水泵高效区段流量变化曲线计算确定工作水泵及气压罐的配置。

【释义】由于泵组的运行状况在"最大设计流量"和"最小设计流量"之间，为了保证泵组

节能、高效运行，应根据生活给水系统设计流量变化和变频调速泵高效区段的流量范围两者间的关系确定工作水泵的数量，缺乏相关资料时可按下列要求确定：当系统供水量在15～20m³/h之间时，可配置1台工作泵；当系统供水量大于20m³/h时，可配置2～4台工作泵。

变频水泵大部分时段的运行工况小于"最大设计流量"工作点，为使水泵在高效区内运行，此时总出水量对应的单泵工作点，应处于水泵高效区的末端。

变频调速水泵宜配置气压罐。当用水量很小、水泵停止运行时，气压罐可维持系统的正常供水；在设备运行过程中当水泵互相切换时，气压罐有助于保持系统工作压力的稳定；气压罐还有助于消除系统水锤现象。

当用户系统设计流量不均衡且持续时间较长时，变频调速水泵可以选择大小泵组合搭配，

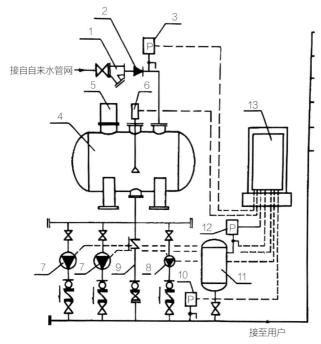

接自自来水管网

接至用户

1-过滤器；2-倒流防止器；3-压力传感器；4-稳流补偿罐；5-真空抑制器；
6-水位计；7-供水主泵；8-辅助小泵；9-进水跨越管；10-压力传感器；
11-小气压罐；12-压力传感器；13-微机变频控制柜

图3.1-6   叠压供水设备组成示意图

大、中、小泵可按照系统流量50%-35%-15%的关系来配置，以达到更好的节能效果。当工作泵大小搭配时宜采用一对一矢量变频，否则控制逻辑过于复杂。备用泵的供水能力不应小于最大一台运行水泵的供水能力。

3.1.3
管件及附件

1. 建筑给水管材的选择应考虑其耐腐蚀性能，连接方便可靠、接口耐久不渗漏、管材的温度变形、抗老化性能等因素综合确定。

【释义】供水管网老化、管材质量不佳是管网漏损的主要原因。设计中选用的管材应当符合相应的产品标准，严格按照国家及各地"推广和限制禁止使用建筑材料目录"相关产品进行选用。

室外给水管推荐采用钢丝网骨架塑料（聚乙烯）复合管、有衬里的给水铸铁管或聚乙烯给水管等内壁光滑、耐腐蚀的管材。

高层建筑给水干、立管应采用金属管或钢塑复合管。

多层建筑给水干、立管推荐采用金属管、钢塑复合管或塑料管。

推荐采用薄壁不锈钢管、铜管、PSP给水管、氯化聚氯乙烯（PVC-C）管或金属塑料复合给水管，支管可采用无规共聚聚丙烯（PP-R）管。

2. 根据物业管理、水平衡测试及分区计量管理的要求设置水表，推荐使用具有远传功能的水表。

【释义】水平衡测试是对项目用水进行科学管理的有效方法，也是进一步做好城市节水用水工作的基础。通过水平衡测试能够全面了解用水项目管网状况、各部位（单元）用水现状、画出水平衡图；依据测定的水量数据，找出水量平衡

关系和合理用水程度；采取相应的措施，挖掘节水潜力，达到加强用水管理，提高合理用水水平的目的。分级计量水表要求下级水表的设置应覆盖上一级水表的所有出流量，不得出现无计量支路的现象。

设计中要求按照使用用途、付费或管理单元情况，对不同用户的用水分别设置用水计量估值，统计用水量，并据此施行计量收费，以实现"用者付费"，达到鼓励节水行为的目的。同时还可统计各种用途的用水量和分析渗漏水量，达到持续改进的目的。要求用水计量仪表应按用途和水量平衡测试要求分类设置；公共建筑应按不同使用性质、不同计费标准或不同付费单元分别设置计量装置；公共建筑中有可能实现用者付费的场所，宜设置用于付费的设施；住宅小区、单体建筑引入管和入户管应设置计量水表；室外绿化灌溉、道路冲洗等公共设施用水应按用途设置水表；计量装置宜设数据传输接口。

3. 给水系统阀门应采用耐腐蚀、密闭性能好的材质。

【释义】给水系统阀门阀体采用球墨铸铁或不锈钢，阀芯为不锈钢或铜芯，不得采用镀铜阀杆和阀芯。管材为塑料管者采用相应材质的塑料阀门。阀门密封件采用三元乙丙（EPDM）橡胶软密封材料。

阀门的密闭性能是指阀门各密封部位阻止介质泄漏的能力，它是阀门最重要的技术性能指标。阀门的密封部位有以下三处：启闭件与阀座两密封面间的接触处；填料与阀杆和填料函的配合处；阀体与阀盖的连接处。其中第一处的泄漏叫作内漏，也就是通常所说的关不严，它将影响阀门截断介质的能力。对于截断阀类来说，内漏是不允许的。后两处的泄漏叫作外漏，即介质从阀内泄漏到阀外。外漏会造成物料损失，污染环境，严重时还会造成事故。推荐给水系统阀门泄

漏率按《工业阀门 压力试验》GB/T 13927—2008表4中的A级标准执行，阀门结构如图3.1-7所示。

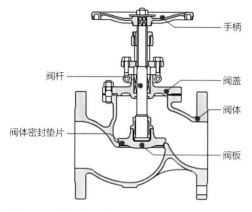

手柄

阀杆

阀盖

阀体

阀体密封垫片

阀板

图3.1-7　阀门结构示意图

3.1.4

节水器具

1. 坐式大便器应采用设有大、小便分挡的冲洗水箱。

【释义】坐式大便器按照冲水模式一般分为单挡坐便器和双挡坐便器。按照《节水型生活用水器具》CJ/T 164—2014的规定，单挡坐便器和双挡坐便器大挡应在规定用水量下满足冲洗功能要求。双挡坐便器小挡应在规定用水量下满足洗净功能、污水置换功能、水封恢复功能和卫生纸试验的要求，且双挡坐便器的小挡不应大于名义用水量的70%。鉴于坐便器在所有卫生器具的使用率，同时从建筑节水角度出发，推荐设计选用双挡坐便器。

2. 居住建筑中不得使用一次冲洗水量大于6L的坐便器。

【释义】根据《节水型生活用水器具》CJ/T 164—2014的规定，坐便器用水量等级1级对应的用水量为4.0L，2级对应的用水量为5.0L；《坐便器水效限定值及水效等级》GB 25502—2017规

定，坐便器的节水评价值为用水效率等级的2级，对应用水量为4.2L/6.0L（平均用水量5.0L）。故设计中选用坐便器，对应其一次冲水量不得大于6.0L。

3. 公共卫生间小便器、蹲式大便器应配套采用延时自闭冲洗阀、感应式冲洗阀、脚踏冲洗阀，洗手盆应采用感应式或延时自闭水嘴。

【释义】设置小便器和蹲便器的场所多为公共建筑卫生间。为了满足公共建筑节水的目标，同时兼顾卫生安全因素，采用延时自闭冲洗阀、感应式冲洗阀、脚踏冲洗阀，在使用者离开后，会定时自动断水，具有限定每次给水量和给水时间的功能，有较好的节水性能。

4. 洗脸盆等卫生器具应采用陶瓷片等密封性能良好、耐用的水嘴。

【释义】水嘴是对水介质实现启、闭及控制出口流量和水温度的一种装置，也是建筑给水系统中用水点末端的关键节水设备。推荐洗面器和厨房水嘴等接触式水嘴采用陶瓷片密封水嘴，要求该产品应符合现行国家标准《陶瓷片密封水嘴》GB 18145的相关规定，在满足金属污染物析出限量、密封、流量及寿命性能等方面的要求外，还大大提高了节水性能。

5. 水嘴、淋浴喷头宜选用内部设置限流配件的产品。

【释义】《节水型生活用水器具》CJ/T 164—2014中对水嘴、淋浴喷头从流量特性、强度、密封性、启闭时间和寿命等方面给出了明确规定，在工程设计中推荐在水嘴、淋浴喷头内部设置限流配件（如限流片或限流器等），以保证产品的节水性能。

6. 双管供水的公共浴室宜采用带恒温控制及温度显示功能的冷热水混合淋浴器。

【释义】冷热水混合淋浴器是通过温度探头测量混合水温，并实时反馈给温控部分，分别对

冷热水的水温流量进行同步控制，从而达到恒温的目的。同时，冷热水混合淋浴器还能在一定程度上降低冷热水供水压力差，满足节水、使用舒适的目的。另外，对于学校、学生公寓、集体宿舍的公共浴室等集中用水部位宜采用智能流量控制装置，如采用刷卡淋浴器等，能够实现"人走即停"，避免水资源浪费。

3.2

热水系统设计

3.2.1

用水定额

1. 集中热水供应系统年耗热量核算中用水定额应按《建筑给水排水设计标准》GB 50015—2019中表6.2.1-1的平均日热水用水定额取值。

2. 系统设计热水用水定额宜按《建筑给水排水设计标准》GB 50015—2019中表6.2.1-1的最高日用水定额或表6.2.1-2中用水定额中的下限取值。

3. 学生宿舍等建筑宜采用智慧IC卡水控机刷卡计费，其最高日用水定额宜为25～30L/（d·人），平均日用水定额宜为20～25L/（d·人）；淋浴小间一次或小时用水量分别按17.5～40L/（次·人）和52.5～120L/（h·人）取值。

【释义】热水用水定额的取值与热水供应系统的制热设备设施选型、供水安全可靠性、节水节能等密切相关，是生活热水系统低碳设计的基础参数，在满足使用舒适度及用水需求的前提下，相对低的用水定额可降低系统的设备、设施的耗材，降低系统耗能，符合低碳设计的基本理念，因此本条从零碳建筑低能耗设计的角度规定

了不同用途、不同场所用水定额的取值原则。

学生宿舍等建筑淋浴间采用智慧IC卡水控机刷卡计费时，一次用水量和小时用水量按17.5～40L/（次·人）和52.5～120L/（h·人）取值。

3.2.2

热源选择与设计

1. 集中热水供应系统热源应符合下列要求：

（1）供暖地区的集中热水供应系统宜与集中供暖系统共用热源。当单独设置热源时，应根据项目特点、能源条件进行技术经济比较后确定。住宅、公寓、养老设施等需要单独计量的场所宜采用单元式供热一体热水机组。

（2）采用余热、废热、地热、太阳能、空气源热泵、水源热泵等作为集中热水供应系统热源时，应符合按现行国家标准《建筑给水排水设计标准》GB 50015的有关规定。

（3）有光伏、风电等绿电供应条件的地区，宜采用绿电作为集中热水系统的热源。

【释义】集中热水供应系统是建筑给水排水中的主要耗能系统，热源的合理选择对节能降耗有重要意义。设计集中热水供应系统时，应对项目的能源和环境条件、使用要求等进行分析，全

面考虑，选择合适的热源。

1. 建筑面积大于20000m²的公共建筑，采用水冷机组集中空调系统，且有稳定的集中热水供应需求时，集中热水系统宜采用空调余热回收热水机组作为生活热水的预热热源。

2. 利用余热、废热或地热作为热源时，为了保证热水系统供水可靠性，首先应确认热源的稳定和可靠，以避免因热源不稳定导致增设加热系统、增加系统控制复杂性和运行管理难度，影响节能效果。

3. 采用绿电是生活热水能源转换的重要措施，也是实现可再生能源应用的主要方式，是实现集中生活热水电气化率的前提条件，有条件的地区在保证集中生活热水不间断供应的前提下宜优先选用绿电作为集中生活热水的热源。

2. 局部热水供应系统热源根据客观条件宜采用太阳能、空气源热泵、电能、燃气等制热设备。

【释义】资料显示，目前我国局部热水供应系统的热源普遍是以电或燃气为主，以"双碳"目标为导向的局部热水供应系统热源应优先采用余热、废热、可再生能源。

1. 当太阳能资源满足规定条件时，宜优先采用太阳能。局部热水供应系统采用太阳能的资源条件要求与集中热水供应系统相同，且优先推荐集中集热、分散供热的局部太阳能热水系统。

2. 推荐在空气源热泵使用条件较好、使用效率较高的夏热冬暖、夏热冬冷地区采用空气源热泵。应复核其使用条件，选配高能效产品，并宜根据使用工况设置辅助热源以保证热水供应。

3. 因日照或气候的局限性而不宜采用太阳能或空气源热泵地区的局部热水供应系统热源选择电能制备热水，当有光伏发电等绿电时宜优先采用，当直流电水加热器应用技术成熟时宜优先采用，快速提升局部热水供应系统热源的电气化率。

3.2.3

水加热系统

1. 太阳能热水系统

（1）宾馆、公寓、医院、养老院等公共建筑及有使用集中供应热水要求的居住小区宜采用集中集热、集中供热太阳能热水系统，并应设置集中辅助加热设备。

（2）普通住宅可采用集中集热、分散供热或分散集热、分散供热的太阳能热水系统，分散设置辅助加热设备；太阳能集热系统宜按分栋建筑设置。

（3）集体宿舍、大型公共浴室、洗衣房、厨房等耗热量较大且用水时段固定的用水部位宜采用定时供热的集中集热、集中供热太阳能热水系统，分散或集中设置辅助加热设备。

（4）选用开式太阳能集热系统时，宜采用集热、贮热、换热一体间接预热承压冷水供应热水的组合系统。

（5）设置太阳能光伏系统或太阳能光热系统应经技术经济比较确定。

【释义】太阳能有效取代了直接碳排放的化石能源，是一项有效的减碳措施。

1. 酒店、医院等对热水使用的要求较高、管理水平较好、维修条件较完善、无收费矛盾等难题。因此，这类建筑宜采用集中集热、集中供热太阳能热水系统，充分利用太阳能光热，达到低碳、节能的目的。

2. 推荐分栋住宅单设太阳能热水系统，其优点是系统简单，便于物业维护管理，并可大大减少系统的管道能耗和维修工作量。住宅类建筑的太阳能热水系统采用分散供热系统，解决了分户水表计量难题。

3. 本着低碳节能的原则，在采用太阳能辅助热源时依据应遵循《建筑给水排水设计标准》

GB 50015—2019第6.6.6条的相关要求，尽可能提高生活热水热源的电气化率，采用电作为辅助热源，降低直接碳排放量。

2. 空气源热泵热水系统

（1）空气源热泵热水系统中，热泵机组在名义制热和工况条件下，性能系数（COP）不应低于《建筑节能与可再生能源利用通用规范》GB 55015—2021第3.4.3条的要求。

（2）依据最冷月平均气温确定空气源热泵热水供应系统的辅助热源，辅助热源宜为电力，空气源热泵热水系统设辅助热源条件见表3.2-1。

空气源热泵热水系统设辅助热源条件 表3.2-1

最冷月平均气温T（℃）	设置辅助热源情况
$T \geq 10$	可不设
$0 < T < 10$	宜设置

（3）制热机组采用CO_2工质的空气源热泵时，可以不设辅助热源。

【释义】（1）《建筑节能与可再生能源利用通用规范》GB 55015—2021第3.4.3条规定了热泵热水机在名义制热工况和规定条件下，不同制热量的普通型和低温型热泵机组的性能系数（COP）的低限值，在设计中应严格执行。

（2）空气源热泵热水供应系统的辅助热源按最冷月平均气温选择是否设置，见表3.2-1。采用CO_2工质热泵机组可有效保证出水温度，可不设辅助热源，热泵出水温度可达60℃。

（3）直热式热泵机组出水稳定，有利于机组的运行安全；常规热源出水温度具有较好的保障性，出水温度为60℃时可有效满足热力杀菌的需要，但系统水质硬度较大时，水温超过60℃将造成结垢严重，因此建议常规热源出水温度不宜高于60℃。

3. 水源热泵热水系统

（1）水源热泵应选择水量充足、水质较好、水温较高且稳定的地下水、地表水、废水为热源。

（2）水源总水量应按供热量、水源温度和热泵机组性能等综合因素确定。

（3）水源热泵应与暖通空调合用机组，并宜采用快速水加热器配贮热水箱（罐）间接换热制备热水。

【释义】水源热泵取水退水成本较大，与暖通空调合用机组，才能具有较好的经济合理性。规定热泵制备热水宜采用间接换热的理由，热泵冷凝器换热管束一般为$\phi6 \sim \phi8$，当自来水硬度较大时，管束中结垢物易堵塞管道断面，换热效果变差，阻力损失增大，而经常清洗管道水垢，又将严重影响其使用寿命，因此推荐采用间接换热供热水的方式；同时避免对生活用水的水质污染，水源水间接换热系统如图3.2-1所示。

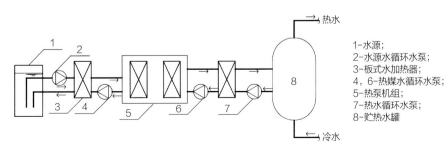

1-水源；
2-水源水循环水泵；
3-板式水加热器；
4、6-热媒水循环水泵；
5-热泵机组；
7-热水循环水泵；
8-贮热水罐

图3.2-1 水源水间接换热系统示意图

4. 空调余热回收热水系统

（1）空调余热回收机组宜采用以冷定热的热回收机组，机组供回水应采用空调冷水，供回水温差宜为5℃。

（2）以冷定热的空调余热回收机组应根据空调制冷系统的需求进行选型，在保证空调制冷系统效率的前提下，回收空调余热作为热水系统的预热。

【释义】空调余热回收系统宜用于酒店、医院等制冷机组运行时间长且设有集中热水供应系统的建筑类，可充分回收、利用冷凝器产生热量。目前应用较多的是以冷定热的空调余热回收系统（见图3.2-2），尽管由于制冷运行时段与生活热水用水时段不重叠，但设置了蓄热水箱可解决这一问题。

5. 太阳能和空气源热泵耦合生活热水系统

（1）太阳能光热系统宜采用无动力集热循环太阳能热水系统，生活用水经太阳能热水系统预热后与直热式空气源热泵串联制备热水；

（2）光伏电池耦合空气源热泵加热系统，光伏发电量宜按满足日用水量温升10℃进行设计，一般可按热水系统日均耗热量的25%～30%取值。

【释义】（1）太阳能和空气源热泵耦合应用于集中热水供应系统要解决的关键问题是如何根据太阳能和空气源热泵的加热特点，充分利用各自的加热效能，达到低碳节能高效的目标。

（2）集贮热式无动力太阳能系统最大限度地节省了系统运行能耗：一是集热系统省去了循环系统集热，因此省去了循环泵的能耗；二是相对于以水箱集贮热的传统系统，集贮热系统中的供水系统不仅系统简单，能充分利用给水系统水压，而且无须另加供水泵，节省了供水泵的系统能耗，集热效率达50%，是传统系统集热效率的2～3倍；依据测试数据，循环式空气源热泵在进水温度50～55℃的总耗电量迅速升高，性能系数（COP）迅速下降，在该阶段采用循环式空气源热泵不节能，随着直热式热泵的一次投资成本降低，在生活热水系统中得到了很好的应用，因此本条推荐采用无动力集热循环太阳能热水系统和

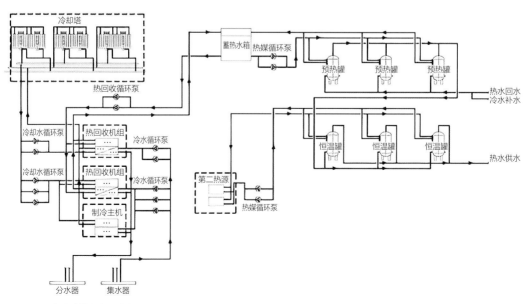

图3.2-2　以冷定热的热回收机组的系统图

直热式热泵的耦合系统。

（3）将电能转化为热能贮存，替代蓄电池。一是温度从50℃开始加热，提高热水温度到55~60℃，可以满足系统高温热力消毒的作用，可不再设置专用消毒灭菌装置；二是避免热泵（氟利昂工质）在高温水条件下制热性能系数偏低，避免由此造成的投资与效益比失衡。

6. 当采用太阳能、空气源热泵、余热回收等可再生能源作为集中热水供应的热源时，宜采用梯级贮热热水机组。热水机组及可再生能源制热系统应由国家认可的认证机构进行检测认证。

【释义】可再生能源为低密度能源，需要较大的贮热设施；生活热水用水存在峰谷时段，用水量变化较大，为保证热水供应的稳定可靠，需要设置庞大的贮热设施。贮热设施长期保持50℃以上的设计温度，影响新能源设备制热效率且存在较大的能耗和散热损失。《生活热水机组应用技术规程》T/CECS 134—2022引入了梯级贮热的理念，并给出了梯级贮热装置系统设计、设备选型的规定。梯级贮热装置可与太阳能、热泵机组

等非常规能源耦合使用，具有根据不同水温梯段调节制热的系统设计和自动控制措施，充分利用不同热源的最佳运行工况，通过调节高、中、低温度梯段，实现热水的梯级贮热，以太阳能和空气源热泵耦合应用为例，其系统原理图见图3.2-3，通过采用梯级贮热机组改变传统的贮热方式，将太阳能和空气源热泵较好的耦合，充分利用两种能源，梯级贮热热水机组设计应满足下列要求：

（1）梯级贮热热水机组由梯级贮热装置和热源设备等组成。梯级贮热装置的多个管道式贮热单元分为高温、中温、低温贮热段，并相互连通，形成不同梯级温度的热水贮热设施。

（2）贮热单元的最小高度与直径之比应大于或等于2.0。

（3）梯级贮热装置系统的组合模块单元数量不宜少于7个，模块单元之间采用串联方式连接；单个模块单元体积宜为200~2000L，每套梯级贮热装置贮水容积不宜大于15000L。

（4）梯级贮热装置应采用机电一体化技术，

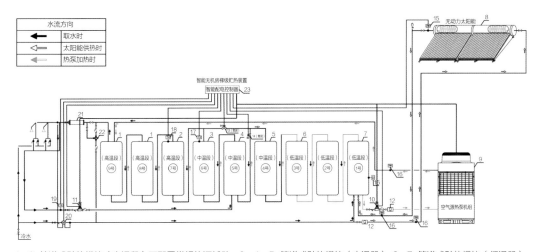

1，2-管道式贮热模块（高温段）可配置常规热源辅助；3，4，5-管道式贮热模块（中温段）；6，7-管道式贮热模块（低温段）；8-无动力太阳能集热器；9-空气源热泵机组；10-空气源循环泵P1；11-生活热水回水循环泵P2；12-流量计；13-电磁阀D1；14-电磁阀D1；15-水温水位传感器TW1；16-温度探头T2；17-温度探头T3；18-温度探头T4；19-温度探头T5；20-计量表；21-AOT热水消毒装置；22-恒温混水阀；23-智能配电控制器（分别电计量）

图3.2-3 太阳能和空气源热泵耦合应用系统原理图

将设备、管道、阀门集成为标准模块,并采取可靠的保温措施,室外安装时应满足防水、防潮、隔热等功能。

(5)当梯级贮热机组设置电加热装置时,宜在高温段每个罐体设置电加热装置;当梯级贮热机组末端温度低于或等于50℃时,开启辅助电加热装置,当水温高于或等于65℃时,辅助电加热装置停止运行。

7. 当采用洗浴废热为生活热水热源时,宜优先选用梯级废热利用生活热水系统。

【释义】洗浴废水作为生活热水热源具有稳定性、可持续性、便利性和经济性的特点,相关测试数据显示,采用洗浴废热生活热水系统时可达到占总制热量14%电能驱动,86%洗浴废热回收并循环利用,实现热水产能、*COP*、废热回收的最大化统一。与其他可再生能源热水系统相比,梯级废热利用热水系统的节能效果较好,洗浴废热替代化石能源,促进了建筑生活热水的能源结构转化。

三级废热梯级利用生活热水系统原理见图3.2-4,主要由前置水-水换热器及两组蒸发器、两组冷凝器交叉构成的两级压缩蒸气制冷循环装置组成。前置水-水换热器实现废水与清水

的直接换热,温度较高的废热水中的热能向温度较低的清水中转移;一级蒸发器、二级蒸发器则是将废热从低温废水向温度较高的清水转移,即通过冷媒的蒸发,从废水中吸热,同时再通过冷媒的冷凝,向清水中放热。三级废热回收利用将清水温度逐级提升到设定的温度,废热回收最大化,废水温度同步逐级降至3℃排放。

3.2.4
热水供水及循环系统

1. 大型居住区的集中热水供应系统制热机组宜按楼座分散设置换热站,区域集中热水供应系统每户(单元)平均管网热量损失指标不宜超过60W。

【释义】(1)大型居住区的集中热水供应系统,当供暖、生活热水管网独立时,生活热水热媒管独立设置,分楼座设置分散型换热机组,可减少管材用量同时降低管网无效热损耗,适用于底盘面积大、楼座多、分区多的大型居住类小区。

(2)合理控制户(单元)平均热水管网能耗指标是保证住宅集中热水系统经济合理性的关键。生活热水具有日耗能量较小、长年连续性使

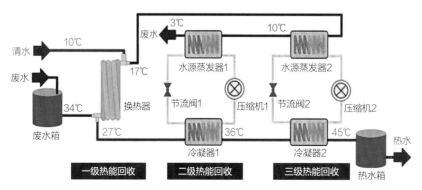

图3.2-4 三级废热梯级利用生活热水系统原理图

注:1. 蓝色线为废水,红色线为清水,橙色线为制冷剂;
　　2. 清水与废水流量之比为1:1(额定工况下);
　　3. 清水出水温度可按40~60℃之间调节。

用、年累计耗能较大等特点；资料表明居住类建筑热水全年能耗占住宅总能耗的30%，因此生活热水的节能应引起足够重视。由于全日制集中热水系统需要满足热水的及时性、稳定性、舒适性要求，管网全天均需保持适宜的温度，因此管网的能耗较大。如果不合理控制管网的能耗，势必造成能耗高、运行费用大、热水价格高涨，用户难以承受。住宅区设计经验与理论分析表明，"户均能耗指标"平均时散热量合理数值宜控制在60~80W，折算成每户平均日管网能耗指标为1440~1920W，且不宜超过每户住宅平均日热水能耗的30%。

2. 集中热水供应系统的分区应满足下列要求：

（1）集中热水系统应采用闭式系统，生活冷水与热水系统分区应一致，并应采用相同的压力源。

（2）当建筑物需要二次加压供水时，需要热水供应的部位，冷、热水均应集中加压供水。

【释义】系统分区越多管道热损失越大，通过对2000人左右的小区集中热水供应系统进行分区和不分区管道热损失测算，采用支管减压阀分区的供水系统管道散热能耗是高、低区分区管道散热能耗的1/2。从低碳节能设计角度考虑，在满足使用要求及系统压力要求的前提下，尽量减少系统分区来降低系统能耗是系统设计过程中低碳、节能的重要措施。

国内市政供水压力一般供应3~4层，热水竖向分区均按加压设计，可有效减少热水系统竖向分区，有利于简化系统设计，减少设备和管线数量，节能效果远大于市政供水的余压。某些五星级品牌酒店明文禁止采用市政给水作为热水的压力源，冷热水均应集中加压供水，采用同一个压力源。另外，集中热水场所一般为居住类建筑，为保证供水的可靠性，生活给水系统宜贮存一定

量，贮存量应满足运营管理单位的要求。具体措施如下：

（1）在市政压力供水范围内的多层建筑，冷热水系统可采用市政压力统一供水，竖向不分区；

（2）需要二次加压供水，系统不需要贮存水量，推荐采用叠压设备统一供水，分区静水压力应符合《建筑给水排水设计标准》GB 50015—2019第3.4.3条的规定；

（3）系统需要贮存水量，二次加压供水推荐采用变频设备供水，竖向可分区供水，但要确保冷、热水压力同源。

3. 集中热水供应系统循环管道异程布置选择原则

（1）在循环管（阀）件质量保障的前提条件下，单栋建筑内集中热水供应系统循环管道宜异程布置，在回水立管上设导流循环管件、温度控制或流量控制的循环阀件。

（2）居住小区内集中热水供应系统的各单栋建筑的热水管道布置不同，且增加室外热水回水总管时宜根据建筑物的布置、各单体建筑物内热水循环管道布置的差异等，在单栋建筑回水干管末端设分循环泵，温度控制或流量控制的循环阀件。

【释义】集中热水供应系统循环管道可通过阻力平衡流量分配法和温控调节平衡法实现系统的有效循环。其中阻力平衡流量分配法有循环管道通过同程布置或回水立管上装设阻力平衡的管（阀）件异程布置两种方式，使得各配水点的阻力相同，促使系统的良好循环。温控调节平衡法，是通过设在热水回水干立管的温度控制阀、温度传感器加电磁阀、温度传感器加小循环泵等方式由温度控制开关或启停、可以实现各回水干立管内热水的顺序有效循环。通过立管上设置的导流循环管件、温度控制或流量控制的循环阀件可实现管道异程布置。同、异程均可达到系统

的循环效果，但从系统的节能、节材角度考虑，应优先选择异程布置，前提是要选择可靠的管（阀）件，来实现异程布置。异程循环原理图如图3.2-5所示。

4. 无使用集中热水要求，热水支管长度达20m及以上或配水点出水温度达到最低出水温度的出水时间超过15s的居住建筑，局部热水系统设置宜符合下列规定：

（1）优先采用循环配件保证管道循环；

（2）当循环配件无法满足循环要求时，采用热源带贮热容积且设户内循环泵的局部热水系统。

【释义】建筑面积较大、户内卫生间较多的居住类建筑，设置集中热水供应系统时因入住率

的问题存在大马拉小车的现象，造成系统无效能耗大、管道设置复杂，循环效果差、出冷水时间较长的现象时有发生，从低碳、节能、舒适度等角度考虑建议此类建筑采用户内循环泵的局部热水系统。设回水循环配件的热水系统如图3.2-6所示，户内设循环泵的局部热水系统如图3.2-7所示。

5. 集中热水供应系统采用干管和立管循环，当配水点出水温度和出水时间不能满足《建筑给水排水设计标准》GB 50015—2019第6.3.10条要求时，宜优先选用支管设自调控电伴热保温方式。

【释义】设置支管自调控电伴热来保证热水供水温度是热水循环系统的有效补充措施，适用

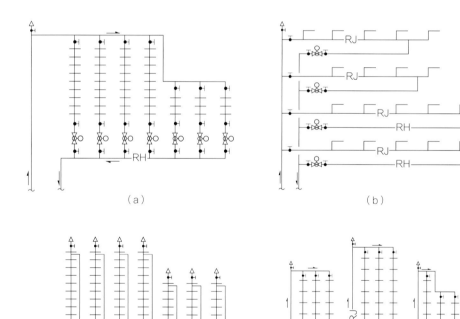

（a）　　　　　　　　　　　　　　（b）

（c）　　　　　　　　　　　　　　（d）

图3.2-5　温控循环阀用于异程系统原理示意图

（a）温控循环阀用于上行下给异程布管循环系统；（b）温控循环阀用于横向异程布管；（c）温控循环阀用于下行上给异程布管循环系统；（d）温控循环阀用于小区集中热水供应系统

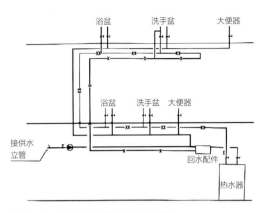

图3.2-6　设回水循环配件的热水系统

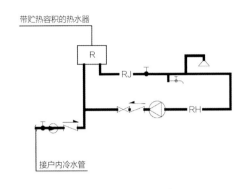

图3.2-7　户内设循环泵的局部热水系统

于条件允许的各种场所。所谓电伴热，是利用电热能量来补充不循环支管所散失热量的一种电热方式，维持支管内水温不低于45℃。自调控电伴热依据伴热温度要求按需供热，可随着被伴热体所需补充热量自动调节输出功率。对于设有分户水表计量的住宅、别墅及酒店式公寓等居住建筑，不宜采用支管循环系统，其理由：一是支管进、出口要分设水表，容易产生计量误差，并引起计费纠纷；二是循环管道及阀件太多难以维护管理，循环效果难以保证；三是住宅相对公建，易采取节水措施；四是能耗大；五是施工安装困难。另外，经设支管电伴热的工程测算：采用支管自调控电伴热与采用支管循环比较，虽然前者一次投资大，但节能效果显著，如居住建筑的支管采用定时自调控电伴热，每天伴热（按6h计）比支管循环节能约70%，运行2～3年节能节省的能源费可抵消增加的一次投资费用，并且还基本解决了以上支管循环的各种问题，但采用支管自调控电伴热，支管宜走吊顶，如敷设在垫层时，垫层需增加厚度。对于不设分户水表且宜实现管道同程布置的宾馆、酒店、医院等公共建筑，其物业管理条件相对较好，运行维护能力也较高，则可设置支管循环系统来满足其较高的水温及舒适度要求。

3.2.5
管材、附件及保温

1. 生活热水系统的管材使用年限塑料管不宜超过20年，金属管不宜超过30年，可采用紫铜管、薄壁不锈钢管、PVC-C管道等耐腐蚀和安装连接方便可靠的管材及附件。

【释义】生活热水系统不同于给水系统的管材选择，热水系统内的热水温度为50～70℃，热媒系统内的介质温度为60～200℃，不同的热水系统、热媒系统有不同的工作压力。因此热水系统的管材、附件的选用要着重考虑产品、耐高温、耐压等方面，提高管材、附件的使用寿命即是低碳、节能最直接的技术措施。

从全生命周期考虑，设计师应熟悉管材的材质、生产工艺等是否低碳、节能，同时随着目前各行业均在低碳化改革，包括应用于生活热水的管材原材料及生产工艺也在逐渐向低碳化发展，尽管这部分碳排放量不计算在建筑设计运行阶段，但是设计师的选择直接影响全生命周期的碳排放量，因此对综合低碳的管材选择环节不容忽视。

2. 热水系统相关的供、回水管（阀）件、加（贮）热设备等均应作隔热保温，并应满足现行国家标准《建筑给水排水设计标准》GB

50015中相关技术要求。

【释义】《管道和设备保温、防结露及电伴热》16S401中有保温层厚度的计算要求。生活热水系统的管道散热损失是不容忽视的能耗损失量，在设计过程中应尽可能降低其无效散热量，提高系统运行能耗。由于生活热水系统管（阀）件、加（贮）热设备等的隔热保温效果与系统的无效热损失息息相关，当保温厚度足够、保温材料可靠时可大幅降低系统在运行过程中的无效损耗，可按《管道和设备保温、防结露及电伴热》16S401的保温厚度采用。

（1）热水供、回水管道的保温层厚度见表3.2-2：

热水供、回水管道保温层厚度（mm）　表3.2-2

保温材料	管径（mm）									
	20	25	32	40	50	65	80	100	150	200
A	25	25	25	25	25	30	30	30	30	30
	20	25	25	25	25	25	20	—	—	—
B	25	30	30	30	30	35	35	35	35	35
	25	25	25	25	25	25	25	—	—	—
C	20	25	25	25	25	25	25	25	25	30
	—	—	—	—	—	—	—	—	—	—
D	25	30	30	30	30	35	35	35	35	40
	25	25	25	25	25	25	25	—	—	—

注：1. 表中保温层厚度是按热水温度60℃，环境温度为10℃取值。
　　2. 表中A—超细玻璃棉制品；B—泡沫橡塑制品；C—聚氨酯泡沫制品；D—岩棉制品。

（2）蒸汽、凝结水、热媒水管道的保温层厚度见表3.2-3：

蒸汽、凝结水、热媒水管道保温层厚度（mm）　表3.2-3

保温材料	管径（mm）									
	20	25	32	40	50	65	80	100	150	200
A	40	40	45	45	45	50	50	55	55	60
	30	35	35	35	35	40	40	40	45	45
B	40	40	45	45	45	50	50	55	55	60
	30	30	35	35	35	40	40	40	40	45

保温材料	管径（mm）									
	20	25	32	40	50	65	80	100	150	200
C	45	45	50	50	50	55	55	60	60	65
	35	35	40	40	40	40	45	45	45	50
D	50	50	55	55	60	60	65	65	70	70
	40	40	45	45	50	50	50	55	55	55

注：1. 表中保温层厚度是按饱和蒸汽、凝结水、高温热媒水温度为150℃，低温热媒水温度为100℃，环境温度为10℃取值。
　　2. 表中A—玻璃棉制品；B—超细玻璃棉制品；C—岩棉制品；D—复合硅酸盐制品。
　　3. 表中厚度 $\dfrac{XX-金属管道保温层厚度}{XX-塑料管道保温层厚度}$

3.2.6
自动控制与可靠性

1. 全日集中热水供应系统循环泵启停应由回水管道温度控制器控制，定时热水系统循环泵启停应由回水管道温度控制器和时间控制器控制。

2. 空气源热泵宜每台独立设置1台循环泵。

3. 所有配电控制箱柜耐环境温度应符合行业要求，−30～70℃均应能正常工作。

4. 所有配电控制箱柜及线缆接口均应满足国家现行产品认证的要求，各导电回路常温常湿状态电气绝缘不低于20MΩ；高温高湿电气绝缘不低于1.5MΩ。

5. 产品外观完好无损伤并应满足防水、防潮、耐霉菌的质量要求，室内安装控制柜其防护等级不应低于IP32；室外安装其防护等级不应低于IP55。

6. 配电控制箱柜制造材料均应满足防火阻燃UL94V-2等级要求。

7. 建设单位应委托具备相应资质的第三方检测机构进行工程安全可靠性质量检测与评估，检测项目和数量应符合抽样检验要求。

3.3

排水系统设计

3.3.1
生活排水

1. 一般要求

（1）生活排水应与雨水分流排出。

【释义】生活排水通过管道排入污水处理厂，分流可降低污水处理厂的规模，降低污水处理厂建造和运营中的碳排放。雨水经过小区的海绵措施，降低外排径流量，直接排放至水体。另外通过单独的城市雨水的管道系统，降低对排水系统造成的冲击负荷，降低由于冲击负荷波动带来的碳排放增加。

（2）消防排水、生活水池（箱）排水、游泳池放空排水、空调冷凝排水、室内水景排水、无洗车的车库和无机修的机房地面排水等宜与废水系统分流，单独设置废水管道，直接排至室外雨水管道。

【释义】排水水质洁净，无须处理，排至雨水系统有利于减碳。

（3）建筑中水原水收集管道应单独设置，且应符合现行国家标准《建筑中水设计标准》GB 50336的规定。

【释义】建筑中水原水收集管道单独设置，有利于中水处理保证原水水量及水质稳定，有助于控制中水系统在建造和运营过程中的碳排放量。

（4）在满足排水立管流量及通气要求的前提下，优先采用伸顶通气方式。

【释义】在满足排水立管流量及通气要求的前提下，伸顶通气方式是用管量最小、安装最方便、运行维护最简单的排水管道系统，同等条件

下，其在建造和使用过程中所产生的碳排放量最少。

2. 同层排水

（1）实现同层排水，在传统大降板、微降板及不降板方式中，优先采用不降板方式。

【释义】从对管道施工质量要求，到安装的工程量及维护、检修的方便程度上看，通过对洁具布置的优化，采用不降板方式实现同层排水，有利于降低建造过程中的碳排放量；后期维护及检修方面，不必开挖及破坏防水，能够大幅降低运营中所产生的碳排放量。

某项目住宅卫生间，分别对传统降板、微降板及不降板方式的土建做法、管道布置进行专项分析，如图3.3-1所示。

通过对上述不同方式同层排水的做法分析，得出不同做法对应的综合造价和安装节点的对比，见表3.3-1。

（2）同层排水应优先选用自带水封洁具。

【释义】自带水封洁具，有利于降低管道安装的难度、工程量及造价，有利于降低建造过程中的碳排放量，后期维护及检修方面，不必开挖及破坏防水，能够大幅降低运营中所产生的碳排放量。

3. 压力排水

（1）与建筑专业配合合理功能布局，充分利用地形，宜减少设置压力排水的范围。

【释义】压力排水，需要消耗电能，而电能的产生又可能需要产生大量的碳排放。建筑功能布置时，应尽量减少或不设置有排水要求的功能在地下区域或需要提升区域。对于山地建筑或坡

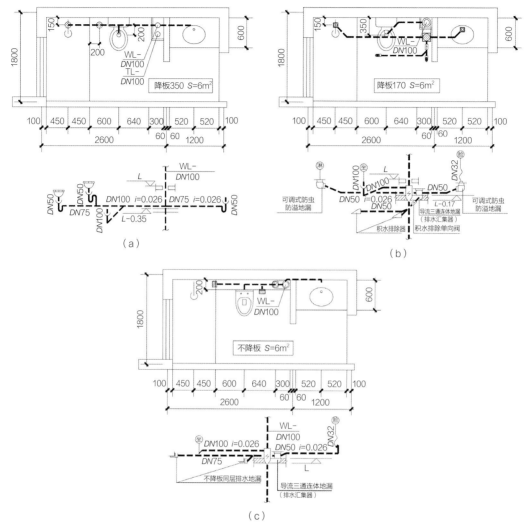

图3.3-1　不同降板做法的同层排水方式
（a）传统降板做法；（b）微降板做法；（c）不降板做法

不同方式同层排水综合造价和安装节点对比表　　　　　　　表3.3-1

综合造价及施工工序节点	不降板同层排水	传统降板同层排水	微降板同层排水
综合造价（元）	2235.39	7329.9	4678.6
比率	0.300	1	0.648
①地面装饰层	√	√	√
②装饰层下方结合层	√	√	√
③结合层下方防水层	√	√	√
④防水层下方找平层	√	√	√
⑤找平层下方结构层	×	√	×
⑥结构层下方降板填充层	×	√	√
⑦降板填充层下方降板防水层	×	√	√

续表

综合造价及施工工序节点	不降板同层排水	传统降板同层排水	微降板同层排水
⑧降板防水层下方降板找平层	×	√	√
⑨降板层模板安装	×	√	√
⑩立管安装	√	√	√
⑪排水横支管安装	√	√	√
排水横支管布局	污废分流	污废合流	污废分流
马桶选用	壁挂后排、落地后排	落地下排	落地下排、壁挂后排、落地后排
检修性能	极易	难	易
堵塞率	低	高	低
防臭效果	极优	一般	极优
排水安全性	高	一般	高

注：打√代表需施工，打×代表不需施工。

地建筑来说，应尽量把有排水要求的功能布置在能重力排出的一侧，减少设置压力排水的范围。设计过程中，应跟建筑等相关专业进行充分沟通，从根本上解决设置压力排水系统增加碳排放的问题。

（2）对于设置有压力排水的系统，应合理选择潜水（污）泵的流量和扬程。

【释义】潜水（污）泵的流量和扬程应根据国家、地方或行业规范、标准的有关规定计算，合理选择流量和扬程参数，过大的参数选取会导致潜水（污）泵的功率偏大，进而消耗更多的电能，产生更多的碳排放。

（3）潜水（污）泵应选择能效等级1级的泵。

【释义】潜水（污）泵选择时应尽可能选择能效等级高的泵，这样能减少电能的无效消耗，提高利用效率，减少碳排放。

（4）生活排水系统需设置泵坑时，泵坑的大小不宜过大，有效容积满足《建筑给水排水设计标准》GB 50015—2019第4.8.4条的规定即可。

【释义】《建筑给水排水设计标准》GB 50015—2019第4.8.4条对泵坑的大小选取有明确规定，应通过计算合理选取，不宜盲目取大，容积过大会带来提升泵运行时间增加、同时过大的容积需要消耗更多的钢筋、混凝土等建材，不利于减少碳排放。

4. 中水原水收集系统

（1）工程中需自建中水处理站时，中水原水收集系统优先收集优质杂排水。

【释义】工程设计中项目周边无市政中水，根据当地相关规定或绿建要求，需要自建中水处理站；中水原水收集系统的选取顺序为优质杂排水→杂排水→污水。根据水量平衡计算，优先选择优质杂排水作为中水回用的原水，选择优质杂排水或杂排水作为原水，采用物化处理工艺或生态处理工艺即可满足回用的要求，处理工艺简单，消耗能源量少，能有效减少碳排放；对于选择污水作为中水回用水源时，主要采用生物处理工艺，如生物接触氧化法，需要消耗较多的能量进行曝气，碳排放较高；相比较而言，如SBR处理工艺、膜生物反应器处理工艺消耗能量较少，碳排放量较低。工程设计中，根据项目的实际情况，优先低碳处理工艺。

（2）根据工程项目特点，优先采用模块化户内中水集成系统。

【释义】模块化户内中水集成系统相较于传统的中水原水收集处理系统而言，节省了大量的管道系统和调蓄池、处理设备，实现就地收集就地处理，能够保障出水水质，下沉式中水模块构造原理如图3.3-2所示，具体可参见水处理章节内容。

5. 室外排水

（1）室外排水管网设计时应选用优质管材、技术成熟的连接方式和与管材配套的附配件，减少管网渗漏。

【释义】室外埋地污水管网渗漏一直是一个普遍现象，由于有害物质的累积，削弱了土壤自净能力，对土壤造成污染随之出现土壤富营养化，导致生态平衡被打乱，最终影响人体健康；同时，由于污水渗漏造成地下水污染，对人体健康产生不良影响。

根据相关资料显示，室外污水管道渗漏的原因总结下来主要是地质沉降、管道埋深不够、承受荷载过大、施工不规范、劣质管材和附配件等。因此，要求设计师在选用排水管材、连接方式和相应的附配件时，应按照项目所在地的地质条件严格执行设计规范和产品标准，选用优质、达标产品。

关于室外排水的管材选用，通过对目前实际工程的市场调研，总结出以下选用原则：

（1）生活污水管、废水管、雨水管小于DN500采用聚乙烯/聚丙烯双壁波纹管，承插接口，橡胶圈密封；大于或等于DN500采用聚乙烯/聚丙烯缠绕增强管，双承插连接，橡胶圈密封；环刚度：车行道下大于或等于8.0kN/m²，非车行道下大于或等于4.0kN/m²，埋深较大（大于2.5m）的部位要求环刚度大于或等于12kN/m²。

（2）管材执行标准如下：

1）现行国家标准《埋地用聚乙烯（PE）结构壁管道系统　第1部分　聚乙烯双壁波纹管材》GB/T 19472.1；

2）现行国家标准《埋地用聚乙烯（PE）结构壁管道系统　第2部分　聚乙烯缠绕结构壁管材》GB/T 19472.2；

3）现行国家标准《埋地排水排污用聚丙烯（PP）结构壁管道系统　第1部分：聚丙烯双壁波纹管材》GB/T 35451.1；

4）现行国家标准《埋地排水排污用聚丙烯（PP）结构壁管道系统　第2部分：聚丙烯缠绕结构壁管材》GB/T 35451.2。

另外，根据《国家发展改革委 住房城乡建设部关于印发〈城镇生活污水处理设施补短板强弱项实施方案〉的通知》（发改环资〔2020〕1234号）以及《国家发展改革委 住房城乡建设部关于印发〈"十四五"城镇污水处理及资源化利用发展规划〉的通知》（发改环资〔2021〕827

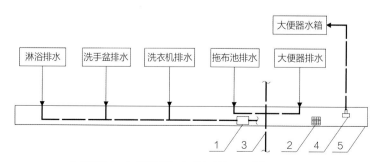

1-淋浴排水；2-消毒装置；3-排水立管；4-潜水泵；5-汇集水箱

图3.3-2　下沉式中水模块构造原理

号）指出：提升管网建设质量，加快淘汰砖砌井，推行混凝土现浇或成品检查井，优先采用（推广）球墨铸铁管、承插橡胶圈接口钢筋混凝土管等管材。因此，对于重点工程建议室外排水管材推荐选用球墨铸铁管和钢筋混凝土管等管材。

（2）应根据市政接驳位置和场地竖向设计，合理规划排水管道路由，避免长距离敷设管网。

【释义】主要考虑项目中如果管网过长，会带来埋深增加、工程量增加、管材浪费等问题。具体设计中，设计人员可以根据项目的市政污水接驳点位置、用地红线内场地标高设计、单体建筑的出户管位置、化粪池设置情况和日后是否便于运维管理等因素，进行分片区规划排水管网路由，力求管网长度最短，减少管道安装过程的碳排放，管线布置对比如图3.3-3所示。

（3）室外排水应根据项目所在地的市政规划，采用雨、污分流排水制度。同时设计中应合理配置管径，防止溢流污染。

【释义】雨水污染轻，经过分流后可直接排入城市内河，经过天然沉积，既可作为天然的景观用水，也可作为城市市政用水。同时，雨水经过净化、缓冲流入河道，能够提高地表水的运用效益。污水排入污水管网，并经过污水处理厂处理，完成污水再生回用，雨污分流后能提高污水处理率，防止污水对河道、地下水形成污染。

对于一些地势低凹区域的排水管网，设计中还需注意因暴雨造成的管网溢流，使得污水管道中沉积的污染物随溢流水污染环境。

（4）当项目用地周边具备完备的市政排水条件，且城镇设置有污水收集和处理设施时，应不再设置化粪池。

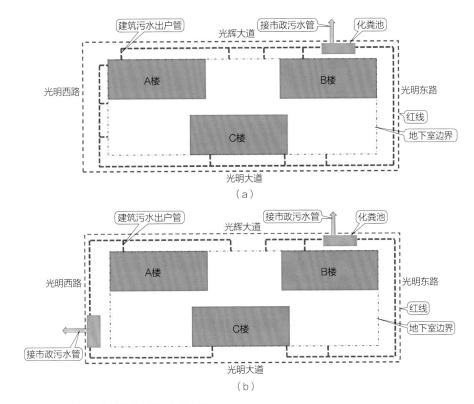

图3.3-3　某项目室外管线布置对比示意图
（a）管道布置不合理；（b）管道布置合理

【释义】首先，污水处理厂进水污染物浓度及污染指标平衡是衡量排水管网系统建设和运维水平的重要性指标，保证一定量浓度的污染物对于提高污水处理厂的污水处理效率起到至关重要的作用。其次，建设化粪池带来建材消耗、施工过程的碳排放。因此，在设计中提出，当城镇设置有污水收集和处理设施时，可不再设置化粪池。

3.3.2
雨水排水

1. 屋面排水系统

（1）重力排水系统、半有压流排水系统和虹吸压力流雨水系统的选择，应根据不同项目规模、屋面形式、汇水分区、立管和出户管位置要求等，对雨水排水系统进行合理选择。

【释义】重力排水系统、半有压流排水系统和虹吸压力流雨水系统的特点和适用场所，见表3.3-2。考虑到管道数量、系统排水能力等因素，大型屋面优先采用虹吸压力流雨水系统和半有压流排水系统。

（2）绿化屋面种植区与雨水沟之间应设置缓冲层，防止种植土随雨水径流进入排水系统造成堵塞。

【释义】绿化屋面可根据景观设计方案，通过种植土层下方的排水疏水层汇集雨水，设置排水明沟或排水暗沟，将种植屋面排水和非种植区屋面排水系统有机结合。种植土与雨水排水沟之间应设置卵石缓冲层保护，防止种植土随雨水径流流入并堵塞雨水斗和雨水管道系统，卵石缓冲层具体节点做法可参照图3.3-4～图3.3-6。

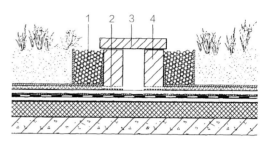

1-卵石缓冲层；2-排水管（孔）；3-盖板；4-种植挡墙
图3.3-4 种植屋面排水沟构造节点

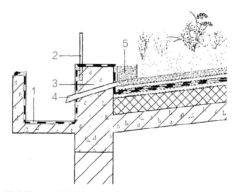

1-防水层；2-防护栏杆；3-挡墙；4-排水管；5-卵石缓冲带
图3.3-5 种植屋面檐沟排水构造节点

各种雨水系统的特点和适用场所 表3.3-2

系统名称	流态特点	适用场所
重力排水系统	重力输水无压流系统，通常由重力雨水斗、承雨斗和管道系统等组成；设计排水能力小	阳台排水；成品檐沟排水；承雨斗排水
半有压流排水系统	设计流态处于重力输水无压流和有压流之间的系统，通常由87型雨水斗和管道系统组成；设计排水能力中等	屋面板下允许设置雨水管的各种建筑；天沟排水；无法设置溢流的不规则屋面排水
虹吸压力流雨水系统	设计流态为重力输水有压流系统，通常由虹吸雨水斗和管道系统组成；设计排水能力大	屋面板下允许设置雨水管的各种建筑；天沟排水；需要节省室内管道找坡高度、排水管道设置位置和数量受限的建筑

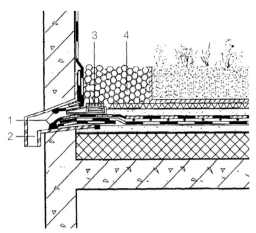

1-密封胶；2-落水口；3-雨箅子；4-卵石缓冲带

图3.3-6　种植屋面外排水构造节点

（3）大型屋面的公共建筑宜设置收集回用系统。

【释义】雨水收集回用实现了雨水资源化利用，在低碳设计方面常常被工程项目所采用。根据目前行业学者的研究，屋面雨水水质相对较好，因此收集屋面雨水进行处理回用经济性能好，在工程项目中容易实现。收集的雨水经处理达标后可回用于冷却塔补水、车库冲洗、绿化等。

（4）下沉空间加压提升雨水宜采用多台泵并联运行的设计方案。

【释义】下沉空间场地雨水由于设计重现期均按照大于或等于50年取值，雨水径流总量对排水系统冲击较大。故在设计中，推荐采用多台泵并联运行的设计方案（最多不超过8台），单泵功率较小，以降低动力消耗实现低碳设计目标。

2. 室外雨水

（1）室外雨水排水系统应与雨水控制及利用设施统筹建设。

【释义】雨水控制及利用设施与室外雨水排水系统建设相辅相成，二者在设计、建造过程中应该统筹协调，既能保证雨水控制及利用系统的合理性和经济性，又能实现雨水排水系统安全有效运行。

（2）雨水调蓄应结合景观水体、收集池和海绵下渗设施作为调蓄空间，不宜设置人工雨水调蓄池。

【释义】雨水调蓄对于消减雨水径流峰值流量起到非常重要的作用。在项目设计中，推荐利用具有调蓄空间的景观水体、降雨前能及时排空的雨水收集池、洼地及入渗设施作为雨水调蓄空间利用，既有利于消减峰值流量，又能兼顾雨水的有效利用，实现低碳设计目标。相反，对于人工雨水调蓄池，仅为调节雨水峰值目的，大量耗费建筑材料，调蓄池常年空置，造成较大浪费。

（3）室外雨水宜实现就地入渗和滞蓄。

【释义】雨水入渗和滞蓄具有消减峰值流量、截流雨水径流面源污染、补充地下水、改善周围空气环境等积极作用，应大力推广使用。设计中应优先利用绿地入渗滞蓄雨水，还可根据汇水面积、地形、土壤渗透系数等选用透水铺装、浅沟、洼地、渗渠、渗透管沟、入渗井、入渗池和渗排一体化设施等形式或其组合应用。

（4）室外雨水宜根据项目实际情况采用"无管网"方案。

【释义】相对于常规的室外埋地雨水管网系统而言，对于一些用地地形高差较大的项目或者市政雨水接驳标高较高的项目，可以结合海绵措施采用以雨水沟渠为主的"无管网"排水方案。该方案具有雨水沟渠底坡较管道系统的坡度小、建材消耗低、施工时开挖后无须再次回填等优势，也是雨水系统低碳设计的一种良好选择。

3.4

水处理系统设计

3.4.1

生活给水处理系统

1. 软化水处理系统出水量应根据供水量和系统的自用水量确定，宜选用离子交换法软水机或软水站。

【释义】应根据设备周期去除硬度总量及原水水质确定再生周期，当原水水质发生变化时应及时调整，避免处理失效及再生盐浪费。受交换树脂表面积影响，容积较大的反应罐其水处理效率较高，所以可在适当范围内选用较大尺寸的反应罐以减少设备运行时间及能耗。

目前，建筑用水的软化一般采用自动软水器，软水器应用离子交换原理，去除水中的钙、镁等离子，使水质软化。全自动软水器是由树脂罐（软化树脂）、盐罐、控制器组成的一体化设备，本质是离子交换法。树脂罐上安装集中控制阀或多路阀，实现程序控制运行，自动再生；采用虹吸原理吸盐，自动注水化盐，无须盐泵、溶盐等附属设备。全自动软水器的特点：1）自动化程度高，供水工况稳定；2）先进程序控制装置，运行准确可靠，替代手工操作，完全实现了水处理各个环节的自动转换；3）高效率低能耗，运行费用经济，软水器设计合理，树脂交换彻底，设备采用射流式吸盐，替代盐泵，降低了能耗；4）设备结构紧凑，占地面积小，节省了基建投资，安装、调试、使用简便易行，运行安全可靠。

假定原水硬度为150mg/L，试算三种品牌共9种机型离子交换法软水机运行消耗。设备参数及

周期运行消耗情况见表3.4-1。

1）同品牌机型横向对比，反应罐容积大的设备由于所装载树脂量较大，具有更大的表面积用于离子交换，水处理效率高，运行期间更为节电。

2）由于无动力软水机属于小功率设备，流量小、流速慢，运行时间长，设备总功率对于生命周期内耗电量影响较大，能耗差异明显。

3）周期反冲洗水量与设备反应罐容积呈正相关，由于罐体体积增大，交换树脂冲洗难度增加，单次反冲洗水量需求提高。同时，核算到处理单位水量所需求的反冲洗水量有所增加。

4）耗盐量不同品牌、型号设备有所区别，但总体差异不大。

2. 为保障直饮水系统出水水质，应充分分析原水水质选取直饮水处理工艺，若使用低级工艺水质已达标，不宜过高选用工艺水平。从运行成本及工程造价角度出发，宜减少使用电渗析法。预处理对于减轻后续工艺结垢、堵塞风险，降低运行成本具有积极作用。考虑设备长期运行节能低碳，可优先选用紫外线、臭氧消毒作为消毒工艺处理单元。

【释义】直饮水的深度处理一般采用膜处理法，常用于水处理的膜分离技术有五种：微滤（MF）、超滤（UF）、纳滤（NF）、反渗透（RO）和电渗析（ED）。

微滤（MF）是利用静压差为推动力，膜分离是利用膜的"筛分"作用进行分离的过程。微滤膜具有比较均匀、整齐的多孔结构，在静压差作用下，大于膜孔径的粒子则被阻拦在滤膜表面，

9种机型离子交换法软水机运行消耗

表3.4-1

	设备型号	单位	A品牌1型	A品牌2型	A品牌3型	B品牌1型	B品牌2型	B品牌3型	C品牌1型	C品牌2型	C品牌3型
设备参数	反应罐尺寸	mm	φ229×1219	φ305×1321	φ356×1651	φ254×1117	φ254×1372	φ305×1270	φ203×1117	φ254×1117	φ305×1320
	运行压力	MPa	0.14~0.86	0.14~0.86	0.14~0.86	0.13~0.83	0.13~0.83	0.13~0.83	0.14~0.86	0.14~0.86	0.14~0.86
	进水温度	℃	1~50	1~50	1~50	4.4~38	4.4~38	4.4~38	4.4~43	4.4~43	4.4~43
	原水硬度	mg/L	150	150	150	150	150	150	150	150	150
	周期制水量	m³	18.12	27.04	40.56	16.68	22.99	32.98	22.88	34.32	48.05
	流量	m³/h	2.04	2.40	4.54	2.27	2.70	3.00	2.86	3.70	3.97
	设备功率	W	35	35	35	15	15	15	20	20	20
周期运行消耗	周期去除硬度	g	2717.57	4056.05	6084.08	2502.40	3448.07	4947.44	3432.00	5148.00	7207.20
	最高进水硬度	mg/L	1300	1300	1300	—	—	—	1500	1500	1500
	周期耗电量	kWh	310.2403	394.6383	312.7099	110.1893	127.5887	165.0402	159.9184	185.4268	241.7966
	处理单位水量电量需求	kWh	17.1241	14.5944	7.7097	6.6050	5.5504	5.0038	6.9894	5.4029	5.0324
	周期再生盐消耗量	kg	1.8144	3.1752	4.7628	1.7690	2.3587	3.4020	2.7216	4.0824	5.4432
	处理单位水量盐量需求	kg	0.1001	0.1174	0.1174	0.1060	0.1026	0.1031	0.1190	0.1190	0.1133
	周期反冲洗水量	m³	0.2120	0.3860	0.6850	0.4258	0.6245	0.9538	0.1211	0.1699	0.2555
	处理单位水量需求	m³	0.0117	0.0143	0.0169	0.0255	0.0272	0.0289	0.0053	0.0050	0.0053

粒径小于膜孔径的粒子通过滤膜，从而使大小不同的组分得以分离。微滤同超滤、反渗透一样，均属于压力驱动型膜分离过程，被分离粒子的直径范围在 $0.08 \sim 0.1 \mu m$ 之间。微滤膜在过滤时介质不会脱落、无毒、没有杂质溶出、使用寿命较长、使用和更换方便，并且膜孔分布均匀，可将大于孔径的细菌、微粒、污染物截留在滤膜表面，而且滤液质量高，也可称为绝对过滤。

超滤（UF）是筛孔分离过程在压差推动力作用下进行的，它介于纳滤和微滤之间，超滤膜的膜孔径范围在 $0.001 \sim 0.05 \mu m$ 之间，分离粒子的直径为 $0.002 \sim 0.1 \mu m$ 的胶体物质和大分子物质，是一种从溶液中分离大粒子溶质的膜分离过程。

纳滤（NF）是介于超滤和反渗透之间的一种膜分离技术。纳滤膜属于有机高分子纳米技术，其膜孔处于纳米级范围，具有松散的表面层结构，最适合饮用水的软化处理。其分离机理为溶解–扩散和筛分并存，然而，它可以有效去除分子量大于200的和二价及多价离子各类物质，而对小分子物质和低价盐的截留率较低。纳滤可在较低的压力（$0.5 \sim 1MPa$）下实现较高的产水量。纳滤膜的总盐类去除率为50%～70%，对 SO_4^{2-} 和 Ca^{2+}、Mg^{2+} 的去除率高，在净水处理中适用高 SO_4^{2-} 含量的水的软化，纳滤又保留了人体所需的无害的钾钠等盐分。在软化水（包括饮用水）方面应用最大。特别是用于地下水处理方面，主要目的是降低硬度、去除特定污染物和有机物，减小溶液中离子强度等。纳滤软化在去除硬度的同时，还可以去除水中的色度、浊度和有机物，并且出水水质明显优于其他软化工艺；纳滤软化具有产水量大、耗能较低、无须再生、浓缩水排放少、自动化程度高、操作简单、占地面积省等优点，是一种环境友好型的分离方式，应用具有明显的经济效益和社会效益，这是其他膜技术无法替代的。

反渗透（RO）是一种以压差为动力、借助于选择性透过膜的功能的膜分离技术。当系统所加压力大于溶液的渗透压时，水分子透过膜、经过产水流道进入中心管，在一端流出。水中原来含有的杂质，如胶体、阴阳根离子、细菌、有机物等被截留，从膜的浓水侧排出，从而达到净化分离的目的。在采用反渗透软化时，一部分进行膜处理，另一部分水绕过反渗透装置，然后将两部分进行混合，混合率就是两者的比值。通过调节混合率，使出水硬度达到要求。与其他水处理方法相比具有以下优点：常温操作、相态变化、效益高、设备简单、操作方便、占地少、适应范围广、能量消耗少，自动化程度高和出水质量好等。但与纳滤相比，反渗透的产水量较低，能耗较高，但其有价格优势。另外，反渗透在进行软化时，能将水中的钙、镁离子基本去除，但完全软化的水饮用会对人体健康不利。

电渗析（ED）法是在直流电场作用下，以电位差作推动力，通过水中阴阳离子的定向迁移，从而实现除盐目的的一种成熟的水处理技术，利用离子交换膜选择对离子的透过性。电渗析在膜分离领域有重要地位，也是一些地方饮用水的主要生产方法。在用电渗析除硬度时，应加碱性药剂去除水中的部分非碳酸盐硬度，使水的硬度基本达到饮用水的标准；同时还要降低水的色度和浊度，满足电渗析的进水水质要求，延长膜的寿命，减少膜污染。完全软化的水并不适合饮用，因此电渗析时，不要去除水中全部的钙、镁离子，通常硬度在170mg/L的饮用水对人体是最好的。电渗析不但能降低硬度，也能降低水中的溶解性总固体。它在中等含盐量（$300 \sim 1500mg/L$）范围内除盐时，选用电渗析技术从运行和投资费用上都有较大的竞争力，但电渗析运行成本较高，耗电量大，且一次性投资较大。

某建筑直饮水系统设计日用水量24m³/d，设备运行时间12h/d，系统产水量取2.5m³/h。采用原水－预处理－超滤－纳滤－保安过滤器－紫外线消毒工艺，设备运行物料消耗见表3.4-2。

某建筑直饮水系统运行物料消耗情况　表3.4-2

	项目	单位	数量/年	单位水量消耗
化学品	30%HCl	kg	4580.00	1.060922
	25%NaOH	kg	3956.00	0.916377
能源需求	电力	kWh	6594.30	1.527519
	原水	m³	7646.90	1.771346
消耗品	石英砂（0.6~1.2mm）	kg	160.00	0.037063
	活性炭	kg	100.00	0.023164
	离子交换树脂	L	1530.00	0.354413
	PP棉（5μm×40″）	个	14.00	0.003243
	超滤膜（4040）	个	18.00	0.004170
	纳滤膜（4040）	个	10.00	0.002316
	保安过滤器（1μm×20″）	个	6.00	0.001390
	40W紫外灯管	个	9.00	0.002085
	23W紫外灯管	个	12.00	0.002780

3.4.2
游泳池和公共浴场水处理系统设计

1. 循环周期按照现行行业标准《游泳池给水排水工程技术规程》CJJ 122要求取上限值，减少循环次数，且循环泵应采用变频泵。

【释义】循环单元的碳排放为循环泵的能耗。《游泳池给水排水工程技术规程》CJJ 122—2017第4.4.1条规定了不同类型不同深度的游泳池循环周期的上限值和下限值。为节约能源，在保障水质安全的条件下，尽量减少循环次数，应选择要求的上限值。在同等项目基础条件和相同循环周期下，循环单元的循环流量和所需扬程一定，但随着过滤环节的过滤阻力的增大，水泵的扬程不断加大才能保持恒定的循环工况，因此，采用变频泵在不同频率下的运行可以实现减碳。通过选型及计算，典型泳池［50m×21m×（1.2~1.8）m］在满负荷运行状态下选用2台循环泵时，单位水量用电量为0.0895kWh/m³。

2. 在满足水质处理工艺要求的前提下，推荐过滤器的选用类型依次为硅藻土过滤器、负压过滤器、重力式过滤器和颗粒压力式过滤器。

【释义】常用过滤方式包括重力式过滤器、颗粒式压力过滤器、硅藻土过滤器和负压过滤器。典型泳池［50m×21m×（1.2~1.8）m］一个过滤周期内不同类型不同介质的过滤器碳排放量核算见表3.4-3。

不同类型过滤器碳排放量核算　表3.4-3

项目	重力式过滤器	颗粒压力式过滤器	烛式硅藻土压力式过滤器	负压过滤器
滤料	磁铁矿+石英砂+无烟煤	石英砂	硅藻土	石英砂
滤层最小厚度（m）/单位过滤面积硅藻土用量（kg/m²）	0.70	0.70	0.20	0.50
过滤速度（m/h）	20.00	15.00	5.00	20.00

续表

项目	重力式过滤器	颗粒压力式过滤器	烛式硅藻土压力式过滤器	负压过滤器
水反冲洗强度 [L/ (s·m²)]	20.00	12.00	2.00	6.00
水反冲洗时间 (min)	2.50	7.00	2.00	5.00
反冲洗周期 (d)	4	3	7	4
气反冲洗强度 [L/ (s·m²)]	—	—	—	10.00
气反冲洗时间 (min)	—	—	—	5.00
过滤面积 (m²)	20.67	27.56	82.69	20.67
滤料量 (m³)	14.47	19.29	16.54	10.34
一次反冲洗水流量 (m³/h)	1488.38	1190.70	595.35	446.51
一次反冲洗气流量 (m³/h)	—	—	—	744.19
单台反冲洗水泵选型功率 (kW)	自动反冲洗	37.00	18.50	18.50
单台反冲洗气泵选型功率 (kW)	—	—	—	30.00
反冲洗水泵能耗 (kWh)	—	8.63	1.23	3.08
反冲洗气泵能耗 (kWh)	—	—	—	5.00
泵的总能耗 (kWh)	—	8.63	1.23	8.08
一次反冲洗水量 (m³)	62.02	138.92	19.85	37.21
反冲洗水量携带热量 (kWh)	1082.15	2424.01	346.29	649.29
过滤水耗 (m³/m³)	0.00268	0.00800	0.00049	0.00161
过滤能耗 (kWh/m³)	0.04674	0.14009	0.00858	0.02839

由表3.4-3可见，不同类型过滤器的过滤水耗比过滤能耗低至少一个数量级，且考虑水的碳排放因子很低，因此可以判定碳排放量由高到低依次为颗粒压力式过滤器＞重力式过滤器＞负压过滤器＞硅藻土过滤器。

3. 在满足水质处理工艺要求的前提下，推荐消毒方式的选用类型依次为紫外线消毒、臭氧消毒和氯消毒。

【释义】游泳池常用的消毒剂包括氯消毒、臭氧消毒和紫外线消毒。典型泳池 [50m×21m× (1.2~1.8) m] 不同消毒方式单位循环流量的碳排放量核算见表3.4-4~表3.4-6：

从计算结果可以看出，不同类型消毒工艺的碳排放量由高到低依次为氯消毒＞臭氧消毒＞紫外线消毒。

氯消毒碳排放核算表　　表3.4-4

成品次氯酸钠溶液，有效氯含量 (%)	10.00
投加浓度 (g/m³)	3.00
1h氯制品用量 (kg/h)	12.40
泳池运行时间 (h)	14.00
每日次氯酸钠消耗量 (kg)	173.64
投药计量泵流量 (m³/h)	0.50
投药计量泵功率 (kW)	0.55
投药计量泵用电量 (kWh)	0.19
电折算CO_2排放 (kg，因子0.6101tCO_2/MWh)	0.12
次氯酸钠药品折算CO_2排放 (kg，因子1.06tCO_2/t)	184.06
总CO_2排放 (kg)	184.18
单位时间单位水量用电量 (kW/m³)	0.013643
单位时间单位水量氯酸钠消耗量 [kg/ (m³·h)]	0.007875
单位时间单位水量碳排放 [kg/ (m³·h)]	0.008353

臭氧消毒碳排放核算表　　表3.4-5

臭氧消毒：全流量半程式臭氧消毒系统	
臭氧投加量（mg/L）	0.80
1h臭氧消耗量（g/h）	330.75
泳池运行时间（h）	14.00
每日臭氧消耗量（kg）	4.63
臭氧发生器功率（kW）	9.50
臭氧投加器功率（kW）	2.20
成品次氯酸钠溶液，有效氯含量（%）	10.00
投加浓度（g/m³）	0.50
1h氯制品用量（kg/h）	2.07
泳池运行时间（h）	14.00
每日次氯酸钠消耗量（kg）	28.94
投药计量泵功率（kW）	0.55
投药计量泵运行时间（h）	0.06
总用电量（kWh）	163.83
电折算CO_2排放 （kg，因子0.6101tCO_2/MWh）	99.95
次氯酸钠药品折算CO_2排放（kg）	30.68
总CO_2排放（kg）	130.63
单位时间单位水量用电量（kW/m³）	11.702274
单位时间单位水量氯酸钠消耗量 [kg/（m³·h）]	0.001313
单位时间单位水量碳排放 [kg/（m³·h）]	0.005924

紫外线消毒碳排放核算表　　表3.4-6

用量（mJ/cm²）	60
单个紫外线消毒器选型	2
处理水量（m³/h）	210
工作压力（MPa）	1
功率（kW）	4
成品次氯酸钠溶液，有效氯含量（%）	10.00
投加浓度（g/m³）	0.50
1h氯制品用量（kg/h）	2.07
泳池运行时间（h）	14.00
每日次氯酸钠消耗量（kg）	28.94
投药计量泵功率（kW）	0.55
投药计量泵运行时间（h）	0.06
总用电量（kWh）	112.03
电折算CO_2排放（kg，因子0.6101tCO_2/MWh）	68.35
次氯酸钠药品折算CO_2排放（kg）	30.68
总CO_2排放（kg）	99.03
单位时间单位水量用电量（kW/m³）	8.002274
单位时间单位水量氯酸钠消耗量 [kg/（m³·h）]	0.001313
单位时间单位水量碳排放 [kg/（m³·h）]	0.004491

4．在满足水温加热要求的前提下，推荐游泳池加热方式的选用类型依次为太阳能系统加热、除湿热泵加热和电加热系统。

【释义】游泳池池水加热主要是为了保证池水温度符合规定要求，保证游泳者的舒适度。除了常规的加热换热方式，相对节能的热能利用方式包括太阳能加热和除湿热回收热泵制热。

（1）太阳能加热

太阳能是一种洁净、安全、绿色的永久性可再生能源，安装使用方便，对环境不产生污染，是节能减排的一种重要措施和方法，也是低碳生活的组成部分，具有显著的经济效益和社会效益。我国年日照小时数在2200h以上的地区，约占全国总面积的2/3以上，具备了利用太阳能的良好条件。太阳能对游泳池等池水加热主要包括间接式池水加热系统和直接式池水加热系统。除了太阳能本身的利用，其他能耗包括太阳能热水循环泵。

（2）除湿热回收热泵

除湿热回收热泵是一种能实现室内恒温、恒湿、节能、节水、延长建筑物使用寿命的绿色、环保的技术。每消耗1kW的电能可回收3～4kW的热能；

除湿热回收热泵应满足除湿量和池水维持

"恒温"所需热量的要求。而且各项工况指标应不低于现行行业标准《游泳池除湿热回收热泵》CJ/T 528的规定。除湿热回收热泵除湿与池水加热不平衡时，应设置池水加热的辅助热源。

典型泳池［50m×21m×（1.2～1.8）m］按照初次加热和系统运行分别计算常规加热系统、太阳能加热系统和除湿热泵系统能耗，见表3.4-7。

不同加热系统碳排放核算   表3.4-7

初次加热	
初次加热时间（h）	48
初次加热所需热量（kJ）	98939255.63
电加热情况热量（kWh）	27483.13
电加热情况 单位水量用电量（kWh/m³）	17.45
太阳能系统 所需额外热量（kWh）	13947.17
太阳能系统 单位水量用电量（kWh/m³）	9.53
除湿热泵 所需额外热量（kWh）	13947.17
除湿热泵 单位水量用电量（kWh/m³）	10.86
系统运行	
小时需热量（kJ/h）	2061234.49
水面蒸发损失热量（kJ/h）	552419.06
池壁、传导等热损失（kJ/h）	110483.81
热量总损失（kJ/h）	662902.87
补充水加热所需热量（kJ/h）	352293.89
维持恒温所需总热量（kJ/h）	1015196.76
电加热所需功率（kW）	282.00
单位水量用电量（kWh/m³）	0.68
太阳能水泵功率（kW）	22.00
单位水量用电量（kWh/m³）	0.05
除湿热泵功率（kW）	65.80
单位水量用电量（kWh/m³）	0.16

由表3.4-7可知，游泳池不同加热方式碳排放量由高到低依次为常规加热＞除湿热泵＞太阳能系统。

3.4.3
雨水处理资源化利用

1. 雨水资源化回用要求

（1）雨水直接回用和间接回用

雨水直接回用按照循环冷却用水、景观用水、绿化用水、路面冲洗用水、汽车冲洗用水、其他等次序进行选择。

【释义】雨水是重要的非传统水源，雨水资源利用既可节约水资源，也可有效减少给水系统的碳排放量。雨水回用方式分为直接回用和间接回用。直接回用设施包括雨水回用池、雨水桶、雨水箱、雨水调节池等设施，净化处理后的雨水回用用途应根据可收集量和回用水量、用水时段及水质要求等因素确定，按循环冷却用水、景观用水、绿化用水、路面冲洗用水、汽车冲洗用水、其他等次序进行选择；间接回用设施包括透水铺装、下凹绿地、雨水花园、生物滞留设施、雨水渗透塘、雨水湿塘等渗、滞设施，最后通过雨水下渗补充至地下水，实现雨水资源化利用，回用雨水COD$_{Cr}$和SS指标见表3.4-8。

（2）雨水回用水质选择

雨水回用以屋面雨水优先、非机动车道雨水次之、机动车道雨水最后的顺序进行选择，污染较为严重区域不宜选用间接回用、不得采用直接回用。

回用雨水COD$_{Cr}$和SS指标   表3.4-8

项目指标	循环冷却系统补水	观赏性水景	娱乐性水景	绿化	车辆冲洗	道路浇洒	冲厕
COD$_{Cr}$（mg/L）	≤30	≤30	≤30	≤30	≤30	≤30	≤30
SS（mg/L）	≤30	≤30	≤30	≤30	≤30	≤30	≤30

【释义】相关研究表明，建筑硬化屋面雨水径流污染以大气干沉降污染为主，屋面雨水经初期径流弃流后的水质SS为5～40mg/L，COD_{Cr}为12～100mg/L，污染相对较低；而非机动车道除了大气干湿沉降外，也受人类活动影响较大，其雨水经初期径流弃流后的水质SS为30～100mg/L，COD_{Cr}为60～120mg/L；机动车道受汽车尾气、车辆磨损、下垫面性质影响，污染最为严重，其雨水经初期径流弃流后的水质SS为80～280mg/L，COD_{Cr}为80～200mg/L，因此，在选择适宜的下垫面雨水进行回用时，以屋面雨水优先、非机动车道雨水次之、机动车道雨水最后的顺序进行选择。针对受重金属、氰化物、酸雨等污染物污染的区域，以及收治传染病的医院，为防止对地下水带来污染风险，不宜采用渗透措施，不得采用雨水收集回用系统。

2. 雨水资源化回用方式

（1）屋面雨水收集净化回用

屋面雨水净化通常采用物理方法进行处理，工艺一般采用：雨水收集→初期弃流→回用沉淀→过滤消毒→回用。

【释义】屋面雨水径流污染主要来自大气干湿沉降和污染物的积累，一般为瓦屋面、金属板屋面、刚性防水层屋面、卷材或涂膜屋面，其中卷材或涂膜屋面存在因老化释放的污染物质，会增加屋面雨水径流污染，其他材料屋面污染物浓度响度较低。物理处理方法主要将里面的SS和相关沉积物进行去除，并将里面COD_{Cr}、SS、TN等去除，实现对污染物的去除。为保证细菌和微生物得到有效去除，通常采用紫外线消毒+石英砂过滤方式，可达到回用目标要求，屋面雨水收集回用如图3.4-1所示。

（2）路面及周边雨水径流收集净化回用

道路雨水净化回用，通常采用物理+化学处理方法，工艺流程一般采用：初雨弃流→过滤沉砂→调蓄储存→过滤层→清水池→消毒回用

【释义】道路路面一般分为沥青路面、水泥混凝土路面和砌块路面。沥青路面和混凝土路面表层孔隙多，易积存污垢和灰尘，同时沥青高温下易分解释放有毒有害污染，加之车辆机件磨损、轮胎摩擦、油渍泄漏，造成道路路面污染物多且有害重金属居高。一般对路面雨水径流先经过弃流井进行弃流，弃流厚度5～8mm降雨量，弃流后的雨水排入雨水沉淀池中，经过泥沙沉积和悬浮物的沉淀后，排入雨水贮存回用池中，雨水贮存回用池的规模性根据用水用途进行计算，最高日用水量应按照现行国家标准《建筑给水排水设计标准》GB 50015的规定执行，平均日用水

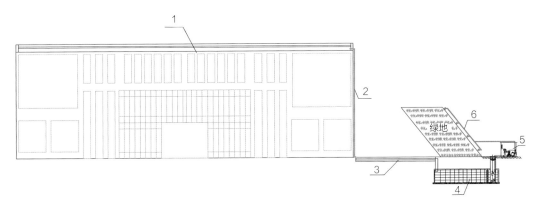

1-建筑屋顶；2-雨水立管；3-雨水收集净化渠；4-雨水调蓄池；5-雨水过滤消毒装置；6-雨水回用管

图3.4-1　屋面雨水收集回用

量应按现行国家标准《民用建筑节水设计标准》GB 50555的规定执行。贮存回用池中的雨水经过滤层处理后排入清水池贮存，再经消毒后进行回用。

（3）停车场雨水循环循序净化回用

停车场雨水与周边雨水净化回用，通常采用物理+化学处理方法，工艺流程一般选用：

初雨弃流 → 过滤沉沙 → 贮存 → 絮凝过滤 → 清水池 → 消毒回用 → 径流

【释义】停车场一般分为生态型停车场和非生态型停车场，其中生态型停车场采用嵌草砖或透水砖铺装，具有较好的渗透性和景观性，而非生态型停车场以硬化铺装为主。非生态型停车场与道路材质具有相似性，二者在雨水径流水质、污染物来源和成因相似。考虑停车场除了有绿化浇洒、道路冲洗的需求外，也有就地洗车用水需求。一般对停车场雨水径流需先经过初期弃流，弃流厚度5~8mm降雨量，弃流后的雨水排入雨水沉淀池中，经过泥沙沉积和悬浮物的沉淀后，排入雨水贮存池中，雨水贮存池的规模性根据洗车、绿化浇洒、道路冲洗等方面的需求进行综合计算，最高日用水量应按照现行国家标准《建筑给水排水设计规范》GB 50015的规定执行，平均日用水量应按现行国家标准《民用建筑节水设计标准》GB 50555的规定执行，贮存池中的雨水经絮凝过滤处理后排入清水池贮存，再经消毒后进行回用，停车场雨水收集回用如图3.4-2所示。

3. 雨水处理能耗计算

雨水处理回用系统吨水能耗水平以设备在实际运行中运行功率和设备处理流量确定。吨水能耗等于系统中所有设备额定功率之和与单位时间内的流量比值。

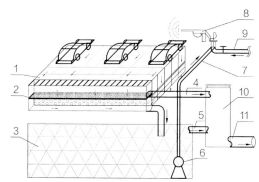

1-高强度透水铺装；2-雨水收集净化渗排渠；3-蓄水池；4-排放管；5-溢流管；6-变频提升泵；7-回用管；8-喷洒枪头；9-自来水补水管；10-雨水检查井；11-雨水管

图3.4-2　停车场雨水收集回用示意图

【释义】雨水资源化利用过程中的输送、净化、消毒等是耗电过程，但雨水的回用是节水过程，节水即节能。通过水泵提升输送、净化设施过滤、消毒设施杀菌，实现出水水质达标要求。水泵输送主要负责将蓄水池中的水输送至清水池、蓄水池的污水输送至污水检查井、清水池的水输送至用水设施。雨水回用处理大小根据现行国家标准《建筑与小区雨水控制及利用工程技术规范》GB 50400—2016式（4.3.6）：$V_h=W-W_i$确定，其中V_h为收集回用系统雨水储存设施的储水量（m³），W为需控制及利用的雨水径流总量（m³），W_i为设计初期径流弃流量（m³）。经计算，每吨水的耗电量与设备运行功率和流量相关，二者成比值关系。设备运行功率和流量参照相关标准规范，其中水泵以潜水排污泵为主，型号参照《小型潜水排污泵选用及安装》08S305，在实际应用中采用1用1备方式；过滤净化器是常用的净化设施，设备型号选取参照现行行业标准《游泳池用压力式过滤器》CJ/T 405；紫外线消毒器和含氯消毒物作为常用的消毒技术，其中紫外线消毒器型号选取参照现行国家标准《城镇给排水紫外线消毒设备》GB/T 19837。

3.4.4

模块化户内中水回用

1. 模块化户内中水系统具有下沉式和侧立式两种安装方式，当卫生间具备降板施工条件时可选用下沉式模块化户内中水系统，当不具备降板施工条件时可选用侧立式模块化户内中水系统。

【释义】明确了模块化户内中水的定义，以与小区中水、市政中水区别，也明确了模块化户内中水集成系统具有同层排水和中水冲厕两个功能。户内中水是自家套内卫生间优质杂排水经过滤、消毒等过程处理后，满足冲厕卫生安全要求的水。

下沉式户内中水系统由节水模块、坐便器水箱、补水管道、中水管线、自动控制器、立管专用件和排水立管等组成，下沉式安装系统示意见图3.4-3。节水模块为工程塑料整体成型的水箱，内部安装有废水收集管和便器排污管两套管路，洗脸盆、洗衣机、淋浴排水经废水管收集排入到水箱内部的汇集水箱，汇集水箱内设有浊度识别装置，对于符合收集要求的水收集并开启进入一次过滤装置进行粗滤，同时进行消毒处理，然后进入二次过滤装置进行精滤后进入系统贮水区，贮水区的水经定时消毒后进行超滤，超滤后的水用于冲厕。

侧立式户内中水系统包括核心模块、同排模块和中水模块，大便器水箱生活饮用水补水管道、中水给水管道、自动控制器、立管及卫生器具（大便器、洗手盆、洗衣机、淋浴）组成。洗衣机、洗手盆、淋浴排水经敷设于地面垫层内的同排模块收到核心模块集水区（水封区），侧立式安装系统如图3.4-4所示，置于集水区的液位感应器感应到有水，废水提升泵立即启动将水及时提升到中水模块贮水区，在提升过程中经过

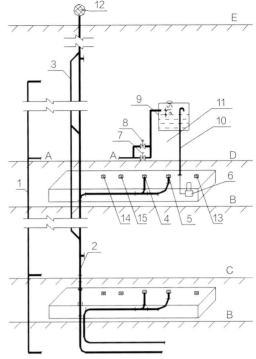

1-供水立管；2-排水立管；3-专用通气立管；4-直排地漏；
5-坐便器排水插入孔；6-潜水泵；7-球阀；8-电磁阀；
9-坐便器水箱；10-中水管线；11-自来水供水管线；
12-伸顶通气帽；13-淋浴地漏；14-洗衣机接口；
15-洗脸盆接口
A-自来水供水支管线；B-结构楼板；C-底层卫生间地面；
D-标准层卫生间地面；E-屋面

图3.4-3　下沉式安装系统示意图（带通气管）

中水模块内的过滤装置完成粗滤、精滤和消毒，并利用水泵停泵后重力作用，将过滤装置上的杂质自动冲洗带回核心模块内的集水区，在排水过程中排出核心模块进入排水立管排出室外。贮水区的水经超滤后，进入中水贮水区，用于冲洗大便器。

2. 模块化户内中水回用系统由户内中水模块、向大便器水箱供水的生活饮用水补水管道、中水回用管道、自动控制器、立管专用件和排水立管组成。

【释义】户内中水模块系统是由户内中水模块及管路组成的向大便器水箱供水的系统。在卫生间内，三洗废水为优质杂排水，户内中水模块内采用了废水和污水分流排放设计，废水在排放

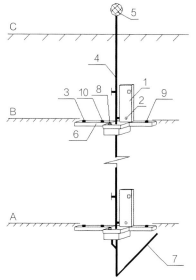

1-侧立式节水模块；2-大便器排水口；3-地漏；4-排水立管；
5-伸顶通气帽；6-附属模块；7-排水横管；8-地漏；
9-洗脸盆接口；10-洗衣机接口
A-底层卫生间地面；B-标准层卫生间地面；C-屋面

图3.4-4　侧立式安装系统示意图

过程中自动收集井贮存在模块内，经过处理后自
动向大便水箱供水，冲洗坐便，从而实现户内三
洗废水冲厕，节约自来水。

3. 模块化户内中水回用系统优先选择洗手
盆、淋浴、洗衣机等设施的杂排水，应采用及时
消毒、过滤及定时消毒流程，具备自动反冲洗、
自控药量添加功能，且设置生活饮用水补水管道。

【释义】模块化户内中水处理流程为：洗手
盆、淋浴、洗衣机来水→一级过滤→二级过滤→
三级过滤→定时消毒→大便器水箱。系统处理后
的出水水质应满足现行国家标准《城市污水再生

利用 城市杂用水水质》GB/T 18920中冲厕用水
的水质要求。根据2012年我国居民家庭生活用
水类别比例进行分析，三洗废水占生活用水总量
的47.2%，冲厕用水29.1%。住宅三洗废水完全可
以满足冲厕用水，其余部分中的18%用于模块内
部反冲洗和排空等功能，保证模块自身的清洁。
模块化户内中水主要的消毒方式采用投加氯片，
从水质检验效果来看投加氯片能够满足基本的消
毒要求，模块化分户中水系统节水技术原理如
图3.4-5所示。

4. 模块过滤采用三级过滤，一、二级过滤
应具备无动力过滤和自动反洗功能，三级过滤应
采用超滤装置，且应具备定时自动反洗功能。模
块消毒装置用配件应采用抗氧化、耐酸碱腐蚀的
材料制作，消毒药剂应采用固体缓释消毒剂，且
应放置在密闭、方便加药操作的消毒药盒内，定
时消毒时间间隔不应超过48h。

【释义】模块化户内中水过滤经过粗滤、精
滤、超滤等多级过滤，过滤精度逐步加深，可以
保证中水的浊度满足标准的要求。一级和二级过
滤应利用排水本身的动能，采用无外加动力过滤
装置，是考虑到节能的要求；三级过滤采用超滤
主要是考虑中水的浊度要求，常规的过滤工艺必
须要有较厚的滤层，在户内有限的空间无法实现，
反渗透工艺的成本过高，因此建议采用超滤工艺。

消毒剂为强氧化性，具有较强的氧化能力和
腐蚀性能，因此装消毒剂的药盒必须能够抗氧化

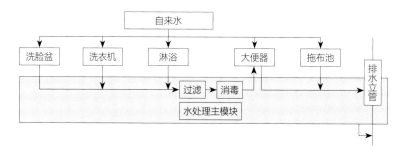

图3.4-5　模块化分户中水系统节水技术原理图

耐腐蚀。消毒用药剂一般采用广谱杀菌消毒用药剂，如水处理用的氯片或具有缓释功能的NKC-621三氯异氰脲酸高效氧化型杀菌灭藻剂。无论是哪种消毒剂都无二次污染、高效、安全。消毒剂溶解到水中后会挥发出强烈的气味，刺激人体的呼吸道和眼睛，属于有毒气体，危害人体健康，因此装消毒剂的药盒必须确保密闭。

5. 模块化户内中水回用系统处理后的出水水质应满足现行行业标准《模块化户内中水集成系统技术规程》JGJ/T 409中户内中水水质标准要求。

【释义】模块化户内中水模块系统不同于城市中水系统，也不同于小区内的集中中水回用系统。模块化户内中水收集的优质杂排水主要是用户自用的洗脸、洗澡和洗衣机废水，其水源单一，成分简单，用户能够自行控制水量和收集杂排水。优质杂排水经过模块内部过滤、消毒，有效杀灭水中的细菌和病毒，对人体无害并可满足用户自家冲厕用水的要求，户内中水水质标准参考表3.4-9。

根据现行国家标准《民用建筑节水设计标准》GB 50555，住宅中给水占比为21%。模块化户内中水系统无须单独设置小区中水站、中水管网、泵站、中水表等，并且无须公共管理，运行成本低廉。模块化户内中水系统，在节水率方面，不低于21%；在运维成本方面，每月耗电

1kWh，约0.5元，耗费消毒药剂1元，约3元，合计3.5元；在能耗方面，按每月节水3t计，运行成本折合每吨水1.1元，能耗方面每吨水大约为0.3kW。

3.4.5
建筑与小区污废水处理与回用

1. 建筑与小区污废水处理设施布置与设计要求

（1）污废水处理系统应充分考虑与建筑场景的融合，可设置于建筑内部或周边，可与绿植、花坛等结合，亦可设置于道路两旁与道路绿化结合。

【释义】传统灰色处理设施用于建筑与小区等分散式污水处理场景中时存在与环境结合性差、易产生臭气等问题，严重影响居民正常的生活环境。欧美发达国家低碳处理工艺起步较早，与环境具有较好的融合性，如美国的活机器系统、匈牙利的奥立卡水系统、加拿大的太阳能水系统，这些污水处理系统具有能耗低、处理效率高、环境效果好等优势，因此在进行污废水低碳处理系统时应充分考虑与建筑场景融合性，减少灰色处理设施布置，避免臭气排放等。

污废水处理系统可与建筑设计结合，设置于建筑内部或周边，可设置于道路两侧与道路绿化结合，亦可直接设置在室外空地上形成室

户内中水水质标准

表3.4-9

序号	检测项目	户内中水冲厕标准	检测依据
1	pH	6.0~9.0	《生活饮用水标准检验方法　第4部分：感官性状和物理指标》GB/T 5750.4—2023
2	色（度）	≤30	
3	嗅	无不快感	
4	浊度（NTU）	≤5	
5	溶解性总固体（mg/L）	≤1500	
6	总余氯（mg/L）	接触30min后≥1.0，管网末端≥0.2	《生活饮用水标准检验方法 消毒剂指标》GB/T 5750.11
7	总大肠杆菌（个/L）	≤3	《生活饮用水标准检验方法 微生物指标》GB/T 5750.12

外景观，更可与园林景观结合，构建成"生态花园"。当污水生态处理系统应用在室外时应注意表面绿植和核心处理模块中的微生物的耐寒能力。

（2）污废水处理系统应尽量减少曝气设备、泵、阀门的使用，宜选择运行成本低、维护难度小的处理工艺型式，如生物膜法（生物接触氧化池、生物滤池、生物转盘等）、活性污泥法（膜生物反应器、氧化沟等）、自然生态处理（人工湿地、稳定塘）和物理化学法（格栅、调节池和化学除磷等）等，结合当地条件在实践经验基础上选择新工艺、新材料、新设备。

【释义】国内建筑与小区等分散式污水处理系统一般采用既不绿色也不生态的小型污水处理厂工艺，其工艺复杂、自动化程度较差、能耗较高，其中曝气设备的控制和维护占运行维护费用的一半以上，采用低碳工艺型式可有效降低运行维护难度，降低成本。研究表明，采用生物-生态过滤的耦合工艺型式较传统活性污泥系统能耗水平降低约30%；采用"潮汐"复氧、跌水曝气和植物泌氧等运行型式可减少曝气设备使用。

2. 建筑与小区污废水处理与回用流程

污废水处理与回用流程可分为预处理、水量调节、生物处理、深度处理与回用等流程，生物处理流程应尽量降低运行成本和维护难度。

【释义】预处理和水量调节流程应根据建筑与小区污水的水质、水量波动具体情况进行优化设计，当污水进水浓度较低时可不设预处理流程，调节池中水力停留时间一般不宜超过6h，以减少污水中有机碳源损失。

污废水处理与回用系统运行的主要流程为污水首先进入预处理流程，经过初步的沉淀，去除污水中大部分悬浮物和颗粒物；然后进入调节池，将污水的流量和水质调节平衡后，污水进入生物处理流程，污水进一步净化后进入深度处理与回用处理流程，根据回用目的进行深度过滤和消毒处理。经过深度处理进入回用水箱。自动控制系统控制整个污废水处理与回用流程。整个系统考虑与建筑小区的融合性，系统表面可由植被衬托层覆盖，起到除臭和复氧作用，建筑与小区污废水处理系统流程如图3.4-6所示。

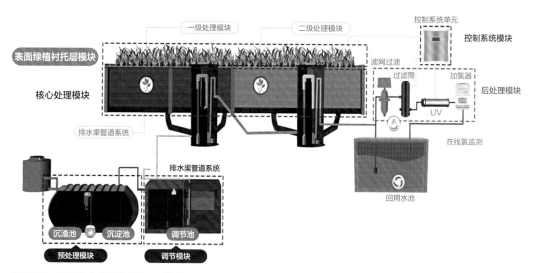

图3.4-6　建筑与小区污废水处理系统流程图

3.5

循环冷却水系统设计

3.5.1

冷却塔设计

1. 冷却塔的选型原则宜符合下列规定：优先选用无布水压力要求的节能型冷却塔；安装和景观条件允许时，宜优先采用逆流冷却塔；应根据建筑空调制冷设备类型与环境要求确定冷却塔的具体形式，并宜优先选用机械通风开式冷却塔；冷却塔的出水温度、进出口水温差和循环水量，在夏季空调室外计算湿球温度条件下，应满足空调制冷设备的工况要求；多台冷却塔通过共用集水管连接时，其台数与冷却水泵台数对应；供暖室外计算温度在0℃以下的低区，应单独设置冷却塔。

【释义】逆流冷却塔热湿交换效果比横流冷却塔高，更加节能。机械通风开式冷却塔与闭式冷却塔相比，冷却效率高、冷幅较小，有利于冷水机组COP值的提高。

2. 冷却塔的布置应符合下列规定：冷却塔宜单排布置；当需多排布置时，塔排之间的距离应保证塔排同时工作时的进风量，并不宜小于冷却塔进风口高度的4倍；单侧进风塔的进风面宜面向夏季主导风向；双侧进风塔的进风面宜平行夏季主导风向；冷却塔进风侧与建筑物的距离宜大于冷却塔进风口高度的2倍；冷却塔的四周除满足通风要求和管道安装位置外，尚应留有检修通道，通道净距不宜小于1.0m。

【释义】冷却塔的布置涉及冷却塔之间、冷却塔和周围的建筑之间的相互影响，以及外部风环境。冷却塔布置应提高湿热排风的扩散，降

低湿热气流反混，从而提高冷却塔性能，节省能耗。

3. 当冷却塔的布置不能满足规定时，应进行冷却塔周围气流分析并采取相应的技术措施，并对冷却塔的热力性能进行校核；塔的形状应按建筑要求、占地面积及设置地点确定。

【释义】在实际工程设计中，由于受建筑物的约束，冷却塔的布置不能满足本书3.5.1条第2款的规定时，应模拟冷却塔周围气流特性，分析湿热空气回流对冷效的影响，还应考虑多台塔及塔排之间的干扰影响（回流是指机械通风冷却塔运行时，从冷却塔排出的湿热空气，一部分又回到进风口，重新进入塔内；干扰是指进塔空气中掺入了一部分从其他冷却塔排出的湿热空气）。必须对选用的冷却器的热力性能进行校核，并采取相应的技术措施，如提高气水比、填料性能、设置导风筒等。

4. 冷却水系统的基本监测应包括：冷却塔的启停状态；冷却塔风机的启停状态；冷却水进/出水温度；冷却水水质。

5. 冷却水系统的基本控制应包括：冷却水最低温度控制（冷却水最低温度应满足制冷机的技术要求，通常电制冷机要求冷却水最低温度不低于15.5℃；吸收式冷水机组不低于22℃）；冷却塔风机的运行台数控制或风机调速控制；制冷机和冷却塔供冷模式转换控制；冷却塔直接供冷水时的最低供水温度与防冻控制；冷却水变流量运行控制；保证冷却水水质的排污控制。

6. 冷却水温度控制，可采用以下措施：根据设定的冷却水出水温度控制冷却塔风机，包括

冷却塔风机运行台数控制及调速控制，调速控制方式宜分为两级调速。

3.5.2
循环冷却水系统设计

1. 设计循环冷却水系统时，应符合下列规定：循环冷却水系统宜采用敞开式，当需采用间接换热时，可采用密闭式；对于水温、水质、运行等要求差别较大的设备，循环冷却水系统宜分开设置；敞开式循环冷却水系统的水质，应满足被冷却设备的水质要求；设备、管道设计时应能充分利用循环系统的余压；冷却水的热量宜回收利用。

2. 循环冷却水系统补给水总管上应设置水表等计量装置。

【释义】本条是贯彻执行现行国家标准《公共建筑节能设计标准》GB 50189、《民用建筑节水设计标准》GB 50555的有关要求而规定。

3. 建筑循环冷却水的浓缩倍数宜控制在3.0～4.0之间。当缺水地区或补充水水质较差时，浓缩倍数可按高限取值。

【释义】提高浓缩倍数，可节约补充水量和减少排污水量；同时，也减少了随排污水量而流失的系统中的水质稳定药剂量。但是浓缩倍数也不能过高，如果采用过高的浓缩倍数，不仅水中有害离子氯根或垢离子钙、镁等将出现腐蚀或结垢倾向，而且增加了水在系统中的停留时间，不利于微生物的控制。因此，考虑节水、加药量等多种因素，浓缩倍数必须控制在一个适当的范围内。一般建筑用冷却塔循环冷却水系统的设计浓缩倍数控制在3.0以上比较合理。其中湿润冷却塔填料等部件所需水量由厂家提供或者按冷却塔的小时循环水量进行估算，逆流塔循环水量为1.2%，横流塔循环水量为1.5%。

4. 冷却循环水泵宜选用低比转速的高效率单级离心泵。

5. 为防止冷却水泵启动时缺水空蚀的溢水浪费，应采取以下措施：冷却塔底盘存水容积应能够保证水泵吸水口所需的最小淹没深度，当吸水管内流速小于或等于0.6m/s时，最小淹没深度应小于0.3m；当吸水管内流速为1.2m/s时，最小淹没深度应小于0.6m；冷却水箱或冷却塔底盘存水量，不应小于满足湿润冷却塔填料等部件所需水量与靠重力可自流到冷却水箱或冷却塔底盘的管道水量之和。

6. 冬季运行的制冷系统宜设置冷却水箱。

7. 间歇运行的开式循环冷却水系统，冷却塔的调节容积应大于湿润冷却塔填料等部件所需水量与停泵时靠重力流入的管道内的水容量之和。当选用成品冷却塔时，应对集水盘容积进行核算，当不满足要求时，应加大集水盘贮水量或另设集水池。冷却塔集水盘的容积还需保证水泵吸水不出现空蚀现象和保持水泵吸水口正常吸水的最小淹没深度。

8. 建筑循环冷却水系统应设置过滤、缓蚀、阻垢、杀菌、灭藻等水处理措施。

【释义】当循环冷却水系统达到一定规模时，应配置水质稳定处理和杀菌灭藻、旁滤器等装置，以保证系统能够有效地运行。

9. 旁流处理水量可根据去除悬浮物或溶解固体分别计算。当采用过滤处理去除悬浮物时，过滤水量宜为冷却水循环水量的1%～5%。

【释义】旁流处理的目的是保持循环水水质，使循环冷却水系统在满足浓缩倍数条件下有效运行。

10. 循环冷却水系统监测与控制宜包括：pH在线监测与加酸/加碱量宜联锁控制；电导率在线监测与排污水量宜联锁控制；氧化还原电位（ORP）或余氯在线监测与氧化型杀生剂投加量宜联锁控制；阻垢缓蚀剂浓度在线监测与阻垢缓

蚀剂投加量宜联锁控制。

【释义】为了保证循环冷却水的处理效率，确保系统安全稳定运行，宜采用在线检测技术，实时监控循环冷却水的水质、水量和药剂变化，通过自动控制系统能够实现循环冷却水系统的高效稳定运行。

11. 循环冷却水系统监测仪表设置应包括：循环给水总管设置流量、温度、压力仪表；循环回水总管设置温度、压力仪表；补充水管、旁流水管设置流量仪表；间冷系统换热设备对腐蚀速率和污垢热阻值有严格要求时，在换热设备的进水管上设置流量、温度和压力仪表，在出水管上设置温度、压力仪表。

【释义】设置仪表的目的在于及时掌握运行情况，以利于操作管理，也便于考核系统的各项节能指标和事故分析。

3.6

消防系统设计

3.6.1

消防水系统设计

1. 满足《消防给水及消火栓系统技术规范》GB 50974—2014第6.1.11条规定的工业厂区、居住区等建筑群采用消防给水系统时宜设置一套临时高压消防给水系统。

【释义】建筑群设置集中消防水泵房时，选取水泵房位置可作精细化设计。

（1）建筑群所处地势较平坦时，消防水泵房设置于综合各建筑消防系统流量及扬程二者平衡关系的水力最优位置，从而降低水泵扬程。

1）当各建筑高度相近、系统设计流量相近时，消防泵房设于地块对角线中点，如图3.6-1（a）所示。

2）当建筑高度相近、系统设计流量相差较大时（示例为建筑1系统设计流量最大），消防泵房应设于系统设计流量较大建筑内，如图3.6-1（b）所示。

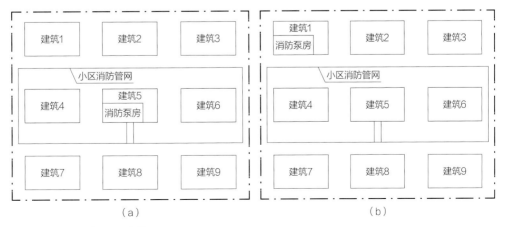

图3.6-1　消防泵房设置示意图

3）当建筑高度、系统设计流量均相差较大时，消防泵房应经详细计算，作出比选后确定泵房位置。

（2）建筑群所处地势较陡峭时，消防水泵房设置可充分利用地势高差。在较高地势位置设置消防水泵房，利用高差降低水泵扬程，甚至设为高压消防给水系统，仅设置消防水池不设置消防泵。如此设计可减小水泵耗电功率，降低巡检中能源消耗。

2. 消防水泵精细化选取宜以"双工况点"即"最大流量及对应压力"和"最高压力及对应流量"选泵，并按《消防给水及消火栓系统技术规范》GB 50974—2014第5.1.6条"四工况点"校核水泵参数。

【释义】常规设计选消防泵参数以"单工况点"选泵，即系统最大流量及最大压力。使消防水泵性能满足消防给水系统任何工况下所需的流量和压力要求。水泵运行更贴近自动喷水灭火系统实际工况，可有效减小水泵功率。

3. 室外消火栓系统设置

（1）当市政水源满足室外消火栓系统需求时，室外消火栓应由市政给水管网直接供水。

（2）当室外采用高压或临时高压消防给水系统时，宜与室内消防给水合用。

【释义】当市政水源满足室外消火栓系统需求时，室外消防系统采用低压制系统即直接将室外栓设于室外给水环管。与设置临时高压系统相比，无消防泵房及水泵等占地及电力消耗。

若市政水源不满足时，室外消防系统宜与室内消火栓系统合用消防泵，比单独设置室外消防系统可有效节约消防泵房面积及水泵电力消耗。

4. 消防水泵采用埋地式一体化消防泵站可有效节约泵房面积，减少一次性占地。

5. 消防水池可埋地设置，减小消防泵房面积及初期投资。

【释义】以某办公项目为例，消防水池埋地设置，消防泵房仅需68m²。若将消防水池置于室内，泵房面积需增加至约300m²。消防水池设置示意详见图3.6-2。

6. 机房面积紧张情况下，消防水泵可采用轴流泵。

【释义】当建筑内机房面积紧张时，消防水泵可考虑采用轴流泵，可有效节约消防水泵房面积。轴流泵和卧式消防泵机房布置示意图详见图3.6-3、图3.6-4。

7. 稳压设备宜设置于屋顶水箱间。

【释义】以某项目为例，稳压设备设于屋顶，水泵功率0.37kW；稳压设备设于地下室，水泵功率2.2kW。稳压设备设置于屋顶水箱间较设置于

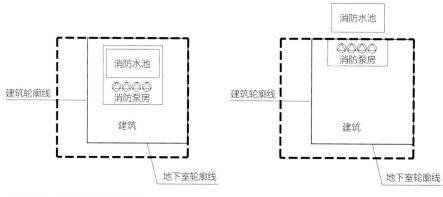

图3.6-2　消防水池设置示意图

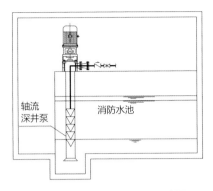

图3.6-3 消防水泵采用轴流泵设置示意图

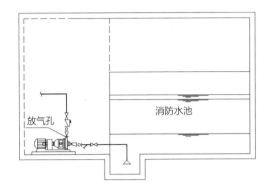

图3.6-4 卧式消防水泵设置示意图

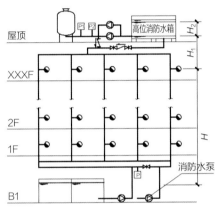

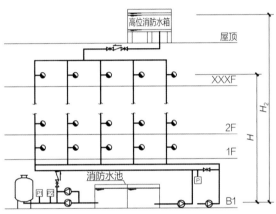

图3.6-5 稳压设备设置示意图

消防水泵房更减碳节能，稳压泵设置如图3.6-5所示。

8. 消防系统巡检-试验排水可回收部分宜排入专用消防水池循环再利用。

【释义】巡检-试验排水消防水池具体设置参见图3.6-6。

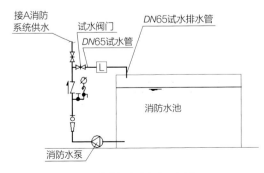

图3.6-6 巡检-试验排水消防水池示意图

9. 串联转输水箱的溢流管宜连接到消防水池。

【释义】转输水箱的溢流管连接到消防水池的具体设置参见图3.6-7。

10. 一次设计自动喷水灭火系统洒水喷头支管宜选用金属软管。

【释义】《自动喷水灭火系统设计规范》GB 50084—2017第8.0.4条规定，洒水喷头与配水管道采用消防洒水软管连接时，应符合下列规定：

1 消防洒水软管仅适用于轻危险级或中危险级Ⅰ级场所，且系统应为湿式系统；

2 消防洒水软管应设置在吊顶内；

3 消防洒水软管的长度不应超过1.8m。

选用金属软管可在后期精装设计后及改造中减少拆改量，金属软管安装如图3.6-8所示。

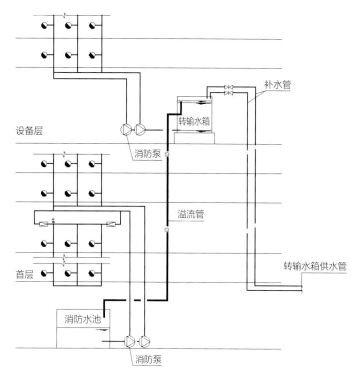

图3.6-8 金属软管安装示意图

图3.6-7 转输水箱的溢流管连接到消防水池示意图

3.6.2
气体灭火系统

1. 气体灭火系统的典型应用包括：电器和电子设备、通信设备、易燃和可燃的液体气体、其他高价值的财产和重要场所。气体灭火剂主要包括哈龙灭火剂、二氧化碳灭火剂、洁净气体灭火剂。

2. 合理设计灭火系统，当需要采用气体灭火系统时，应遵循国家有关规范和政策，宜采用洁净气体灭火剂，不宜采用卤代烷哈龙灭火剂；不宜采用二氧化碳灭火剂，只有扑灭固体深位火灾并确需使用气体灭火系统时，才可采用二氧化碳灭火剂。

【释义】二氧化碳灭火剂虽然使用历史较长，但其最低设计浓度要高于人体的致死性浓度。故在经常有人的场所不宜使用。如仍须使用，在气体释放前，人员必须迅速撤离现场。

3. 洁净气体灭火系统的典型代表有惰性灭火剂类的IG541以及氢氟烃类的七氟丙烷等，在普及低碳环保设计的前提下推荐使用IG541气体灭火系统。

【释义】洁净气体灭火剂是指不污染被保护对象、不破坏大气臭氧层、温室效应小、对人体无害、低毒、残留物易挥发的灭火剂。目前洁净气体灭火系统的典型代表有惰性灭火剂类的IG541、IG100等，氢氟烃类灭火剂的七氟丙烷、三氟甲烷以及氟化酮类灭火剂的全氟己酮等。在低碳设计的原则下依次推荐使用IG541、全氟己酮、七氟丙烷等气体灭火系统。

4. 在有条件的地区或有相应地方标准的地区可以使用新型氟化酮类灭火剂，即全氟己酮灭火剂。

【释义】全氟己酮灭火剂具有灭火效率高、灭火浓度低的优点，同时满足环境保护和低碳排放的要求，是一种洁净的气体灭火剂。全氟己酮在常温状态下为液态，易汽化，并且依靠汽化吸热达到较强的灭火能力。全氟己酮的臭氧损耗潜能值为0，在大气停留时间为5d，在全球变暖效应上为1，极大地提升了环保效应，是一种清洁的气体灭火剂。

我国已经有药剂生产，且有些小的场所已经开始应用，国际上已有产品经UL和FM认证并在销售。因此全氟己酮灭火剂未来应用空间将逐渐增大。

5. 气体灭火系统的低碳设计应同步考虑系统经济性，包括设备投资、钢瓶间土建投资和系统维护保养等，在满足降低碳排放的前提下选择灭火效率高、经济性良好的系统形式。

6. 对系统经济性起主导作用的是灭火剂本身的投资，包括钢瓶的用量也受到设计灭火剂浓度的影响。IG541气体灭火药剂造价低于七氟丙烷，并且符合低碳设计的原则，但考虑气体贮存、灭火浓度和管网造价等因素，需综合评定。

【释义】下面对七氟丙烷、IG541两种气体灭火系统设计灭火用量作粗略比较：

设定：$T=20℃$，防护区长$a=5m$，宽$b=5m$，高$c=4m$，体积$V=100m^3$，$A_v=130m^2$，$A_0=0$。

（1）七氟丙烷灭火系统灭火剂设计用量计算为：

$$M_1=K \times q_v \times V \qquad (3.6-1)$$

$$q_v=\frac{C}{1-C} \times s$$

$$s=0.1269+0.0005137T$$

式中 M_1——防火区内设计灭火用量（kg）；

  K——海拔修正系数，取1；

  q_v——体积供给强度（kg/m³）；

  C——设计灭火浓度（%）；

  s——灭火剂过热蒸汽在101kPa和防护区最低温度下的比容（m³/kg）。

七氟丙烷灭火系统$C=7$%，得出$s=0.137m^3/kg$，

$q_v=0.5494kg/m^3$，$M_1=54.94kg$。

七氟丙烷每钢瓶充装灭火剂40L，充装密度800kg/m³，则需钢瓶2瓶。

（2）IG541灭火系统灭火剂设计用量计算为：

$$M_2=K \times q_v \times V \qquad (3.6-2)$$

$$q_v=11.2093 \times \frac{2.303}{s} \times \lg\frac{100}{100-C}$$

$$s=1.693+0.0044T$$

式中 M_2——防火区内设计灭火用量（kg）；

  K——海拔修正系数，取1；

  q_v——体积供给强度（kg/m³）；

  C——设计灭火浓度（%）；

  s——灭火剂过热蒸汽在101kPa和防护区最低温度下的比容（m³/kg）。

IG541灭火系统$C=37.5$%，得出$s=1.771m^3/kg$，$q_v=0.2654kg/m^3$，$M_2=26.54kg$。

IG541每钢瓶充装灭火剂7kg，则需钢瓶4瓶。

以上分析只是一个粗略计算，可以看出$M_1>M_2$，IG541灭火剂用量较少，但因为其高压气态贮存，每个钢瓶贮存量比七氟丙烷少很多，所以用的钢瓶数也就要多。当保护对象为多个防护区时，系统就会根据众多防护区的具体状况设计采用组合分配方式，共用灭火剂来保护数个防护区，从而大大节约系统设备投资。一个组合分配系统所保护的防护区不应超过8个。

7. 组成IG541气体灭火药剂的三种惰性气体不会随时间而分解或消失，因此IG541气体灭火系统再充装费用较低，灭火剂更换周期比七氟丙烷长，即经济性更优。

8. 保护单个防护分区时，应采用全淹没系统。

【释义】在保护单个防护分区时，局部应用系统比全淹没系统更有利于低碳设计，但国家相关规范均是以全淹没灭火系统为设计前提，因此不考虑局部应用系统情况。

9. 多个防护分区时，组合分配系统整体经济性优于单元独立系统，管网系统优于预制式无管网系统。灭火型式宜优先考虑IG541管网灭火系统，整体经济性和低碳性优于七氟丙烷预制式无管网灭火系统。七氟丙烷或二氧化碳系统更适合于小型的气体灭火系统。

【释义】IG541灭火系统由于其灭火剂是以高压气态方式贮存的，其输送距离可长达150m，大大超过其他以液态方式贮存的灭火系统的输送距离。而允许输送距离越长，其一套装置可保护防护区的数量就越多，当然系统设备的投资就越低。所以，对于有多个防护区的大系统而言，当采用组合分配方式时，IG541灭火系统投资经济性是明显的，而且防护区的数量越多、越分散，系统的相对投资就越经济，IG541组合分配系统原理如图3.6-9所示。

10. 通常情况下，评定一种灭火剂对大气破坏的环境指标有以下三项：

（1）ODP：臭氧耗损潜能值，它是衡量气体对大气臭氧层破坏的相对值。对臭氧层（O_3）不

破坏即ODP为零。

（2）GWP：全球温室效应潜能，它是衡量气体对全球温室效应影响的相对值。不产生温室效应或温室效应不明显，即GWP最好为零或很小。

（3）ALT：大气中的存活时间，用来衡量在大气中的存活时间，一般以年为单位。合成物在大气中的存活寿命要短，即ALT越小越好。

11. 各类气体灭火剂对大气环境的影响数据见表3.6-1，其中只有IG541灭火剂的GWP为0，属于节能低碳的灭火剂。

各类气体灭火剂对大气环境的影响　表3.6-1

名称	ODP	GWP	ALT（a）
三氟甲烷	0	2.6	243
七氟丙烷	0	0.6	37
IG541	0	0	—

【释义】CO_2是造成大气温室效应的主要来源，其灭火剂温室效应GWP值远超联合国卫生组织规定的标准值0.2，所以CO_2灭火剂对大气环境

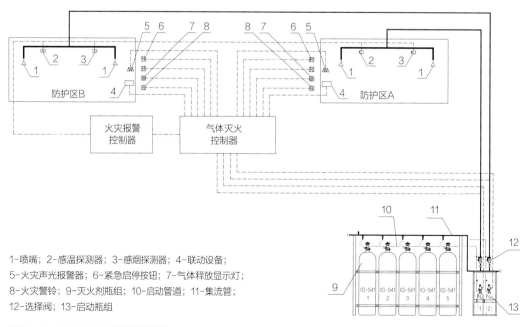

1-喷嘴；2-感温探测器；3-感烟探测器；4-联动设备；
5-火灾声光报警器；6-紧急启停按钮；7-气体释放显示灯；
8-火灾警铃；9-灭火剂瓶组；10-启动管道；11-集流管；
12-选择阀；13-启动瓶组

图3.6-9　IG541组合分配系统原理图

的破坏作用也是极强的，应列为被淘汰灭火剂。三氟甲烷和七氟丙烷灭火系统是一种良好的哈龙替代洁净灭火剂。但是也应该注意到它在大气中的存在时间长达243年和37年，并且GWP值较高，对大气温室效应有着一定的不利影响，所以三氟甲烷和七氟丙烷灭火系统并不是最佳的哈龙替代灭火剂，这也是目前氢氟烃类灭火剂面临的一个问题。

12. 惰性气体组成的灭火剂，主要有IG541、IG01、IG55、IG100，其中IG541气体灭火系统应用最广泛。在灭火时不发生化学反应，灭火后又重新回归于大气，是当下较为理想的低碳型灭火剂。

【释义】惰性气体组成的灭火剂，对环境完全无害，可长期使用。目前，惰性气体灭火系统主要有IG541（由52%N_2，40%Ar，8%CO_2组成），IG01（由100%Ar组成），IG55（由50%N_2，50%Ar组成），IG100（由100%N_2组成）。

13. IG541是由大气中存在的气体：氮气、氩气和二氧化碳混合而成，灭火过程中不影响人的视野且不产生温差和腐蚀性分解物，灭火剂的释放只是将来自大自然的气体重新放回大自然，所以它的臭氧损耗潜能值（ODP）为0，温室效应潜能值（GWP）为0。

14. 全氟己酮属于氟化酮类灭火剂，在常温状态下为液态，易汽化，并且依靠汽化吸热达到较强的灭火能力。由于它不含有其他的杂质，喷放后无残留，因而适合保护贵重仪器和物品，对A、B、C类火灾都有效，全氟己酮探火管气体自动灭火装置原理如图3.6-10所示。

【释义】全氟己酮，化学式$CF_3CF_2C（O）CF（CF_3）_2$，可用于手提式和全淹没灭火系统，已有研究表明国外可用于有人工作的保护区域。由于全氟己酮的灭火浓度为4.5%~5.9%，安全余量比较高，在使用时对人体更安全。另外，由于全氟己酮常温下是液体，又不属于危险物品，所以可以在常压状态下安全使用，普通容器在较宽的温度范围内贮存和运输。此外，输送距离长，防护区面积可不限制，能适应面积数据中心等大空间的需要。

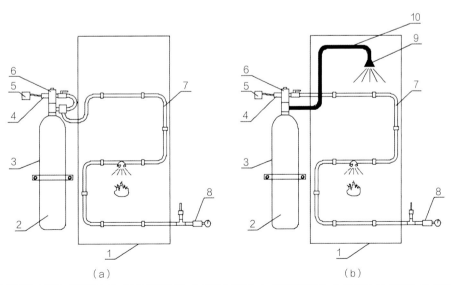

（a）　　　　　　　　　（b）

1-保护对象（机柜、设备等）；2-全氟己酮灭火剂；3-容器（钢瓶）；4-信号反馈装置；5-压力表；6-容器阀；7-探火管；8-单向阀；9-喷嘴；10-释放管

图3.6-10　全氟己酮探火管气体自动灭火装置原理图
（a）直接式工作原理图；（b）间接式工作原理图

15. 全氟己酮臭氧损耗潜能值（ODP）为0，温室效应潜能值（GWP）为1，大气存活时间值（ALT）为0.014a，极大地提升了环保效应，是一种清洁低碳的气体灭火剂。

【释义】全氟己酮在常温下是无色透明的液体，容易汽化，与橡胶材料和金属相容性较好。最突出的优点是从根本上解决了环境污染问题，其环保性能几乎与惰性气体一样优秀，并且灭火效率高、易回收，是可以用来保护精密贵重物品的洁净气体灭火剂，在灭火性能、安全性、环境保护、经济性等四方面都令人满意。

3.6.3
细水雾灭火系统

1. 细水雾灭火系统适用于扑救相对封闭空间内的可燃固体表面火灾、可燃液体表面火灾和带电设备的火灾。除了不能直接用于活泼金属和低温液化气体存在场所外，几乎可以代替各类气体灭火系统。

【释义】细水雾灭火系统主要以水为灭火介质，采用特殊喷头在压力作用下喷洒细水雾进行灭火或控火，是一种灭火效能较高、环保、使用范围较广的灭火系统。除了替代气体灭火系统外，在水量、水渍损失等要求较高的场所还可以替代传统自动喷水灭火系统，细水雾灭火系统与常见气体灭火系统的对比分析见表3.6-2。

2. 细水雾灭火系统对人体无害，更有利于火灾现场人员的逃生与扑救；对环境无影响，有很好的冷却、隔热作用和烟气洗涤作用。

【释义】由于细水雾具有较高的冷却作用和明显的吸收烟尘作用，更有利于人员逃生。水作为灭火剂，灭火时不会产生分解物质，具有无温室效应（ODP=0，GWP=0）、灭火迅速、适用多种类型火灾、对受灾物品破坏小等特点，被视为哈龙灭火剂的主要替代品。

3. 细水雾灭火系统既可以在整个空间范围内使用，也可以只保护部分区域，因此在设计防护方案的过程中，可针对保护对象的具体情况，设置全淹没系统或局部应用系统。而气体灭火系统必须采用全淹没系统，单从灭火剂用量看细水雾灭火系统更为经济。

4. 细水雾灭火系统可以有效抑制固体深位火灾复燃，灭火的可持续能力强。

【释义】细水雾灭火系统能够承受保护区域一定程度的通风，密闭性要求不严格，系统的

细水雾灭火系统与常见气体灭火系统的对比分析　　　　　　表3.6-2

对比项目	高压细水雾灭火系统	七氟丙烷	IG541
灭A/B类火灾和电气火灾的有效性	高效灭火，对密封性及空间温度均无要求，可开门开窗灭火。更能承受一定的通风，可有效抑制深位火灾	可以有效灭火，但灭火的不确定因素较多，当空间的密闭条件受到破坏时，其灭火有效性降低，且对于电气火灾的深层位置，灭火效果不佳，极有可能复燃	
对防护分区面积及容积的要求	闭式系统单个保护区面积不宜超过140m²，开式系统容积不宜超过3000m³，可采用分区阀，分区灵活	防护分区的面积不宜超过800m²，且容积不宜超过3600m³。保护区的门窗和墙壁均有耐压要求和密封要求，另外还有泄压要求，以防止喷放压力大时造成保护区爆炸	
有无毒性	无毒，且可以降低火灾现场的烟尘、CO_2和CO含量	热状态下产生HF物质，具有腐蚀性，剧毒	无毒
安装维护	定期更换水箱内的水即可	定期更换气体，价格昂贵；高压钢瓶，有使用年限的限制	

冷却和穿透能力强，可有效抑制固体深位火灾复燃。而气体灭火系统在空间密闭条件被破坏情况下的灭火失效率较高，另外对于固体深位火灾由于没有浸湿作用不能保证持续灭火，复燃的概率较高。

美国FM的研究表明，气体灭火系统用于汽轮机房时，灭火失效率高达49%，其中37%是由于灭火介质从门、窗等孔洞泄漏所致。细水雾则可以在房间有开口的情况下灭火，不影响灭火效果。

5. 工作压力大于或等于3.45MPa的细水雾灭火系统为高压系统。高压细水雾灭火系统不仅可以设计为开式系统，也可设计为闭式系统；其供水方式也有两种主要方式可供选择，即瓶组式和泵组式，高压细水雾开式灭火系统如图3.6-11所示。

【释义】泵组系统采用柱塞泵、高压离心泵或气动泵等泵组作为系统的驱动源，而瓶组系统采用贮气容器和贮水容器，分别贮存高压氮气和水，系统启动后释放出高压气体来驱动水形成细水雾。泵组系统应用范围广，可以持续灭火，适合长时间、持续工作的场所，尤其是涉及人员保护或防护冷却的场所。而瓶组系统贮水量小，难以保证持续供水，容易导致灭火失败，故防护区内设置闭式系统时，不应采用瓶组系统。

6. 高压细水雾灭火系统与其他水基灭火系统相比，用水量少，从而降低了系统能耗和消防水池容积；而且更能有效保护防护区域内的设备，降低水渍损失和污渍损失。

【释义】通常而言，常规水喷雾系统用水量是水喷淋系统用水量的70%~90%，而细水雾灭火系统的用水量又是常规水喷雾系统的20%以下，可以大大节省水源。在满足消防设计要求的情况下，减少系统能耗和土建占地面积是降低排碳量的有效措施。

对于一般水基灭火系统，由于水滴直径大流量大，会因水滴直接落在高温设备表面引起的快速冷却而导致设备损坏等间接损失；高压细水雾喷放的雾滴直径小，比表面积大，雾滴迅速蒸发，通过对环境温度的高效冷却和对火焰辐射的良好

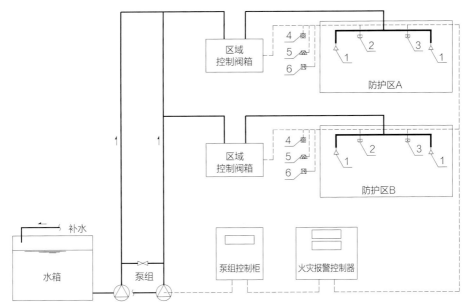

1-开式喷头；2-感温探测器；3-感烟探测器；4-喷洒指示灯；5-声光报警器；6-手动报警按钮

图3.6-11　高压细水雾开式灭火系统示意图

阻隔能力，可以有效保护设备避免高温造成的变形。对于电子电气设备而言，火灾中产生的烟气造成的污渍损失是很大的，如采用七氟丙烷灭火系统，灭火剂在热态情况下会产生酸性和腐蚀性物质，造成设备的二次损伤，而高压细水雾不会产生腐蚀性物质，可以很好保护电子电气设备。

7. 高压细水雾灭火系统易于安装维护并且具有较长的使用寿命。

【释义】气体灭火系统对建筑结构要求至少可承受1200Pa压强，需要配套通风设备、泄压装置等，输送距离受限时还要每层设置钢瓶间，钢瓶每隔几年进行检测维护或者更换药剂，这些都间接增加了项目建设成本。

相对于传统的气体灭火系统而言，高压细水雾系统机房占地面积较小，系统管径较小，平时维护成本低，系统组件可靠且牢固，可节约大量空间和资金。高压细水雾生命周期可达50年，生命周期内无须二次改造。

8. 系统可随着保护区域的增大而扩展，特别适合新建或者改扩建工程的使用。

【释义】下面对七氟丙烷、高压细水雾两种灭火系统设计方案作粗略比较：

设定：4层档案馆项目，保护区总面积约2140m²。总成本包括直接成本、间接成本、设备用房土建成本等，直接成本为首次投入的包括设备投资和材料安装等，间接成本为一定寿命周期内（30年左右）的包括运行维护和设备更换等。

（1）七氟丙烷气体灭火系统，150L规格钢瓶组，需设置4套组合分配系统，共计48个瓶组，七氟丙烷药剂共5472kg。需设置钢瓶间4个，共计110m²。首次投入直接成本340万元，周期内间接成本560万元，成本总计900万元。

（2）高压细水雾灭火系统，需设置一套高压泵组，选用七用一备泵组，需设置泵房1个，面积约40m²。首次投入直接成本440万元，周期内

间接成本60万元，成本总计500万元。

从以上分析可以看出，七氟丙烷在30年寿命周期内综合造价约900万元，设备占用空间110m²，高压细水雾造价约500万元，设备占用空间40m²，二者相比来说高压细水雾总成本下降44%，设备占用空间节省63%。设计一套高压细水雾系统即可满足全建筑覆盖，保护区面积越大，细水雾系统经济性价比越高。

3.6.4

灭火器

1. 对于哈龙灭火器和CO₂灭火器的替代，应从"特性替代"和"适用场合替代"这两方面考虑。

【释义】哈龙灭火器和CO₂灭火器以前在国内被广泛应用的主要原因是其具有灭火效能高、毒性小和对被保护对象不会发生二次污染的特性，因此，应开发具有类似特性的环保型灭火剂来作为替代品，这就是"特性替代"；而"适用场合替代"则是指原用哈龙灭火器和CO₂灭火器的某类可燃物场所，现用其他适用于扑救该类可燃物火灾的灭火器来替代。对于替代技术，除了要考虑替代品的适用性外，还应考虑替代品的灭火能力，以保障被替代场所必需的灭火能力不降低，也就是等效替代。

2. 干粉灭火器按内部充装的灭火剂类别分为碳酸氢钠灭火器和磷酸铵盐灭火器。在同等场合条件下，磷酸铵盐灭火器由于不含有温室气体组分，比碳酸氢钠灭火器更能适应当下低碳设计方向。

【释义】碳酸氢钠灭火器适用于扑救可燃液体和可燃气体的初期火灾；磷酸铵盐灭火器适用于扑救可燃液体和可燃气体的初期火灾，也适用扑救A类易燃固体物质的初期火灾。

3. 泡沫灭火器按内部充装的灭火剂类别可分为多种类型，但七氟丙烷泡沫灭火器和蛋白泡沫灭火器、水成膜泡沫灭火器均不适用低碳设计。七氟丙烷泡沫灭火器对于碳排放的影响可参考其作为气体灭火剂的机理，而蛋白泡沫灭火器、水成膜泡沫灭火器的核心成分"氟碳表面活性剂"由于是难以分解的有机污染物已逐渐退出市场。

4. 水系灭火器由于以水作为灭火剂，不存在对环境的破坏和人员的伤害。适用于扑救A类易燃固体物质的初期火灾，可用于住宅、办公室等面积小、范围小的场所，替代环保性较差的干粉、泡沫灭火器。

【释义】水系灭火器充装的灭火介质是清洁水或在水中添加了阻燃剂、湿润剂、增稠剂、防冻剂等，在驱动压力作用下，能将所充装的灭火剂喷出以达到扑救初期火灾的目的。按其驱动形式也可分为贮气瓶式和贮存式水系灭火器，两种驱动方式与干粉灭火器的动作原理一样。

5. 水系灭火器的降温效果明显，但水雾喷射无法实现火焰目标的无间隙覆盖，空气隔绝效果较差，在低碳设计的原则下还应兼顾"特性替代"原则，不可盲目使用。

【释义】水的热容量要比干粉和泡沫的热容量高，所以降温效果明显；干粉和泡沫可将火焰目标无间隙覆盖，火焰目标与空气隔绝效果非常好，而水雾喷射很难实现无间隙覆盖；在相同罐体压力下，干粉和泡沫的密度比纯净水小，可以喷射到更远的目标。从灭火剂灭火的有效性比较，干粉和泡沫优于纯净水。

6. 全氟己酮手提式灭火器充装新型洁净气体灭火剂，灭火后无残留物，洁净环保。

【释义】全氟己酮具有哈龙灭火剂的许多相同优点：灭火效率高、灭火浓度低，对A、B、C类火灾都有效，不导电等，常见移动式灭火器的灭火剂性能对比分析见表3.6-3。

常见移动式灭火器的灭火剂性能对比分析 表3.6-3

对比项目		灭A类火灾性能	灭B类火灾性能	电绝缘性能	弥散能力	低碳性
干粉	碳酸氢钠	差	优	优	良	良
	磷酸铵盐	优	优	优	良	良
泡沫灭火器		优	优	差	优	良
水系灭火器		优	优	差	优	优
全氟己酮灭火器		优	优	优	良	优

3.7

智慧化监管措施

3.7.1
计量与监测

1. 供水系统需要监测的数据包括流量、水压和水质，热水系统还应监测温度和能耗数据；排水系统需要监测的数据包括室外雨污水管道的流量、液位和流速。

2. 流量监测

（1）供水系统的流量监测采用远传水表进行计量，远传水表的设置点位应根据使用用途、付费和管理单元，或管网DMA分区确定。

（2）排水系统的流量监测采用流量计进行计量，流量计设置于排水收集设施前和市政管道出流接驳井处；雨水作为非传统水源时，还应在供水端设置远传水表。

【释义】（1）按功能和用途安装远程水表，适用于规模较小、形式较简单的建筑供水管网，规模较大、形式较复杂的建筑供水管网安装远程水表进行分级计量时，需要先按照DMA分区的基本规则进行划分，然后根据实际工程情况进行技术深化。

（2）排水收集设施指的是本地块内的污水处理站或雨水收集设施；市政管道接驳井设置流量计是为了配合城市排水系统建设和管理需求，可用于评估城市污水管道建设规模和污水处理厂污水处理负荷。

（3）累计流量数据的采集宜15min采集1次。

（4）流量数据应保存不小于180d，有条件者宜永久保存。

3．水压监测

（1）供水系统应对市政供水引入管和生活二次供水水泵出水端进行水压监测，其中生活二次供水还应对系统水压分区的起始端和最不利点以及各楼层横干管起点的水压进行监测。

（2）消火栓系统应对消火栓栓口水压进行监测；自动喷淋灭火系统应对每一防火分区喷头最不利点端的水压进行监测；其他消防系统应根据消防管理部门及相关规范要求设置水压监测点位。

（3）水压的采集频率应不低于1次/min。

4．建筑水系统的用电设备应设置用电计量设施，计量设施应具备数据远传和故障报警功能。

3.7.2
水质安全保障

1．水质在线监测

（1）给水系统、热水系统、管道直饮水系统和非传统水源供水系统宜设置水质在线监测设备，水质监测的点位包括供水水箱、水力停滞区和最不利用水端。

（2）水质监测的参数包含浊度、色度、余氯、pH、电导率等指标；集中式热水系统还应增加消毒剂浓度的监测；管道直饮水系统可不监测浊度和余氯。

（3）水质监测数据的采集宜30min采集1次。

2．水箱（池）清洗及消毒

（1）水箱宜具备自动清洗和消毒功能，并能够定期进行自动清洗；自动清洗设施宜具有双向通信和远程控制的功能。

（2）水箱（池）至少半年清洗一次，水箱自动清洗设施应满足《水箱自动清洗消毒设备》T/CECS 10125—2021的相关技术要求。

3．水箱（池）进水管应设置水位控制和溢流报警装置；当水箱（池）采用水泵加压进水时，水箱（池）的水位控制还应与水泵启、停相关联。

【释义】水池（箱）的水位控制可以通过在水箱进水管上安装电信号控制阀，并与电子液位计和溢流报警装置进行联动耦合，实现水箱（池）水位控制和溢流预警报警的功能。

3.8

低碳设计案例

3.8.1
概述

　　本节选取了两项具有代表性的已建成项目，作为建筑水系统碳排放量计算的实践案例，根据各类水系统在实际工程应用中碳排放计算的方法，分系统得出年碳排放总量，旨在保证水质的安全性、水资源的节约性、系统设计的合规合理性的前提下，通过计算示例探讨实际工程运用中建筑水系统在节碳工作中可提升的空间和技术优化的方向。

　　本次案例共推选出不同建筑类型的两个项目，分别为办公建筑和酒店建筑。因建筑类型不同造成对建筑使用功能需求的差异化，使水系统在设计过程中从设计参数、设备选材到系统形式，都存在一定的差别，但系统间又因符合设计标准存在共通性，案例间又可互作参考。

　　1. 案例碳排放计算的前置条件及范围说明

　　因各类建筑的年用水天数、设备每日运行时长参考值在设计标准中均无规定值，故本次设计案例根据两个项目的实际运行工况，结合现行国家标准《建筑给水排水设计标准》GB 50015的要求，将设备运行规律结合设计经验进行了归纳、总结，拟合得出了案例的年用水天数和标准运行工况下的运行时间，用于计算各系统的年碳排放量。

　　本计算仅供参考，当设计项目计算水系统碳排放量时，应结合当地的用水规律和项目的用水特点，对年用水天数和设备标准运行工况下的运行时间进行适当取值。

　　2. 整合系统碳排放总量方法

　　系统间各自使用独立的碳排放表格，某一单独系统内不同计算方法的类目（如：热水系统中太阳能系统和热水循环泵碳排放计算）将在同一表格内分别采用不同计算方法，各计算公式见第2章2.3.1节及2.3.2节，最终以整合的方式得出这一系统的碳排放总量。

3.8.2
设计案例一：某办公楼

　　1. 建筑概况

　　项目为某企业办公楼，位于北方某城市，建筑面积约2.7万m²。建筑层数：地上15层（含机房层），地下4层，建筑高度60m。地上部分为办公面积，地下部分为部分机房和汽车库。项目设有生活给水系统、生活热水系统、生活排水系统、雨水系统、消火栓系统、自动喷水灭火系统等。

　　2. 耗能设备一览表见表3.8-1。

　　3. 系统设计简述

　　（1）生活给水系统

　　最高日用水量：115.72m³/d；最大时用水量：15.73m³/h。系统竖向分三个区，二层及以下为低区，由市政给水管网直接供水；三层至九层为中区，由该区恒压变频供水泵组供水；十层至十五层为高区，由该区恒压变频供水泵组供水。减压阀设在各层的供水支管上，水压超过0.2MPa的楼层设置支管减压阀，阀后压力0.15MPa，系统示意见图3.8-1。

耗能设备一览表　　　　　　　　　　　　　　　　表3.8-1

序号	系统类别	耗能设备	设备参数	数量
1	生活给水系统	中区恒压变频供水泵组	$Q=18m^3/h$, $H=55m$	1套，加压泵2用1备
		高区恒压变频供水泵组	$Q=16m^3/h$, $H=75m$	1套，加压泵2用1备
		外置式自洁水箱消毒器	产氧量>0.4g/h, $W=300W$, $U=220V$	1台
2	生活排水系统	消防电梯、换热间集水坑	$Q=40m^3/h$, $H=20m$ $N=5.0kW$	4台
		地下一层卫生间集水坑	$Q=10m^3/h$, $H=26m$ $N=2.4kW$	2台
		车库集水坑	$Q=12m^3/h$, $H=20m$ $N=2.2kW$	16台
3	生活热水系统	电热水器	$V=24L$, $N=1.25kW$	19台
			$V=300L$, $N=6.0kW$	2台
		热水循环泵	$Q=0.9m^3/h$, $H=5.0m$ $N=0.50kW$	2台，1用1备

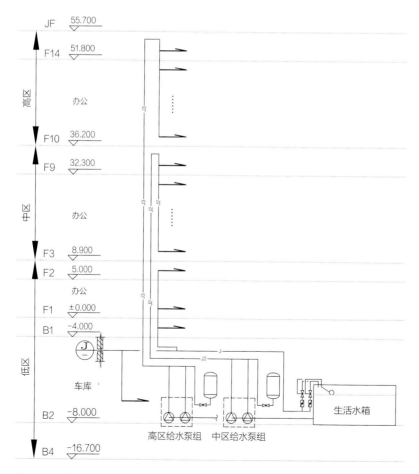

图3.8-1　系统示意

本项目生活给水系统采用吨水能耗法和耗电量计算法结合进行计算。

1）加压区水泵采用吨水能耗计算法，对不同分区的碳排放量进行计算：

年用水量=平均日用水量×用水天数

二次加压供水年用水量=年用水量×二次供水百分比

二次加压供水年耗电量=吨水能耗×二次加压供水年用水量×设备扬程

二次加压供水年碳排放量=二次加压供水年耗电量×电碳排放因子

给水系统加压设备碳排放量计算-吨水能耗计算部分见表3.8-2。

2）外置式自洁水箱消毒器采用耗电量计算法进行计算，给水系统加压设备碳排放量计算-耗电量计算部分见表3.8-3。

综上，生活给水系统的总碳排放量为23462.01kgCO₂/a。

（2）生活排水系统

室内污水、废水合流排放。地面层（±0.00）

以上为重力流排水，地下污、废水排入污废水泵井内，经潜水排水泵提升排至室外污水管网。地下室排水集水坑内设2台排水泵，互为备用，轮换工作。

本项目生活排水系统采用吨水能耗法进行计算，见表3.8-4。

综上，生活排水系统的总碳排放量为6495.63kgCO₂/a。

（3）生活热水系统

采用电热水器作为热源，热水供应部位为地下一层淋浴间及地上各层卫生间洗手盆。地上各层卫生间洗手盆下设置V=24L的容积式电热水器。本项目生活热水系统采用耗电量法进行计算，见表3.8-5。

（4）本案例单位建筑面积的总碳排放量计算见表3.8-6。

综上，本案例的办公楼单位面积的年碳排放量为18.89kgCO₂/（m²·a）。

4. 本案例低碳设计计算比较

为了进一步探究系统形式与碳排量之间的联

给水系统加压设备碳排放量计算-吨水能耗计算部分　　表3.8-2

设备类别	平均日用水量（m³/d）	年使用天数（d）	年用水量（m³）	吨水能耗[kWh/（m³·MPa）]	设备扬程（MPa）	二次加压供水年耗电量（kWh）	碳排放因子（kgCO₂/kWh）	年碳排放量[kgCO₂/（m²·a）]
中区给水加压泵	83.95	250	20988.33	0.8	0.55	9234.8652	1.246	11506.64
高区给水加压泵	59.97	250	14991.67	0.8	0.75	8995.002	1.246	11207.77

给水系统加压设备碳排放量计算-耗电量计算部分　　表3.8-3

设备类别	设备电功率P_{di}（kW）	设备系统的年平均运行小时数T_{di}（h/a）	设备系统的数量N_i（台）	系统运行设备耗电量（kWh）	碳排放因子（kgCO₂/kWh）	年碳排放量（kgCO₂/a）
外置式水箱自洁消毒器	0.3	2000[①]	1	600	1.246	747.6

注：①年使用天数250d，日工作时长8h。

生活排水系统加压设备碳排放量计算　　　　　　　　　表3.8-4

设备类别	单位供水能耗［kWh/（m³·MPa）］	设备扬程（m）	设备系统的年平均运行小时数T_{di}（h/a）	设备排水量（m³/h）	设备耗电量（kWh）	系统运行总耗电量（kWh）	碳排放因子（kgCO₂/kWh）	年碳排放量［kgCO₂/（m²·a）］
消防电梯潜水排污泵	0.88	20	0	0	0			
地下一层卫生间潜水排污泵	0.96	26	2000	10	4992	5213.18	1.246	6495.62726
地下车库潜水排污泵	0.96	20	96	12	221.184			

生活热水系统加压设备碳排放量计算-耗电量部分　　　　表3.8-5

设备类别	设备电功率P_{di}（kW）	设备系统的年平均运行小时数T_{di}（h/a）	设备系统的数量N_i（台）	系统运行设备耗电量（kWh）	系统运行总耗电量ADYXD（kWh）	碳排放因子（kgCO₂/kWh）	年碳排放量（kgCO₂/a）
容积式电热水器	6	2000	2	96000			
厨宝	1.25	2000	29	290000	387500	1.246	482825
循环泵	0.5	750	1	1500			

本案例单位建筑面积年碳排放量计算　　　　　　　　　表3.8-6

序号	系统类别	年碳排放量年碳排放量（kgCO₂/a）	系统总碳排放量（kgCO₂/a）	建筑面积（m²）	单位建筑面积年碳排放量［kgCO₂/（m²·a）］
1	生活给水系统	23462.01			
2	生活排水系统	6495.63	512782.64	27150.56	18.89
3	生活热水系统	482825			

系，本项目将给水系统分区重新调整，形成对照方案，比对同一项目在用水量相同的前提下，系统不同分区对碳排放量带来的影响，给水系统方案对照表3.8-7。

由表3.8-7可知，案例原设计中给水系统共有3个分区，见图3.8-2，加压区由两组不同的恒压变频泵组供水；对照组系统方案将两个加压分区合并为1个，见图3.8-3，重新计算设计参数，选择设备，计算对照方案的碳排放量。

给水系统方案对照表　　表3.8-7

原方案			
分区	供水范围	流量	扬程
低区	二层及以下	—	—
中区	三层至九层	18	55m
高区	十层至十五层	16	75m
对照方案			
分区	供水范围	流量	扬程
低区	二层及以下	—	—
高区	三层至十五层	25	75m

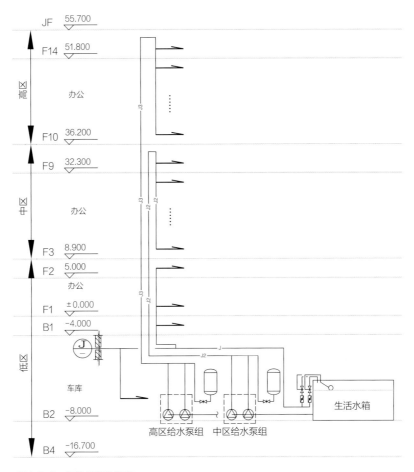

图3.8-2　原设计系统示意

　　通过计算得出对照系统碳排放量值见表3.8-8。

　　由结果可知，对照二次供水设备的碳排放量远高于原系统碳排放量。两组对比分析可知，当选取同样的供水设备结构（2用1备）时，同样的年用水量，合理的分区会降低系统的碳排放量。

　　同时，通过吨水能耗取值表发现，在选取供水设备结构时，当系统设计流量较低（流量≤15m³/h），选取3泵设备（2用1备）和2泵设备（1用1备）时，其对应的供水设备结构单位供水能耗的取值差异，也会影响系统的年碳排放量总值，应结合项目的实际情况综合考虑。

3.8.3
设计案例二：某酒店

1. 建筑概况

　　项目位于北方某地区，地块总用地面积为50532.42m²，总建筑面积为29.02万m²，其中，地上总建筑面积为17.69万m²，地下总建筑面积为11.33万m²。主要功能为科研设计用房（办公）、配套商业、配套酒店、地下车库及设备机房等。建筑高度60m，最大单体建筑体积30.28万m³。本案例只计算酒店部分碳排放量。

　　该项目为二星级绿色建筑，涉及低碳计算的系统包含生活给水系统，饮用水系统，生活热水

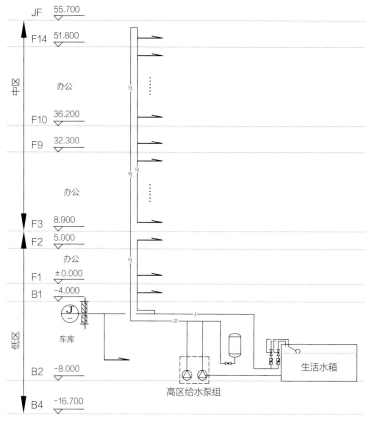

图3.8-3　对照设计系统示意

对照组给水系统加压设备碳排放量计算–吨水能耗部分　　　　　　表3.8-8

设备类别	吨水能耗 [kWh/ (m³·MPa)]	设备扬程 (m)	设备年用水/排水量 (m³)	设备耗电量 (kWh)	系统运行总耗电量 (kWh)	碳排放因子 (kgCO₂/kWh)	年碳排放量 (kgCO₂/a)
高区给水加压泵	0.8	75	35980	21588	21588	1.246	26898.648

系统，中水系统，循环水系统，污、废水系统和雨水系统。其中生活给水二层及以下由市政压力供水，三层至九层由恒压变频供水泵组供水，生活热水热源采用空调热回收热能作为预热热媒间接使用，辅助热源为高压燃气热水机组，地上污废水为重力排水，地下污废水采用压力排水，水系统耗能设备见表3.8-9。

2. 系统设计简述

（1）生活给水系统

最高日用水量：1000m³/d；最大时用水量：86m³/h。系统竖向分四个区，室外及地下车库为一区，地下二层至三层为二区，由该区恒压变频供水泵组供水；四层至九层为三区，由该区恒压变频供水泵组供水；十层至十五层为四区，由该区恒压变频供水泵组供水，系统分区见表3.8-10，系统图见图3.8-4。

本项目给水系统碳排放量计算方法同上例办公建筑，采用的是吨水能耗的计算方法，见表3.8-11，此处不赘述。

耗能设备一览表 表3.8-9

序号	系统类别	耗能设备	设备参数	数量
1	生活给水系统	四区给水加压泵	$Q=50m^3/h$，$H=105m$，$N=15kW$	1套，加压泵2用1备
		三区给水加压泵	$Q=50m^3/h$，$H=80m$，$N=22kW$	1套，加压泵2用1备
		二区给水加压泵	$Q=30m^3/h$，$H=50m$，$N=11kW$	1套，加压泵2用1备
		深度处理加压泵	$Q=50m^3/h$，$H=36m$，$N=5.5kW$	1套，加压泵2用1备
		深度净化设备	系统容量30kW	1套
		紫外线消毒设备	$Q=50m^3/h$，$N=1.0kW$	4台
2	生活排水系统	油脂分离器	$Q=20m^3/h$，$N=16kW$	1台
		污水提升设备	$Q=25m^3/h$，$H=20m$，$N=3.0kW$	1套，加压泵2用1备
		消防电梯集水坑	$Q=40m^3/h$，$H=30m$，$N=7.5kW$	6台
		地下三层卫生间集水坑	$Q=25m^3/h$，$H=25m$，$N=4.0kW$	18台
		地下二层卫生间集水坑	$Q=25m^3/h$，$H=20m$，$N=3.0kW$	18台
		地下一层卫生间集水坑	$Q=25m^3/h$，$H=28m$，$N=3.0kW$	6台
3	生活热水系统	电热水器	$V=24L$，$N=1.25kW$	19台
			$V=300L$，$N=6.0kW$	2台
		热水循环泵	$Q=0.9m^3/h$，$H=5.0m$，$N=0.50kW$	2台，1用1备

给水系统分区及设计参数表 表3.8-10

原方案			
分区	供水范围	流量	扬程
一区	室外和车库冲洗	—	—
二区	地下二层至三层	30	50m
三区	四层至九层	50	80m
四区	十层及以上	50	105m

（2）生活热水系统

酒店客房采用集中生活热水供应系统，最高日热水用量（60℃）141.49m³/d，设计小时热水量（60℃）17.08m³/d，冷水计算温度4℃。设计小时耗热量5241706.7kJ/h。

各区热源为酒店空调冷机热回收提供的冷却循环水废热（冷凝器进出水温度45℃/40℃，循环泵设置于制冷机房，由暖通空调专业设计）预热，辅助热源为常压燃气热水机组（90℃供、65℃回，设置于锅炉房，由暖通空调专业设计）提供的常压热媒水，设独立的热媒循环泵，由温度传感器控制其运行。空调热回收热能作为预热热媒间接使用，与辅助热源串联，冷水经空调热回收热能预热后进入容积式换热器再次进行二次加热，经辅助热源加热到60℃供应到用户末端，生活热水与生活冷水同一个压力源。生活热水系统热源部分示意见图3.8-5，生活热水系统年碳排放计算见表3.8-12、表3.8-13。

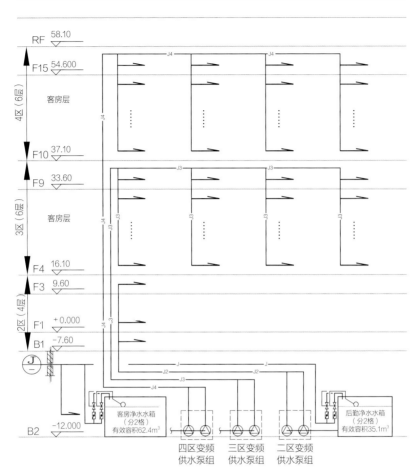

图3.8-4   某酒店给水系统示意图

某酒店给水系统加压设备碳排放量计算   表3.8-11

设备类别	平均 日用水量 （m³/d）	年使用 天数 （d）	年用水量 （m³）	吨水能耗 [kWh/ （m³·MPa）]	设备 扬程 （MPa）	二次加压供水 年耗电量 （kWh）	碳排放 因子 （kgCO₂/kWh）	年碳排放量 [kgCO₂/ （m²·a）]
四区给水 加压泵	142.6	365	52049	0.76	0.5	19778.62	1.246	0.084921
三区给水 加压泵	142.6	365	52049	0.76	0.8	31645.792	1.246	0.135874
二区给水 加压泵	118.1	365	43106.5	0.76	1.05	34398.987	1.246	0.147695

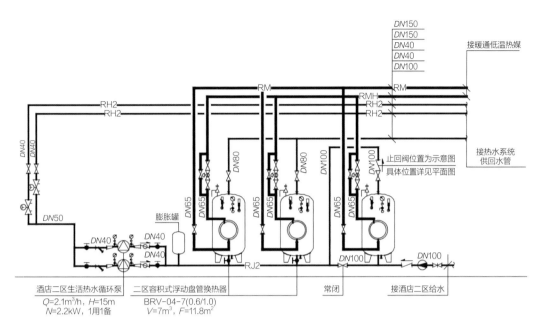

图3.8-5　某酒店集中生活热水系统热源部分示意图

生活热水系统年碳排放量计算（一）　　　　　　　　　　　　表3.8-12

计算类别	Q_{rp}（kJ/d）	热水系统年运行天数（d）	Q_{r1}（kWh/a）	碳排放因子（kgCO$_2$/kWh）	年碳排放量［kgCO$_2$/（m^2·a）］
生活热水系统年耗热量核算	45202918.99	365	4583073731	1.246	19.6778

注：1. 依据现行国家标准《建筑碳排放计算标准》GB/T 51366与本书2.3.1节修正后公式计算，辅助热源（常压燃气）按100%耗热量计算预留；
　　2. 余热利用可作为绿色能源碳汇系统的减碳核减。

生活热水系统年碳排放量计算（二）　　　　　　　　　　　　表3.8-13

设备类别	设备电功率P_{di}（kW）	设备系统的年平均运行小时数T_{di}（h/a）	设备系统的数量N_i（台）	系统运行设备耗电量（kWh）	系统运行总耗电量AD_{YXD}（kWh）	碳排放因子（kgCO$_2$/kWh）	年碳排放量［kgCO$_2$/（m^2·a）］
循环泵	2.2	8760	3	57816	57816	1.246	0.248238

注：依据《建筑碳排放计量标准》CECS 374—2014第4.2.8节公式：$AD_{YXD} = \sum_{i=1}^{n} I_i \cdot P_{di} \cdot T_{di} \cdot N_i$。

合计集中生活热水系统年碳排放量为5782548.603kgCO$_2$/（m^2·a）。

（3）冷却循环水系统年碳排放量计算见表3.8-14。

（4）排水系统年碳排放量计算见表3.8-15。本项目排水系统碳排放量计算方法同上例办公建筑，采用的是吨水能耗的计算方法，此处不赘述。

（5）本案例单位建筑面积的总碳排放量计算见表3.8-16。

综上，本项目的酒店单位面积的年碳排放量为16207.3755kgCO$_2$/（m^2·a）。

某酒店冷却循环水系统年碳排放量计算　　　　表3.8-14

设备类别	设备电功率P_{di}（kW）	设备系统的日平均运行小时数（h）	设备系统的年运行天数（d）	设备系统的年平均运行小时数T_{di}（h/a）	设备系统的数量N_i（台）	系统运行设备耗电量（kWh）	系统运行总耗电量AD_{YXD}（kWh）	碳排放因子（kgCO₂/kWh）	年碳排放量［kgCO₂/（m²·a）］
超低噪声横流冷却塔	22	24	112	2688	2	118272			
超低噪声横流冷却塔	11	24	112	2688	1	29568	177408	1.246	0.7617
恒压变频补水泵组	11	24	112	2688	1	29568			

某酒店排水系统年碳排放量计算　　　　表3.8-15

设备类别	单位供水能耗［kWh/（m³·MPa）］	设备扬程（m）	设备系统的年平均运行小时数T_{di}（h）	设备排水量（m³/h）	设备耗电量（kWh）	系统运行总耗电量AD_{YXD}（kWh）	碳排放因子（kgCO₂/kWh）	年碳排放量［kgCO₂/（m²·a）］
油脂分离器提升设备	0.88	20	3285	25	3	4336200		
B2隔油间潜水排污泵	0.88	20	3285	25	3	4336200		
消防电梯集水坑	0.88	30	1	40	7.5	47520	1.246	16187.0809
B1废水潜水排污泵	0.88	28	24.64	25	3	273208.32		
B2废水潜水排污泵	0.88	20	17.6	25	3	418176		
B3车库潜水排污泵	0.88	25	22	25	4	871200		

本案例单位建筑面积年碳排放量计算　　　　表3.8-16

序号	系统类别	年碳排放量年碳排放量（kgCO₂/a）	系统总排放量（kgCO₂/a）	建筑面积（m²）	单位建筑面积年碳排放量［kgCO₂/（m²·a）］
1	生活给水系统	106936.0882			
2	生活排水系统	4697490885	4703380370	290200	16207.3755
3	生活热水系统	5782548.603			

3. 本项目低碳设计计算比较

为了进一步探究系统形式与碳排量之间的联系，本项目将热水系统集热热源重新调整，见

图3.8-6～图3.8-8。形成对照方案，见表3.8-17，比对同一项目在耗热量相同的前提下，热源不同分区对碳排放量带来的影响。

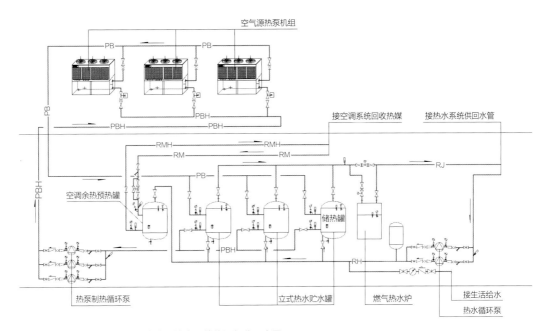

图3.8-6　空气源辅助燃气集中生活热水系统热源部分示意图

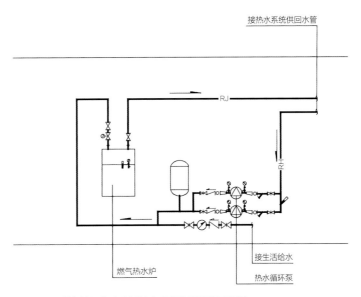

图3.8-7　燃气热源集中生活热水系统热源部分示意图

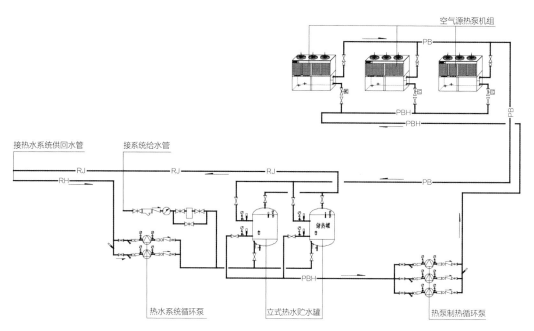

图3.8-8　空气源热源集中生活热水系统热源部分示意图

热水方案比照表   表3.8-17

热源形式	原方案		全部采用燃气作为热源	全部采用空气源热泵作为热源	对比方案	
	冷却循环水废热预热辅助热源为常压燃气热水机组				空气源热泵辅助燃气热水器为热源（分季切换冬季为11月~次年3月）	
	冷却循环水废热预热	辅助热源为常压燃气热水机组			空气源热泵	辅助燃气热水器为热源
年能源消耗〔生活热水年耗热量（kWh/a）〕	2920000000	4330450885	7250450885	7250450885	4231085037	3019365848
年能源耗量〔按本书式（2.3-3）计算〕	2979591837		—	—	3080985559	
年碳排放量计算〔tCO₂/（m²·a）〕	—	240.32	402.37	—	—	167.56

第 **4** 章

零碳建筑暖通空调
系统设计方法

4.1

设计方法

4.1.1
设计要求

1. 以低碳为目标的暖通空调系统设计应采用基于目标分解对应的性能化设计方法。

【释义】低碳性能化设计过程是以暖通空调系统的碳排放为目标，利用碳排放模型、能耗模拟工具，对设计方案寻优改进的过程，最终达到预设定的性能目标要求。以低碳为目标的暖通空调系统设计不同于现行的节能设计，不能简单地以符合现行设计规范为标准，应针对设计项目具体特点，以降低碳排放控制指标为主旨，采用低碳性能化设计方法，实现碳效提升目标。

2. 低碳暖通空调系统性能化设计的步骤一般包括：确立碳排放目标；建立系统碳排放计算模型和应用场景；对拟定设计方案进行碳排放预测；结合评估结论确定设计方案并编写碳排放设计报告。

【释义】低碳暖通空调性能化设计是建立在数据基础上的一种设计方法，当前可按"确定目标—建立模型和场景—碳排放评估—方案确定"的步骤开展。但它不是一成不变的模式，而是运用减碳的原理和方法，针对各类项目的实际情况，制定整个暖通系统应该达到的碳排放目标，甄别可应用的设计方法对暖通系统形成的碳排放

进行定量的预测与评估，以期得到最优化的低碳设计效果。

3. 低碳设计目标应根据建筑类型和资源条件等确定，宜为运行阶段或全生命期的碳排放的定量化性能目标。

【释义】低碳性能化设计首先是制定整个系统应该达到的碳排放目标，定量目标有利于性能化设计实施。性能化设计以运行碳排放目标为基础，并应关注暖通空调系统碳足迹，即系统耗材等带入的隐含碳排放。目标可以是碳排放量的绝对值或相对值。如某住宅的暖通空调系统运行阶段二氧化碳排放在现行碳排放标准基础下降20%。

但在数据资料不够充分的情况下可以先使用定性目标，但随设计深入时应及时修正为定量化目标。

4. 应按现有的碳排放标准建立暖通空调系统碳排放计算模型，场景应至少包括传统设计场景和低碳设计场景。

【释义】传统设计场景是指按现行标准设计的暖通空调系统碳排放量，低碳设计场景是根据项目降碳设计目标构建一组或多组设计场景。表4.1-1是以某住宅项目构建的暖通空调系统碳排放场景示意。

5. 低碳设计方案评估宜包括碳排放性能前期诊断、耦合多因素的性能分析、预测反馈与敏

暖通空调系统碳排放设计场景示意 表4.1-1

场景	主要特征
场景1-传统场景	按现行标准设计（传统能源）
场景2-低碳场景	按现行标准设计（设备能效提升、可再生能源利用）

感度分析；确定系统具体低碳设计措施和碳排放指标。

【释义】低碳性能化设计的核心是对暖通空调系统设计方案进行碳排放评估。低碳评估优先对接收到的设计资料条件进行碳排放性能前期诊断，重点在于尽可能全面收集项目中暖通空调系统低碳设计相关的所有信息，包括但不限于场地环境、建筑布局及空间格局、围护结构做法等，进而借助建筑模拟工具，揭示建筑潜在的碳性能表现，分析出缺点和不足，探索影响暖通空调系统低碳性能的关键影响因素，为后续制定有效的碳减排措施奠定基础。

耦合多因素的性能分析是回应前期诊断中识别出的不足点，结合暖通空调系统设计中碳排放的因素，在不同场景下构建低碳策略组合，进行全面的拟合设计。如将低碳策略分为低碳冷热源设计策略、低碳输配系统策略、系统运行策略等。

预测反馈借助建筑模拟工具进行多次试算，对多种系统形式与措施组合进行碳排放量化计算，依据降碳数值优选有效措施，设计师根据预评估结论结合工程实际调整设计策略，在"设计—计算—反馈—修正"的寻优操作中，促使低碳场景设计方案不断优化，实现低碳设计目标。敏感度分析主要从设计师的角度，构建以降碳措施为决策变量、低碳碳排为目标函数、经济性考量为约束条件，进行预测评估，解决增量投资与降碳效果两目标的相互博弈，平衡低碳措施的经济性。

低碳设计措施和碳排放指标的确定是低碳评估工作的结果，作为下一步设计工作的指导性文件，应数据准确、切实可行。

6. 碳排放计算应包括设备及管线的安装及拆除和建筑运行两个阶段，重点针对建筑运行阶段碳排放，但应统筹考虑暖通空调设备、管路等寿命对建筑全生命期碳排放的影响。

【释义】建筑全生命期碳排放计算包括建筑物的建材生产及运输阶段碳排放计算、建筑建造及拆除阶段碳排放计算、建筑运行阶段碳排放计算。其中建材生产及运输阶段碳排放已包含在工业生产和交通运输领域；根据庄维敏院士"建筑部门碳达峰、碳中和实施路径研究"结论，建筑建造和拆除阶段的能耗在建筑生命期总能耗中占比非常小，而此部分能耗主要集中在土建施工和拆除部分，设备及系统安装与拆除占比则更小，因此设计过程中对建筑碳排放的计算主要针对运行阶段碳排放。

7. 运行阶段碳排放计算包括冷源、热源、输配系统、末端空气处理设备等消耗能源产生的碳排放量、制冷剂泄漏引起的碳排放量及可再生能源使用的减碳量。

【释义】本条参照《建筑碳排放计算标准》GB/T 51366—2019。暖通空调系统能耗由冷热源的能耗、输配系统及末端空气处理设备的能耗构成，输配系统主要包括水系统、风系统和冷媒系统。

建筑运行阶段的碳排放计算涉及暖通空调、生活热水、照明等系统能源消耗产生的碳排放量以及可再生能源系统产能的减碳量、建筑碳汇的减碳量计算。暖通空调专业可再生能源使用的减碳量计算主要体现在太阳能光热供暖或制冷系统、地源热泵等系统的节能中。建筑碳汇主要来源于建筑红线范围内的绿化植被对二氧化碳的吸收,其减碳效果应该在建筑总碳排放计算结果中扣减。建筑碳排放计算应各专业协调,避免计算项重复或遗漏。

4.1.2
方案优选

1. 暖通空调设计方案具有目标一致的多路径性,在低碳设计中,应进行多方案比较后选择适合本项目的最优方案。

【释义】同一工程项目可选用的冷热源形式、输配系统形式及末端形式众多,因此,需要根据室外气象条件、围护结构热工性能、室内参数设定及预设的暖通空调系统形式,通过模拟计算不同方案的碳排放量,经过比选寻优,确定适宜特定项目的最终方案。

2. 根据项目特点选用适宜的模拟软件,建立建筑模型,输入比选方案进行模拟分析。

(1)暖通方案需要根据项目特点至少选择三个不同的可实施方案进行比选,包含合理适用的不同冷热源形式、输配系统、末端形式等。

(2)方案比选时应输入主要用能设备性能参数、部分负荷效率或性能曲线、暖通空调系统形式、运行小时数等特征参数。

(3)运用模拟软件分别对各可行的方案进行计算,根据项目需求输出计算结果,经比较后确定实施方案。

【释义】暖通空调专业多方案优选的基本步骤如下:

建立建筑模型→选择项目所在地→输入暖通方案各项参数→输入各类能源碳排放因子→输入运行策略→进行碳排放计算→对计算结果进行输出→比较分析→设计优化,后两步需多次重复,最终确定方案形式。

当采用符合国内标准的计算软件时,有较多参数已内置,此时应注意内置参数是否与项目实际设计运行条件一致,不一致时应进行修改。

对不同系统的能耗高低,有经验的工程师能初步判断,但对不同方案的碳排放很难直接判断,尤其是复合能源系统,需要根据项目所在地气候、能源条件、设备性能、电力、热力碳排放因子等综合模拟判断,同时需要在模拟过程中不断进行运行优化,据此确定设计运行策略。

4.1.3
基本方法

1. 暖通空调系统具有"多能、多样、多因、多变、多解"的"五多"特点,实际工程中需根据项目需求、围绕系统特点确定适宜的低碳设计路径。

【释义】"多能"是指暖通空调系统的冷热源种类多,常见冷源形式有水冷电制冷、蒸发冷却、风冷(热泵)、水源热泵、地源热泵、海水源热泵、变冷媒流量多联机等;常见热源形式有燃气锅炉、市政(区域)热力、各类热泵、中深层地热能利用等;同时还有传统能源与可再生能源的多种复合能源形式等。

"多样"是指暖通空调系统的水系统、风系统以及末端系统形式多,常见的风系统有定风量全空气系统、变风量全空气系统。变风量系统根据末端的不同又分为节流型、风机动力型(串联式、并联式)等;空气-水系统中根据夏季冷冻水(有时简称冷水)供水温度的不同,除常规7℃冷水外还有大温差低温水系统、高温水系统之分;根据除湿方式的不同分为冷却除湿、溶液除湿、转轮除湿等,而温湿度独立控制系统中,末端形式又有辐射末端、干式风机盘管、高温多联机（高显热多联机）等。常见的水系统有一级泵系统（定流量、变流量）、二级泵系统、多级泵系统等。传统的暖通空调系统同样具有复杂多样的特点，根据供回水管敷设形式分为同程式和异程式，根据支路形式分为垂直双管、垂直单管跨越式、水平双管、水平单管跨越式、水平单管串联式等，末端散热设备选择有散热器、辐射末端（地板辐射、辐射板、毛细管辐射、燃气红外辐射等）。

"多因"指的是影响暖通空调系统因素多，包括技术因素和非技术因素。技术因素包括建筑性能、暖通空调系统形式、运行控制策略、电气化替代程度等影响因素等；非技术因素包括国家的调控政策、地方规定、经济条件、后期运营管理水平以及人为喜好等。从工程项目实践来看，非技术因素对项目方案影响较大，是设计人无法控制的潜在影响因素。

"多变"主要指暖通空调系统运行过程中影响负荷变化的时变参数多，受时变参数的影响负荷处于波动状态。众所周知暖通空调负荷大多与建筑围护结构及室外气候直接相关，其实际运行还受室外温湿度参数、室内人员活动、设备运行、照明、新风量标准等因素影响，同时还受系统调适标准、运行策略及使用习惯的影响。由于

负荷的时变性以及非稳态特点，暖通空调系统的负荷预测与动态寻优控制一直是行业研究的重点。

"多解"是指暖通空调系统在目标相同时可能有多种解决方案，实施路径形式不唯一。"多能""多样"情况下，出现众多可选方案，同一个工程项目，无论是冷热源选择、输配方式、末端系统方案，都具有多种形式可选，进一步增加了复杂性，因此，需要有正确的设计方法来指导。图4.1-1对暖通空调系统特点进行了解析，使读者能更清晰地了解"五多"特点。

2. "双碳"目标下，对暖通空调系统设计提出新的要求，既是技术方案选择从定性分析到定量分析的转变，又是变措施导向为目标导向的转变。

【释义】低碳设计与以往设计的不同在于指标定量化，《建筑节能与可再生能源利用通用规范》GB 55015—2021第2.0.3条明确规定"新建居住和公共建筑碳排放强度应分别在2016年执行的节能设计标准基础上平均降低40%，碳排放强度平均降低7kgCO$_2$/（m^2·a）以上。"该标准中尽管没有要求绝对数值，但明确了建筑能耗与碳排放量的差值。随着未来产业不断发展，定量目标导向的设计将成为今后的趋势，设计方法也会从措施导向转变为目标导向，因此，性能化设计将成为必然。

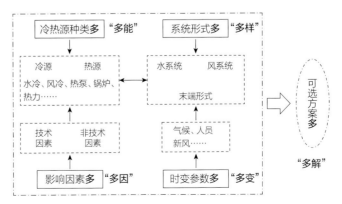

图4.1-1 "五多"特点解析图

3. 为降低建筑碳排放，暖通空调设计需秉承降低用能需求、提高能源综合利用率、强化自动控制、终端用能电气化替代为主要路径。

【释义】《建筑碳排放计算标准》GB/T 51366—2019，采用了全生命期方法对建筑的材料生产、运输、建造、使用及拆除进行分阶段计算的方法。其中，暖通空调专业涉及的主要是建筑运行阶段的碳排放计算，着眼于单栋建筑或建筑群的碳排放核算。暖通空调系统的可再生能源利用已经包含在年能耗中，不需要单独列出，故暖通空调系统运行阶段碳排放计算公式可简要表述为：

建筑年碳排放量 = 各类能源年消耗量×对应的碳排放因子－建筑碳汇系统年碳汇量

从上述碳排放计算公式分析，降低建筑碳排放的基本路径如图4.1-2所示。

由此可见，实现低碳的关键路径在于总量和强度"双控"。一方面是降低用能需求即提高建筑自身性能，提高能源综合利用率；另一方面应加强可再生能源利用、降低电力碳排放因子即电网清洁化、提高碳汇能力。

研究发现，电气化替代需通过太阳能光伏发电、风电、水电等绿色电力进一步降低电力碳排放因子。以2021～2022年度全国全网最新碳排放因子0.581tCO$_2$/MWh计算，各气候区尤其是北方集中供暖区域，以电力为主要能源形式的冬季供暖，如采用空气源热泵或变冷媒多联机系统，其碳排放量高于采用城市热力（含区域热力）或燃气热水锅炉。因此电气化需要与电力脱碳进程相协调，逐步推进。若采用区域电力碳排放因子或各城市发布的电力碳排放因子，各地区差异将有所不同。

4. 低碳设计流程为确立设计目标，通过模拟分析、方案优选、措施应用等方法不断进行寻优，通过精细化设计最终实现既定目标的性能化设计方法。

【释义】前面分析了暖通空调系统的复杂性，对于暖通空调系统设计来讲，只有认识到系统的特点才能更好地、有针对性地作出选择和判断，图4.1-3为暖通空调系统设计流程示意图，根据图示流程和方法最终选择出符合项目实际需求的最优实施方案。

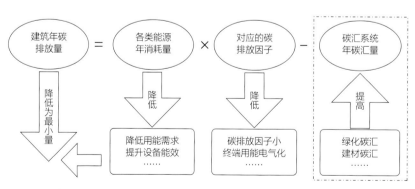

图4.1-2　建筑运行低碳路径示意图

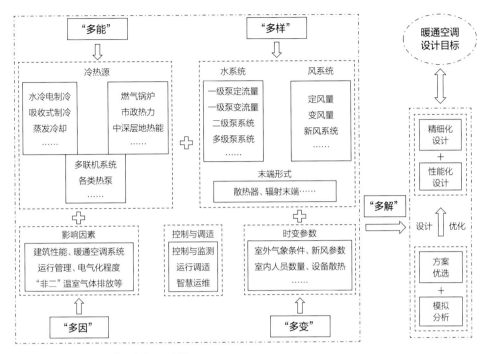

图4.1-3　暖通空调系统设计流程示意图

4.2

基本要求

4.2.1
一般要求

1. 方案设计前应根据项目定位确定碳排放设计目标，根据设计目标及项目自身条件选择合理的低碳设计实施路径。

【释义】项目开始设计前，应根据项目自身条件及要求确定碳排放目标，目标明确后按设计流程进行方案优选。以下是参照中国建筑设计研究院有限公司《建筑工程项目等级确定及相关技术管理办法》，对建筑工程项目进行碳排放目标划分举例：

一是国家重点项目、示范类工程以及设计要求达到国内绿色建筑三星级标准或达到LEED等国外相关认证白金级标准的项目，如"北京2022年冬奥会及冬残奥会延庆赛区场馆设施建设项目""中央档案馆""中国美术馆""国家图书馆""xxx示范工程"等，建议设置比现行国家标准再降低15%～20%的碳排放量。

二是省、直辖市、自治区内的重点工程项目、设计要求达到国内绿色建筑二星级标准或达到LEED等国外相关认证金级标准的项目，如"河北省资料馆""重庆市美术馆"等，建议设置比现行国家标准再降低10%～15%的碳排放量。

参照以上目标等级划分，可对遇到的其他项目进行类似碳排放等级划分及降碳指标确定。

2. 设备、管道、阀门及辅助材料等遵循长寿化、易维护的选型原则，兼顾全生命期的碳排放。

【释义】暖通空调系统应用的设备、管道类型、部件、配件种类繁多，在建筑项目中所占用的设备机房面积及管道空间最多，由此带来的后期运行维护工作也大。同时由于设备寿命与建筑寿命不一致，导致在整个建筑生命期中暖通空调专业设备和管道会经历品质提升更新。

建筑设备的更换会产生能源消耗，尽管这部分碳排放多数计入工业和交通领域，并且在设计阶段难以预测，但应在设备选型、系统设计时引起重视，设备及管道等更新带来的碳排放计算应在建筑设计阶段予以考虑，条件允许时可纳入建筑全生命期碳排放计算中。

建筑建造和拆除主要针对建筑主体，对建筑内机电设备及管线更新引起的碳排放尚无明确规定，但在设计阶段应兼顾安装及更换引起的碳排放。

受建筑规划、建筑功能的调整及经济发展等因素的影响，实际建筑的使用寿命存在较大差异；与此同时，建筑部件（保温材料、门窗等）、建筑设备（锅炉、冷水机组、换热设备等）的使用寿命一般少于建筑使用寿命，在建筑的全生命期内存在多次更新过程。

对于普通建筑设计使用年限50年来讲，一般供热系统设备使用年限为11～18年，空调系统设备使用年限为10～20年，在相同设计条件下，暖通空调设备的使用年限与运行维护有关，维护得当可以延长设备的使用年限。设计阶段应尽可能选用使用寿命长、维护便捷、更换频率低且易更换的设备及系统，实现设备及系统的长寿化，从而降低因更新带来的碳排放。

3. 暖通空调系统碳排放计算应关注所选用设备、材料生产及运输阶段碳排放以及用能设备性能衰减对碳排放的影响。

【释义】建材生产阶段碳排放计算的生命期边界可采取"从摇篮到大门"的模型，即从建筑材料的上游原材料、能源生产开始到建筑材料出厂为止，包含建筑材料生产所涉及原材料的开采、生产过程，建筑材料生产所涉及能源的生产过程，建筑材料生产所涉及原材料、能源的运输过程和建筑材料生产过程。建筑材料、构件、部品从原材料开采、加工制造直至产品出厂并运输到施工现场，各个环节都会产生温室气体，这是建材内部含有的碳排放，可以通过建筑的设计、建材供应链的管理进行控制和消减。现行国家标准《环境管理　生命周期评价　原则与框架》GB/T 24040、《环境管理　生命周期评价　要求与指南》GB/T 24044为建材的碳排放计算提供了依据和方法。

尽管如此，对设计人员而言，在设计选型过程中完全搞清楚所选设备及管材所用材料在生产阶段的碳排放十分困难，但不能因为难度大而忽视。在建筑设计选型阶段应综合考虑选用设备及管道等原材料的生产加工过程的碳排放，最直接的方式是优先选用碳足迹可追溯的产品，根据所选设备及管材的碳足迹来判断产品的低碳化。随着"双碳"目标的推进，建材企业应提供其产品碳足迹证书，各设备生产企业同样应提供其产品碳足迹，根据碳足迹数值设计人员可计算出所选用设备、管道材料等在生产阶段的碳排放。

建材运输阶段碳排放计算理论上应包含：建材从生产地运到施工现场的运输过程，建材运输过程所耗能源的开采、加工，以及运输工具的生产、运输道路等基础设施的建设等阶段。考虑到目前运输工具的生产、运输道路等基础设施建设等过程的基础数据尚不完善，且此类过程分摊到建材运输上的环境影响较小，在建筑碳排放计算时可忽略不计。若确实需要计算时可通过简化方法估算，暖通空调专业设备及所用材料的运输距离在无依据时可取500km，各类运输方式的碳排放因子按《建筑碳排放计算标准》GB/T 51366—2019附录E选取。

暖通空调设备在使用过程中存在性能改变，随着运行年限的增长，设备性能会发生改变，如冷热源设备因结垢引起的性能系数衰减，尽管在设计阶段难以预测或计算，但是这些改变会影响建筑的碳排放强度。

目前执行的标准中未考虑建筑设备性能改变对建筑碳排放强度的影响，但随着时代的发展、技术的提高以及碳排放的计量监管，在条件具备的情况下可进行计算。同时，在设计阶段应根据不同设备有针对性措施，如设备及系统对水质有要求时，应选择与之相匹配的水处理方式，以减少污垢的产生等。

4. 暖通空调系统复杂，实施路径多，设计中应采用性能化设计方法，采用数字化设计、支持装配式建造、支持模块化产品集成、推广智慧化运维模式。

【释义】性能化设计是今后建筑设计的必然趋势，建筑性能包括建筑围护结构性能、室内外空间分布、自然通风性能、自然采光品质、室内气流组织及空气质量、噪声控制等多方面。无论是建筑的风、光、热环境还是室内的供暖、空调、通风设计，在低碳设计中均需引入详细的性能分析，据此进行系统划分、设备选型、多源耦合运行策略分析等。建筑行业的性能化和数字化（信息化）设计相互依托、相辅相成、互相促进。

在建筑碳排放的各个阶段中，运行阶段碳排放与暖通空调专业息息相关，在利用软件进行碳排放模拟计算时若没有信息模型，输入时的简化

必然造成模拟结果与设计理念存在差异，而BIM模型的建立既减少了碳排放模拟中的信息输入又可以使结果更趋近于设计要求。但目前的软件还难以实现互通，如模拟软件提取的BIM模型信息还停留在建筑围护结构信息上，还不能提取暖通空调系统及设备参数等信息，随着技术的发展未来应该可以将BIM模型中的暖通空调系统参数同时加载到其他模拟软件或者BIM软件本身升级换代，从而实现逐时冷热负荷计算分析、全年冷热负荷计算分析、全年能耗模拟分析、碳排放计算与分析等。项目交付后，维护管理人员可以利用模型进行系统运行优化，为实际运行维护管理工作提供有力支持，这也应该是未来的设计方向，需要设计人员、软件编制人员共同努力。

在建筑设计阶段遵循科学、合理、经济、适用的装配式设计理念，可降低建筑建造阶段的碳排放，减少现场安装的人为失误，暖通空调系统设计过程中，对设备及系统管线选用模块化或一体化产品，可降低现场安装带来的碳排放，缩短施工周期。

4.2.2
设计范围

暖通空调系统碳排放设计适用于新建、扩建、改建以及既有建筑改造的建筑设计项目。

【释义】《建筑节能与可再生能源利用通用规范》GB 55015—2021第2.0.5条规定：新建、扩建和改建建筑以及既有建筑节能改造均应进行建筑节能设计。建筑项目可行性研究报告、建设方案和初步设计文件应包含建筑能耗、可再生能源利用及建筑碳排放分析报告。施工图设计文件应明确建筑节能措施及可再生能源利用系统运营管理的技术要求。

4.2.3
设计依据

1. 暖通空调系统设计应遵从国家规范、标准，行业标准、规程及地方规定。

【释义】暖通空调系统碳排放计算及设计依据主要有：《建筑节能与可再生能源利用通用规范》GB 55015—2021，其中给出了建筑围护结构节能要求、供暖、空调与通风系统的节能设计要求、可再生能源系统设计、各系统运行管理要求等；《建筑碳排放计算标准》GB/T 51366—2019给出建筑全生命期碳排放的计算内容、计算方法等；《建筑碳排放计量标准》CECS 374—2014，提供了建筑碳排放数据采集、估算及建筑全生命期各阶段的碳排放计量依据。

此外《民用建筑能耗标准》GB/T 51161—2016、《绿色建筑评价标准》GB/T 50378—2019、《民用建筑绿色性能计算标准》JGJ/T 449—2018等均对建筑能耗计算和评价进行了相应规定，同时还应遵循国家及行业的其他规范和标准等。

2. 暖通空调系统设计应根据项目所在地的气候条件、地理特征、建筑功能、冷热负荷特点等要素确定合理的冷热源方案、系统形式及低碳技术措施。

【释义】影响暖通空调系统能耗的因素有很多，其中与建筑所在地气候条件、建筑功能等直接相关，同时，系统形式与负荷特点、冷热源选择有关，因此在确定暖通空调系统形式时，应综合考虑各项因素，有条件时进行多方案模拟分析后确定。

4.2.4
设计内容

1. 暖通空调系统碳排放设计内容包括供暖、通风、空调及为之提供能源与动力的冷源、热源、输配系统、末端系统，各系统与主要设备运行管理要求；同时还包括制冷剂泄漏引起的温室气体排放。

【释义】暖通空调系统设计涵盖传统的节能设计，同时应根据建筑用途及所处条件，因地制宜，充分利用建筑所在地的气候等条件减少能源消耗、降低碳排放量。根据室外气象条件判断自然通风的有效性，确定合理的自然通风时间及系统连续或间歇运行要求；确定合理的能源利用、系统形式，根据当地经济水平、生活习惯确定运行管理措施等。

2. 设计中应根据建筑物用途、使用要求、能源状况、地域特点、管理水平等经技术经济比较确定暖通空调系统设计方案，并根据设计方案确定运行策略。

【释义】当采用多源耦合系统时，应根据项目所在地室外气候条件、设备性能、当地各类能源碳排放因子等，经模拟分析确定低碳运行策略，并据此给出运行控制要求。

图4.2-1和图4.2-2为严寒地区某项目采用空气源热泵与燃气锅炉为冬季供暖热源时运行策略简要分析示意图，根据分析结果可给出空气源热泵运行时间在供暖初期及后期，两种热源可在室外温度−13.8℃切换运行，此时整个供暖期碳排放量较低。

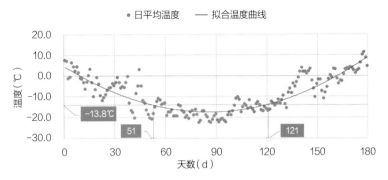

图4.2-1　日平均温度拟合图

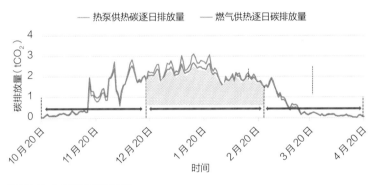

图4.2-2　日碳排放量对比图

4.3

影响因素

4.3.1

建筑性能

建筑性能对暖通空调系统碳排放的影响主要体现在冷热负荷上，由建筑专业负责实施，暖通空调专业在建筑方案配合过程中应给予重视。主要体现在以下几方面：

（1）建筑体形系数对供暖空调冷热负荷的影响；

（2）窗墙面积比对供暖空调冷热负荷的影响；

（3）外围护结构热工性能对供暖空调冷热负荷的影响。

【释义】建筑体形系数、窗墙比、围护结构热工性能直接影响供暖空调设计负荷，在相同建筑体形系数及热工性能条件下，不同的窗墙面积比，尤其是大面积玻璃幕墙或透明屋面时，对建筑供暖空调负荷及室内温湿度具有较大影响。围护结构热工性能应结合地域气候特点配合建筑专业确定合理的保温隔热性能、冷热桥处理、遮阳措施等。建筑性能对运行碳排放的影响主要由建筑专业从方案设计、材料选型、构造做法等方面来完成，暖通空调专业在必要时提供协助。

研究表明，建筑性能提升对不同气候区全年供暖和供冷负荷影响不同，对全国各气候区，建筑性能提升均会降低冬季供暖负荷，且夏热供冷、夏热冬暖及温和地区降低幅度最大；而建筑性能提升对夏季供冷负荷尽管也有降低，但相对比例没有供暖工况明显，甚至个别区域出现建筑性能提升供冷能耗不降反升的情况。这反映出，对不同气候区，不能一味提高建筑围护结构保温性能，而应具体分析确定最佳平衡点。

4.3.2
暖通空调

1. 暖通空调系统用能产生的碳排放分两种，即直接碳排放和间接碳排放。采用直接化石能源燃烧进行供暖或制冷而产生的二氧化碳排放为直接碳排放；采用热力或电力供暖或制冷而导致的二氧化碳排放为间接碳排放，因此降低能源消耗，提高用能效率是降低碳排放的关键。

【释义】降低碳排放有外因和内因，外因是建筑围护结构本身的内外传热或辐射等导致的内外热量传递；内因是暖通空调设备设施的用能需求。用能设备主要包括冷源设备、热源设备、循环水泵、定压补水装置、水处理设备及末端空气处理设备等。在建筑内采用化石燃料制冷制热产生的碳排放为直接碳排放，如采用锅炉、直燃机、燃气热泵等冷热源设备产生的排放。暖通空调系统采用市政热力作为热源及风机、水泵用电产生的碳排放为间接碳排放。

2. 暖通空调系统降低碳排放的有效途径有：

（1）降低暖通空调用能需求；

（2）提高暖通空调用能设备效率；

（3）降低系统运行能耗；

（4）提高可再生能源利用率；

（5）适宜的运行寻优调控措施。

【释义】暖通空调系统提高用能效率不仅仅是选择高效设备，更应该包含合理的参数选择、符合功能需求的系统设置、有效的控制策略和运行维护管理等，暖通空调系统的高效是所有上述技术措施的有机融合，而这些均依赖于前期设计。

需要注意的是，采用热泵产生的减碳取决于热泵用能产生的碳排放比基准模式下的碳排放降低多少，热泵的能效、电力碳排放因子都会影响其减碳效益。

3. 根据建筑功能定位，确定合理的设计标准，选择适宜的室内设计参数。

【释义】建筑空间功能不同，对室内舒适度的要求不同，由此决定了室内设计标准，而设计标准决定了用能需求。根据使用者停留时间确定舒适度设计标准；根据不同的设计标准选择适宜的温度、相对湿度、空气质量、新风量等室内参数。如门厅等室内外过渡空间，属于人员短时间停留区域，可降低设计标准即适当提高设计温度，设计中多考虑自然通风、机械通风等措施，降低空调系统使用时长，从而降低运行碳排放。

4. 根据项目所在地资源禀赋，选择适宜的低碳能源方式，有条件时优先选用生物质能、地热能等可再生能源，经技术经济比较合理后可选用氢能等新型能源。

【释义】我国地域广阔，各地自然资源差异较大，在项目冷热源方式选择时应充分利用当地自然资源，如西北地区夏季室外空调计算湿球温度较低，可选用蒸发冷却技术；在地热资源丰富的地区，可利用地热能供暖等。

4.3.3

运行管理

1. 暖通空调系统运行策略直接影响运行能耗和碳排放，设计中应根据系统复杂程度给出相应的运行要求，便于物业管理人员参照执行。

【释义】暖通空调系统运行能耗在整个建筑能耗中占比最高，也是建筑运行阶段CO_2排放的主要来源，而运行策略直接影响能源消耗和碳排放。低碳运行不仅体现在行为节能及自动控制中，还表现在系统的适配性及寻优运行。

2. 重点项目、多能耦合利用项目等复杂工程在设计规划中应给出与报告相应的运行策略及系统调适要求。

【释义】使用单一冷、热源的项目，无论自控要求还是运行管理一般都较为简单，主要设备控制方式由设备厂家提供，专业智能化深化设计人员按系统控制原理图进行集成设计。但在低碳设计中多种能源耦合应用成为普遍做法，如风冷热泵+太阳能蓄热+低谷电蓄热耦合系统，若设计文件中没有明确运行策略分析及运行要求，那么在深化设计时很难体现原设计意图，同样后期运行管理人员也难以操作实施。

4.3.4

电气化替代

根据建筑直接排放零碳化的发展目标，建筑内利用化石能源燃烧产生热能的设备需有序进行电气化替代。根据用热设备的使用需求，现阶段主要途径是热泵替代或直接电加热+蓄能方式。

1. 燃气锅炉电气化替代

使用燃气热水锅炉提供冬季供暖热源的，根据项目规模用量及当地能源政策、地理、地质条件，经技术经济比较后可选用各类热泵或电锅炉+蓄热、变冷媒流量多联机，条件允许时也可选用热泵分体空调、蓄热型电暖气、发热电缆、电热膜等分散式直接电加热设备设施。

【释义】此条仅指建筑单体或建筑群内的用热设备电气化替代，不涉及区域热力。热泵替代过程中，对不同的热泵类型应考虑其自身技术要求，如设置单一土壤源热泵需要计算全年运行时的冷、热平衡；地表水（江河湖水等）水源热泵，在冬季气温不低于冰点的南方地区，具有一定的应用优势；海水源热泵在我国大部分沿海地区可以采用，但应解决好海水取水和退水以及海水腐蚀取水设备和换热设备、对海洋生物的影响等问题。空气源热泵或多联机系统需考虑室外温度、相对湿度及雨雪等气候条件对其性能的影响，同时根据建筑功能及用热需求经技术经济比较，低温条件下可选用CO_2超临界循环的空气源热泵及复叠式制冷原理的热泵机组，其制热量较大，更适合于公共建筑中的集中供热。关于低碳冷热源将在后续章节详细介绍。

2. 蒸汽设备的电气化替代

建筑内暖通空调专业自制蒸汽需求主要用途为医疗建筑医用消毒设备和蒸馏水制备设备用蒸汽、各类建筑内洗衣房用蒸汽及空调加湿用蒸汽等。蒸汽设备电气化替代可选择电蒸汽锅炉、直接电蒸汽发生器、热泵式蒸汽发生器。

【释义】近年来的实际应用中逐渐发现，集中供应蒸汽的方式存在以下问题：一是"跑、冒、滴、漏"现象较为普遍，不但浪费了大量的蒸汽资源，而且给系统的运行维护工作带来了更多的困难。二是在使用过程中，由于经济性的原因，部分蒸汽系统的凝结水并没有回收而是直接排放，这也造成了大量高品质水资源和能源的浪费。三是供需两侧难以平衡，为了保证用汽点的实时用汽，集中蒸汽供应量远大于实时的蒸汽需求量，导致过量的蒸汽在集中管道系统中冷却凝结从而造成能源浪费。因此民用建筑中减少和尽可能避免大型集中蒸汽供应，是蒸汽系统建设的原则之一。

在蒸汽制备设备电气化替代的过程中，有两种思路：对于既有建筑项目，在电气化改造时，提倡采用用汽设备位置分散就地设置电能蒸汽发生器的模式；如果因为配电或管网场地原因无法进行分散式改造，宜采用电蒸汽锅炉替代原有的燃气蒸汽锅炉。对于新建建筑项目，推荐采用以分散设置电能蒸汽发生器为主要设计和建设方式，当用汽量较大时，经技术经济比较可设置多台，按需分台数投用。由于电蒸汽锅炉和直接电蒸汽发生器的性能系数小于或等于1.0，因此热泵式蒸汽发生器得到了较快发展，目前已有相对成熟的低压蒸汽发生器产品，蒸汽压力在0.15MPa左右。在推广分散设置模式的过程中，需要解决好智能化控制与管理问题，减少人工运行维护管理的工作量。民用建筑中热泵式蒸汽发生器在医疗、酒店等行业将有较大应用前景，表4.3-1给出了不同用汽设备对蒸汽压力的要求。

4.3.5
"非二"气体

1. 建筑运行阶段的碳排放除使用化石燃料产生的直接碳排放和使用电力、热力带来的间接碳排放外，还有制冷系统制冷剂泄漏引起的等效碳排放量。为降低这部分排放量，设计中应做到以下几点：

（1）现阶段设计选型中应优先选用全球变暖潜能值低的制冷剂，有条件时选择自然工质；

（2）设计文件中明确制冷剂充注、更换时减少泄漏的措施并应回收利用。

【释义】过去制冷剂选择时并不关注充注及回收问题，因此在设备故障维修或产品更新时往往出现制冷剂直接排放的现象，为降低建筑全生命期碳排放，应关注每一个环节，因此建议设计文件中明确相关内容。

2. 设备选型时，应选用ODP和GWP_{100}值小、热力学性能优良、安全性高的制冷剂。

【释义】非二氧化碳温室气体，是除二氧化碳以外的温室气体的总称，在造成全球气候变暖的温室气体中，二氧化碳占主导地位，主要来源为生产、生活中化石能源消耗过程中的直接碳排放和电力、热力等产生的间接碳排放。除此之外，还有其他温室气体的排放，主要包括甲烷（CH_4）、氧化亚氮（N_2O）、含氟气体（F-Gas）和炭黑等。

在建筑领域，非二氧化碳温室气体的产生主要来源于制冷剂使用过程中泄漏引起的排放，其构成主要包括氯氟烃CFCs、氢氯氟烃HCFCs和氢氟烃HFCs，其中CFCs由于具有较高的臭氧层破坏潜能在我国已经被淘汰。ODP（Ozone Depletion Potential，臭氧消耗潜能）表示大气中氯氟碳化物质对臭氧层破坏的能力与R11对臭氧层破坏的能力之比值，R11的ODP=1.0，ODP值越小，制冷剂的环境特性越好。根据目前的水平，认为ODP值小于或等于0.05的制冷剂是可以接受的。

不同用汽设备对蒸汽压力的要求 表4.3-1

用汽设备名称或类型	洗衣机烫平机	医用消毒设备	蒸馏水制备设备	厨房蒸煮消毒设备	吸收式制冷机	空调加湿用蒸汽	供暖通风及生活用换热器
所需蒸汽压力（MPa）	0.5~0.9	0.3~0.6	0.3~0.5	0.15~0.25	0.4~0.9	0.05~0.10	0.02~0.6

注：数据取自《全国民用建筑工程技术措施-暖通空调·动力》（2009版）。

GWP（Global Warming Potential，全球变暖潜能）是温室气体排放所产生的气候影响的指标，表示在一定时间内（20年、100年、500年），某种温室气体的温室效应对应于相同效应的CO_2的质量，CO_2的GWP=1.0。通常基于100年计算GWP，记作GWP_{100}，《蒙特利尔议定书》和《京都议定书》都是采用GWP_{100}。

表4.3-2给出了几种常见制冷剂的全球变暖潜值（GWP）和臭氧消耗潜能值（ODP）及安全等级指标值。

表4.3-2中的GWP_{100}取自《蒙特利尔协定书》标准值，不同出处或版本的ODP、GWP_{100}存在微小差异。根据现行国家标准《制冷剂编号方法和安全性分类》GB/T 7778—2017，制冷剂的安全性主要指毒性、燃烧性和爆炸性，制冷剂安全等级用A、B、C加1、2、3表示，A1最安全，C3最危险。安全等级为C（C1、C2、C3）的物质一般不能用作制冷剂。

由表4.3-2可以看出，制冷剂泄漏产生的非二氧化碳温室气体，其GWP_{100}值远高于二氧化碳本身。目前，建筑用空调设备是指用于建筑环境控制和热水供给的制冷和热泵设备，包括家用空

几种常见制冷剂的评价指标值　　　　　　　　　　　　　　　　表4.3-2

制冷剂类型	制冷剂编号	工质类型	全球变暖潜能GWP_{100}	臭氧消耗潜能ODP	安全等级
HFCs 氢氟碳化物	HFC-134a	单一工质	1430	0	A1
	HFC-32	单一工质	675	0	A2L
	R245Fa	单一工质	950	0	A1
HFC 氢氟烃化物	R404A	非共沸	3922	0	A1
	R410A	非共沸	2088	0	A1
	R407C	非共沸	1774	0	A1
	R407A	非共沸	2107	0	A1
	R407F	非共沸	1825	0	A1
HCFCs 含氢氯氟烃	HCFC-22	单一工质	1810	0.05	A1
	HCFC-123	单一工质	79	0.02	B1
HFO烯烃	R-448A	非共沸	1387	0	A1
	R-449A	非共沸	1397	0	A1
	R-513A	共沸	631	0	A1
	R-514A	共沸	2	0	B1
	R-455A	非共沸	148	0	A2L
	R-454C	非共沸	148	0	A2L
	R-1233zd（E）	单一工质	5	0	A1
	R-1234ze（E）	单一工质	<1	0	A2L
	R-1234yf	单一工质	4	0	A2L
其他制冷剂	R-717（NH_3）	自然工质	0	0	B2L
	R-744（CO_2）	自然工质	1	0	A1
	R-290	自然工质	3	0	A3

调器、冷/热水机组（离心冷/热水机组、螺杆冷/热水机组和模块风冷冷/热水机组）、多联机、单元式空调器、冰箱、热泵热水器等。现阶段使用的制冷剂主要有R22、R134a、R32、R410A和R600a（冰箱/冰柜），使用最多的是前四种。家用空调器、冰箱等使用的制冷剂多为HCFC-22、R32，而冷水机组、热泵机组及多联机系统多使用R410A、R407C、R404A、R134a，大型冷库制冷多采用制冷剂NH_3，在2022年冬奥会中首次采用CO_2制冰。

根据清华大学建筑节能中心CBEEM模型测算2020年非二氧化碳温室气体排放约1.3亿吨，主要来自报废拆解过程的泄漏。降低建筑领域非二氧化碳温室气体排放的途径主要有以下三个方面：

一是积极推动低GWP制冷剂的研发和替代工作。制冷剂的替代对于我国制冷空调行业影响巨大，设计者应结合制冷运行特点选择合理的制冷产品，既要考虑制冷剂替代导致的非二氧化碳温室气体直接排放，也要考虑能效变化和由此产生的电力间接二氧化碳排放。

二是加强维修和报废过程中的制冷剂泄漏，减少制冷剂向环境的排放。我国的制冷剂泄漏主要发生在报废及维修阶段，根据清华大学王宝龙老师的研究，运行过程的制冷剂年泄漏率不超过0.3%，家用空调器的维修、维护年泄漏在0.8%~1.6%，而设备最终拆解的泄漏即报废导致的制冷剂泄漏甚至小型空调设备拆解对环境排放仍比较普遍，需要政府和企业多方合作，推动制冷剂回收和再利用。

三是积极推动无氟制冷、热泵技术的发展。如目前正在研发的非蒸发压缩制冷技术，在干燥地区采用的间接式蒸发冷却技术，以及利用工业余热的低品位热量通过吸收式制冷技术等，均可

减少含氟制冷剂的使用，同时降低非二氧化碳温室气体的排放。

3. 制冷剂的选择应结合制冷压缩循环的特点，有条件时优先选用自然工质，并根据制冷剂种类采用相应的安全保障措施。

【释义】《制冷系统及热泵　安全与环境要求》GB 9237—2001对制冷剂安全性有严格要求且属于强制要求，其中禁止在舒适性空调系统中使用可燃性制冷剂，但随着时代的发展和技术的提高，修订后的GB/T 9237—2017已消除了低GWP_{100}、可燃制冷剂等的使用壁垒，不再禁止使用，但对机房通风、制冷剂最大充注量、房间体积等给出了相应规定。

氨（NH_3）是一种常见廉价的无机化合物，同时也是一种天然制冷剂，ODP=0，GWP=0。其具有良好的热力学性能，不破坏臭氧层，无温室效应。氨的熔点-77.7℃，沸点-33.4℃，临界温度132.4℃，临界压力11.3MPa。氨制冷剂在冷凝器和蒸发器中的压力适中（冷凝压力一般为0.981MPa，蒸发压力一般为0.098~0.49MPa）；单位容积制冷量较CFC-12、HCFC-22大；汽化潜热大，制冷和放热系数高，相同温度及相同制冷量时，氨压缩机尺寸最小，氨制冷剂在大型冷库、冷链物流中被广泛应用。但氨属于有毒物质，有强烈的刺激性气味，且易燃、易爆，遇水后对锌、铜、青铜合金（磷青铜除外）有腐蚀作用，因此采用氨作为制冷剂时，应采用安全性、密封性能良好的整体式氨冷水机组，并设有相应的安全保障及应急处理措施。

二氧化碳（CO_2）是一种自然界天然存在的环境友好型制冷工质，安全无毒、不可燃，具有稳定的化学性质，ODP=1，GWP=1，熔点-78.5℃，沸点-56.5℃。来源广泛，可通过自然提取或工业废气中得到，且制取二氧化碳的同时有助于降

低温室气体的排放，使用过程中无需回收，可以大大降低制冷剂替代成本，节约能源，从根本上解决环境污染问题，具有良好的经济性。二氧化碳作为制冷剂，液体状态下动力黏滞系数小、流动阻力小，传热性能好，但二氧化碳沸点范围大，临界温度为31.1℃，临界压力为7.38MPa，因此制冷系统运行时压力较高，跨临界制冷循环的工作压力较传统的亚临界两相制冷循环的工作压力高得多。为保证制冷系统在安全可控的范围内，目前实际工程应用中多采用二氧化碳复叠式制冷系统及载冷制冷系统形式。复叠式制冷系统属于蒸气压缩式制冷系统的一种特殊形式，通常由两到三个不同工作温度区的蒸气压缩式制冷循环组成。二氧化碳复叠式制冷系统目前常用的为HFCs/CO_2复叠制冷系统和NH_3/CO_2复叠制冷系统，由低温级CO_2制冷系统与高温级制冷系统组成，根据系统设计的不同，高温级制冷系统可以为HFCs制冷系统或NH_3制冷系统。CO_2复叠制冷系统运行时，低温级CO_2制冷系统冷凝温度一般在-10~-5℃之间，制冷系统内最高工作压力在2.8~3.0MPa，在安全可控范围内。图4.3-1和图4.3-2分别给出了复叠式制冷系统的流程示意图和制冷原理在压焓图上的表示。

二氧化碳制热系统在同样工况下压缩机压缩比低，效率更高；在热泵低温工况下，质量流量衰减和制热量衰减相对小，更能体现优势。采用跨临界技术或复叠技术，可制取高达90℃的高温热水，适用于室外气温较低的严寒、寒冷地区燃煤锅炉、燃气锅炉等化石能源燃烧设备制热替代。

很难有一种工质能同时满足环境友好（ODP、GWP_{100}均较小）、安全性高、经济性好，自然工质GWP_{100}虽低，实际使用却面临高压、密封等技术挑战。一些碳氢化合物工质的热工性能好，温室效应也较小，却有着极强的易燃易爆性。一些新开发的HFO类工质，在GWP_{100}、安全性方面都较为令人满意，但单位溶剂制冷量较小且价格昂贵。因此，并不存在"完美型"制冷剂，一个项目应该选用什么样的制冷剂，应结合当地的具体政策、实施条件等，在经过技术经济比较后确定。如何通过更先进的技术来为工质"扬长避短"，平衡环境效益、安全性和经济性之间的矛盾，是未来替代制冷剂研发和产品开发的主要任务之一。

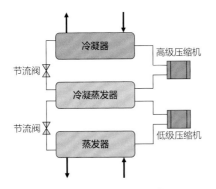

图4.3-1　复叠式制冷系统流程示意图

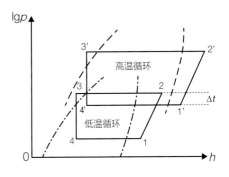

图4.3-2　复叠式制冷系统原理压焓图

4.4

冷热源系统

4.4.1
发展历程

1. 民用建筑热源的发展经历了燃煤锅炉、市政热网、燃气锅炉到热泵系统多样化的过程；冷源从电制冷冷水机组到溴化锂吸收机组、变冷媒流量多联机、区域供冷、冷热电联产及蓄冷、高温冷水机组、水源/地源/空气源热泵、能源塔热泵等多样化的发展历程。

【释义】20世纪70年代及以前，民用建筑主要以北方供暖为主，空调主要应用于工业领域，多为工艺需求。国内暖通行业工作内容主要以散热器供暖、通风为主，热源多为集中燃煤锅炉。20世纪八九十年代，随着中国经济的腾飞，暖通空调进入快速发展期，我国经济的转轨为暖通空调提供了广阔的市场，制冷技术的起源由天然冰进行防暑降温、食品冷藏开始，从仿制生产活塞式制冷机到自行设计制造，出现涡旋式、活塞式、螺杆式、离心式、吸收式、热电式、蒸汽喷射式等多类型的制冷装置。空调也从工业转向民用，中央空调系统逐步出现在国内的大型公共建筑中。这个阶段供暖技术的发展由局部供暖逐渐向集中供暖、区域供暖发展；热源也由煤炉、锅炉到城市热网、集中热电厂。

进入21世纪，随着综合国力的提高，集中空调系统的应用越来越广泛，空调冷热源形式也逐步多样化。中央空调系统冷源主要为电制冷冷水机组，热源为市政热网或自建燃气热水锅炉；同时溴化锂吸收机（直燃型、吸收型）、变冷媒多联机系统作为集中空调冷热源在部分项目中也得到了应用。除北方地区原有的集中供热管网外，区域供冷、冷热电联产（三联供）系统开始应用，广泛应用的冷热源系统还包括：冰（水）蓄能系统、温湿度独立控制（分项设置冷源系统）、水源/地源/空气源热泵系统、能源塔热泵系统等。

近些年，随着经济的发展，能源消耗不断增加，环境负担越来越沉重。2020年9月，我国正式提出了"双碳"目标，即2030年碳达峰，2060年实现碳中和。北京市作为全国节能减碳的表率，2022年10月发布了《北京市人民政府关于印发〈北京市碳达峰实施方案〉的通知》，明确北京市推进可再生能源和超低能耗建筑项目示范，建设近零碳排放示范园区，严控化石能源利用规模，到2030年新能源和可再生能源供暖面积比例约为15%；进一步推进供热系统重构，禁止新建和扩建燃气独立供暖系统，坚持可再生能源供热优先原则，推动供热系统能源低碳转型替代，有序开展地热及再生水源热泵替代燃气供暖行动，全面布局新能源和可再生能源供热。在相关节能政策的指引下，空调、供暖冷热源系统设计进入一个新的探索阶段。

2. 暖通空调系统设计从节能、环保、绿色、低碳，进而实现"零碳"建筑目标，是行业发展的必然，也是设计方法转变的原动力。

【释义】我国建筑节能经历了四个阶段，第一阶段是在1986年之前的理论探索阶段，即在1980～1981年通用设计能耗水平基础上节能30%标准（又称第一步节能）；第二阶段自1996年起在第一阶段的基础上再节能30%，通称为节能50%标准（又称第二步节能）；第三阶段自2005年起在第二阶段的基础上再节能30%，通称为节能65%标准（又称第三步节能）；第四阶段是指在2016年执行的国家和行业节能设计标准即65%的基础上再节能30%，通称为节能75%标准（又称第四步节能）。

建筑设计发展至今，随着低碳、环保可持续发展要求的提出，建筑节能应首先发挥被动式设计的优势，采用控制建筑物体形系数、控制墙面积比、应用高性能围护结构大幅降低供暖空调负荷；建筑设计通过模拟分析等手段，优化自然通风开口条件，有效排除室内余热。其次空调、供暖能源多样化，广泛应用风能、太阳能、工业余热、深层地热等可再生能源。

4.4.2
选择原则

1. 暖通空调系统冷热源的选择应根据建筑规模、功能、使用特点、负荷特性、建设地能源条件、运行管理水平、环保政策及绿色、低碳设计标准要求，综合考虑全生命期碳排放，经技术经济比较后综合论证确定。

【释义】暖通空调系统冷热源形式多样，为减少运行阶段碳排放，热源的选择应遵循以下基本原则：具有城市、区域供热或工业余热时，应优先采用；在没有城市热源和气源的区域，根据项目所在地技术条件考虑可再生能源利用，如土壤源热泵、空气源热泵、太阳能供暖、以生物质为燃料的供暖形式；建设地点具备足量集中燃气供应时，应通过技术经济分析，确定是否采用燃气锅炉与可再生能源的耦合利用。无论哪种冷源形式均离不开电能的驱动，为降低建筑运行阶段碳排放，冷源选择应优先考虑可再生能源高效利用，同时注重系统的高效运行。在"双碳"目标下，多种能源的耦合应用成为必然，因此，必要的对比分析、模拟运行评估是重要的工作环节之一。

从建筑能源系统的构成角度分析，建筑能源系统主要由供能设备（冷热源）、输配管网、末端用户以及储能设备组成。其中的建筑设计中遇到的储能设备主要包括用于储电的蓄电池、用于蓄热/冷的各类蓄能罐（蓄能池）、用于储气的储气罐等。

对于暖通空调系统的冷、热源，需要结合项目所在地能源禀赋和供应条件，选择合理的高效率供冷、供热技术，鼓励推广使用新技术。充分利用建筑条件采用太阳能光伏、太阳能光热技术，经技术经济分析合理时采用热泵技术。在供热系统中，有条件积极利用余热回收、风机水泵变频、气候补偿等技术。暖通空调系统用能需求与供给关系如图4.4-1所示。

条件允许时，优先推广分布式能源和地热能、太阳能、风能、生物质能等可再生能源。加强供热资源整合，以热电联产和容量大、热效率高的锅炉取代分散小锅炉，提高社区集中供热率。光电、风电发电量大的地区大力推广热泵应用，替代传统热源。

2. 暖通空调系统冷源应遵循运行高效、按需可调、系统运行碳排放较低的原则。冷水机组的选择应基于设计工况和运行条件，在满足国家标准《建筑节能与可再生能源利用通用规范》GB 55015—2021的规定值的情况下，综合考虑COP、IPLV（综合部分负荷性能系数）和NPLV（非标准部分负荷性能系数）的实际需求及增量投资，结合建筑负荷特点、运行阶段碳排放等比较确定。

【释义】机组效率是决定了制备相同冷热量所需要耗费的能源多少，高效率的机组必然会带来更低的能源消耗，进而降低建筑的碳排放。一台机组的运行效率既要考虑满负荷的效率，更重要的是部分负荷效率。事实上，机组运行在满负荷的时间不到2%，98%的时间运行在非满负荷。

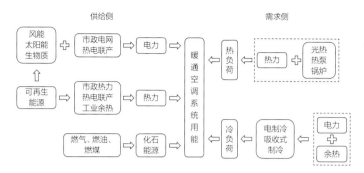

图4.4-1　暖通空调系统用能需求与供给关系示意图

因此，选择合理的冷热源形式，需要在动态使用工况下进行评估，利用动态负荷模拟等手段，可以实现以上需求。

电制冷冷水机组类型多，各种类型的冷水机组具有不同的特点，需要综合比较后确定。综合比较时考虑的主要因素包括：建筑负荷特点、最大制冷容量要求、负荷变化特性、设备容量合理配比、运行管理要求、经济性以及运行碳排放等。当建筑规模较大，有同时供冷供热需求或者建筑有全年生活热水供应需求时，可选用热回收型冷水机组。

"双碳"目标下，冷水机组的选型不仅要求国标工况下机组性能高，更应考虑基于全年逐时空调负荷变化时，机组部分负荷的高性能，全年运行高效、碳排放低。冷水机组的具体选型要求可参考相关规范、标准及《民用建筑暖通空调设计统一技术措施2022》（中国建筑设计研究院有限公司编著）。

3. 在设计中，应优先考虑天然冷、热源和可再生能源的利用，项目周边有工业余热、城市再生水废热等资源时，经技术经济比较后应合理充分利用。

〔释义〕余热在能源利用中具有重要地位。余热资源普遍存在于钢铁、化工、轻工、食品生产等工业领域，是生产过程中释放出来的可被利用的热能。据国外研究机构统计，工业部门在对

化石能源的利用过程中，被有效利用的能源量仅占40%，其余60%都最终转化为了余热。

余热按品位分为高品位、中品位、低品位，其中，中高品位的余热大多通过余热发电项目得到了回收利用。而低品位余热，包括热值小于600kcal/Nm³的低温度可燃物，温度低于800℃的显热物体，温度低于400℃的低温尾气、烟气，由于温度低、能量少，因此被当成废热，大多通过冷却的形式排放或直接排放。低品位工业余热蕴含着巨大的低品位热能，不受气候、季节、昼夜变化等外部环境干扰，和热电厂以及锅炉房一起，通过热能品位提升用于城镇集中供热，对于解决北方城市冬季供热热源紧缺、降低北方集中供热能源消耗、改善冬季大气环境，以及进一步提高工业企业能源利用效率都具有十分重要的意义。

4. 根据项目特点，遵循建筑直接排放零碳化的发展路径，提高空调设备电气化率，减少和消除化石能源在建筑中的使用。在碳排放达标的情况下，逐步降低直接使用燃气（油）锅炉作为供暖空调热源，在油气资源供应丰富地区，燃气（油）锅炉应当满足现行国家标准《建筑节能与可再生能源利用通用规范》GB 55015的要求；设计中宜作为调峰设备及备用热源。

〔释义〕建筑领域实现"双碳"目标的路径清晰，总体上可以概括为"一个节能和两个替代"。一个节能是指继续深入推进以控制能耗总

量和用能强度为主的传统建筑节能工作。"两个替代"是指能源生产端实施清洁替代和能源使用侧实施电能替代，提高终端用能电气化率。

冷、热源种类繁多，选择具有多样性，根据我国"双碳"目标，未来建筑直接排放零碳化的主要实施路径为用户端全面电气化，用电力消费替代化石能源消费，减少终端碳排放，把能源消费集中在一次能源生产环节，在能源消费前端集中解决碳排放问题。因此，在冷、热源选择过程中，应建立因地制宜逐步以电能为主要能源应用理念，推动减少直至消除化石能源使用的进程。

5. 建筑供电系统中接入可再生能源发电或设置光伏发电系统以"自发自用、余电上网"方式应用时，推荐采用部分直流直驱空调末端设备进行消纳。

【释义】建筑用能电气化一方面提高全社会用电量，另一方面将加剧用电负荷的波动，尤其是大量小、散、多的屋顶分布式光伏，如果集中上网，对电网的安全、稳定运行提出新的挑战。这种挑战来自两端，一端是建筑自身产电不断增加，需要电网的有效消纳；另一端是建筑用电，除工艺性高的数据中心类建筑，多数民用建筑用电需求具有明显的波动性，也需要电网的实时适应。

目前，空调负荷已经占据我国用电负荷的30%以上，在安徽、湖北等省份，空调负荷已超过总负荷的50%。夏季尖峰负荷中，很大比例来自于空调用电。此外，随着供暖电气化的推进，冬季也出现了高峰用电负荷。未来，冬夏双高峰的局面将成为新常态。

《国务院关于印发〈2030年前碳达峰行动方案〉的通知》明确提出："提高建筑终端电气化水平，建设集光伏发电、储能、直流配电、柔性用电于一体的'光储直柔'建筑。"运用柔性用电管理系统实现建筑用电的自我调节和自主优

化，可为缓解电力的供需矛盾提供有效解决途径。有关"光储直柔"的内容参见本书第5章相关内容。

6. 现有城市供暖管网完善的区域，城市热网仍然是供暖主要热源，可通过对集中热电厂采用碳捕集等技术改造降低热力碳排放因子。

【释义】严寒、寒冷地区已具备完善的城市供暖管网的区域，在一段时期仍将继续使用，且由于集中热电厂可采用碳捕集等碳减排技术降低热力碳排放因子，因此仍然是集中供暖区域的首选。

碳捕集与封存（Carbon Capture and Storage，简称CCS，也被译为碳捕获与埋存、碳收集与储存等）是指将大型发电厂所产生的二氧化碳（CO_2）收集起来，并用各种方法储存以避免其排放到大气中的一种技术。这种技术被认为是未来大规模减少温室气体排放、减缓全球变暖最经济、可行的方法。CCS技术可以分为捕集、运输以及封存三个步骤，商业化的二氧化碳捕集已经运营了一段时间，技术已发展得较为成熟，而各国对于二氧化碳封存技术还在进行大规模的实验。二氧化碳的捕集方式主要有三种：燃烧前捕集（Pre-combustion）、富氧燃烧（Oxyenriched combustion，简称OEC）和燃烧后捕集（Post-combustion）。燃烧前捕集主要运用于IGCC（整体煤气化联合循环发电）系统中，将煤高压富氧气化变成煤气，再经过水煤气变换后产生CO_2和氢气（H_2），气体压力和CO_2浓度都很高，将很容易对CO_2进行捕集。剩下的H_2可以被当作燃料使用。富氧燃烧采用传统燃煤电站的技术流程，但通过制氧技术，将空气中大比例的氮气（N_2）脱除，直接采用高浓度的氧气（O_2）与抽回的部分烟气（烟道气）的混合气体来替代空气，这样得到的烟气中有高浓度的CO_2气体，可以直接进行处理和封存。燃烧后捕集即在燃烧排放的烟气中捕集CO_2，如今常用的

CO_2分离技术主要有化学吸收法（利用酸碱性吸收）和物理吸收法（变温或变压吸附），此外还有膜分离法技术，正处于发展阶段，但却是公认的在能耗和设备紧凑性方面潜力巨大的技术。上述捕集技术目前存在投资成本高、增加耗能等问题，需进一步提升技术。

7. 热泵机组按照热源来源分类，主要包括水源热泵、地源热泵和空气源热泵。机组选用需要考虑建筑周边的水源、地质条件和全年气候条件来选择合适的热泵形式。采用热泵机组，根据项目特点，可采用提高冷水温度或降低热水温度的方式，以提升冷热源的效率。在技术可靠、经济合理的前提下宜尽量加大冷热水供回水温差。

【释义】水源热泵是利用地球水体所储藏的太阳能资源作为冷热源，进行能量转换的供暖空调系统。其中可以利用的水体包括地下水、地表水部分的河流、湖泊、海洋以及城市污水。地表土壤和水体不仅是一个巨大的集热器，收集了47%的太阳辐射能量，而且是一个巨大的动态能量平衡系统，地表土壤和水体在自然状态下可保持能量接收和散发的相对均衡。

空气源热泵是利用逆卡诺循环，将室外空气中的低品位能转换为可供使用的高品位能的设备，具有一机多功能的优点，机组可放置于散热良好的室外空间，不需要设置专用机房，节省建筑面积，无需配置冷却塔等。同时也有一定的局限性，如冬季室外温度较低时，制热能效较低。

随着制冷技术的发展、新制冷剂的使用、压缩技术的精进以及新型产品的出现，空气源热泵迎来了较大发展，其应用区域将不断扩大，设计中应根据项目所在地气候条件，选择适宜的机组形式及系统控制策略，发挥空气源热泵机组的优势，降低建筑运行阶段碳排放。

从过去发展来看，随着建筑节能的发展进程用能需求在不断降低，适应低供水温度的供暖末端设备的开发应用，可在保证供暖效果前提下合理降低供水温度。随着技术的进步，供暖系统热水供水温度在不断变化，早期的供暖热水温度达到甚至超过了100℃，20世纪80年代后期我国北方大部分集中供暖区域散热器供暖使用的供回水温度为95℃/70℃，《民用建筑供暖通风与空气调节设计规范》GB 50736—2012推荐散热器供暖供/回水温度为75℃/50℃。随着建筑节能工作的不断推进，建筑围护结构性能不断提升，供暖能耗进一步降低，对供水温度需求逐步降低，尤其是低温散热器等产品的技术发展，供水温度可降至45~60℃。近些年欧洲提出，将供水温度进一步降至30℃甚至更低，这为各类热泵的推广使用，提供了有利条件。

8. 在城市密集区、复合街区等区域，经技术经济分析合理且通过能源前期规划、评估工作可实现设定的碳排放目标时，可设置能源站集中供冷供热。

【释义】区域集中供冷、供热适合的场合需要满足以下几点特征：一是建筑负荷密度高，如城市CBD中心，可缩小供热、供冷半径；二是对空调供冷需求强度大，有稳定供冷需要；三是建筑群中拥有不同功能的建筑，比如商场、酒店、办公、公寓等，不同功能建筑用能时间不同，可以通过综合最大值、同时使用系数等，提高部分负荷占比，使输配系统全年处于较高运行状态，提高输配效率；四是能源中心可大比例应用热泵系统。

区域供冷、供热是一项创新的城市公共设施服务，通过集中制备冷水和热水为楼宇提供空调系统的冷源和热源，冷水/热水通过管网输往工商区域或使用集中能源为主的建筑物，并接入空调末端设备，为用户提供冷暖舒适环境。相较于每幢建筑物各自设置冷热源来提供冷水和热水的传统方式，区域供冷供热规模大、共享制冷制热资源能力较强。

我国大部分地区冬季需要供热，夏季需制冷。大量的空调用电使得夏季电负荷远超过冬季，一方面给电网带来压力，另一方面造成冬季发电设施大量闲置。冷热电三联供系统是区域能源站的一种供能形式，是利用发电机发电同时产生高温余热的系统，高温余热通过溴化锂机组来制冷，烟气回收产生热水，余热得到充分利用，达到同时满足冷、热、电需求的一个能源供应系统。三联供方案常被用于需要持续提供冷冻水、热水和电力的工业和商业设施，比如医院、学校、游乐设施、工业厂房、酒店或养老院等，但存在冷、热、电负荷平衡及运行效率问题。

通常区域集中供冷供热需要消耗更多的输配能耗和管网损耗，只有具备显著提高冷热源效率的条件，并通过冷热源效率提高抵消管网输送和损耗增加的能耗时，从减排角度设置集中能源站才有意义，故使用前需进行技术经济分析和用能评估。

9. 分散冷热源

（1）对小型公共建筑或大型公共建筑中分区控制、独立运行的区域，适宜采用多联式空调（热泵）机组作为夏季空调、冬季供暖冷热源，机组选型应满足相关规范及标准的要求，同时考虑项目所在地室外气候影响。

（2）居住类建筑适宜采用分体空调作为夏季冷源，根据建筑所在气候区不同，热泵式分体空调在非集中供暖区域也可作为冬季供暖，也可用于延长供暖使用，设备选型应考虑项目所在地室外气候影响。

【释义】有关研究表明，对严寒和寒冷地区，冬季采用市政热力或燃气锅炉作为热源，夏季采用分体空调作为冷源，现阶段其全年碳排放较其他能源形式低；而夏热冬冷及温和地区，全年采用分体空调供冷、供暖，碳排放较低。这与中国

人的生活习惯密切相关，分体空调操作简单，可根据使用者习惯启停且能分室控温、分室调节，可同时采用高效节能产品，进一步降低碳排放。

10. 根据建筑负荷特性与运行原则，条件允许时可选择能量回收型热泵机组，充分利用制冷过程产生的冷凝热；同时光伏直流直驱产品已投入市场，市场中全品线采用新型环保冷媒，契合低碳系统应用。

【释义】冷凝热回收系统的应用，在系统设置的经济性、节能性得到确认的前提下可采用双冷凝器的热回收冷水机组，供冷同时提供低温热水。合理设置设备容量、热水出水温度，以不降低制冷能效为前提制定的运行策略是系统高效应用的前提。

冷凝热的回收是基于制冷机组在运行中向大气环境排放大量冷凝热的情况，利用回收的冷凝热提供生活热水预热是比较成熟的应用方式。冷凝热回收系统基于全年供冷时间长、制冷同时持续有低品位用热需求，例如高标准酒店、医疗建筑等。

冷凝热回收系统根据热回收利用程度区分，包括部分热回收和全部热回收；通过热利用方法可区分为直接式、间接式和复合式冷凝热回收。应根据系统形式和能量需求，选用适用稳定的冷凝热回收形式。控制方式上，在制冷循环中，高温高压液体通过节流阀变为低温低压含少量气体的气液混合物，在蒸发器内吸收大量热量，蒸发变成低压的气态制冷剂，再通过吸气管路回到压缩机完成制冷循环；热回收中一般采用由热用户循环回水温度控制冷却塔系统旁通阀的开度，用水侧水温控制热水循环系统的启停和辅助热源，以此来满足用户需求，保证能量回收量的合理调节和系统的合理设置。

设计冷凝热回收热泵机组时，应设置平衡储水罐，应注意对设计容量的合理确定。冷凝热量

是动态变化的且冷凝热的回收量与热水用量具有较大的波动性，因此合理的参数选择是冷凝热回收系统的关键，使其既能够满足能量供给，又能最大程度利用冷凝热。

四管制（六管制）风冷热泵热回收机组是可以按需实现单独供冷、供热、同时供冷供热等多种工况，适合全年长时间有同时供冷、低温供热需求的项目，综合COP可达到9.0以上，同时可减少设备制冷运行的排热对室外微环境的影响。

11. 当建筑物内有较大内区需要全年供冷时，冬季宜优先考虑冷却塔免费供冷。

冷却塔供冷可减少主机开启时间，充分利用自然条件，降低运行能耗。具备以下特点的建筑可选择冷却塔免费供冷系统：1）建筑物有较大内区，需要全年供冷；2）过渡季或冬季无法利用加大新风量实现室内舒适度；3）过渡季或冬季室外具备获得冷却塔供冷所需冷水温度的气象条件；4）空调系统按内外分区设置，内区能独立供冷。

4.4.3
新能源利用

1. 可再生能源应用应遵循以下思路：

（1）空调冷热源使用的一次能源宜优先采用可再生能源，并应考虑多种能源形式的合理耦合。

（2）冷源采用冷水机组时，遵循能源利用优化原则，根据运行实现绿电+储能+市电。当低谷电运行时应优先选择市电运行，经技术经济比较合理时，可采用蓄能供冷系统（冰蓄冷或水蓄冷）。逐步探索光电直流空调系统在实际工程中的应用。

（3）项目建设地有工业余热（蒸汽、高温热水）的区域，冷源优先采用溴化锂吸收式冷水机组；热源采用工业余热换热机组，换热后的低温热水，经技术经济比较合理时，可再次经过吸收式热泵机组，大幅降低一次水回水温度，实现能量梯级利用。

（4）项目建设地有低温余热资源（如城市再生水）的区域，空调冷热源宜采用（污）水源热泵机组。

（5）绿电充足且有电力计费政策的严寒、寒冷地区宜采用电力供暖，结合绿电供给量及其稳定性，应设置蓄热系统。常规采用的方式有蓄热电锅炉、低温空气源热泵+水蓄热/相变蓄热。

（6）建筑红线范围内或可利用的城市景观带、停车场且该地段土壤环境允许埋地管打井，可采用地源热泵系统作为冷热源，由于地源热泵系统初投资高，在方案阶段应进行技术经济分析论证。

（7）在天然地表水丰富的地区，经当地政策允许可采用水源热泵系统。

（8）能源塔水源热泵机组适宜在冬季最低环境温度≥-12℃且相对湿度较大的长江流域及以南地区作为空调冷热源，全年综合能效比较高。

（9）夏热冬冷地区可采用空气源热泵作为空调冷热源，冬季室外相对湿度高的区域，应考虑供热工况的除霜修正。若冬季供热负荷远小于夏季空调制冷负荷时，宜采用复合冷热源系统，提高空调全年综合效率。

（10）夏季室外露点温度较低的西北地区，空调制冷宜采用蒸发冷却技术，如直接蒸发冷却空调机组、间接-直接蒸发冷却复合空调机组、蒸发冷却冷水机组等。

[释义] 新能源一般指传统能源之外的各种能源形式，包括太阳能、地热能、风能、海洋能、生物质能、潮汐能，以及海洋表面与深层之间的热循环等，此外还有氢能、核能等。

新能源又称非常规能源，是指传统能源之外

的各种能源形式，此外也是指正在开发利用或正在积极研究、有待推广的能源形式。"联合国新能源和可再生能源会议"对新能源的定义：以新技术和新材料为基础，使传统的可再生能源得到现代化的开发和利用，用取之不尽、周而复始的可再生能源取代资源有限、对环境有污染的化石能源，重点开发太阳能、风能、生物质能、潮汐能、地热能、氢能和核能（原子能）等。

2. 太阳能利用

应用太阳能供暖、空调应遵循被动技术优先、主动系统优化的原则，做到全年综合利用率高。根据气候区特点、太阳能资源条件、建筑物类型、冷热负荷特性、建筑功能，以及业主要求、投资规模、安装条件等进行。

（1）应用太阳能供热技术应考虑不同气候区需求差异性，根据全年负荷需求，综合比较确定采用被动式太阳能供热还是主动式太阳能供暖、空调或热电联产形式。

（2）太阳能供热采暖系统的选择应根据项目自身特点，经技术经济比较后确定，并根据太阳能系统供热能力及当地能源特点和经济发展水平确定辅助热源形式。

（3）光伏直驱高效冷水机组、光伏直驱空调系统，可提高"光储直柔"利用。

【释义】太阳能应用遵照现行国家标准《太阳能供热采暖工程技术标准》GB 50495和《民用建筑太阳能空调工程技术规范》GB 50787。我国地域广阔，有丰富的太阳能资源，全国总面积2/3以上地区年日照时数大于2000h，年辐射量在5000 MJ/m²以上。各地区太阳能资源分类及其分布状况见表4.4-1，太阳能利用需要在设计时，充分重视当地条件和业主需求，因地制宜，综合考虑各种制约因素，达到最大化的节能、环保和经济效益目标。

（1）被动式、主动式太阳能利用

我国有采暖需求的区域，大部分地区夏季还有空调降温的需要，如果建筑设计仅考虑冬季太阳能得热，有可能会增加夏季空调降温能耗，造成全年采暖、空调总能耗的增加；因此在进行被动式太阳能采暖设计时，还应兼顾冬季得热保温和夏季隔热降温的需求，其适用条件为无集中供热、用户分散、用电量不充足、用热负荷不高的

各地区太阳能资源分类及其分布状况　　　　　　　　　　表4.4-1

区域划分	年总辐射量 [MJ/（m²·a）]	日照时间 （h/a）	地域	特点
一类地区	6700~8370	3200~3300	青藏高原、宁夏北部、甘肃北部、新疆南部等地	太阳能资源最丰富，特别是西藏地区
二类地区	5860~6700	3000~3200	河北西北部、内蒙古南部、山西北部、宁夏南部、青海东部、甘肃南部等地	太阳能资源较为丰富
三类地区	5020~5860	2200~3000	山东、河北东南部、河南、山西南部、辽宁、吉林、云南、广东南部、陕西北部、福建南部、安徽北部、江苏北部等地区	太阳能资源中等地区，具有利用太阳能的良好条件
四类地区	4190~5020	1400~2200	长江中下游、浙江、福建和广东部分地区	春夏多阴雨，可利用秋冬季太阳能资源
五类地区	3350~4190	1000~1400	贵州、四川两省	太阳能资源最少，有一定的利用价值

地区。目前对太阳能资源的利用基本为光热或光电利用，光电转换效率较低，难以形成高功率发电系统，且其受大气条件影响，能效与气象因素直接相关，太阳能与热电联产系统结合既可以满足人民生活需要，又能最大限度地符合节能减排要求。太阳能热电联产具有同时同步输出电能和低温热能的优点，可大幅度提高综合利用效率，通过科学系统地设计，可以实现更好的供热效果和经济收益。

（2）太阳能供热采暖

表4.4-2为《太阳能供热采暖工程技术标准》GB 50495—2019中给出的系统分类。

按不同的工作温度，太阳能热利用可划分为：低温、中温和高温利用。我国太阳能热利用技术领域达成的共识是：工作温度低于100℃为低温利用，工作温度为100~250℃为中温利用。依据目前常规供热采暖的实际应用状况，系统工作温度大多低于100℃，故太阳能供热采暖属低温利用；但若是全年利用的太阳能供热采暖空调系统，则可属于中温利用。

通常情况下的太阳能供热采暖系统，采用非聚光型太阳能集热器即可；但在投资条件较好、兼有夏季空调制冷功能时，也可采用属中温利用的聚光型太阳能集热器；太阳能热电联产系统则需要采用高温聚光型太阳能集热器。

虽然在太阳能供热采暖系统中可以使用的太阳能集热器种类很多，但按集热器的工作介质划分，均可归到空气和液体工质两大类中，这两大类集热器在太阳能供热采暖系统中所使用的末端系统类型、蓄热方式和主要设计参数等有较大差别，适用的场合也有所不同。在进行系统选型时，需要根据使用要求和具体条件选用适宜的太阳能集热器类型。当然，工作介质相同的太阳能集热器，其材质、结构、构造和规格、尺寸等参

太阳能供热采暖系统分类   表4.4-2

分类依据	太阳能供热采暖系统名称
工作温度	高温、热电/冷电联产太阳能供热采暖系统
	中温太阳能供热采暖系统
	低温太阳能供热采暖系统
太阳能集热器	聚光型太阳能供热采暖系统
	非聚光型太阳能供热采暖系统
系统工质	液体工质太阳能供热采暖系统
	空气太阳能供热采暖系统
集热系统换热方式	直接式太阳能供热采暖系统
	间接式太阳能供热采暖系统
集热器安装位置	地面安装太阳能供热采暖系统
	与建筑结合太阳能供热采暖系统
系统蓄热能力	短期蓄热太阳能供热采暖系统
	季节蓄热太阳能供热采暖系统
采暖用户数量规模	户式太阳能供热采暖系统
	区域太阳能供热采暖系统

数不同时，其性能参数也会有所不同，但不同点只是在参数的量值上有差别，不会影响供热采暖系统的选型，因此，按选用的太阳能集热器工质种类划分系统类型时，可归为空气和液体两大类型。常见太阳能集热器类型见表4.4-3。

太阳能供热采暖系统需要安装的太阳能集热器面积数量较大，特别是大、中型区域太阳能供暖热力站；我国人口稠密，在通常情况下，建筑物可能会没有足够的外围护结构面积可用于安装集热器；因此，在有条件地区（即拥有较大面积空闲土地的地区），将太阳能集热器直接安装在地面上是一种有效解决办法，不需考虑与建筑的一体化结合，施工难度也较小。直接安装在地面上的太阳能集热系统又可称为太阳能集热场。

太阳能的不稳定性决定了太阳能供热采暖系统需设置相应的蓄热装置，具有一定的蓄热能力，从而保证系统稳定运行并提高系统节能效益；目前国内多数应用短期蓄热系统，但国外已有大量的季节性蓄热太阳能供热采暖工程实践，跨季节蓄热技术成熟，太阳能可替代的常规能量更大，可以作为工程应用借鉴。

蓄热系统应根据投资规模和工程所在地的太阳辐照资源和气候特点选择，一般来说，气候干燥、阴、雨、雪天较少和冬季气温较高的地区可用短期蓄热系统，选择蓄热周期较短的蓄热设备；而冬季寒冷、夏季凉爽、不需设空调系统的地区，更适宜选择季节蓄热太阳能供热采暖系统，以利于系统全年的综合利用。

太阳能是间歇性能源，需要设置其他能源辅助加热或换热设备，其目的是既保证太阳能供热采暖系统稳定性及可靠运行，又要降低系统的规模和初投资，因此需进行技术经济比较确定合理的系统规模。辅助热源应根据当地条件，选择城市热网、电、燃气、燃油、工业余热或生物质燃料等，应和当地使用的实际能源种类相匹配，做到因地制宜、经济适用。辅助热源选择应重视城市工业余热的利用，以及乡镇、农村中的生物质燃料应用。

单栋建筑或建筑中的单个住户可选用户式太阳能供热采暖系统，系统规模较小，供热管网为该栋建筑或住户单独设置；区域太阳能供热采暖系统则针对多栋建筑或住宅小区等，系统规模较大，由设置的集中供热管网为该区域内的全部建筑供暖。

（3）光伏直驱空调

随着光伏建筑材料一体化的发展，光伏板安装面积逐年增大，光伏发电成为建筑能源的一个重要组成部分。光伏直驱空调系统是在"光、储、直、柔"技术下发展起来的，图4.4-2为光伏直驱空调应用场景示意。

光伏屋面面积较大且"自发自用"的建筑，光伏绿电作为直流直驱冷水机组等空调系统的主电源，市政电网作为辅助备用电源。目前已由厂商生产直驱冷水机组载变流器，集成逆变器和变频器功能，开放直流接口。

光伏直驱空调系统（含光伏直驱多联机系

常见太阳能集热器类型　　　　　　　　　　　　　　　表4.4-3

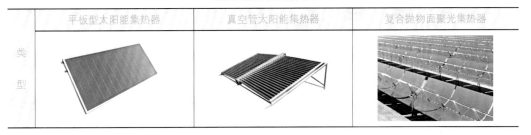

| 类型 | 平板型太阳能集热器 | 真空管太阳能集热器 | 复合抛物面聚光集热器 |

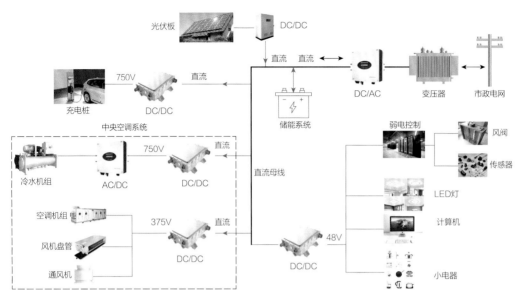

图4.4-2 光伏直驱空调应用场景示意图

统）目前处于探索阶段，已开始应用于实际工程中。直流空调系统的难点是终端设备的直流转型，此外还有蓄电池储能初投资大、安全等级高（只能设置于室外）。直流供电系统应在互联（物联）网基础上进行精细化能源智慧管理，基于光伏、储能等新能源应用的直流建筑是未来低碳、环保建筑的发展方向。

3. 当项目所在地具备余热利用条件时，经技术经济比较合理时空调冷热源选择应优先利用余热，余热包括城市再生水（污水源）余热及工业余热。

【释义】余热通常指已投运的耗能装置中，未被合理利用的显热和潜热。余热的产生主要受限于生产需求和技术手段。余热回收利用最佳方式是根据余热、废热的品质，按照温度高低采用能量梯级利用的方式。常用的技术有热交换、热泵技术、吸收式制冷技术等。热交换是最直接、效率高且经济性好的方式，通过换热设备可在不改变余热能量形式下，将余热能量直接传递给用能环节，降低一次能源消耗量。热泵技术常用于回收温度在20～40℃的废热，达到节能降耗目的。吸收式制冷系统可利用廉价工业废热、废汽制冷，效率较高，适用于大规模热量回收，提高综合能源利用效率的同时避免大量电耗，具有显著的节电效果。

（1）再生水（污水源）热泵系统

城市再生水是城市系统的重要组成部分，产量大，蕴含着巨大的低品位热能，不受气候、季节、昼夜变化等外部环境干扰。以北京清河再生水水厂为例，夏季再生水温度为24℃，冬季为14℃，再生水是稳定的高品质低温热源，若再生水水质满足国家标准《采暖空调系统水质》GB/T 29044—2012的相关要求，可采用直接式（污）水源热泵机组；再生水水质不达标时，宜采用间接式污水源热泵机组。

常规办公等公共建筑，空调耗能集中于白天，且峰值负荷出现时间较短，日峰谷负荷相差较大。若按负荷峰值设置再生水水源热泵机组，装机容量大，且大部分时段机组处于部分负荷状态，设备利用率低、效率不高。水源（污水源）热泵机组和水蓄能（水蓄冷、水蓄热）技术相结合，可有效降低水源热泵机组的装机容量，保证机组高效率运行。

水源（污水源）热泵+水蓄能系统如图4.4-3所示，由水源热泵机组、蓄能池、蓄能热（冷）交换器、季节转换电动阀、工况转换电动阀组成，如果建筑物存在夜间负荷，还需设置机载热泵机组。夜间电力低谷时，利用低谷电价时段蓄能，供日间电价峰值时段时使用，有效降低空调系统运行费用，平衡电网峰谷荷载。

水源（污水源）热泵机组夏季制冷，冬季制热；白天双工况机组直供，夜间双工况机组蓄能。系统设置有多组工况转换电动阀门、季节转换电动阀门，主机房自动控制系统要求较高。另热泵系统常规供回水温差是5℃，为降低输送能耗，可适度加大机组供回水温差（温差≤8℃）。

（2）高温工业余热利用

新建建筑毗邻工业园区时，园区内的高温蒸汽、高温废水等工业余热是优质的空调能源。夏季制冷冷源可采用高温水（或蒸汽）驱动的溴化锂吸收式制冷机组，热水型溴化锂机组由于热源温度限制，常做成单效型吸收式制冷机；热源为蒸汽时，溴化锂溶液可被热源加热浓缩两次，可做成双效型，机组能效更高，图4.4-4为利用高温工业余热的溴化锂吸收式冷水机组作为夏季冷源。

冬季为了充分利用高温废热，加大一次水供回水温差，空调、供暖热源可采用吸收式热泵+换热器换热组合供热的方式。吸收式热泵系统可采用两种类型，增热型吸收热泵或升温型吸收热泵。增热型吸收热泵应用时，首先利用一次热源高温段作为吸收式热泵的驱动，中温段通过换热器换热输出热量，一次热源低温段进入吸收式热泵进一步降温，从而实现一次热源能量的梯级利用，此种余热利用见图4.4-5。升温型吸收热泵应用时，首先一次热源高温段通过换热器换热输出热量，换热器出水进入热泵，利用中温热能驱动，进一步将一次热源中的中低温热能取出，供

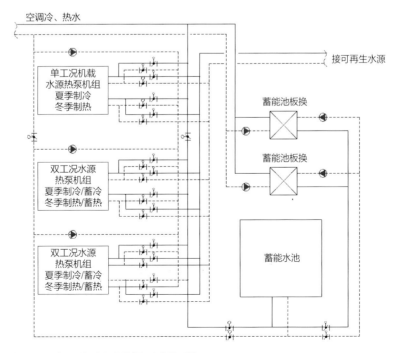

图4.4-3　水源（污水源）热泵+水蓄能系统
注：⋈工况转换阀门；▶循环水泵。

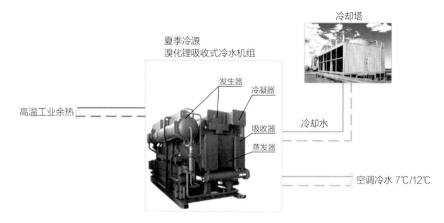

图4.4-4 夏季冷源

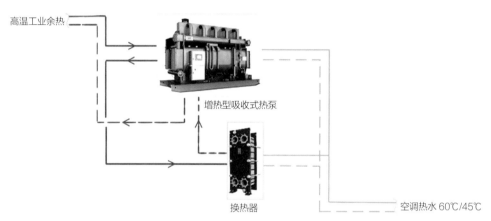

图4.4-5 冬季热源方案一
换热器+增热型吸收式热泵机组（一次热源串联，先进热泵-换热器-热泵）

给空调系统使用，此种余热利用见图4.4-6。

（3）空气源热泵

空气源热泵在我国大多数地区可替代燃气（燃煤）锅炉作为冬季供热热源，降低化石能源的消耗，减少碳排放。空气源热泵夏季可作为空调冷源，冬季作为供暖热源，设备集成度高，循环水泵、膨胀水箱均可和空气源热泵机组一体化成品出厂，安装方便，但价格较高。

近年来，环保政策越来越严格，很多大城市已不允许新建燃气锅炉房供暖，低温空气源热泵机组（包括低温多联机）作为冬季供暖热源应用前景广阔。空气源热泵作为冬季热源面临两个主

要问题：一是高湿度地区冬季结霜严重，影响制热效果；二是严寒、寒冷地区室外气温较低时，热泵机组制热能效低下。在高湿度地区，宜采用抑霜、除霜型热泵机组，目前抑霜、除霜的主要技术路线是改变室外换热器表面特性，延缓结霜；采用逆循环除霜或热气旁通除霜。在严寒地区，宜采用利用喷气增焓技术提高制热能效的低温型热泵机组，大型螺杆热泵机组采用双级压缩技术应对极寒气温。在室外最低温度低于0℃的地区，空气源热泵应内置防冻保护控制程序。

空气源热泵机组作为夏季冷源，制冷能效低于水冷冷水机组，在以供冷为主、供暖时间较短

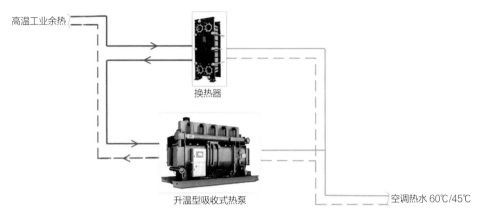

图4.4-6 冬季热源方案二
换热器+升温型吸收式热泵机组（一次热源串联：先进换热器-热泵）

的地区，空气源热泵机组宜和水冷冷水机组合理搭配，组成复合冷源系统；或利用蒸发冷却技术，直接蒸发双冷源空气源热泵机组的夏季制冷能效也能获得较大的提升，其原理图见图4.4-7。

其中的喷淋水水质应满足表4.4-4冷却水系统水质要求，同时应满足现行国家标准《采暖空调系统水质》GB/T 29044中的检测方法。

4. 当建筑周边具有地表水、浅层地热能利用条件时，经技术经济分析合理时应进行地表水或浅层地热能利用。

【释义】地源热泵是一种浅层地热能开发利用的清洁能源技术，通过输入少量电能，实现低品位热能向高品位热能的转移。地源热泵系统可同时作为空调冷源、热源，通过全年空调能耗模拟，采用有效的辅助手段，保证全年土壤的热平衡。夏季排向土壤的热负荷高于冬季取热负荷时，空调系统配置冷却塔散除多余的热量；冬季从土壤取热负荷大于夏季排热负荷时，可设置辅助热源供热。地源热泵埋地管打井费用高，敷设埋地管的室外占地面积大，在全年冷负荷远高于热负荷的夏热冬冷地区，可按冬季负荷设置地源热泵机组，夏季宜采用多形式复合式冷源供冷。

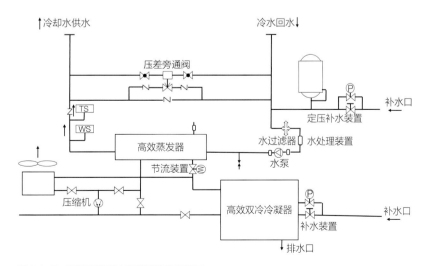

图4.4-7 直接蒸发双冷源热泵机组原理图

冷却水系统水质要求   表4.4-4

检测项	单位	直接蒸发式	
		补充水	循环水
pH（25℃）	—	6.5~8.5	7.0~9.5
浊度	NTU	≤3	≤3
电导率（25℃）	μS/cm	≤400	≤800
钙硬度（以$CaCO_3$计）	mg/L	≤80	≤160
总碱度（以$CaCO_3$计）	mg/L	≤150	≤300
Cl^-	mg/L	≤100	≤200
总铁	mg/L	≤0.3	≤1.0
硫酸根离子（以SO_4^{2-}计）	mg/L	≤250	≤500
NH_3-N	mg/L	≤0.5	≤1.0
COD_{Cr}	mg/L	≤3	≤5
菌落总数	CFU/mL	≤100	≤100
异养菌总数	个/mL	—	—
有机磷（以P计）	mg/L	—	—

地源热泵系统在方案比选阶段，应充分根据地质条件（岩土温度、热物性、岩石层厚度等）进行可行性论证，并向建设方提供方案初投资、运行费用及回收年限分析报告。

地源热泵换热效率主要影响因素包括地埋管形式（单U/双U、串联/并联）、埋地管深度、地埋管井回填材料、间距等，在地源热泵系统设计初期，应如图4.4-8所示进行地下岩土热响应试验。

水源热泵系统利用浅层地下水、地表水作为低温冷热源，由水源热泵机组、水热交换系统组成清洁的可再生供热/制冷冷热源。

浅层地下水源热泵系统受环境温度影响小，系统能效高；要求100%同层回灌，常采用无压自流回灌或加压回灌。由于地下水具有一定压力，受透水层阻力影响，回灌率不足，易造成地下水位逐年降低，另外回灌系统存在污染水源的隐患，随着近年环保政策越来越严格，许多地区已明文禁止直接抽取地下水。

水源热泵系统从江、河、湖、海中取水，称为地表水源热泵，根据与地表水不同的连接方式，分为闭式地表水源热泵和开式地表水源热泵。闭式地表水源热泵系统是将水换热盘管设置在地表水水底，通过盘管内的循环介质与水体进行热交换，如沉浸式螺旋盘管换热器、受迫混水换热器，适用于容量较小的系统。开式地表水源热泵是从地表水水底抽水，送入板换与循环介质换热或直接进入热泵机组，换热后在离取水点一定距离的地点排放，开式系统适用于中大型中央空调系统，初投资较低。

水源热泵系统和空气源热泵系统相比，能吸收大量的太阳辐射热，水温相对稳定，但随着冬季室外气温不断降低，水源热泵能效衰减很快。

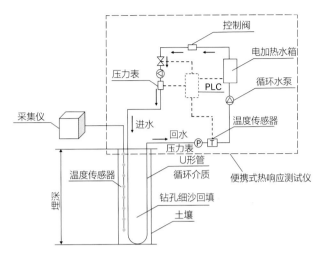

图4.4-8　地源热泵系统测试孔示意图

采用复合热泵冷、热源系统可有效提高全年综合能效。

地源热泵系统是由热泵机组、地热能交换系统、建筑物内系统组成的供热空调系统。地埋管换热系统是指传热介质通过地埋管换热器与岩土体进行热交换的地热能交换系统，又称土壤热交换系统，分为浅层地埋管换热系统和中深层地埋管换热系统。地源热泵是一种典型的浅层地热能利用方式，其非常适合建筑空调、生活热水的用能要求，可有效节约部分高品位能源，是一种可靠的建筑节能减排技术。

《关于促进地热能开发利用的若干意见》（国能发新能规〔2021〕43号）提出要因地制宜积极推进浅层地热能利用，目前浅层地热能的开采利用技术已基本成熟。浅层地热能的突出优点是分布广泛，可根据项目条件就近提取和利用，不需要大规模集中开采和远距离输送；稳定持续，夏季可作为热泵的冷却源用于空调制冷，冬季亦可作为热泵的低温热源用于供热；清洁环保，其作为一种储量巨大的可再生能源，可部分替代化石能源使用，显著减少二氧化碳及污染物排放。

浅层地热能是一种低品位能源，其开采利用需要借助热泵系统及地下换热器。地埋管地源热泵系统能否应用和应用好坏的主要制约因素有：地埋管换热器布管场地的限制、水文地质条件对换热器性能和施工难度的影响、全年地埋管群释放热量与提取热量需要保持基本平衡、地埋管投资成本是否适度可控等。

我国地域广阔，不同地域的建筑负荷特性和地温变化巨大。北方建筑供暖季对地下土壤的累计取热量远大于制冷季的累计放热量，应考虑适宜的热量回补措施，以提升地源热泵供热能效。而在夏热冬冷地区则情况相反，一般需要考虑采取合适的夏季辅助排热措施，以保障土壤热平衡。

5. 能源塔热泵技术是实现供暖、制冷的一种新型技术，气候条件适宜地区宜推广使用。

【释义】能源塔热交换系统包括能源塔、溶液泵、溶液浓度控制装置、溶液储存装置及附属管路系统组成，工作原理见图4.4-9。通过能源塔与空气进行热交换，交换后经过热泵机组提升，获得高品位空调冷、热水。冬季利用旋流风机将低温高湿空气吸入能源塔底部，与低于冰点的载体介质进行充分热交换，有效提取冰点以

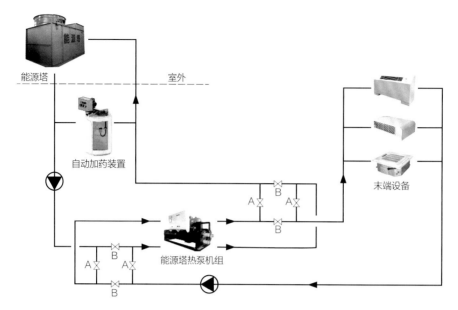

图4.4-9 能源塔热泵空调系统原理示意图
注：制冷时，阀门A开，阀门B关；制热时，阀门B开，阀门A关。

下的湿球水热能输送至热泵机组；夏季能源塔作为高效冷却塔应用，将空调热量排至大气。能源塔热泵适用于最低温度高于-12℃，室外相对湿度不低于55%的地区。能源塔热泵系统全年综合能效高，夏季综合能效比不低于4.5，冬季综合能效比不低于3.5，造价高于风冷热泵15%～20%，远低于地源热泵系统。能源塔热泵系统有效解决了湿冷天气的除霜问题，适宜应用于有冷热需求的夏热冬冷南方地区。在分布较为分散、无集中供热的部分寒冷地区，能源塔热泵也可作为一种清洁环保的新型供热形式。能源塔的关键技术是根据不同湿度情况准确控制盐溶液的浓度。

6. 在生物质能资源丰富且具备上下游产业链的地区，优先选用生物质能作为供暖热源。

（1）采用生物质直燃利用时，应采用成型的生物质燃料颗粒或者进行粉碎，并使用配套的燃烧或发电设备，以提高能源利用率。

（2）在生物质资源充足的小型园区或者建筑使用生物质提供热源或电力，推荐使用生物质气化发电技术，满足小型化的同时，可进一步提高

能源利用效率。

【释义】我国生物质资源丰富，主要包括农业废弃物、林业废弃物、畜禽粪便、生活垃圾、有机废弃物等，可通过工业加工转化成生物基产品（工业生产原材料）、生物燃料（燃料乙醇、生物柴油等）、生物能源（生物质燃烧热利用等）等进行再利用。根据中投产业研究中心发布的《2020—2024年中国生物质能利用产业深度分析及发展规划咨询建议报告》显示，每年可作为能源利用的生物质资源总量约为4.6亿tce。其中农业废弃物资源量约4亿t，折算成标煤量约2亿tce；林业废弃物资源量约3.5亿t，折算成标煤量约2亿tce；其余相关有机废弃物约为6000万tce。2020年上半年，生物质发电量达到618.2亿kWh，同比增长23.7%，其中，生活垃圾焚烧发电量355.9亿kWh，同比增长40.8%；农林生物质发电244.3亿kWh，同比增长5.6%；沼气发电18亿kWh，同比增长13.8%。生物质资源利用呈现逐年增长态势。

我国是传统农业大国，有较大面积的农业和农村，农业资源丰富，国家发展改革委、农业农

村部共同组织各省有关部门和专家，对全国秸秆综合利用情况进行了评估，结果显示，2019年全国主要农作物秸秆可收集资源量为9.0亿t，利用量为7.2亿t，秸秆综合利用率为80%。秸秆的主要利用途径有肥料化利用、饲料化利用、基料化利用、燃料化利用及原料化利用五个方面，其中燃料化利用占可收集资源量的11.4%。

我国林业资源也相对丰富，截至2019年年底，全国森林面积2.2亿hm²，森林蓄积量175.6亿m³，且林业生物质能源发展潜力巨大。我国可利用的林业生物质能源资源主要有三类：一是木质纤维原料，包括薪炭林、灌木林和林业"三剩物"（采伐剩余物、造材剩余物和加工剩余物的统称）等，总量约有3.5亿t。二是木本油料资源，我国林木种子含油率超过40%的乡土植物有150多种，其中油桐、光皮树、黄连木等主要能源林树种的自然分布面积超过100万hm²，不仅具有良好的生态作用，还可年产100万t以上果实，全部加工利用可获得40余万t的生物柴油。三是木本淀粉植物，如栎类果实、菜板栗、蕨根、芭蕉芋等，其中栎类树种分布面积达1610万hm²，以每亩产果100kg计算，每年可产果实2415万t，全部加工利用可生产燃料乙醇约600万t。这些丰富的林业生物质资源，不仅可以为林业生物能源可持续发展提供良好的物质基础，而且可利用空间很大，可为缓解国家能源危机、调整和优化能源结构、实现能源可持续供给提供有力的资源保障。

随着人民生活水平的提高，城市及农村生活垃圾清运量逐年上升，生活垃圾存在大量的可燃物，利用生活垃圾替代燃煤，在焚烧炉内进行燃烧、发出热量并产生蒸汽，既可发电，也可热电联产或直接供热。生活垃圾焚烧发电（供热），既处理了生活垃圾，又节约了国家的不可再生能源——煤或燃油，还能弥补我国电力的不足。截至2019年年底，在各类生物质能中，垃圾焚烧发电装机容量占生物质发电装机总容量的53%，位列第一。

不同的生物质利用工艺有各自的特点，根据不同的用户需求、不同的规模、不同的生物质量，宜采用不同的生物质利用工艺，各工艺的特点列举见表4.4-5。

（1）生物质直燃利用

生物质直接燃烧发电的优点是：CO_2的零排放能够缓解温室效应，燃烧过程中产生的灰渣能够综合利用；整个系统的结构简单。缺点是：生物质原料发热量低，在生物质燃烧过程中，因生物质含有较多的水分和碱性物质（尤其是农作物秸秆），燃烧时易引起积灰结渣损坏燃烧床，还可能发生烧结现象。

生物质直接燃烧发电厂通常建立在生物质资源比较集中的区域，如谷物加工厂、木料加工厂等附近。只要加工厂正常运行，就可源源不断地

典型的生物质供热应用 表4.4-5

燃烧工艺	生物质颗粒供热	木柴锅炉	木屑锅炉	木屑区域供热	生物质热电联产
燃料类型	生物质颗粒	木柴	木屑	木屑	木材
典型装机容量	5~15kW	20~40kW	50~150kW	100kW~3MW	>1MWe >10MWth
用户种类	家庭	农场	公共、商业场所	公共、商业场所	公共、商业场所
燃料供应	颗粒燃料供应商	农场	林场	木材厂	农户、木材厂等

为生物质直燃发电提供原料（谷壳、锯屑和柴枝等）。但由于生物质的分散性和低热值等特点，生物质原料在收集、运送过程中最好能致密成型、固化后分批次运送到传输半径合理的区域进行直燃发电，直接燃烧发电和固化后燃烧发电都属于生物质直接燃烧发电的范畴。利用生物质直接燃烧发电建设大型直燃并网发电厂，单机容量达10～25MW，可以将热效率提高到90%以上，规模大、效率高，同时环保效益突出。

生物质直接燃烧发电根据燃烧方式，可分为固定床燃烧和流化床燃烧两种方式。对于固定床燃烧，生物质原料可经过简单处理或者不处理就能投入炉排炉内燃烧；流化床燃烧对原料预处理的要求比固定床高，需将生物质原料预先粉碎至易于流化的粒度，流化床的燃烧效率和强度高于固定床。

（2）生物质气化发电

生物质气化是指以固体生物质（秸秆、锯末等）为原料，以氧气（空气、富氧或纯氧）、水蒸气或氢气等作为气化剂（或称气化介质），在高温条件下通过热化学反应将生物质中可燃部分转化为可燃气的过程。生物质气化时产生的气体主要有CO、H_2和CH_4等，称为生物质气体。

生物质气化按气化介质可分为使用气化介质和不使用气化介质两种。使用气化介质分为空气气化、氧气气化、水蒸气气化、空气（氧气）-水蒸气混合气化和氢气气化等，不使用气化介质主要是指热解气化。

生物质气化发电是生物质能最有效、最洁净、最经济的利用方法之一，其基本原理是把生物质转化为可燃气，再利用可燃气燃烧之后的热能进行发电。它既能解决生物质分布分散的缺点，又可以充分发挥燃气发电技术设备紧凑而且污染少的优点。

利用生物质气化进行发电的过程中，主要包括三个步骤：

1）生物质气化，把固体生物质转化为气体燃料；

2）气体净化，气化出来的燃气都含有一定的杂质，包括灰分、焦炭和焦油等，需经过净化系统把杂质去除，以保证燃气发电设备的正常运行；

3）燃气发电，利用斯特林机、燃气轮机或燃气内燃机进行发电，有的工艺为了提高发电效率，发电过程可以增加余热锅炉和蒸汽轮机（BIGCC）。

生物质气化发电具备以下特点：

1）技术的灵活性。由于生物质气化发电可以采用内燃机，也可以采用燃气轮机，甚至结合余热锅炉和蒸汽发电系统，所以生物质气化发电可以根据规模的大小选用合适的发电设备，保证在任何规模下都有合理的发电效率。这一技术的灵活性能很好地满足生物质分散利用的特点。

2）具有较好的洁净性。生物质本身属可再生能源，可以有效地减少CO、SO_2等有害气体的排放。而气化过程一般温度较低（700～900℃），NO_x的生成量很少，所以能有效控制NO_x的排放。

3）经济性较高。生物质气化发电的灵活性，可以保证该技术在小规模下有较好的经济性，同时，燃气发电过程简单，设备紧凑，也使生物质气化发电比其他可再生能源发电技术投资更小。所以总的来说，生物质气化发电是所有可再生能源技术中最经济的发电技术，综合的发电成本已接近小型常规能源的发电水平。

7. 有条件可示范性采用氢能分布式热电联产系统，直接对终端用户建筑供电、供冷、供热。

【释义】分布式热电联产系统直接向终端用户提供，与传统的集中生产、运输、终端消费均可使用方式相比，分布式能源供应系统直接向不

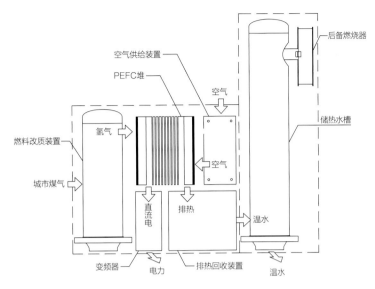

图4.4-10　氢燃料电池能源供应系统示意图

同能源类别的用户提供，最大限度地降低运输成本，有效利用余热发电过程，从而提高能源效率。燃料电池分布式发电具有效率高、噪声低、体积小、排放低的优点。适用于距离用户较近的千瓦至兆瓦级分布式发电系统。其主要应用领域是微型分布式热电联产、大型分布式电站或热电联产系统。

氢燃料电池由于其发电过程可实现高效率、小型化和零排放，系统的整体热效率高于85%，远远大于集中式生产的50%终端热效率，图4.4-10为氢燃料电池能源供应系统示意。通过与可再生能源分布式发电系统和相关储能设备结合，对实现能量的高效利用和建筑节能有着重要意义。

4.4.4
气候适宜性

1. 冷热源需要考虑气候条件，原则上以严寒、寒冷地区的北方供暖区应对市政热力、区域热力、空气源热泵与传统能源进行比较，选择碳排放表现较优的技术；其他气候区域宜采用各类热泵，尤其是空气源热泵为主。

【释义】北方地区由于冬季寒冷，可再生能源的密度较低，因此，在能源形式上还比较依赖于传统能源形式，需要通过技术创新，大力发展新型低碳北方供暖系统，包括充分利用核电、火电、工业生产余热、区域联网、集中供热，解决70%～80%的北方地区供暖需求。可能的解决方案是，开发跨区域联网，多热源联合供热，末端燃气调峰新技术。目前推进大温差大容量区域联网供热技术已经在多个地区实现，其实现成本低于燃气供热新模式的推广。

南方地区主要的需求是冷需求，存在部分热需求，均可以通过热泵技术进行满足，空气源热泵的适应性最广，对于项目所在地的资源条件要求最低，此外，地源热泵、水源热泵、海水源热泵等技术，也可以因地制宜应用。

2. 可再生能源技术可根据不同地区气候特性，采用"多能互补、智能耦合"的方式，提高可再生能源系统的气候适应性。

【释义】由于用户侧能源需求的日益多元化，单一电、热、冷、气系统已无法满足多类型要求。

在建筑能源系统中实施多能互补技术，对实现建筑节能、提高能源综合利用率有着重要意义。通过引入合适的储能设备，构建混合储能系统，可以显著减少能源供给波动，提高能源稳定性，降低太阳能等可再生能源带来的不稳定问题。

"多能互补、智能耦合"的复合能源系统可发挥各种能源优势，是一种值得提倡的科学用能方式。太阳能技术、蓄能技术、风能技术、传统冷水机组、燃气锅炉等能源利用形式与地源热泵相结合可适应不同建筑负荷特性和需求。国内外对地源热泵复合能源系统进行了大量的理论分析和应用研究，都不同程度地表明，在大型商业和办公建筑中，地源热泵复合系统较单一系统在初投资、运行能源及机组循环性能等方面都具有更大的可行性和优越性，在气候较温暖的地区更为明显。

太阳能空调和地源热泵（GSHP）结合是一种有效的电制热/制冷方式。在夏季，太阳能驱动的吸收式空调装置可以提供所需的电力，而在冬季，供暖负荷首先由太阳能提供，在辐照不足时由地源热泵补充，使建筑运行独立于城市供暖。这种将可再生能源与制冷（和供暖）相结合的方式实现了能量互补，气候适应性更加广泛。

3. 气候干燥地区，优先选用蒸发冷却制冷作为空调冷源。

【释义】西北地区处于内陆，全年降水稀少，气候干旱。大部分地区处于温带大陆性气候和高寒气候。夏季日照充足，早晚温差大，室外湿球温度偏低，冬季严寒干燥。具有典型西北地区气候特点的省份有：青海、甘肃、宁夏和新疆、内蒙古等，其中典型城市夏季空调室外计算参数见表4.4-6。

由于夏季室外气候干燥、湿球温度低，新风可满足夏季空调除湿需求，适宜采用温湿度独立控制的空调系统。冬季室外严寒，宜设置连续供暖系统。新风系统夏季显热负荷低，根据实际工况分析，新风系统可不设置夏季用冷水盘管，仅设置热水盘管，新风机组可直接采用高温热水供给。西北地区夏季适宜采用蒸发冷却技术制冷，不需要设置制冷机，省电、节约能源，投资低，运行维护费用低，室内空气品质高。常采用设备为蒸发冷却空调机组、蒸发冷却冷水机组。

蒸发冷却空调技术是一项利用水蒸发吸热制冷的技术。直接蒸发冷却技术是利用水与空气间的热湿交换过程，空气将显热传递给水，使其温度下降。而由于水的蒸发，空气的含湿量不但要

典型城市夏季空调室外计算参数   表4.4-6

城市	夏季室外空调计算干球温度（℃）	夏季室外空调计算湿球温度（℃）	夏季室外空调计算露点温度（℃）	夏季通风室外计算温度（℃）	冬季室外空调计算干球温度（℃）	冬季室外空调计算相对湿度（%）
西宁	26.5	16.6	10.5	21.9	−13.6	45
呼和浩特	30.6	21	16.6	26.5	−20.3	58
包头	26.5	16.6	10.5	21.9	−13.6	45
克拉玛依	36.4	19.8	10.6	30.6	−15.4	78
乌鲁木齐	33.5	18.2	10	27.5	−23.7	78
银川	31.2	22.1	18.3	27.6	−17.3	55
兰州	31.2	20.1	15.6	26.5	−11.5	54

增加，而且进入空气的水蒸气带走汽化潜热。当这两种热量相等时，水温达到空气的湿球温度。只要空气不是饱和的，利用循环水直接（或通过填料层）喷淋空气就可获得降温的效果。间接蒸发冷却技术只有在所使用的空气具有较大的干湿球温度差的情况下，才可能有良好的制冷效果。因此，间接蒸发冷却技术适合新疆、甘肃等夏季室外干、湿球温度相差较大的地区。与一般常规机械制冷相比，在炎热干燥地区可节能80%～90%，在炎热潮湿地区可节能20%～25%，在中等湿度地区可节能40%，从而大幅降低空调制冷能耗。

为进一步降低送风温度可以将间接蒸发冷却和直接蒸发冷却组合起来应用，即成为两级蒸发冷却系统，称为间接/直接蒸发冷却系统，如图4.4-11（a）所示，空气处理过程在焓湿图上的表示如图4.4-11（b）所示。

间接/直接蒸发冷却系统将室外空气（状态点W），先经间接蒸发器冷却，空气出口状态为L_1，此过程为等湿处理过程W→L_1；之后经填料层进行直接蒸发冷却，空气出口状态为L_2，此过程为等焓处理过程L_1→L_2。经两级处理后的空气送入室内，L_2→N为送风在室内的变化过程。焓湿图上W→0为直接蒸发冷却过程，从中可以看出，对室外空气进行两级冷却后所得到的空气状态点L_2比只进行直接蒸发冷却无论从温度还是含湿量都低。

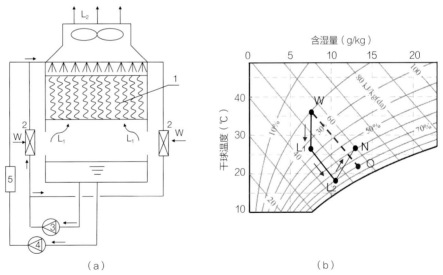

（a）　　　　　　　　　　　（b）

1-直接蒸发冷却填料层；2-间接蒸发冷却器；3-自循环泵；4-冷水循环泵；5-空调用户；
W-室外空气状态点；L_1-间接蒸发冷却器出风状态点；L_2-直接蒸发冷却填料层后空气状态点；
N-室内空气状态点；O-直接蒸发冷却送风状态点（单级）

图4.4-11　蒸发冷却冷水机组工作原理示意图
（a）间接/直接蒸发冷却系统；（b）空气处理过程在焓湿图上的表示

4.5

输配系统

4.5.1
设计原则

1. 输配系统分为水系统和风系统两大类。零碳建筑（或低碳）输配系统是指在符合相关规范、标准的基础上，满足从源侧至末端配送需求的条件下，通过采取合理可行的技术措施实现低能耗运行的系统形式。

【释义】输配系统是通过介质将冷热源的冷热量配送到末端的管路系统，以水为介质的管路系统为水系统，以空气为介质的管路系统为风系统。输配系统分为输送设备和管路或管网两大部分，其中输送设备主要包括风机、循环水泵等，管路或管网包括风路、室内和室外水管路或管网等。

零碳（或低碳）建筑输配系统目标是将冷热量从冷热源输送至末端设备的过程中，尽量减少能量消耗，提高输送效率，完成碳排放总量和强度的双控。目前输配系统设计遵循相关法规进行，采取的技术措施贯彻了节能、绿色的理念，在此基础上，根据国家基于"双碳"目标陆续提出的各相关规定和法规要求，尚应提炼和深化符合低碳目标的技术要点，尽量降低动力设备电耗和相关能耗，指导设计向低碳减排的既定方向迈进。

2. 施工图设计阶段需根据系统的水力计算结果确定水泵和风机的扬程（风压），根据系统输配距离、所选管材及连接方式等，综合考虑系统泄漏，合理选择流量和扬程（风压）附加系数；方案及初步设计阶段不具备计算条件时，可

以参照节能设计标准中水泵的耗电输热（冷）比及风机的单位风量耗功率值进行估算。

【释义】水泵和风机的正确选型是系统高效运行的关键，"双碳"目标下的输配系统设计不仅要满足现行国家标准《公共建筑节能设计标准》GB 50189中规定的水泵耗电输热（冷）比及风机单位风量耗功率，以及相关水泵和风机选型的国家产品标准中的能效等级要求，还应符合实际工况运行需求，这就需要在设计中有详细的水力计算，尤其是在多台水泵或风机并联运行系统、多级泵串联运行系统中。

3. 水泵和风机均应选用与系统相匹配的高效低噪声产品，并且使其运行在高效区间。水泵和风机并联或串联运行及变频调节时，应考虑流量、扬程变化对应的工作点偏移是否符合实际管路特性要求，满足高效运行。

【释义】作为连接源侧与末端的中间环节，输配系统在暖通空调系统中的作用至关重要，其运行能耗和碳排放也是不可忽视的重要因素。

以水泵为例，水泵的选择在满足使用要求条件下应注重其运行效率，其实际工作点应尽可能落在高效区域。理想工况下，同型号同规格的两台水泵其流量与扬程关系如下：

串联时：$Q = Q_1 = Q_2$；$H = H_1 + H_2$；

即当两台水泵串联运行时流量不变而扬程相加。串联泵之间需要设置水力隔绝，如平衡管，避免串联泵互相干扰。

并联时：$Q = Q_1 + Q_2$；$H = H_1 = H_2$；

即当两台水泵并联时，其系统的扬程不变，但流量相加。

两台以上水泵串、并联时，其流量和扬程的关系与上述情况相同。

所谓理想工况是指仅考虑水泵的运行特性，而忽略系统管路特性变化的工况，显然在实际中并不存在。因此与单台水泵运行相比，串联系统并非流量不变，扬程叠加，而并联系统也不是扬程不变，流量叠加。以并联水泵系统为例，两台同型号水泵并联运行时流量、扬程关系如图4.5-1所示，图中点S为单台水泵独立运行时的工作点，M为两台水泵并联运行时的工作点，N为两台水泵并联运行时单台水泵的运行状态点，即M点和N点分别为设计工况下系统及单台水泵工作点。H_1、H_2、Q_1、Q_2、Q_1'分别为各运行状态对应的流量和扬程。当单台水泵运行时，系统流量会大于单台泵设计工况点流量，偏差大小取决于系统控制方式。

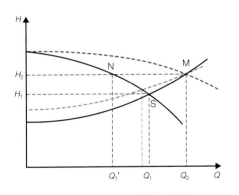

图4.5-1 两台水泵并联运行曲线示意图

当采用变频水泵或风机时，同样应考虑设备运行曲线与管路特性曲线，选择适宜的设备，以确定实际工作点在高效区间内。

变频水泵或风机的核心器件就是变频器，变频器是利用电力半导体器件的通断作用将工频电源变换为另一频率的电能控制装置，能实现对交流异步电机的软起动、变频调速、提高运转精度、改变功率因数、过流/过压/过载保护等功能。

采用变频器调频，可以根据负载的大小来改变风机电动机的输入频率从而改变电动机、风机转速，使其达到调节空气流量的目的。此外采用变频器后，随着电机的加速相应提高频率和电压，启动电流一般被限制在150%的额定电流以下。而用工频电源直接起动时，启动电流一般为额定电流的6~7倍，由此可见变频后能有效降低机械电气上的冲击。所以采用变频技术，既满足了系统工况变化的要求，又节省电能、保护电机，是一举多得的措施。

4. 输配系统中，供冷供热系统循环水泵的耗电输冷、输热比及空调通风系统单位风量耗功率，应满足相应规范或标准的规定，同时应根据其对全年运行能耗的影响进行优化，以降低全生命期内碳排放。

【释义】供冷供热系统循环水泵的耗电输冷、输热比及空调通风系统单位风量耗功率，与循环水泵和风机的效率、扬程或风压、流量、输配距离、温差等参数相关，综合反映了输配系统的效率水平。上述指标应根据建筑低碳综合控制量进行调整，有条件时应比规定值提高标准。具体要求详见后续章节。

5. 冷热水系统温差、空调送风温差的选取应符合相关标准和规范的规定，在技术经济合理时，宜加大温差，减少输配系统的设计流量、风量，同时应合理降低输配管路的阻力。

【释义】在其他设计工况相同的条件下，减少输配系统的设计流量、风量，可实现水系统大温差、小流量循环及减少风系统输配能耗，可较大幅度降低动力设备的耗电功率，持续降低运行能耗和运行费用。应设置能效实时监控系统，以系统运行能耗最低为目标，选择适当的约束条件，采用优化算法确定最佳温差值，同时应校核因温差变化引起的末端设备选型。

输送管路的阻力直接影响水泵扬程或风机全

压的确定，在水系统流量或风系统风量相同的条件下，合理降低阻力可以直接降低循环水泵或风机的耗电功率，同样持续降低运行能耗和运行费用。合理降低阻力的方式有：放大管径、降低比摩阻和流速，可以同时减少沿程阻力和局部阻力；选择低阻力的设备和阀门；优化管路减小管件的局部阻力系数等。

6. 室外管网设计时，应根据技术经济比较确定系统规模、冷热源布局、冷热介质参数、管网布置形式、管道敷设方式、用户连接方式和调节控制方式等，根据不同的管网输配形式确定相应的输送效率。冷、热水系统应根据系统规模、使用功能、系统作用半径、季节转换等要求，确定合理的输配形式和供、回水温差，有条件时应进行模拟分析。

【释义】民用建筑设计项目中，涉及的室外管网主要为设计项目直接服务的建筑周围的冷热水管网和区域管网（俗称"小市政"）。其中区域管网也可能会包括相应的冷热源设计，因此应根据负担区域建筑功能、运行特点及服务半径等综合确定输配形式，如采用一级泵变流量、二级泵系统等。无论哪种形式，均应进行详细的水力计算，选择合理的系统平衡策略，最大限度地使系统达到自然平衡，以减少输配能耗，降低运行碳排放。

7. 应采取措施降低部分负荷、部分空间使用条件下的供暖、空调系统输配能耗。设置含输配系统的能源管理系统，实现对建筑能耗的监测、数据分析和管理。监测控制内容应根据建筑功能、相关标准、系统类型等，通过技术经济比较确定，以实现能源优化管理和智能运维。

【释义】旨在促进全年输配系统按需提供冷、热量，以此减少输配能耗。如在人员密度相对较大且变化较大的房间，宜采用新风需求控制，在不能利用新风作冷源的季节，根据室内 CO_2 浓度检测值增加或减少新风量，在 CO_2 浓度符合卫生标准的前提下，尽可能减少新风冷热负荷。暖通空调系统应设室温调控装置，如散热器及辐射供暖系统应安装自动温度控制阀，能够使用户根据自身需求，利用暖通空调系统的调节设施主动调节和控制室温，实现按需供给和行为节能。同时还应按照房间的朝向细分供暖、空调区域，并应对系统进行分区控制等。

为降低运行能耗，供暖通风与空调系统应设计必要的监测与控制。监测控制的内容包括参数检测、参数与设备的状态显示、自动调节与控制、工况自动转换、能耗计量等。工程应用中应根据项目实际情况，通过技术经济比较确定具体的控制内容。建筑节能要求加强建筑用能的量化管理，在冷热源站房设计量装置，是实现用能总量化管理的前提和条件，同时也便于操作。

要达到上述要求，均需要在输配系统设计时提供必要条件，输配系统是负荷侧需求与源侧供给的连接纽带，是降低碳排放的关键一环。

8. 除有室内温湿度精度控制要求以及特殊的场所之外，空调系统设计中应避免冷热混合损失，不应同时有冷却和加热处理等冷热抵消过程。

【释义】一般舒适性空调中允许室温在一定范围内波动，为减少冷热抵消导致的能量浪费，空调送风多采用露点送风。但工艺性空调房间或区域以及游泳馆等特殊环境，为满足室内温湿度及防止因送风温度过低出现风口结露，必要时可以设置再热措施。

9. 输配系统低碳设计有条件时宜综合考虑建筑运行阶段、建造及拆除阶段、建材生产及运输阶段的碳排放要求。

【释义】低碳暖通空调系统设计的评价标准是降低碳排放强度，根据《建筑节能与可再生能源利用通用规范》GB 55015—2021 的要求，新建居住和公共建筑碳排放强度应分别在2016年执行的节能设计标准的基础上平均降低40%，碳排放强度平均降低7kgCO$_2$/（m^2·a）。而《建筑碳排放计算标准》GB/T 51366—2019指出，碳排放量包含建筑运行阶段、建造及拆除阶段、建材生产及运输阶段等阶段的数据。可见，输配系统低碳设计除了应考虑运行阶段的各种措施外，尚应从选材、施工工艺、运输方式等方面发掘多种与设计相关的要点，综合降低碳排放量。

4.5.2
水系统设计

1. 水系统设计以水力平衡、节省投资及降低运行碳排放为主要目标，可遵循以下原则：

（1）有条件时宜按内外分区、朝向分区设置水系统环路；按使用性质和运行管理分区设置环路；按系统承压进行高低分区设置水系统环路等。

（2）尽可能降低管路在整个系统中的阻力损失比例。

（3）根据使用要求及能耗管理需要设置必要的计量装置。

（4）管网主干管的管径，不应小于DN50；通向单体建筑（热用户）的管径，不应小于DN25。

（5）当各环路的设计阻力相差悬殊且无法通过调整管径来满足水力平衡要求时，应在阻力较小的环路上设置手动流量调节装置，不应在系统串联环路上同时设置。

【释义】内外分区：建筑物内区较大时，宜对内、外区水系统进行分区，各区有独立的冷、热水总管。过渡季节及冬季外区供热时，内区仍可采用供冷方式运行，这种方式应和风系统的分区相结合来设计。

朝向分区：水系统采用南北向分环布置的方式，冬季可充分考虑太阳辐射影响，平衡南北向房间的温差，有利于系统平衡调试。建筑朝向对负荷的影响较大时，宜对两管制水系统进行朝向分区，各朝向内的水系统虽然仍可为两管制，但每个朝向的主环路均应独立提供冷、热水供、回水总管，这样可保证不同朝向的房间各自分别进行供冷或供热。这种情况最明显的例子是南北朝向的建筑。

使用性质分区：从使用性质上看，主要是各区域在使用时间，使用方式上有较大的区别，这一点在综合性建筑中较为明显，如酒店建筑中的客房与公共部分，办公建筑中的办公与公共部分等。公共部分本身如餐饮、商场、娱乐等在使用时间上也存在一定的区别。按使用性质分区的好处是可以各区独立管理，不用时可以最大限度地节省能源，灵活方便。从高层建筑来看，通常在公共部分与标准层之间都有明显的建筑形式转换，在此功能转换处分区既对竖向分区有利，也对使用方式上有利，是一种较好的方式。一般来说，对于上部为客房、下部为公共区域的高层酒店而言，由于排水管道等的布置也会要求设置设备层，因此这时空调水系统的分区是可以与之一起考虑的。但对于一些办公建筑，如果高度不大，单为空调专业设置设备层是不经济的，因此，通常分为不同的环路而不是真正地从压力上分开。

高低分区：1）一种方式为低区采用水冷冷水机组，直接供冷，同时在设备层设置板式换热器，作为高、低区水压的分界设备。低区冷冻水作为换热器的一次水，高区水系统采用经热交换后的二次水。这一系统的优点是冷水机组集中设于地下，便于管理及维护，同时，冷水机组的集中控制可综合全楼能耗来进行，因此综合能效比较好。在设备层中只有少量高区水循环泵，可避免过多的设备重量及运行噪声，对施工及使用都有一定的好处。另外，低区采用两管制系统时，高区也自动成为两管制系统。它的不足之处是：①由于设置热交换，必然存在能量损失，尽管板式换热器效率较高，但用于冷水时，其损失仍然非常明显。例如，如果一次水供水温度为7℃，则二次水供水温度只能达到8.5~9℃，更低则十分困难。由于二次水供水温度较高，在同样标准层负荷情况下，必然要求高区各末端表冷器的面积加大，因而设备投资增加。如果把高区冷水供水温度降低，必然要求降低低区供水温度，这又影响冷水机组的制冷效率。②当低区采用开式膨胀水箱定压时，需要设在设备层之上，有时其设置位置不容易被找到（但如果低区采用气体定压罐，则没有此问题）。2）另一种方式是高、低区分别采用各自的冷水机组，互不影响，冷源装置可以是水冷式，也可以是低区水冷、高区风冷式。这种方式的最大优点是不需要专门的设备层，因此可以节省投资或增加使用面积；它的缺点是由于冷水机组设于中间设备层，对结构的荷载增加较多，且要求设备层净高相对较大。冷水机组作为一个整体，安装就位存在一些困难（通常需要分段现场组装）。同时，由于冷水机组运行噪声较大，对设备层的消声隔振等处理要求非常严格，否则会对上下两个使用层带来不利影响。当高区采用风冷机组时，屋顶的设备荷载较大，且高区风冷机组的COP相对较低。

建筑内的计量除按规范执行外，还应在项目前期同建设方或业主沟通，以确定合理的计量要求及计量方式，热计量装置不同（如热量表、热分摊方法中的通断时间面积法、户用热量表法等），土建条件、电气专业要求及室内末端阀门形式等不同，需要在项目前期确定。通过计量可以为运行管理提供便利，提高使用者节能意识，同时合理的分项计量可以为碳排放监测和统计提供基础条件。

有条件时应适当加大管径，尽可能减少管网干管的压力损失。手动流量调节装置是为了便于水力平衡的初调试。应该注意的是：由于手动流量调节装置（或阀门）的水流阻力较大，设置之后应再次核对环路的水力平衡。核对原则是：设置手动流量调节装置（或阀门）的环路，其设计阻力不应大于其他并联环路中的阻力最大者。由于调节装置的阻力一般较大，串联设置会增加整个系统的设计阻力，因此应避免。

2. 供暖和空调的冷热水系统，均应按照变流量系统进行设计，可选用以下形式或符合以下要求：

（1）冷热源设备定流量压差旁通控制一级泵变流量水系统；

（2）冷热源设备定流量二级泵（或多级泵）变流量水系统；

（3）冷热源设备变流量一级泵水系统；

（4）冷热源设备变流量二级泵水系统；

（5）当采用的冷热源设备满足变流量一级泵水系统的使用条件时，不宜采用冷热源设备定流量的二级泵水系统；

（6）当冷热源装置为换热器时，其二次水（用户侧冷热水）应采用冷热源设备变流量一级泵（或二级泵）水系统。

【释义】冷热水变流量系统是基本的设计要求。

压差旁通控制变流量一级泵系统的特点是冷水泵配备的级数为一级。单台冷热源设备的流量与冷水泵的流量在运行过程中均不会实时变化。为了适应末端的流量调节变化，通过供回水主管之间设置的压差旁通阀满足系统运行需求。这是变流量一级泵系统的典型模式。

冷热源设备定流量二级泵水系统的特点是冷水泵配备的级数为两级（或多级）。运行过程中，冷热源设备和一级泵的流量均不实时变化，但二级泵的流量随着末端调控需求的变化而变化。这是变流量二级泵系统的典型模式。

冷热源设备变流量一级泵系统的特点是冷水泵配备的级数为一级。在运行过程中，冷热源设备和冷水泵的流量均随着末端调控需求而实时变化。

冷热源设备变流量二级泵水系统的特点是水泵配备的级数为两级。在运行过程中，冷热源设备、一级泵和二级泵的流量均随着末端调控需求实时变化。

冷热源设备变流量一级泵系统在系统构架的复杂性和运行能耗方面都优于传统的冷热源设备定流量二级泵水系统，因此当符合前者的使用条件时，应优先采用。

与冷水机组略有不同的是，换热器在变流量运行过程中并不会出现换热设备的安全问题。因此其水泵（包括一级泵或者规模较大而采用多级泵时）的流量，应根据末端调控需求的变化而变化。

3. 常用的空调冷水一级泵系统、二级泵系统及三级（多级）泵流量适用于不同类别、规模及使用特点的工程。

（1）冷水机组定流量、负荷侧变流量的一级泵系统一般适用于水温要求一致且各区域管路压力损失相差不大、最远环路总长度在500m之内的中小型工程。

（2）一级泵变流量系统一般适用于全年空调冷负荷变化较大、空调冷水温度可以允许轻微变化、工程初投资及回收期可接受的中小型工程。

（3）二级泵变流量系统一般适用于负荷侧系统较大、阻力较高的工程（最远环路总长度大于500m）；有分区工作要求或各区系统阻力相差大（大于5m）时，亦应采用二级泵变流量系统。

（4）对于冷水机组集中设置且各单体建筑用户分散的大规模空调系统，当输送距离远且各个用户阻力相差非常悬殊时，可选用在冷源侧设置定流量运行的一级泵、为共用输配干管设置变流量运行的二级泵、各用户分别设置变流量运行的三级泵的多级泵系统。降低二级泵的扬程，有利于系统节能运行。

【释义】冷水机组定流量、负荷侧变流量的一级泵系统形式简单，通过末端用户设置的两通阀自动控制各末端的冷水量需求，同时系统的运行水量也处在实时变化之中，在一般情况下均能较好地满足要求，是目前最广泛、最成熟的系统形式。当系统作用半径较大或水流阻力较高时，循环水泵的装机容量较大，由于水泵定流量运行，使得冷水机组的供回水温差随着负荷的降低而减少，不利于在运行过程中水泵的运行节能，因此一般适用于水温要求一致且各区域管路压力损失相差不大、最远环路总长度在500m之内的中小型工程。

冷水水温和供回水温差要求一致且各区域管路压力损失相差不大的中小型工程，单台水泵功率较大时，经技术经济比较，在确保设备的适应性、控制方案和运行管理可靠的前提下，空调冷水可采用冷水机组和负荷侧均变流量的一级泵系统，且一级泵应采用变频泵。

冷源侧和负荷侧分别设置一级泵和二级泵（变频泵）的二级泵变流量系统，当各区域水温一致且阻力接近时可将二级泵组集中设置，多台水泵根据末端流量需要进行台数和变速调节；当各个环路阻力相差较大（0.05MPa）或各个系统水温要求不同时，可分区分环路按阻力大小设置二级泵。

系统作用半径较大、设计水流阻力较高的大型工程，空调冷水宜采用变流量二级泵系统。当各环路的设计水温一致且设计水流阻力接近时，二级泵宜集中设置；当各环路的设计水流阻力相差较大或各系统水温或温差要求不同时，宜按区域或系统分别设置二级泵，且二级泵应采用调速泵。

提供冷源设备集中且用户分散的区域供冷的大规模空调冷水系统，当二级泵的输送距离较远且各用户管路阻力相差较大，或者水温（温差）要求不同时，可采用多级泵系统，且负荷侧各级泵应采用变频泵。

4. 水系统设计中有条件时供回水温差应尽量加大，选取原则如下：

（1）供暖系统：散热器末端，不宜低于20℃；强制对流末端供暖系统，严寒地区不应低于15℃，寒冷地区不宜低于15℃，夏热冬冷地区不宜低于10℃；地面辐射供暖系统，不应低于5℃；毛细管辐射供暖系统，宜为3~5℃；

（2）空调热水系统：采用市政热力或其他一次热源时，严寒和寒冷地区宜高于或等于15℃，夏热冬冷地区宜高于或等于10℃；采用空气源热泵、地源热泵等作为冷热源时，应按照设备要求和具体情况确定，并应使系统具有较高的供冷、供热性能系数；

（3）空调冷水系统：采用冷水机组直接供冷，应高于或等于5℃，有条件可增加至6~7℃；采用蓄冷空调系统，宜为8~11℃；采用蒸发冷却或天然冷源供冷，宜高于或等于4℃；

【释义】提高水系统供回水温差，有利于降低输配系统中动力设备的耗电量，进而减少碳排放量。

对于供暖系统，采用散热器作为集中供暖系统末端时，综合考虑初投资和年运行费用，供回水温差一般为20~25℃较好。对于强制对流装置，适当加大热水供回水温差，现有的末端设备和产品是能够满足使用要求的。对于热水地面辐射，其供回水温差不宜大于10℃，且不宜小于5℃。保持较小的供回水温差，增大流量，有利

于管网平衡和有效减少实际运行中的房间过热。对于毛细管辐射末端，分为单独供暖和冷暖两用的情况：单独供暖时其供回水温差适当加大；冷暖两用时供回水温差应兼顾产品的供冷供热量需求确定，其热水供回水设计温差宜为3~5℃。

一次热源为较高品质的热媒（来自城市热网或高温水锅炉房）时，为了降低用户二次水系统的能耗及末端设备的投资，应充分考虑对高品质一次热源的利用，适当提高热水的供水温度。就目前来看，50~60℃的供水，可以满足我国各地区的建筑空调系统加热要求。但对于严寒地区的预热盘管，为了防冻的需要，宜提高供水温度。但要注意的是：由于目前大多数盘管采用的是铜管串铝片方式，因此水温过高时要注意盘管的热胀冷缩问题。尽管目前的一些设备（例如风机盘管）都是以10℃温差来标注其标准供暖工况的，但通过理论分析和多年的实际工程运行情况表明：对于严寒和寒冷地区来说适当加大热水供回水温差，现有的末端设备是能够满足使用要求的（并不需要加大型号）；对于夏热冬冷地区而言，即使对于两管制水系统来说，采用10℃温差也不会导致末端设备的控制出现问题。

冷水机组直接供冷时，蒸发温度一般在2~3℃，因此冷水温度不宜低于5℃，目前常规冷水机组的产品标准规定的供/回水温度为7℃/12℃。当采用5℃供水温度时，设计供回水温差可为6℃。由于蓄冷系统的供水温度一般低于常规系统，因此在保证末端换热能力的情况下，应加大设计供回水温差，以补偿由于输送距离加大带来的能耗损失。区域供冷由于输送距离远，为降低输送能耗，应采用蓄冷系统。当采用冰蓄冷方式时，供水温度可取较低值，供回水温差可取较大值；采用水蓄冷方式时，不宜低于5℃，供回水温差可取较小值。采用蒸发冷却或天然冷源制取空调冷水时，由于冷水供水温度一

般高于人工制冷的冷水机组出水温度，在一些地区做到5℃的水温差存在一定困难，因此，提出了比人工制冷的冷水机组略微小一些的温差（4℃）。根据对空调系统综合能耗的研究，4℃的冷水温差对于供水温度为16~18℃的冷水系统，同时采用现有的末端产品，能够满足要求和得到能耗的均衡。当然，针对专门开发的一些干工况末端设备，以及某些露点温度较低而能够通过蒸发冷却得到更低水温（例如12~14℃）的地区，可以将上述冷水温差进一步加大。

5. 城市或区域集中供冷、供热系统的采用，应符合以下原则：

（1）严寒地区不应采用区域集中供冷；

（2）其他气候区采用区域集中供冷时，供冷半径不宜超过1.5km；

（3）夏热冬冷地区、夏热冬暖地区和温和地区，不应采用城市集中供热；

（4）夏热冬冷地区采用区域集中供热时，热水供热半径不宜超过2.0km；

（5）夏热冬暖地区和温和地区，不应采用区域集中供热；

（6）以居住建筑为主的区域，不应采用区域供冷。

【释义】此处不包括建筑内设置的供冷和供热水系统。城市或区域供冷、供热系统的采用，应经过技术经济比较，并结合建筑所在地的总体规划和相关政策来决定。

严寒地区全年供冷的时间非常短，设置城市或区域集中供冷系统，将导致运行时间短、运行能效低等问题，不应采用。

通过对我国大部分实际工程案例的调研，发现城市级别的集中供冷系统，也存在能耗高、用户满意度不佳、运行费用高等问题，因此也不应采用。根据现有的研究成果和实际工程案例，当采用区域供冷系统时，应控制区域供冷的半径，

以降低冷水输送能耗。

同样，夏热冬冷地区采用城市供热，以及夏热冬暖地区和温和地区采用区域供热，都存在较大的输送能耗问题和设备利用率低带来的经济性不良的情况。

居住建筑在使用方式上与公共建筑完全不同，居住建筑随机性大、使用习惯随使用者变化而变化、空调负荷需求的离散度大，同时使用系数在大部分时刻都非常低，但全年甚至典型设计日的同时使用系数难以确定（导致合理的装机容量设计变得非常困难）。如果采用区域供冷，会导致冷水系统的实际耗电输冷比非常低且存在设备利用率低等问题，因此不应在居住建筑中使用。

6. 中央空调水系统冷热水管道的制式选择，应符合以下规定：

（1）当建筑物所有区域只要求按季节进行供冷和供热转换时，应采用盘管冷热共用的两管制的空调水系统；

（2）当建筑物内不同区域全年对供冷和供热的要求时段不一致时，可采用盘管冷热共用的分区两管制空调水系统；

（3）对全年空调冷热供应的要求较高、空调区供冷和供热工况需要频繁转换或需同时使用时，可采用盘管冷热共用的切换式四管制系统，或采用冷热盘管分别与冷热水系统独立连接的四管制系统。

【释义】盘管冷热共用的两管制空调水系统简单、初投资省、经济性好，但必须全楼统一进行冬夏工况的切换，适用于我国大部分普通舒适性空调的建筑。

当采用分区两管制系统或四管制系统时，应按朝向和内、外区进行分区，以解决过渡季节不同朝向及冬季内、外区对负荷的要求，向不同的区域分别供冷和供热。

分区两管制系统将相同使用要求（同时供冷或供热）的末端作为独立的水系统，通过在冷、热源侧的切换，进行分区供冷或供热；盘管冷热共用的切换式四管制系统，冷、热水均已送至末端附近，但为了节约投资，末端采用了共用冷热盘管的方式。供冷和供热切换时，通过末端设置的冷热水阀进行；冷热源和末端均为四管制时，实际上冷、热水系统是完全独立的。

7. 集中供暖、空调冷热水系统需根据水力计算结果合理设置水力平衡装置。集中供暖系统宜采用变流量水系统；空调冷热水系统应采用变流量水系统；新建工程的中央空调冷水系统应优先采用冷水机组变流量系统。

【释义】设计工况下的水力平衡是合理设计的前提。设计时首先应该通过对管道（管长、管径等）的调整得到符合要求的水力平衡率。由于管道直径存在分级的差距，具体工程设计时，有可能增大或减小管径都不能实现要求的水力平衡率，或者为了水力平衡调整管径导致管道内的水流速严重不合理，这时需要采用设置静态水力平衡阀等措施，来实现环路的水力平衡。但设置平衡阀等措施，会增加管道系统的阻力。因此，每个环路都并联设置，甚至同一个环路中多处串联设置平衡阀，都是不合理的。

冷水机组变频运行时，可以在达到使用要求的基础上节省运行能耗。目前，大部分冷水机组产品可以变流量运行，因此中央空调冷水系统应优先采用冷水机组变流量方式。

8. 水泵选型除符合相关规范和标准的要求外，还应综合考虑水系统运行要求、管路特性、变频调节及水泵串、并联引起的扬程及流量的变化。

【释义】水泵是建筑冷、热源输配系统中最主要的耗能设备，其效率直接影响水系统的运行能耗。水泵节能评价值是指在标准规定测试条件下，满足节能认证要求达到的水泵规定点的最低效率，应按照现行国家标准《清水离心泵能效限定值及节能评价值》GB 19762规定进行计算、查表确定。有条件时应根据耗电输冷（热）比提升要求，对应选取更高效率的水泵产品。供冷（热）水系统耗电输冷（热）比反映了循环水泵耗电与建筑冷（热）负荷的关系，限制此值是为了合理选择水泵参数并降低水泵运行能耗。水力计算是水泵正确选取的前提，尤其在多级泵系统，工程中常见扬程过高的情况，需根据水力计算结果、水泵的运行曲线及管路特性曲线综合进行选型。

9. 设计中应适当降低水泵输送能耗，可选用如下措施：

（1）提高水泵的运行效率；

（2）加大供回水温差；

（3）降低水泵扬程；

（4）在运行过程中，应采用调节流量的方法以适应负荷变化。

【释义】无论是对冷冻水系统或是对冷却水系统，一般都取$\Delta t=5℃$，但为了减小系统流量，降低水泵能耗，供、回水温差逐步加大，有从5℃增大到10℃的趋势。

降低水泵输送能耗可采取下列措施：①水流流速不宜太高，应采用经济流速，以控制系统的阻力；②应控制系统的传输距离，将用户高差相差较大或用户水平距离相差悬殊的大型水系统按高程或距离分设不同的水系统，既有利于系统的水力平衡，又可因各系统水泵扬程的一一适配，从而降低输送能耗；③避免静压损失，水系统的设计应优先考虑采用闭式系统，因为开式系统的水泵扬程除需要克服管道和设备的水流阻力外，还需克服由水池液面至系统最高点的高差，因此，所需扬程比闭式系统大得多。

随着控制技术的进步，变流量方式和转速调

节与运行台数控制对水系统的节能贡献也越来越多。对于一定容量规模以上的空调冷冻水系统，理应优先采用变流量系统。在水系统的运行过程中，应采用调节流量方法，以适应负荷的变化，这一措施的实质是为了系统循环泵在95%以上的部分负荷运行时间里能节省输送能耗。水泵的流量也理应有高效的控制手段与之相匹配。目前较普遍采用的有两种方法是：①变频式转速控制；②多台并联泵系统的运行台数控制。

10. 供暖供冷管道应采取保温保冷措施。绝热材料种类、性能及厚度的确定，应综合考虑施工难易、运行维护成本等，以全生命期的低碳性为原则，通过技术经济比较后确定。绝热层厚度一般按以下原则确定：

（1）单热管道应按经济保温厚度法计算保温层厚度；

（2）冷管道应按防结露保冷厚度和经济保冷厚度中的计算较大值确定；

（3）冷热合用的水管应按第（1）、（2）款中计算的较大值确定。

【释义】绝热材料应考虑导热性、吸水率、施工难易及材料寿命，应选用导热系数小、湿阻因子大、吸水率低、密度小的高性能保温材料。在条件允许的情况下，尽量选择一体化保温管道，减少现场施工安装。绝热既包括保温也包括保冷，绝热材料的厚度有以下三个主要因素共同决定：防止表面温度过高（热管道）、防止表面结露（冷管道）和满足经济性（冷热损失与投资的综合平衡）。除上述因素之外，当末端对管道内的输送介质有参数限值的要求时，管道绝热层的厚度还应根据介质在管道内输送过程中的温升（冷水）或温降（热水或蒸汽等）的限值要求来确定，如室外直埋、架空敷设及室内安装的热水供热管网输送干线的计算温度降不应大于0.1℃/km等。满足经济性目标和控制温升或温降限值同样

能够减少冷热损失，保证冷热量最大限度输送至末端，从根本上降低碳排放量。

11. 设计中应提出对管道和设备防腐的要求，并考虑防腐涂料层、保温外保护层的处理和做法。

【释义】管道和设备的防腐设计可以保证其正常运行，确保并延长系统的使用寿命。

管道设备的防腐处理应按室内、室外分别进行。室内的热水、蒸汽管网应涂刷耐热、耐湿、防腐性能好的涂料作为防腐涂层。室内的保温管道无保护层则应涂刷防腐漆；室外架空管道应采用硬质保护层保护保温材料，表面还应有一定的防雨水冲刷、防风能力。保冷管道可设置防潮层避免湿空气进入；保暖管道不应做防潮层。为了避免风管或水管直接接触而引起的腐蚀加快，对风管、水管也应进行防腐措施。除了根据管道的保温性能、管道的保护层考虑防腐涂层做法，直埋管道还需要根据周围土壤腐蚀性等级设置防腐等级。

12. 冷热水系统循环水的水质保障，可采取以下措施：

（1）冷热源设备、循环水泵、补水泵等设备的入口管道上应设置过滤器或除污器；

（2）自来水硬度较高的地区应设置软化水装置，系统补水应经软化处理；其他地区可采用电子式静电除垢水处理装置或自动加药装置；

（3）采用钢制散热器的热水系统，宜设置真空脱气设备。

【释义】水质保障是为了避免输配系统阻塞，同时设备配置也要避免提高水阻，从而减少不必要的阻力，降低能耗。

过滤器或除污器的设置主要是为了清除水中的杂质，但其水流阻力较大，不应随意采用。一般来说，水泵吸入口前应设置过滤器或除污器；当循环水泵至冷热源设备的供水管路比较短时，

冷热源设备可不再设置过滤器或除污器。为了降低水流阻力，水过滤器或除污器的净流通截面积宜为接管面积的1.5倍以上。

电子式静电除垢装置或加药装置是为了清除或减少循环水长期在管内流动过程中形成水垢，对于冷热水系统均适用。

由于水中的溶解氧容易对钢板产生较强的腐蚀，因此采用钢制散热器的热水系统，排除水中的空气和溶解氧是一个需要重视的环节。

4.5.3
风系统设计

1. 根据建筑所在城市的气候特点，夏季、过渡季应充分利用自然通风降温；暖通空调专业应与建筑专业配合，确定合理的开窗面积、位置等；必要时可通过模拟分析来得到结果，或设置机械通风系统进行复合式通风。

【释义】为节省运行能耗降低碳排放，利用自然通风或复合式通风能达到建筑室内热环境参数在适应性舒适区域的方案，应优先采用。自然通风由于受朝向、开窗高度、开启方式等的影响，需要在建筑方案阶段进行配合，根据空间形式不同，可采用简化计算法、计算机模拟法等进行计算分析。

2. 建筑物通风设计时，应优先采用自然通风方式。采用自然通风时，应符合下列规定：

（1）系统设计时应对建筑物或房间进行自然通风潜力分析，依据建设地点的气候条件确定自然通风策略，优化建筑立面开口位置；

（2）总平面设计中，建筑单体应优先采用错列式、斜列式的布置方式；

（3）自然通风应采用阻力系数小、易于操作和维修的进、排风口形式；

（4）严寒、寒冷地区的进、排风口应考虑保温措施；

（5）自然通风系统的风量计算应同时考虑热压以及风压的作用。

【释义】自然通风是利用室内外温度差所形成的热压或室外风力造成的风压，实现通风换气的形式。良好的自然通风设计，如采用中庭、天井、通风塔、导风墙、外廊、可开启外墙或屋顶、地道风等，可以有效改善室内热湿环境和空气品质，提高人体舒适性，减少人工冷热源的使用，因此通风方式应优先采用自然通风。自然通风已广泛应用于居住、办公、工业厂房、学校等各类建筑物。

建筑单体布置方式中的斜列式布置，即建筑参照季节主导风向按照一定的倾斜角度进行成排布置；错列式布置，即建筑参照季节主导风向采用前后排错位排布。

在确定高大建筑的朝向时，可利用夏季最多风向来增加自然通风的风压作用或对建筑形成穿堂风。因此建筑的迎风面与最多风向宜形成60°～90°角。

春秋季节时段长的地区应充分利用自然通风。为提高自然通风的能力，应采用流量系数较大、阻力系数低的进、排风口。热压通风的适宜条件可设定室外温度为12～20℃、风速为0～3.0m/s。

建筑物自然通风效果是热压和风压综合作用的结果。两种作用可能会相互叠加，也可能相互抵消。需要设计人员在计算时区分不同的季节和朝向，通过计算机模拟优化后，综合评判确定进风口、排风口位置。

3. 可结合建筑方案采用被动式技术强化自然通风效果或采用复合通风方式：

（1）采用捕风装置；

（2）采用天窗、侧高窗及屋顶无动力风帽（通风器）装置；

（3）风压有限或热压不足时，可采用太阳能诱导通风方式。

【释义】自然通风受气候条件影响，不能满足通风要求，可采取无动力的被动式技术，加强自然通风能力，延长使用时间，拓宽应用范围。

突出屋面一定高度的太阳能烟囱，通过风帽设计、调节风门的设置、有利的捕风朝向，可以有效加强自然通风，或利用其负压效果带动室内自然通风。

进风装置应根据建筑方案确定的类型、开启方式、有效面积、密封性能、阻力系数等技术参数进行计算，与相关专业密切配合并通过计算机模拟进行优化，必要时应进行模型实验。

室外空气污染严重的区域宜采用复合通风（机械通风+自然通风）方式。室外空气污染严重时，机械通风系统宜采取过滤措施；室外空气品质满足时应优先采取自然通风方式。噪声污染严重区域除加强建筑隔声措施以外，机械通风系统应考虑消声措施。空气污染严重是指污染物浓度在全年的某些时段或者相当多时段超过室内空气品质的要求，设计时应根据建设地点的室外空气品质状况设置必要的空气净化措施。

4. 复合式通风系统设计应符合下列规定：

（1）复合通风系统设计参数、运行控制策略，应通过技术经济比较与节能分析评价后确定。

（2）复合通风系统应具备运行工况转换功能，优先运行自然通风系统，当受控参数不能满足要求时启用机械通风系统。

（3）同时设置了空调系统的房间，当通风不能满足室内温、湿度要求时，应关停通风系统，开启空调系统。

【释义】复合通风系统设计应综合考虑经济性和技术应用，做到降耗低碳原则下两者能够平衡，复合通风系统中全年自然通风量不宜低于通风系统运行总风量的30%。复合通风采用自然通风与机械通风的联合设置，根据不同的室外环境参数与确定的室内温湿度标准分时段、分区域运行。当复合通风也不能满足使用需求时应运行空调系统。

5. 风系统宜进行内外分区，并能独立运行。当空调通风系统使用时间较长且运行工况（风量、风压）有较大变化时，通风机宜采用双速或变速风机。

【释义】内、外分区可以防止冷、热量的相互抵消，充分利用天然冷源，应结合水系统形式及分区同时考虑。当然，风系统本身至少也应考虑内区采用全新风进行冷却的可能性。

针对长期使用且运行工况变化的空调通风系统应采取双速或变频的低碳设计措施。当通风系统运行工况变化时，会引起系统阻力的变化，为节约能耗和运行费用，可以考虑采用双风速或变速风机予以解决。通常对于要求不高的系统，可采取双速风机，但应对双速风机的工况与系统工况变化进行校核。要求较高时宜选用变速风机，配合自控系统节能效果更加显著。

6. 空调风系统设计中，应优先使用变新风比系统、变风量系统以及排风热回收系统以减少空调系统能耗，降低碳排放。

【释义】变新风比系统：是空调全年运行过程中节能运行的一个主要方式，对内、外区都是适用的，尤其是对内区更为有利。国外的一些研究成果及统计资料表明：控制新风比及采用全新风冷却或预冷，可节省整个空调系统全年能耗的10%~15%，这是相当可观的。空调系统可以通过焓值控制方式实现可变新风比运行，最大限度地利用天然冷源。对于设置了室内CO_2浓度检测联动调控空调系统新风量的，新风阀调应以焓值控制新风阀全开为优先。避免将随着系统新风比大幅度提升，导致CO_2浓度值低于设定值从而自动调小新风阀开度，此操作与目标相违背。大多数区域过渡季节采用新风系统实现内区供冷的经济性并不高，较适于内区冷指标 $20\sim35W/m^2$，适宜性评价还应考虑增加新风量的可实现性，以设计最小新风量的小于2倍为宜。

变风量系统：与全空气定风量系统相比，可以进行区域温度控制、减少设备安装容量、节省运行能耗且有利于房间的灵活分隔；与风机盘管加新风系统相比，可以提升空气品质、减少维修工作量、节省能源同时有利于施工及房间的使用。

排风热回收系统：空调系统中处理新风所需的冷热负荷占总负荷比例较大，为有效减少新风负荷，宜采用空气能量回收装置回收空调排风中的冷热量，用来预冷、预热新风，可产生较大的节能效益。排风热回收系统设置要充分考虑项目所在地气象条件、能量回收系统的使用时间、后期运行维护等因素，计算静态投资回收期，经技术经济比较后选择合理热回收方式。严寒地区采用此系统时，应对能量回收装置的排风侧是否出现结霜或结露进行校核，当出现结霜或结露时，应采取预热等保温防冻措施。

7. 空调系统的新风、回风和排风设计，应符合下列原则：

（1）除冬季利用新风作为全年供冷区域的冷源的情况外，冬、夏季设计工况时，应按照最小新风量进行设计；

（2）舒适性空调和条件允许的工艺性空调，有条件时应考虑过渡季加大新风量直至达到100%（最少不低于70%）送风的措施；

（3）在大型民用建筑物的内区，当空气调节房间内冬季仍有余热时，应首先考虑充分利用室外低温空气进行降温处理，新风量和回风量的比例应可调节；

（4）新风量较大且密闭性较好，或过渡季节可能使用大量新风的空调区，应有排风出路；采用机械排风时，排风量应适应新风量的变化。

【释义】冬、夏季设计工况下，新风量按满足卫生规范要求的最小新风量设计，在过渡季加大新风送风量，是运行节能降碳的重要措施之一。但温湿度允许波动范围小的工艺性房间或洁净室内的空调系统，为减少过滤器负担，不宜改变或增加新风量。

冬季有室温控制要求的舒适性空调系统，如果室内存在余热，首先应采用调节新风比的方式来调节室温。当控制新风比无法调节室温时，按照冬季或夏季设计工况运行。

当房间设计新风量较大且房间密闭性较好时，为了防止房间正压过大导致送入的新风量达不到要求，应充分考虑房间的排风措施。

8. 空调风系统的作用半径，除满足单位风量耗功率（W_s）的规定值之外，还应符合以下要求：

（1）全空气系统的送风作用距离，不宜超过100m；

（2）新风空调系统的送风作用距离，不宜超过120m；

（3）办公建筑的全空气空调系统，不宜跨层设置；

（4）高层和超高层建筑采用垂直式新风空调系统时，新风送风最远的楼层数量，不宜超过10层，不应超过15层。

【释义】满足风机单位风量耗功率 W_s 的规定是节能设计的基本要求。限制送风系统的作用距离，除了可以降低空气输送能耗外，还考虑到建筑中尽可能减少风道，以有利于房间的装饰设计。对于大型公共建筑，由于其体量大、功能多，风系统作用距离可适当放宽，但应满足相关

标准对 W_s 的规定。

高层办公建筑一般是分楼层使用的，因此空调系统不宜跨楼层设置。垂直新风系统常用于办公建筑的集中新风供应和高层酒店客房新风供给。规定楼层数，是为了调试时更好地保证风量分配的均匀性。对于不超过100m的高层建筑来说，楼层数一般不会超过30层，因此采用顶层和底层设置集中新风机房分别送风，其送风最大距离是可以涵盖的。对于超过100m的超高层建筑，按照相关消防规范的要求，每50m会设置一个避难层。因此可在避难层内设置集中新风机房，即使单向送风，一般也不会超过15层；如果采用上下同时送风，则单向负担的送风楼层数不会超过10层。

9. 当采用人工冷、热源对空气调节系统进行预冷或预热运行时，新风系统应能关闭；当室外空气温度较低时，应尽量利用新风系统进行预冷。

【释义】采用人工冷、热源对空气调节系统进行预冷或预热运行时，新风系统应能关闭，其目的在于减少处理新风的冷热负荷，降低能量消耗；在夏季的夜间或室外温度较低时段，直接采用室外风对建筑进行预冷，是一项有效的节能方法，也是新风系统的节能措施。

10. 在人员密度相对较大且变化较大的空间，宜根据室内 CO_2 浓度检测值进行新风需求控制，排风量也宜适应新风量的变化以保持房间的正压。

【释义】针对人员密度较大房间，通常随着使用时间或条件的变化，人员变化幅度也较大，如一直按照较大新风量运行，则新风量过大，新风冷热负荷、电量等耗能较大。因此根据 CO_2 浓度检测值控制新风机组的输出量，可以做到按需供应，尽可能减少各项能耗。为保证室内正压，当新风量变化时排风量也相应变化，可避免室外空气渗透带来额外能耗。

11. 有人员长期停留且不设置集中新风、排风系统的空气调节区或空调房间，当经济技术分析合理时，可在各空气调节区或空调房间分别安装带热回收功能的双向换气装置。

【释义】人员长期停留的房间是指超过3h连续使用的房间，采用双向换气装置，让新风与排风在装置中进行显热或全热交换，可以从排出空气中回收50%以上的冷、热量，节能降碳效果显著。

12. 风机选型时除满足节能规范要求外，还应根据水力计算结果、风机性能曲线、管路特性曲线及变工况运行特性综合确定。

【释义】风机是风系统输配过程中最主要的耗能设备，其能效水平对输配系统低碳效果至关重要。暖通空调系统中应用的各类通风机应通过计算确定风量、风压和转速等参数，并按现行国家标准《通风机能效限定值及能效等级》GB 19761规定的通风机能效等级进行选型。

13. 风系统设计中不应采用土建风道作为空调系统的送风道或输送进行过冷、热处理的新风。当受条件限制必须利用土建风道时，应采取可靠的防漏风和绝热措施。

【释义】土建风道的漏风情况一般远大于钢制风道。当用于输送经过冷、热处理的空气时，会带来冷、热量的大量损耗。但对于地面送风或座椅送风系统，如安装送风管空间确实受限，而利用地板下的土建空间作为送风静压箱时，必须对土建送风静压箱做好严密的防漏风和保温处理。

4.6

末端系统

4.6.1
设计原则

1. 末端系统形式选择应方便用户操作。

【释义】暖通空调系统的末端是整个系统效果的直观体现。末端运行曲线能够契合用户需求，则可以在满足用户需求的同时保证不过分使用。对此，设置可供用户自主选择的个性化、人性化末端调节措施可以实现能源的节约，既能够满足用户的需求，也是保证行为节能的基础。

暖通空调末端系统应采用适宜的调节方式，设置温度、风量、风向等调节，以满足不同用户的需求和偏好。调节方式应简单易懂，操作界面应清晰友好，操作步骤应简单快捷。末端系统应合理设定可调范围，避免设置过高或过低的温度和风量，以同时保证用户舒适度和节能效果。末端系统应对用户的调节及时作出反馈，反馈结果应准确可靠，反馈信息应明显易见。

2. 末端系统布局应充分考虑建筑功能适变性，通过合理布局减少同类功能、格局调整时引起的大量拆改，同时保证系统易于安装维护和拆改。

【释义】在暖通系统设计中，末端系统布置应充分考虑建筑功能适变性，以保证系统的性能和效果，同时也方便建筑的功能和空间的调整和改变。

末端系统应根据建筑的功能和空间特点划分区域，每个区域配备相应的末端设备和管线，以实现区域内的温度和湿度的独立控制。当建筑功能和空间发生变化时，只需调整或改变相关区域的末端系统，而不影响其他区域的末端系统。

末端系统应优先采用模块化的设计和安装方式，使得末端系统的设备和管线能够按照一定的规格和接口方便拆卸和组装，以适应建筑的功能和空间的变化。当建筑的功能和空间发生变化时，只需拆卸或组装相应的暖通空调末端系统模块，而不需要大量拆改和重装。

末端系统应优先采用集成化的设计和安装方式，使得末端系统的设备和管线能够与建筑结构和装修一体化，以减少末端系统的空间占用和影响，同时也提高末端系统的美观和安全。

供暖通风竖井、分户计量控制箱的位置应充分考虑合理排布，使其位置不经改变就能满足建筑合理适变性要求。这样可以避免因空间变化、功能调整而产生的暖通系统大型改造。在末端系统布置时，应注意选用便于安装和拆卸的暖通系统设备及配件。在设计中应注意机房预留维护、拆卸的操作空间，保证系统能够更容易实现改造。

3. 暖通空调系统应设置自动室温调控和供热量自动控制装置。

【释义】暖通空调系统的自动室温调控和供热量自动控制装置，能够根据室内外的温度变化自动调节供暖系统和通风系统的设备和管线的开关和运行状态，以保持室内的适宜温度，同时最大限度利用室内自由热。自动室温调控和供热量自动控制装置可提升室内舒适性、提高系统能效，降低运行能耗和成本。散热器和辐射供暖系统均要求设置自力式恒温阀、电热阀、电动通断阀等，空调水系统中风机盘管、空调机组分别设置电动双位阀、电动两通阀，锅炉房及换热机组设置气候补偿器等。通过上述自动调控装置，可根据室外气象条件调节流量，减少人工冷热源使用，达到节能降碳的效果。

4.6.2

能量回收

合理的能量回收系统是有效降低建筑用能强度及用能总量的技术措施之一，在适宜的条件下通过排风热回收、冷凝热回收、余热回收利用、废热利用等系统的应用，可实现用能需求的减量化，符合"双控"目标，同时也提高了能源的综合利用率，是较为常用的系统形式。

1. 在适宜的气候条件下，可根据系统的形式特点和需求设置适宜类型的排风能量回收系统。排风能量回收系统应能符合技术经济效益。

〔释义〕空气调节系统中处理新风所需要的冷热负荷占建筑总冷热负荷的比例很大，尤其是严寒和寒冷地区冬季新风热负荷占比较高。采用排风能量回收装置回收排风中的冷量和热量用来预冷、预热新风，可降低新风冷热负荷，具有显著的减碳效果。能量回收系统的选择应经技术经济比较，充分考虑气象条件、使用时间等因素，只有当回收的冷热量折算的回收电能大于新、排风机增加的电耗时，排风能量回收装置的设置才具备经济性，同时也属减碳措施。

2. 排风热回收技术是低能耗建筑、被动式建筑等节能建筑中最常应用的技术措施，在严寒、寒冷、夏热冬冷地区得到了广泛应用。能量回收装置以显热回收、全热回收分类，有板翅式、热管式、转轮式、乙二醇热回收等多种形式供选择。应用时应结合新风系统服务的功能区域、热回收效率、空气品质、卫生安全等需求确定。室内空气品质差或新、排风设备分散设置时，宜采用空气非接触型产品。

〔释义〕排风热回收装置按换热类型分为全热回收和显热回收两种类型，根据回收原理和回收装置的结构特点，不同类型存在不同程度的漏风问题。因此应根据室内排风中污染物浓度和种类等影响因素合理选择能量回收装置。

3. 在严寒、寒冷地区设置排风热回收系统，有利于降低建筑物冬季用热需求。除排风含有大量污染物或者有毒有害物质的以外，冬季运行的集中新风系统送排风温差大于或等于15℃采用能量回收装置。当该系统夏季运行室内外温差小于8℃时，应设置季节性排风管路旁通措施。

〔释义〕排风能量回收系统较适用于严寒、寒冷和夏热冬冷地区。系统空调通风温度与排风温度高于15℃，且有独立新风系统的场所，较适合使用排风能量回收。对于低能耗、被动房建筑，新风系统和高效排风能量回收系统是保证建筑在不失去能量的同时进行室内外空气交换的重要方式。

设置排风能量回收装置前，应首先经技术经济分析，保证系统设置的合理性。如果计算出的回收期过长，则说明该系统设置不合理，或不适宜使用排风能量回收装置。

根据系统需求，选择排风热回收系统的形式。排风中能量回收可分为显热回收和全热回收装置。在室内外温差较大、含湿量差较小的地区或冬季需要除湿的卫生系统或因卫生安全要求新风排风不可直接接触的系统，应选用显热回收装置，如板式回收装置。无类似顾虑时可选用全热回收装置，如转轮式能量回收装置。除此之外，各类型的能量回收装置可对应更为细节的特点，如转轮式回收装置适用于风量大且可能有空气侧漏的系统，液体循环式适用于回收点分散的系统。

如果能够通过合理的设计手段，也可以从客

观上实现排风能量回收的效果，如将空调区域的排风作为机房等场所的补风，通过排风设置来降低负荷。

4. 当采用直接膨胀式新风/空调机组时，选用排风热回收型机组，可进一步提高机组性能系数，提高能源利用率。

【释义】直接膨胀式新风/空调机组制冷时可选用冷凝排风热回收型机组，如图4.6-1所示，夏季将室内相对低温（27℃）的排风通过冷凝器后排出室外，此过程可带走大量冷凝热，从而提高机组制冷性能系数；同理，冬季将室内相对高温（20℃）的排风通过蒸发器后排出室外，此过程可提高蒸发压力，从而提高机组制热性能系数。

5. 新、排风热回收系统宜设置平疫转换的应急措施。

【释义】根据建筑功能及使用需求，在进行排风热回收设计时要平疫结合，设计中选用非接触式热回收方式或设置平疫转换措施。

4.6.3
空调分区

1. 空调系统应根据建筑用途、规模、使用特点、负荷变化情况、参数要求、平面布局等因素进行确定，并进行方案比选和运行模式全年能耗分析。

【释义】选择空调系统的总原则，是在满足使用要求的前提下，尽量做到一次投资少、运行费经济、能耗低等。对规模较大、要求较高或功能复杂的建筑物，在确定空调方案时，应对各种可行的方案及运行模式进行全年能耗分析，使系统的配置合理，以实现系统设计、运行模式及控制策略的最优。

气候因素是建筑热环境的外部条件，是影响暖通空调设计的重要因素，气候参数如太阳辐射、温度、湿度、风速等动态变化，不仅直接影响到人的舒适感，而且影响到建筑设计。如干热气候区（如新疆等地区）地处内陆，大陆性气候明显，其主要气候特征是太阳辐射资源丰富、夏季温度高、日较差大、空气干燥等，与其他气候区的气候特征差异明显。因此，该气候区的空调系统选择，应充分考虑该地区的气象条件，合理有效地利用自然资源，进行系统对比后选择蒸发冷却等适宜性技术。

2. 净高较大的建筑功能区，应根据空调负荷、建筑平面布局、形体特点、使用时间等因素，合理选择分区或分层空调送风方式。

【释义】《民用建筑暖通空调设计统一技术措施2022》（中国建筑设计研究院有限公司编著）

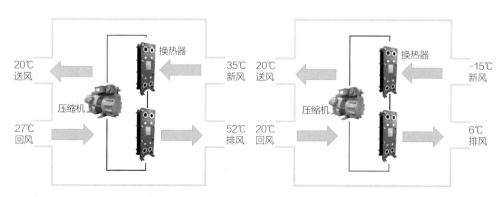

图4.6-1　新风机组冷、热回收示意图

对分区/分层空调的条款中明确"房间净高超过10m的高大空间，可采用分区空调方式。当房间净高超过20m时，宜采用分层空调方式"，其中讲的分层空调与分区空调是有差别的。分区空调指的是局部空调的概念，即只需要对局部空间送风来满足要求，但空间中各点的空气参数随高度的变化"斜率"基本相同，是"渐变"的，不会出现明显的参数突变点；分层空调则一般需要采用附加的空气幕等措施作为非空调空间和空调空间的"隔断层"，因此在隔断层，其空气参数会有明显的"突变"（变化的"斜率"与其他空间有明显的区别）。岗位送风和座椅下送风，属于典型的分区空调方式，分层空调方式在一些高大厂房的案例中可以看到，尤其对于"高径比"（或空间净高与地面面积之比）较大的空间，其送风气流可以起到良好的阻隔作用，因此具有较好的适宜性。

分区或分层空调在零碳建筑暖通空调设计中有着明显优势。这种空调方式可以既保证人员活动区舒适度，避免高大空间全室空调，提高空调效果和舒适性，同时可以节省能源和运行费用。空调设计当采用侧送风方式时应注意冬季送风的气流组织，可采用送风口角度可调等技术措施，严寒和寒冷地区可同时设置地板辐射供暖系统以保证冬季室内舒适度和降低运行能耗。侧送风方式的分区或分层空调设计主要涉及空调区的气流组织和温度分布的计算，可以采用射流理论、湍流理论、数值模拟等方法，确定空调区的送风方式、送风口位置、送风速度、送风温度、回风口位置等参数，以达到空调区的温度梯度合理性。

目前，高大空间分层空调的设计没有统一标准，一般根据建筑空间高度、使用功能、负荷特点、气流组织等因素综合确定。一般来说，分层空调的设计温度应满足下部人员工作区的热舒适性要求，而上部空间的温度可以适当提高或降

低，以形成温度梯度，减少供暖空调能耗。高大空间的分层空调设计应进行模拟计算与分析，以确定送风高度及送风口位置，从而保证室内温度梯度及气流组织符合设计要求。

高大空间的舒适性空调，采用分层空调方式时，在空调区和非空调区之间，宜设置水平式空气幕，空气幕的送风射程要求与空调区的送风射流长度相同；水平空气幕送风口的设置高度，应保证空气幕不扩散到空调区。在供冷时，分层空调设计的关键是在整个空间内形成空调区和非空调区。设置合理的水平风幕来阻断非空调区向空调区对流热量的转移是主要的措施。作为空气"阻断层"的水平风幕，其同侧送风的多股平行侧送气流，宜尽可能减少风口间距使得送风尽早互相搭接；双侧对送射流的射程可按相对喷口中点距离的90%计算。为减少非空调区向空调区的热转移，应采取消除非空调区的散热量等措施。实验结果表明，当非空调区内的散热量大于$1.2W/m^3$时，在非空调区适当部位设置送、排风装置，可以取得较好的效果。空气幕可以直接采用室外空气，其送风口高度与送风口的形式以及射程有关。空气幕射流可按照半无限场计算，且射程端部的射流下边沿，宜高出空调区1~2m。在冬季，水平式空气幕以及上部排风设施不宜运行。

分区或分层空调具有以下特点：

1）提高舒适度，改善空气质量。分区或分层空调可以根据不同的区域和功能，设置不同的温度和风速，实现室内温度的分区域控制和调节，满足人体的舒适需求。分区或分层空调还可以有效防止高大空间的热层堆积和空气污染，保证室内空气的新鲜和清洁。

2）降低空调负荷，提高空调效率。分区或分层空调可以降低高大空间的空调负荷，从而减少空调设备的容量和数量，提高空调系统的效率和可靠性。

3）适用性强，灵活性高。分区或分层空调适用于高大空间建筑，如体育馆、展览馆、机场、车站类建筑以及建筑内的大堂、中庭等高大空间，根据不同的建筑功能及空间布局，选择适宜的分区或分层空调送风方式，如地板下送风、座椅送风、喷口侧送风等。

3. 进深较大的建筑功能区，有条件时应对建筑内外区分别设计独立空调系统。

【释义】建筑内外区的划分一般根据房间进深、朝向等因素来确定，以适应不同区域的负荷变化和调节需求，提高空调系统的运行效率和室内舒适度。建筑内区和外区的划分没有统一标准，不同地区和建筑类型划分内外区略有不同。一般建筑内区无外围护结构，不受室外气候变化的影响或受到的影响非常小，因此建筑内区负荷主要来自内扰，即室内散热设备及人员等，负荷较稳定需全年供冷；建筑外区因直接与建筑外围护结构相邻，尤其是有大量外窗和幕墙的情况下，全年受室外气候影响，一天内负荷变化较大，需要夏季供冷冬季供暖，设计中应将内外区系统完全分开，避免内外区统一送风参数或供回水温度，如外区与内区均供冷末端再热的现象，造成能源浪费。

对冬季或过渡季存在一定供冷需求的建筑内区，设计时应优先考虑加大新风量的措施。对于全空气系统，通过加大新风对房间直接冷却，具有运行节能的显著效益。冬季需要连续供暖的地区及场合，设置集中供暖系统室内温度场的均匀性、稳定性及节能性，均优于空调送热风的形式；尤其是严寒地区，夜间需要保证室内防冻，如果全部采用空调送热风，会导致风机消耗电能过大。因此，建筑外区在有条件时应设供暖系统。

4. 有条件时空调系统可采用智能控制和管理系统，以实现不同空调区的温湿度和送风量的自动调节和优化。

【释义】每个空调分区内设置独立温湿度控制器，根据各空调区域的不同负荷特点和功能需求进行控制，实现分区温度和湿度调节。可以结合温湿度传感器、人体红外感应器、智能调节阀、变频风机等设备，实时监测和调节各个分区的温度、湿度、人员分布和风量，提高空调系统的运行效率和舒适性，实现个性化控制。温湿度传感器可以实时监测各个分区的温度和湿度，将信号传送给温度控制器或中央控制器，人体红外感应器可以实时监测各个分区的人员分布和活动情况，将信号传送给中央控制器，便于控制送风量等，利于节能运行、提高舒适度。

智能调节阀可以根据温度控制器或中央控制器的信号，自动调节各个分区的阀门开度，控制各个分区的制冷量或送风量；智能调节风机可以根据中央控制器的信号，自动调节各个分区的风机转速，控制各个分区的风量和风压，通过这些设备的协同作用，可以实现各个分区的温度和湿度调节，提高空调系统的运行效率和舒适性。

分区空调控制的优点是可以有效地跟踪负荷变化，改善室内热环境和降低空调能耗，同时需注意以下几个方面：一是合理分区，各个分区的温度控制需求和负荷特点相近，避免分区过大或过小，影响空调系统的运行效果；二是协调运行，各个分区的温度和湿度达到平衡，避免分区之间的温差过大，影响空调系统的运行稳定性；三是合理选型，适宜的温湿度传感器、人体红外感应器、智能调节阀、智能调节风机等设备，能使各个分区的空调控制更加准确、灵敏、可靠，避免设备的误差或故障，影响空调系统的运行质量。

4.6.4

气流组织

1. 空调区的气流组织形式应根据室内设计参数以及空气分布特性等要求，结合建筑空间造型及室内布置等确定。气流组织设计应通过计算确定，以确保气流均匀分布，避免产生短路并减少死角。

【释义】对于特定的空调区，其气流组织形式与风口布置、风口形式等直接相关。应在满足室内环境的基础上，与室内装修设计进行协调。

对于小开间的办公室、酒店客房等常规尺度下的空调区，可以通过对所选择的送风口特点来核查其气流组织的合理性。对于高大空间，应进行气流组织的详细计算。

气流组织计算时，一般情况下可根据所采用的送风口形式、送风射流特点、送回风口布置等，采用手工计算；对于空间复杂的空调区，或对室内参数的均匀度要求较高时，宜采用计算流体动力学（CFD）数值模拟软件计算。

气流组织计算过程应结合室内装修时实际采用风口形式、家具布置进行，以保证气流的合理性。

2. 空调区的气流组织设计原则

（1）有条件时，应优先采用岗位送风方式；

（2）采用置换送风、地板送风等下送风方式时，回风口设置高度宜为2～3m；

（3）当采用上送或高位侧送方式时，回风口宜设置于房间下部低位处；

（4）仅为夏季降温服务的空气调节系统，且房间净高较低时，可采用上送上回方式，但送、回风口的间距应保证不出现气流短路的情况；

（5）以冬季送热风为主的空气调节系统，当房间净高较高时，宜采用下送方式；

（6）净高较低、单位面积送风量较大，且人员活动区内的风速或区域温差要求较小时，宜采用孔板下送风方式；

（7）全年使用的空气调节系统，应对冬夏气流组织进行校核；

（8）应防止送风气流被阻挡。

【释义】岗位送风的效率最高，且可以根据个人喜好独立调节，有条件时应优先采用。此外，房间底部下送风模式是一种有效的送风方式，当采用置换送风或地板送风时，回风口宜适当提高安装高度，保证气流顺畅和防止送风气流短路。通过从房间底部低速送风，使气流缓慢向上。在设计中，应计算空调区温度梯度，避免温度梯度过大，影响室内人员舒适度。

置换通风为下部送风的一种特例，其原理是送入的冷空气依靠热浮升力的作用上升带走热湿负荷和污染物，置换通风的主导气流主要由室内热源控制，室内上部区域可以形成垂直的温度梯度和浓度梯度，而不是依靠风速产生送风射程，因此适用于有热源或热源与污染源伴生的、全年送冷的区域。冬季有大量热负荷需求的建筑物外区，不宜采用置换通风系统。对室内空气含尘量要求严格的舒适性空调系统，也不适于采用。采用置换通风方式的区域，不宜同时设计其他送风方式，否则将影响置换通风的效果。

与下送风相反，上送或高位侧送时，从气流组织上看，回风口宜设置于房间的较低位置。实际工程中由于房间布置等原因，有时很难做到理想的气流组织。因此当用于夏季降温时，可以采用上送上回方式。在送风口与回风口布置时，其间距应大于送风空气主体射流段的扩散距离（尤其是采用流器顶部平送风时），防止气流短路。冬季对高大空间送热风时，由于热压作用会导致上送风方式的效率降低，因此宜采用下送风方式。孔板送风在民用建筑舒适性空调房间中应用不多，主要适用于有一定温度精度要求或空调区温度均匀性有要求的场所。根据测定可知，在距孔板100～250mm的汇合段内，射流的温度、速度均已衰减，可满足±0.1℃的温度波动要求，且区域温差小，在较大的换气次数下（每小时达32次），人员活动区风速一般均在0.09～0.12m/s范围内。对于冬、夏季均使用的空调系统，气流组织需要兼顾冬、夏两个工况。送风气流被阻挡将严重影响室内的气流组织，需要设计中引起重视。

3. 建筑内高大空间的舒适性空调，当采用侧送风方式的分区空调方式时，宜在非空调区上部设置夏季排风措施；冬季宜设置将高大空间上部热风作为下部送风供暖的措施。

【释义】建筑内的高大空间往往与室外出入口及室内多空间相连，受风压与热压作用影响较大，在空调区域划分时应采用分区空调方式，降低空调区负荷。同时，通过空间顶部或上部设置的机械排风或自然排风，可以在夏季减少非空调区向空调区的热转移。在冬季，当上部空间温度较高时，可以通过设置风机的室内循环方式，将热空气引至下部空调区，作为供暖的部分送风使用。上部设置的排风系统，冬季不宜运行。

4. 空调和通风系统的气流组织设计应考虑相邻区压力梯度，保证房间正常使用所需压力，防止交叉污染。气流组织设计还应考虑空调房间的热分层，设计时应将热分层高度维持在室内人员活动区以上。

【释义】空气调节房间与室外宜维持相对正压，不同建筑功能区之间，尤其是散发气味、有害气体或温度偏高的各种设备用房，应与其相邻房间保持相对负压，防止污浊空气形成的交叉污染，并更好地维持空调区的室内环境。

热分层控制的目的是在满足人员活动区舒适度和空气质量的要求下，减少空调区的送风量，降低系统输配能耗，以达到节能的目的。热

分层主要受送风量和室内冷负荷之间平衡关系的影响。

5. 居住建筑空调系统的新风，应直接送至人员的主要活动区，形成良好的户内新风气流组织。

【释义】集中系统新风应直接送至卧室、起居室，通过厨房和卫生间排风，形成良好的户内新风气流组织。

4.6.5
末端形式

1. 散热器供暖末端应结合水质、承压、室内环境等因素合理选择种类和材质。

【释义】不同材质的散热器对水质及使用环境要求不同，在选择散热器时应确保其使用寿命，如选用钢制散热器时应满足产品对水质的要求，并在非供暖季进行满水保养，环境温度较高的房间应优先选择外表面耐腐蚀的散热器等。

不同散热器的选型计算、安装方式及设置要求等可根据现行国家标准《民用建筑供暖通风与空气调节设计规范》GB 50736、《民用建筑暖通空调设计统一技术措施2022》（中国建筑设计研究院有限公司编著）等规范、措施及手册等进行设计。

2. 采用辐射供暖末端，优化室内热舒适度的同时可降低能量消耗。采用供冷辐射末端，可提高冷水供水温度，利于天然冷源的使用及提高制冷机运行效率。

【释义】辐射供暖、供冷采用在围护结构内表面或地面敷设辐射冷热末端的方式，通过水路循环来加热或冷却建筑结构面，再以辐射的方式改变室内温度。一般采用塑料管、毛细管或辐射板等作为末端形式，材料选择时应兼顾建材生产及现场施工，满足实用、低碳原则。

辐射供暖末端敷设于室内地面垫层是比较常见的使用方式。在系统设计时，应注意热媒流速、系统阻力及地面温度的控制。设计时应尽量使各支管长度接近以利于平衡，管材应满足现行国家标准，布管保证房间内温度均匀性等。

供冷辐射末端一般用在干式末端系统中，其装置可以大致划分为两类：一类是将塑料管直接敷设在水泥楼板（垫层）中，形成冷辐射地板或顶板（如混凝土结构辐射地板、轻薄型辐射地板、毛细管型辐射板）；另一类是以金属或塑料为材料，制成模块化的辐射板产品，安装在室内形成冷辐射吊顶或墙壁（如平板金属吊顶辐射板、强化对流换热的金属吊顶辐射板）。有关研究提出对于辐射供冷系统，顶棚顶面布置相比侧墙式和地板式能够达到更大的辐射比例和辐射效果。辐射供冷多用于干式系统，因此需设计新风除湿系统，并注意墙面、地面的防结露问题。

3. 严寒和寒冷地区频繁开启的外门应优先设置门斗，当确无条件设门斗时应设置热风幕。

【释义】工程实践表明，严寒和寒冷地区频繁开启的外门通过物理阻断方式无论从使用效果还是节能角度都是最优的，因此在新建及改扩建项目中应优先采用设置门斗的方式，改扩建工程不具备设置门斗条件时可采用热风幕方式以减少冷风侵入，保证室内温度环境。

热风幕的选择应根据外门高度、宽度等基础条件选择合理的安装位置及送风方式，热风幕的送风参数应通过计算确定。

4. 空调系统末端送风形式的选择应根据系统形式、室内净高、使用功能等基本条件，在保证送风均匀性及室内温度场、速度场合理的原则下选择。

（1）送、回风口形式的选择应符合气流组织要求并降低输配能效；

（2）针对不同室内净高，选择相应的送风形式；

（3）高大空间的送风形式应在保证使用区域室内环境的基础上降低空调能耗；

（4）变风量系统应避免冷热混合损失；

（5）全空气空调系统应考虑冬夏风口角度可调；

（6）低温送风应对送风口表面温度进行校核，避免结露；

（7）室内末端采用软连接支管时应避免阻力变化对送风量的影响。

【释义】空调末端送风口形式是影响室内气流组织的关键，也是影响暖通空调输配系统中风机能耗的重要因素，正确的末端选型是暖通空调系统设计的重要一环。

空调末端送风形式众多，下送风方式有岗位送风、置换送风及地板送风，由于送风可能会直接吹向人体，因此要求风口的扩散性能要好。岗位送风作为个性化送风装置，还宜具有风量和送风角度可调的功能。

室内净高较低的房间或区域，气流组织设计的重点是防止夏季冷风直接吹向人体，因此要求送风口贴附性能较好，设计选型中应采用贴附型散流器（也称为平送型散流器）等具有较好平送效果的风口形式。当有吊顶可利用时，采用这种送风方式较为合适。对于室内高度较高的空调区（如影剧院等），以及室内散热量较大的空调区，应采用下送型散流器。因此，同样选用散流器风口时，还应对散流器的具体性能提出要求，否则难以达到理想的设计效果。当采用较大送风温差时，侧送贴附射流有助于增加气流射程，使气流混合均匀，既能保证舒适性要求，又能保证人员活动区温度波动小的要求。侧送风时，通过贴附作用有利于增加射程，送风射程可通过扩散角调整来实现。

高大空间空调能耗较大，为降低能耗一般采

用侧送风形式，风口可安装在室内高度的下半部分，采用局部空调的设计理念，保证人员活动区室内环境，降低能源消耗。室内进深较大的高大空间多选用喷口形式，喷口送风主体段的射程远，出口风速高，可与室内空气强烈掺混，能在室内形成较大的回流区，同时还具有风管布置简单、便于安装、经济等特点，达到布置少量风口即可满足气流均布的要求，适用于高大空间的集中送风。对局部范围送风的室内空间如演播室，结合工程实际及工艺需求采用伸缩型风口可提高送风效率，减少送风射程，从而实现岗位送风。

冬夏合用的变风量系统，往往是按照夏季送冷风来选择风口的。由于在使用过程中送风量不断变化，且冬季绝大部分时间的送风量会小于夏季，因此需要特别注意其冬季的送风气流组织，必要时采用可变射流流型的送风口。

低温送风系统中送风口表面温度与送风口的送风温度并不完全等同。在送风时由于存在风口对室内空气的诱导卷吸作用，因此风口表面所接触的空气并不完全是室内空气。同时，不同的风口材质由于传热的不同也会影响风口表面温度的分布。在一般情况下，夏季送风时风口表面的防结露温度可按照送风温度提高 1~2℃ 来核算。低温风口与常规散流器的主要差别是：可以通过诱导方式使其风量加大，因此低温风口所适用的温度和风量范围较常规散流器广。选择低温风口时，一般与常规方法相同，但应对低温送风射流的贴附长度进行计算，设计中予以重视。在考虑风口射程的同时，应使风口的贴附长度大于空调区的特征长度，以避免人员活动区吹冷风现象发生。

5. 末端空气处理设备包括较集中的新风机组和空调机组以及分散布置的室内末端设备，暖通空调系统设计应重点关注空气处理耗能，根据供回水温选择合理的处理过程及设备，并有保障正常运行的相关措施。

　　[释义] 空气处理过程即是耗能过程，首先应准确计算冷热负荷，采用叠加法或焓湿图计算法，设计中多采用后者。除工艺要求外，一般空调设计中应避免空气处理过程中的"再热"损失，同时减少输送过程中的漏损。

新风/空调机组根据外界提供的冷热源、所服务区域的使用功能、空气处理要求、所处气候条件等选择合理的冷却/加热处理过程，并对所选择设备进行校核计算，确保空气处理可以达到设计要求。

严寒和寒冷地区还应对空气处理设备设计防冻措施，包括加热器热水管路上设置电动水阀、进风、排风与室外相接的室内侧设置保温风阀，严寒地区设置独立的预热盘管等。工程实践表明，进、排风管路包括消防系统与室外连接的部分，漏风现象非常严重，很多项目中直接影响了室内舒适度。保温风阀可以使风阀的传热量大大降低，带加热电缆的保温风阀还具备将漏风加热的功能，是防止盘管冻结的措施之一。

6. 空调系统的新风和回风应经过滤处理，过滤器的选择应符合建筑功能定位及使用要求；对人员密集或空气质量要求较高的场所，当集中空调机组设置净化装置时，应根据人员密度、环境质量要求等合理确定净化装置类型，以减少系统阻力，便于运行维护为目标。

　　[释义] 过滤器按过滤性能可分为粗效过滤器、中效过滤器、高中效过滤器、亚高效过滤器和高效过滤器。一般民用建筑舒适性空调系统的空调机组采用粗效过滤器或粗、中效过滤器组合即可满足要求。

空气过滤器的设置是为了保护换热器，而空气净化装置的设置是为了保证室内空气品质。空气净化装置的类型，应根据人员密度、初投资、运行费用及空调区环境要求等，经技术经济比较确定。一般民用建筑工程常用的空气净化装置有高压静电、光催化、吸附反应型三大类。选择空气净化装置时，除了确保其净化技术指标、电气安全和臭氧发生指标等符合现行国家标准《空气过滤器》GB/T 14295及相关的产品制造和检测标准要求外，在设计中还应对空气流速进行控制以保证净化效果。净化装置建议设置于空调机组内，以利于后期维护和更换。

7. 空调室外机的良好通风条件及维护保养是高效运行的前提，室外机安装应符合下列要求：

（1）室外机所在区域应通风良好，确保进、排风通畅不短路；

（2）为室外机换热器的清扫预留操作条件；

（3）根据项目所在地气候条件，必要时应有防风、防雪等保证机组正常运行的措施。

【释义】多联机系统、分体空调、直膨式新风/空调机组及空气源热泵等系统均有室外机，机组运行效率与室外空气之间的换热程度直接相关。工程实践发现，当室外机的安装不满足设备要求的条件时，空调系统的运行效率将受到极大影响，甚至出现运行不正常或直接停机，因此设计中应避免。当受条件限制室外机安装不能满足要求时，应采取其他措施以保证机组正常运行，必要时应通过模拟计算辅助室外机气流组织设计。

4.7

控制与调适

4.7.1

控制与监测

1. 控制与监测系统的设置目标，应符合以下原则：

（1）符合工程使用标准要求，保证供暖通风与空气调节服务区域室内温湿度及空气品质达到设计要求。

（2）提高系统能效，降低运行能耗。

（3）降低人员劳动强度，提高运行管理水平。

【释义】在满足使用需求的基础上，空调自动控制有很重要的一个目的就是提升能效，降低运行能耗，良好的空调自控系统是空调系统节能、低碳运行的重要保证。下文将从冷热源、空调风系统等方面简要介绍暖通空调系统中的主要节能控制策略。

2. 冷水机组冷源侧变流量运行是在部分负荷时节约水泵输送能耗的运行方式，当采用的冷水机组允许流量在一定范围内变化时，可采用一级泵变流量系统节约部分负荷水泵能耗。当室外湿球温度变化时可通过调整冷却塔风机频率的方式，既满足冷水机组的运行要求，同时将冷却塔的运行能耗降至最低。冷水机组变流量、冷却塔风机变频冷源系统，控制原理及控制点设置如图4.7-1所示。

【释义】冷水机组变流量、冷却塔风机变频冷源系统的冷水机组出水温度、冷却水最低允许温度设定和冷水机组运行台数及与之对应的电动水阀的控制与常规水冷冷水系统相同，冷水泵、

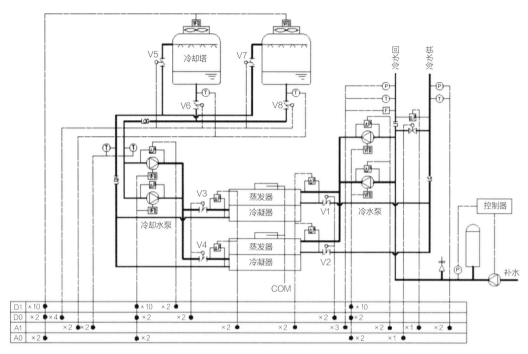

图4.7-1　冷水机组变流量、冷却塔风机变频冷源系统控制原理

冷却水泵、冷却塔等的控制程序如下：

（1）根据冷水机组最低允许冷冻水流量和冷却水流量，设定冷水机组冷水和冷却水允许最低进出口压差；设定冷水泵、冷却水泵、冷却塔风扇最低允许转速。

（2）冷水泵变频控制

1）当控制冷水供回水压差时，设定供回水压差，并调节冷水泵转速以维持供回水压差在设定值，至冷水机组冷水进出口压差降到最低允许压差或水泵转速降至最低允许转速时，不再降低水泵转速，通过调节压差旁通阀开度维持供回水压差在设定值。与前述相同，当旁通阀采用机电一体化控制方式时，不需要压差输入和旁通阀开度输出信号。

2）当末端以风机盘管为主时，可控制供回水温差，设定供回水温差，调节冷水泵转速以维持供回水温差为设定值，至冷水机组冷水进出口压差降到最低允许压差或水泵转速降至最低允许转速时，不再降低水泵转速，通过调节压差旁通阀开度维持冷水机组冷水进出口压差不低于最低允许压差。

3）当末端以全空气系统为主时，根据空气处理机组冷水阀开度调节冷水泵转速以维持开度最大的空气处理机组冷水电动调节阀开度在90%，至冷水机组冷水进出口压差降到最低允许压差或水泵转速降至最低允许转速时，不再降低水泵转速，通过调节压差旁通阀开度维持冷水机组冷水进出口压差不低于最低允许压差。

（3）冷却水泵变频控制

设定冷却水供回水温差，根据冷却水供回水温差调节冷却水泵转速以维持冷却水供回水温差为设定值，至冷水机组冷却水进出口压差降到最低允许压差或水泵转速降至最低允许转速时，不再降低水泵转速。

（4）冷却塔风机变频控制

一般情况下获得较低的冷却水温度可以从冷

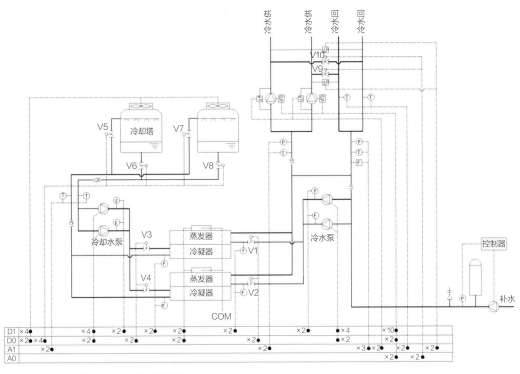

图4.7-2 二级泵变流量冷水系统控制原理

水机组能效提高中获得较高节能效益，因此在冷却塔出水温度达到冷水机组冷却水最低允许温度之后冷却塔风扇才开始调节转速，以维持冷却塔出水温度不低于最低允许温度。

3. 二级泵变流量冷水系统的控制原理及控制点设置如图4.7-2所示。

【释义】二级泵变流量冷水系统的应用，是基于冷水机组的冷水不适合做变流量运行来考虑的。因此，本系统中的冷水机组和一级冷水泵控制，与常规水冷冷水系统相同。冷却水泵和冷却塔的控制，可参照相应条款的要求执行。以下重点就二级泵的控制程序给出说明。

（1）设定二级泵最低允许转速。对于同轴风扇冷却电机，最低转速一般可确定为25~30Hz对应的转速；对于专用变频电机（带独立冷却风扇），最低转速应根据产品资料的要求进行设定。

（2）二级泵变频控制

1）当控制冷水供回水压差时，设定各环路供回水压差，并调节对应二级泵转速以维持供回水压差在设定值。

2）当二级泵转速降至最低允许转速时，不再降低水泵转速，通过调节对应压差旁通阀开度维持供回水压差在设定值。这时，旁通阀控制方式和控制点位设置与前述相同。

3）对于以末端水阀开度可调为主的系统，当采用供回水变压差控制时，压差设定值的变化应根据各末端水阀开度的情况，提出变压差设定值的方法和逻辑。建议采用的控制逻辑是：当所有末端水阀处于80%开度以下时，可适当降低供回水压差设定值；当有末端达到95%以上开度时，宜提高供回水压差设定值。

4. 内区或太阳辐射得热较大的房间冬季常需要供冷，应尽量使用室外免费冷量，减少冬季冷水机组制冷时间。冷却塔冬季供冷是常见的使用室外免费冷量的一种方式，其控制原理及控制点设置如图4.7-3所示。

【释义】图4.7-3所示的冷却塔冬季供冷冷源系统除冬季供冷控制之外的其他控制程序与常规系统相同。以下重点介绍冷却塔冬季供冷的控制要求。

（1）参数设定：冷却塔供冷换热器一次侧供水温度（即冷却塔出水温度）、二次侧供水温度、冷却塔风机最低允许转速、冷却塔集水盘防冻温度设定值（电加热器启动温度和停止温度）。

（2）冷却塔供冷控制

1）调节冷却塔供冷水-水换热器一次侧水路调节阀开度以控制二次侧供冷冷水温度为设定值。

2）调节冷却塔风扇转速以控制冷却塔出水温度为换热器一次侧供水温度。

3）当冷却塔风扇转速达到最低允许转速后，调节冷却水旁通阀开度以控制换热器一次侧供水温度为设定值。

（3）冷却塔防冻控制：当水温降至电加热器启动温度时，电加热器开始加热；当水温升至电加热器停止温度时，电加热器停止加热。

在水泵工况条件适合时，冬季冷却水循环泵可与夏季冷却水循环泵合用，自动控制点位应随之调整。同样，当水泵工况条件不适合时，应独立设置冬季冷水循环泵，相应增加需要的自动控制点位。

值得注意的是：冷却塔出水温度的设定，应依据冬季（或过渡季）的室外湿球温度和冷却塔可能达到的最大"冷辐"（湿球温度与出水温度的最大差值）来计算确定。

5."光、储、直、柔"是实现建筑低碳/零

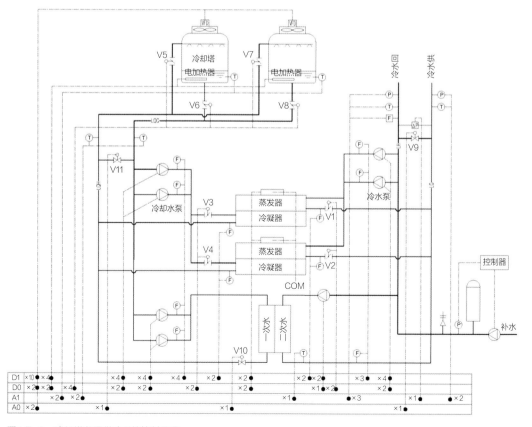

图4.7-3　冷却塔冬季供冷系统控制原理

碳途径，冰蓄冷系统是实现建筑柔性用电和分布式储能的重要方式之一。本条及第6、7条分别介绍了冰蓄冷冷源系统的常见系统组成及控制策略。主机上游串联内融冰盘管式蓄冰冷源系统，控制原理及控制点设置如图4.7-4所示。

【释义】图4.7-4所示主机上游串联内融冰盘管式蓄冰冷源系统的主机、乙二醇溶液循环泵、供冷换热器、基载机组、冷水循环泵的控制点数均按一台为例列举；冷却水系统与前述冷源系统相同，不再重复叙述。工程中按设备实际数量配置控制点。

该系统的运行控制分蓄冰、主机供冷、融冰供冷、联合供冷四种工况。四种工况的控制阀状态见表4.7-1。

（1）蓄冰工况控制

1）中央控制系统通过通信接口发送信号（或乙二醇溶液出口温度设定值）将双工况主机工况切换到制冰工况；

2）将工况转换阀门V1～V4转换到蓄冰工况状态；

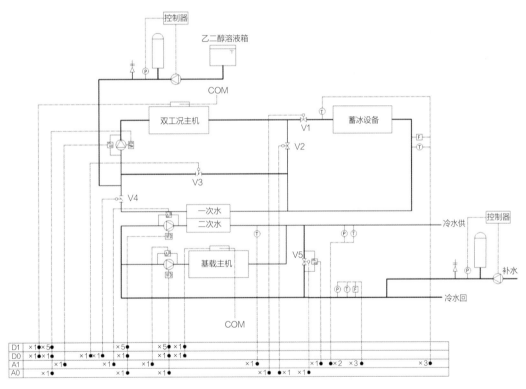

图4.7-4 主机上游串联内融冰盘管式蓄冰冷源系统控制原理

主机上游串联内融冰盘管式蓄冰冷源系统各工况阀门状态表　　　　表4.7-1

阀门	蓄冰	双工况主机供冷	融冰供冷	联合供冷
V1	开	关	开/调节	调节
V2	关	开	关	调节
V3	开	关	关	关
V4	关	开	开	开

3）根据蓄冰量要求确定主机及配套水泵、冷却塔运行台数；

4）当蓄冰量达到设定值时自动停止蓄冰运行，或者到控制系统设定的制冰运行时间计划终点时，停止蓄冰运行（由乙二醇溶液流量和其进、出蓄冰设备温度积分计算蓄冰设备蓄冰量，也可以采用蓄冰设备内配置的冰量传感器计量蓄冰量）。

（2）根据负荷预测制定供冷策略，并根据蓄冰设备剩余冰量修正供冷策略。

（3）主机供冷工况控制

1）中央控制系统通过通信接口发送信号（或乙二醇溶液出口温度设定值）将双工况主机工况切换到供冷工况；

2）将工况转换阀门V1～V4转换到双工况主机供冷工况状态；

3）根据冷负荷要求确定主机及配套水泵、冷却塔运行台数；

4）调节主机出水温度以控制二次水出水温度为设定值。

（4）融冰供冷工况控制

1）将工况转换阀门V1～V4转换到融冰供冷工况状态；

2）调节乙二醇溶液循环泵转速以控制二次水出水温度为设定值；

3）当乙二醇溶液循环泵转速达到最低允许转速后，调节V1开度以控制二次水出水温度为设定值。

（5）联合供冷工况控制

1）中央控制系统通过通信接口发送信号（或乙二醇溶液出口温度设定值）将双工况主机工况切换到供冷工况；

2）将工况转换阀门V1～V4转换到联合供冷工况状态；

3）根据供冷策略确定主机及配套水泵、冷

却塔运行台数；

4）调节V1、V2开度以控制二次水出水温度为设定值。

（6）负荷侧设备运行控制

1）根据供冷策略确定基载主机和供冷换热器启停和运行台数；

2）同步调节供冷换热器循环泵和基载主机循环泵转速以满足负荷侧要求，控制逻辑同二级泵变频系统的二级泵变频控制。

6．主机并联内融冰盘管式蓄冰冷源系统，控制原理及控制点设置如图4.7-5所示。

【释义】图4.7-5所示主机并联内融冰盘管式蓄冰冷源系统的主机、乙二醇溶液循环泵、供冷换热器、基载机组、冷水循环泵的控制点数均按一台为例列举；冷却水系统与前述冷源系统相同，不再重复叙述。工程中按设备实际数量配置控制点。

该系统的运行控制分蓄冰、主机供冷、融冰供冷、联合供冷四种工况。四种工况的控制阀状态见表4.7-2。

（1）蓄冰工况控制、供冷策略、主机供冷工况控制与主机上游串联内融冰盘管式蓄冰冷源系统控制相同。

（2）融冰供冷工况控制

1）将工况转换阀门V1～V5转换到融冰供冷工况状态；

2）调节乙二醇溶液循环泵转速以控制二次水出水温度为设定值；

3）当乙二醇溶液循环泵转速达到最低允许转速后，调节V5开度以控制二次水出水温度为设定值。

（3）联合供冷工况控制

1）中央控制系统通过通信接口发送信号（或乙二醇溶液出口温度设定值）将双工况主机工况切换到供冷工况；

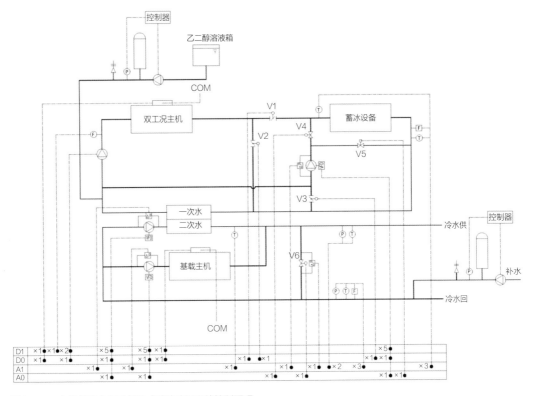

图4.7-5 主机并联内融冰盘管式蓄冰冷源系统控制原理

各工况阀门状态表

表4.7-2

阀门	蓄冰	双工况主机供冷	融冰供冷	联合供冷
V1	开	关	关	关
V2	关	开	关	开
V3	开	关	关	关
V4	关	关	开/调节	调节
V5	关	关	调节	调节

2）将工况转换阀门V1~V5转换到联合供冷工况状态；

3）根据供冷策略确定主机及配套水泵、冷却塔运行台数；

4）调节V4、V5开度以控制二次水出水温度为设定值。

（4）负荷侧设备运行控制与主机上游串联内融冰盘管式蓄冰冷源系统控制相同。

7. 并联水蓄冷冷源系统，控制原理及控制

点设置如图4.7-6所示。

【释义】图4.7-6所示并联水蓄冷冷源系统的蓄冷主机、蓄冷主机冷水循环泵、基载机组、基载机组冷水循环泵、二级冷水循环泵的控制点数均按一台为例列举；冷却水系统与前述冷源系统相同，不再重复叙述。工程中按设备实际数量配置控制点。

该系统的运行控制分蓄冷+基载主机供冷、主机供冷、蓄冷水罐供冷、联合供冷四种工况。

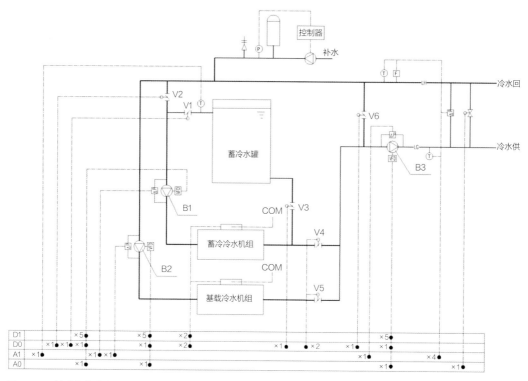

图4.7-6　并联水蓄冷冷源系统控制原理

各工况阀门状态表

表4.7-3

阀门	蓄冷+基载主机供冷	主机供冷	蓄冷水罐供冷	联合供冷
V1	开	关	开	开
V2	关	开	关	开
V3	开	关	开	开
V4	关	开/关	关	开/关
V5	开	开/关	关	开/关
V6	开	开	关	关

注：V4、V5开关状态与对应冷水机组启停连锁。

四种工况的控制阀状态见表4.7-3。

（1）水泵扬程、转速设定

1）B1额定扬程按蓄冷循环流程设计计算阻力确定，B2额定扬程按V6两端压差为零时基载冷水机组流程设计计算阻力确定，B3额定扬程按负荷侧系统设计计算阻力+蓄冷水罐设计计算阻力确定；

2）蓄冷+基载主机供冷工况下，B1、B2按额定转速运行；

3）蓄冷主机供冷工况下，B1按额定流量、扬程为其额定扬程减去蓄冷水罐阻力对应的转速运行；

4）联合供冷工况下，B1按额定流量、扬程为其额定扬程减去两倍蓄冷水罐阻力对应的转速运行，B2按额定流量、扬程为其额定扬程减去蓄冷水罐阻力对应的转速运行。

（2）蓄冷+基载主机供冷工况控制

1）将工况转换阀门V1～V6转换到蓄冷+基载主机供冷工况状态；

2）中央控制系统通过通信接口发送信号将蓄冷冷水机组冷水出水温度设定为蓄冷工况冷水温度，将水泵转速设定为该工况转速；

3）当蓄冷水罐出水温度达到设定值或控制系统设定的蓄冷运行时间计划终点时，停止蓄冷运行；

4）B3转速控制方法与二级泵冷源系统的按二级泵转速控制方法相同。

（3）主机供冷工况控制

1）根据供冷策略确定供冷冷水机组运行台数，并将工况转换阀门V1～V6转换到主机供冷工况状态；

2）中央控制系统通过通信接口发送信号将蓄冷冷水机组冷水出水温度设定为供冷工况冷水温度，将水泵转速设定为该工况转速；

3）B3转速控制方法与二级泵冷源系统中的二级泵转速控制方法相同。

（4）蓄冷水罐供冷工况控制

1）将工况转换阀门V1～V6转换到蓄冷水罐供冷工况状态；

2）B3转速控制方法与二级泵冷源系统中的二级泵转速控制方法相同。

（5）联合供冷工况控制

1）根据供冷策略确定供冷冷水机组运行台数，并将工况转换阀门V1～V6转换到联合供冷工况状态；

2）中央控制系统通过通信接口发送信号将蓄冷冷水机组冷水出水温度设定为供冷工况冷水温度，将水泵转速设定为该工况转速；

3）B3转速控制方法与二级泵冷源系统中的二级泵转速控制方法相同。

8. 全空气空调系统常服务于高大空间，与风-水系统相比，全空气系统可在过渡季室外温湿度适宜时改变新风比运行，尽可能使用室外免费冷量，并提高室内空气质量。常见的全空气系统是一次回风定风量空调系统，其控制点位及控制策略如图4.7-7所示。

【释义】（1）图4.7-7所示一次回风空调系统涵盖了常用功能配置，工程中应按实际情况进行

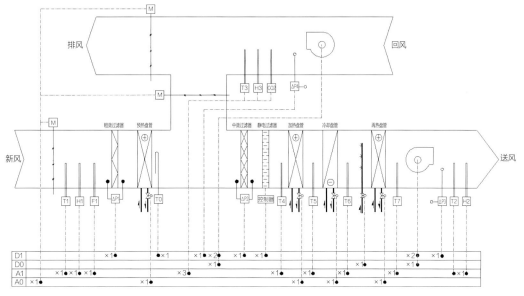

图4.7-7 一次回风定风量空调系统控制原理

选取或增补，确定控制方案和控制点位。

（2）防冻保护控制。冬季设计工况下，混风温度低于0℃时，应设置防冻保护控制。

1）风机停止时关闭新风和排风电动风阀。

2）加热盘管防冻控制与新风空调系统相同。

（3）定风量系统调节控制

1）供冷工况：当未设置再热盘管时，调节冷却盘管冷水管路电动阀开度以控制回风温度或典型房间温度（当回风不能正确反映空调系统服务区域温度时，应采用典型房间温度作为调节依据，此时应将回风温湿度传感信号改为典型房间温湿度传感信号）为设定值。

当房间湿度要求严格、设置再热盘管时，调节冷却盘管冷水管路电动阀开度以控制送风露点温度为设定值。调节再热盘管热水管路电动阀开度以控制回风或典型房间温度为设定值。

2）过渡季工况：具备加大新风量条件的系统，当室外空气焓值低于回风空气焓值时使新风和排风阀门开度最大、回风阀门开度最小，采用最大新风量。直至采用最大新风量回风温度或典型房间温度低于设定值时，调节新风、回风、排风阀开度以控制回风温度或典型房间温度为设定值。

3）供热工况：不设置预热盘管时，调节加热盘管水路电动阀以控制回风或典型房间温度为设定值。设置预热盘管时，若新风进风温度不低于0℃时，首先调节预热盘管水路电动调节阀以控制回风或典型房间温度为设定值；当预热盘管水路电动阀全开时调节加热盘管水路电动阀以控制回风或典型房间温度为设定值。当新风进风温度低于0℃时，保持预热盘管水路电动阀全开，调节加热盘管水路电动阀以控制回风或典型房间温度为设定值。

设置加湿器时，控制加湿器水路阀门开关以控制回风或典型房间相对湿度为设定值。

4）冬季新风供冷工况：调节新风、回风、排风比例以控制回风或典型房间温度为设定值。

5）新风量控制

夏季供冷工况和冬季供热工况下，调节新风、回风、排风阀门开度以控制回风或典型房间CO_2浓度为设定值。过渡季节工况和冬季新风供冷工况不控制CO_2浓度。

6）报警要求与新风空调系统相同。

9. 条件有保证时，暖通空调控制系统宜采用群智能控制系统。群智能控制系统的设计，宜与建筑设计同步进行。

【释义】群智能控制系统是一种新型的建筑智能化系统，以分布式、扁平化、无中心的建筑智能化网络平台为基础，配置保障网络系统运行的设备、电力及传感器、执行器等附件，实现对建筑的智能化调控和管理。区别于目前应用最广泛的楼宇自控系统，群智能控制系统没有集中的控制处理中心，机电设备均采用分布式控制处理系统。需要纳入智能化控制系统的房间配有智能处理节点（CPN），CPN是具有运算、控制和信息交换能力的信息处理单元设备，房间内的机电设备控制由该CPN完成。冷热源设备、空调机组、新风机组、风机等机电设备也分别配置CPN，由CPN完成对该设备的控制调节。按照服务对象的不同，CPN分为建筑空间智能处理节点CPN-A和源设备智能处理节点CPN-B两大类。建筑内所有的CPN相互连接，就构成了智能处理节点网络（CPN网络）。网络节点上的CPN之间可进行信息交互和协作。以智能处理节点网络为平台构成了分布式、扁平化、无中央控制器的建筑智能化控制网络系统。

图4.7-8是群智能控制系统的拓扑结构示意图，图中每一个节点代表一个智能处理节点（CPN），任一节点都可以是CPN-A，对建筑空间单元中的机电设备进行控制；也可以是CPN-B，

对源设备及其附件进行控制。网络系统里没有集中的处理设备，如掌握建筑的整体情况，可使用电脑或手机通过接入建筑内任一台CPN，运用运行管理软件对建筑内的所有受控设备和参数进行监控和管理。

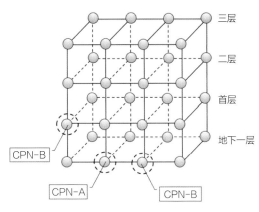

图4.7-8 群智能控制系统的拓扑结构示意

采用群智能控制系统时，涉及空间单元与智能设备单元的划分，因此与建筑房间的分隔以及暖通空调系统的具体布置和单元的拓扑关系密切相关。因此，群智能系统的设计应与建筑各专业的设计同步配合进行，对于保证系统的最优化是非常重要的。

4.7.2
运行调适

1. 暖通空调系统应进行系统调适，以优化系统运行能效。

【释义】根据《建筑节能基本术语标准》GB/T 51140—2015，"用能系统调适"是指通过设计、施工、验收和运行维护阶段的全过程管理，保证建筑能够按照设计和用户要求，实现安全、高效运行的工作程序和方法。根据《绿色建筑运行维护技术规范》JGJ/T 391—2016，"综合效能调适"

是指通过对建筑设备系统的调试验证、性能测试验证、季节性工况验证和综合效果验收，使系统满足不同符合工况和用户使用的需求。从上述几种术语可见，用能系统调适不仅是施工安装完毕后的调试，而且贯穿了设计、施工、验收和运行维护阶段的全过程；不仅针对系统无生产负荷状态，而且需要满足不同负荷工况和使用需求。

调适工作是在现有系统框架下可以最大限度挖掘人为节能、设施节能潜力的工作之一，也是为既有项目经过较小的调整可以提高运行能效的有效措施之一。

在设计阶段，通过模拟、计算、分析，为系统设计、设备选型、水力平衡、气流组织、噪声控制等提供量化、有效的技术支持、优化设计方案，为运行维护提供良好的前提条件。在施工安装阶段，保证设备采购、施工安装符合设计要求，设备安装后性能的核查和验证，设备系统与自控系统的匹配，及各系统的调试，确保各系统、设备正常工作。在运行阶段，针对不同工况和场景，通过现场调研、测试，得到该系统实际运行特性及能耗状况，优化系统运行，使之与使用需求匹配，并确定最优的运行策略，使设备处于高效运行区间，降低运行能耗，延长设备寿命。

即使是新近建成的项目也不乏出现系统运行大幅度偏离设计值的现象，节能措施并没有起到应有的作用。常出现竣工时未经过整体调适、自动控制系统未有效投用、运行阶段各输配系统阻力值偏差超过规范要求以及设备设施不能在设计高效点运行等工程问题。这些问题将大幅度降低设计文件中明确的节能率，降低系统综合能效。在不同季节、不同负荷区间，没有进行整体系统适应性调控、系统寻优运行的项目，其在运行中全年能效值将大幅度低于经过合理调适的项目。

调适工作应基于设计文件，以各系统设备设

施高效适配为基本原则，通过合理适宜的技术方案、专业的工作团队，采用符合精度要求的仪器仪表，进行单机调试、联合调试、整体调试等步骤，最终达到或优于系统运行能效指标要求。

调适工作通常采用以下步骤：调试、数据核实、排查、调整与改进、再调试、满足设施性能、使用要求、记录标识。以上过程循环往复式分多个层级进行。具体工作内容可参照《公共建筑机电系统调适技术导则》T/CECS 764—2020及各专业规范中相关内容。

可根据需要采用以下技术措施：

（1）冷热源机房：核查机房内设备设施、控制阀门、变频装置等是否满足设计性能要求，是否有优化改进的可能。

（2）设备安装、管路连接、仪表部件是否安装得宜。

（3）系统严密性、管路耐腐蚀性核查。

（4）系统水力平衡、管网输配系统调适。

（5）自动控制系统、阀门、仪表、控制点位的设置是否合理，传感器、执行器、变频控制器的设置是否满足系统高效运行的需求。

（6）运行数据、调控措施是否满足节能设计要求。

（7）各季节、季节转换期及变负荷运行中系统适应性调控，作为自动控制系统寻优运行的数字调控依据。

（8）蓄能系统：对于实行稳定峰谷电价差的地区，按照常规的节费系统运行策略进行调适。当实行竞争性电价时，应结合大数据进行全年运行电价与波动性电价耦合的前馈调节方式，同时设定值可根据电价预测与运行费用进行寻优调控。当蓄能系统作为项目柔性负载的一部分，有错峰消纳可再生能源发电量的作用时，应进行全年光伏发电消纳曲线模拟、空调动态负荷模拟，根据全年用电量曲线及运行电费曲线进行错峰、消纳，优化系统运行策略。

（9）末端系统：优先根据《民用建筑供暖通风与空气调节设计规范》GB 50736—2012中室内Ⅱ类温湿度标准，以不降低室内热舒适度为前提，在系统水力平衡措施有效的情况下，可进行水系统的质调节和量调节。当末端设备性能相适宜时，在部分负荷运行时段可提高（或降低）供水温度1~3℃，或加大水系统温差1~2℃运行。

（10）调适中应有数据记录及分析寻优的过程，同时结合运行中末端设备及室内设计参数的测试数据，对能源侧、输配管网侧进行综合评测，未达到既定标准要求的应重新诊断分析，必要时进行基础设施的整改。

2. 设计人员应了解基本的系统调适工作内容，设计阶段应做好条件预留。

【释义】当前，不同建筑的暖通空调系统综合能效比相差很大。许多建筑的暖通空调系统处于低能效运行水平。解决暖通空调系统综合能效偏低的问题，对运行系统的能效调适是一个重要的解决办法。进行调适工作时，可参照《公共建筑机电系统调适技术导则》T/CECS 764—2020推进调适工作。通常空调通风管道会产生一定的漏风量，这样将损失相应的冷热量，应采取可靠的方式，尽量减少输送过程中的漏风，通过系统调适可以发现问题及时处理。

不同建筑的暖通空调系统具有不同的设计侧重点。针对系统自身特点和系统类型，采用不同的调适策略。

调适应细化性能指标：根据暖通空调系统的具体形式和条件，可包括室内温湿度目标及控制偏差要求、室内噪声、特殊区域风速、特殊场所压差要求、室内$PM_{2.5}$浓度、室内CO_2浓度、车库内CO浓度、冷热源能效指标、水系统静态及动态平衡调试指标、风系统平衡调试指标、系统实际运行性能指标、控制系统动态响应时间及稳定性指标等。

调适的设备可包括冷水（热泵）机组、冷水泵、冷却水泵及冷却塔等冷源及配套设备；锅炉、换热器及热水泵等热源及配套设备；组合式空调机组、新风机组、风机盘管，通风机及变风量末端装置，散热器等末端及配套设备；多联机室外机、室内机等。

调适的系统可包括供暖热水系统、冷水系统、冷却水系统、定压补水系统等水系统；全空气定风量系统、全空气变风量系统、新风加风机盘管系统、送排风系统等风系统；多联机空调系统；与供暖、通风、空调系统相关的建筑设备监控系统等。

设计人员了解一定的调适工作内容及流程，有利于在设计中为系统调适及运行维护创造条件，如必要的水力平衡阀门设置、测试孔位置、调适操作空间等，需要在设计阶段进行预留。

3. 对暖通空调风系统、水系统应进行调适，使之符合设计要求。

【释义】长期以来，暖通空调系统在实际运行中普遍存在水力失调问题。由于水力失调导致系统流量分配不合理，造成部分区域冬季不热、夏季不冷的情况，为了解决这个问题，通常简单采用加大流量的做法，不仅影响室内环境的舒适性，而且导致空调系统能耗增加。因此，通过调适解决水力失衡问题是提高暖通空调系统舒适性和节能的关键。

水系统平衡调适分为静态平衡调适和动态平衡调适。静态平衡应在动态平衡前完成，保证末端调节能力。通过调节手动阀门和自动控制阀门，匹配能量供给与负荷需求，保证运行效果和可调性。对于具有多种类型阀门的系统，需注意在静态平衡调适前进行阀门检查、初始化和参数预设。风系统调适主要包括风量平衡及室内温湿度参数调适。

4. 在设备单机调适之后，应进行暖通空调设备、系统的联合调适，综合匹配各设备的运行参数，使系统运行处于最优状态。

【释义】暖通空调系统通常由冷热源、循环水泵、输配管网、末端设备组成，系统包含设备较多，耦合性强，单台设备调适后满足设计要求，并不代表系统能够运行在最优状态。如冷却塔风机变频调节，可降低冷却塔能耗，但冷却水温度上升，会导致冷水机组效率下降，故需要综合考虑寻求系统最优运行状态。因此，应进行整个系统的联合调适，保证系统综合能效处于最优、最节能的运行状态。

5. 暖通空调系统应分季节调适，包括制冷季、供暖季和过渡季，根据不同工况进行运行参数和控制策略的优化调适。

【释义】暖通空调系统运行存在季节性，不同季节室外条件、室内设定参数、设备性能、控制策略等均有较大差别，因此系统应进行季节性调适，满足全年不同季节运行时系统的正常、节能运行。当室外条件适宜时，尽量使用室外冷量，减少制冷能耗，如冷却塔供冷、过渡季新风供冷，夜间通风预冷等。

6. 设计中应为设备及管路的安装、调适、运行维护创造条件，方便后期进行相应工作。

【释义】暖通空调设备及管路均需要定期维护，随着使用时间的增加，如换热器（包括冷水机组蒸发器、冷凝器）、冷却塔填料等均有可能出现结垢、堵塞的状况，影响设备的运行效率，严重时会影响设备的正常使用；空气过滤器也随着使用阻力日渐增加，这些都需要定期清理、检修、更换等，在设计时应预留合理的操作空间，避免因无法维护或维护困难而增加无谓的能耗；经常需要清理、更换的设备及配件还需要为拆卸预留条件。

4.7.3
智慧运维

1. 设置智慧化低碳运维平台，对设备运行状态、综合能耗、碳排放等数据进行记录与分析。

【释义】建筑内各类设备数量繁多，设备越多，维护管理难度越大。仅靠人力难以完成对各设备运行状态的监督、根据现场情况对设备进行实时调控，更难以实现设备的高效运行。因此，应设置智慧化低碳运维平台，实时监控设备的运行状态，并对各设备、系统的能耗进行统计、分析、诊断，并提供碳排放数据。

2. 智慧化低碳运维平台应具备设备运行状态监测与控制、基于运行数据的分析和诊断、能耗监测与评价、提供碳排放数据等功能。

【释义】智慧化低碳运维平台应具备的功能至少包括：①设备状态监测：对系统内各个设备状态进行监测，根据事先设定设备巡检、维修维护计划，对需要人力干预的维护、维修及时进行提醒，保障设备正常、高效运行，减少设备故障发生次数；②设备运行控制：根据现场情况及设定的运行策略，对设备进行实时控制，实现各设备的运行控制目标；③能耗状况监测：对电、水、热、气等能源消耗状况和主要用能系统能耗进行全面监测，并基于运行数据对设备、系统进行评价和诊断，挖掘节能潜力空间，优化运行策略，为管理节能和技术节能提供数据支撑，提升能源效率管理水平；④提供碳排放数据。

4.8
创新设计

4.8.1
装配设计

1. 暖通空调系统设计中有条件时应选用模块化设备单元，以减少机房占地，缩短施工周期，降低设备安装带来的碳排放。

【释义】模块化设备单元即设备与管线的集成，较熟悉的模块化设备单元即换热机组，根据集成化程度不同，一般包含换热器、循环泵、定压罐、补水泵极其连接管路和阀门等。随着集成化的发展，出现了集装箱式制冷机房，多用于既有建筑改造，可整体运输直接安装于室外地面或屋面，现场只需连接机房到单体建筑入口的管线即可投入使用，大大减少现场施工周期。

2. 当室内精装设计中选用机电组合式一体室内末端时应避免灯具散热对空调的影响。

【释义】随着装配式的普及与推广，室内精装设计常将风口、灯具、喷淋、烟感等末端集成，尤其是将灯具与送风口集成，当采用灯具式风口时，为了防止灯具散热对夏季送风进行加热而导致的能量损失，应对散热设备及部件采取相应的保温措施。

3. 在条件允许时采用结构与管线分离设计，便于后期维护与更换。

【释义】暖通空调系统的管线种类繁多，主要管线占用安装空间大，支管较多。管线应优先采用竖井设置的竖向系统，水平方向管线成排、紧凑布置，以支持管线综合和支吊架安装，管道井内预留成品风管安装空间。独立分体式空调室外机的安装应与建筑进行一体化设计，保证室外机空间充足、安装便利、通风良好。穿墙孔应统一设计并预留，采用专用套管并做好密封。

4.8.2
BIM设计

1. BIM设计可以将各个专业设计信息进行整合，利用信息模型更好地进行暖通空调系统优化和运行模拟，实现建筑全生命期碳排放优化设计和运行管理，最终实现性能化和精细化设计目标。

【释义】BIM模型不仅能实现管线综合，优化空间利用，还可以根据需要进行信息整合与提取利用。众所周知，暖通空调系统运行是一个不断实时调节的动态过程，而这个过程与建筑围护结构、室外气候条件、人员使用习惯等诸多因素有关，利用BIM模型，可以将本专业及与之相关的其他专业信息纳入，使模拟参数与设计参数完全吻合，避免人为参数设置。BIM模型的建立，既包括几何与空间信息又包括对能耗及碳排放有影响的非几何信息，如建筑空间功能与使用方式、建筑围护结构的热工性能、使用空间人数、照明设置、空调设备性能参数等。使用BIM模型进行设计工作，可以实现对参数的提取与应用，如冷热负荷计算、设备选型、系统构建与优化、系统水力计算以及设计文件的输出等。

BIM模型汇集全专业信息，通过信息模型可以轻松进行建材种类及用量的统计，为建筑全生命期碳排放计算提供基础数据。未来，随着软件的不断升级更新，BIM信息模型如果可以用于其他模拟软件或自身增加相关功能模块，则可提高建筑性能模拟的准确度和速度，为性能化和精细化设计提供强有力的支撑。

2. 将建筑信息模型在暖通空调领域的应用扩展到低碳化性能分析、提取专项分析模型，将有助于暖通空调系统实现自身全生命期的低碳化。

【释义】BIM设计应用有利于将各专业设计信息进行整合，还可根据需要进行信息整合与提取利用，大幅提高设计工作效率，提升建造精度和管理效率。而暖通空调系统低碳化设计是一个不断优化的调节过程，将BIM设计扩展到低碳化性能分析维度，可有效发挥BIM的设计应用优势，为暖通空调系统低碳化设计提供助力。

BIM低碳化性能设计具备对影响碳排放的主要暖通空调设备和材料量化统计功能，包括设计维度的数据统计及指标参数。BIM模型的信息深度和模型单元划分可以按系统或建筑功能空间进行设备和材料清单统计，提取主要材料碳排放量表，为暖通空调系统设计方案比选、方案优化提供依据。同时有利于设计师根据项目需求，对BIM开展材料碳排放量的深化设计工作，形成材料碳排放量清单；对BIM模型进行材料碳排放量控制属性反算，开展多算对比分析和辅助设计工作。

BIM模型应用于低碳化性能设计对暖通空调系统运行碳排放分析有很大帮助，运行分析可以与暖通设计各阶段模型的数据交互并同步，不需要另建模型。模型基础数据源包括适应性良好的建筑工程信息模型和环境数据，如气象数据、建筑空间功能与使用方式、建筑围护结构热工性能、使用空间人数、照明设置、空调设备性能参数等及其他分析所需数据。有利于设计师获得暖通空调系统各单项分析数据，对数据进行权重分析，综合各项结果调整参数并进行评估，确定暖通空调系统运行碳排放最佳平衡点；根据分析结果，优化设计方案，选择能够最大化降低暖通空调系统运行碳排放的方案。

专项分析模型的深度能够体现暖通空调系统的设备材料类型、位置等基本信息。专项分析报告可以体现建筑模型图像、软件情况、分析背景、分析方法、输入条件、分析数据结果以及对设计方案的对比说明等。

4.8.3
融合设计

1. 与建筑的融合设计

（1）机房、管井及管线敷设路由的合理设置是低碳输配的前提，设计中需与建筑积极协调，确定合理的位置。

【释义】暖通机房种类繁杂，有冷热源机房、空调机房、新风机房、消防用的排烟机房、加压（补风）机房等，这些机房分散布置在不同的区域，根据服务功能及使用要求的不同，需要按楼层、按防火分区等分别设置。机房的设置尽可能处于服务功能的中心，以减少管线长度，降低输配能耗。

（2）冷热源机房设计需与建筑专业协调合理的机房位置及净高，遵循靠近空调冷热负荷中心、利于系统水力平衡、具备安全易维护的低碳设计原则。

【释义】机房位置靠近负荷中心，尤其是多楼栋的园区冷热源机房，有利于降低整个系统的输配能耗，利于低碳运行；同时机房靠近负荷中心，为水系统天然平衡创造了有利条件。冷热源机房内或贴临设置值班室、控制室、配电室等辅助用房，为日常维护管理提供便捷；机房的安全设置原则包括制冷剂和蒸汽的泄压，出现泄漏时的事故通风，严寒和寒冷地区机房内设备及管道的防冻措施等。为方便后期维护管理及设备或附配件更换，大型设备需预留进出机房的路由，安

装空间之外应具备一定操作及检修空间。

锅炉房的设置首先符合防火、防爆的安全设计要求，其次根据锅炉所需动力源种类（煤、油、气、电）及来源确定相应碳排放因子，并按现行规范的要求进行相应设计配合。

（3）暖通空调系统设计与建筑协调，将室内设计要求相同或相近的功能设置于同一区域，按室内温度、相对湿度、洁净度的要求梯度合理布置建筑空间及功能分布。

【释义】相同功能房间相邻布置、如办公区、会议区各自布置、如餐厅与厨房及其他功能区的气流组织关系；按洁净度等级要求布置，进行压力梯度控制等。

（4）暖通空调系统设计根据建筑所处不同地域的气候条件，选用气候适应性资源利用时，涉及建筑外观、建筑景观等应提前与建筑专业做好配合与协调，以利于系统运行。

【释义】在"双碳"目标下，尤其是化石能源作为热源的电气化替代过程中，空气源热泵的使用会越来越多，空气源热泵的位置除遵循冷热源机房设置原则外，还需考虑热泵所设位置的气流流通情况、设备荷载、噪声影响、排水措施以及防冻等要求。

气候适应性资源利用多与建筑专业直接相关，故需要将配合工作前置，在建筑方案创作阶段即融入设计要求，以更好地满足需求兼顾建筑美观。

图4.8-1为某办公楼多联机空调室外机位置及排风百页，从左到右依次是室外机平面位置、立面百页形式、剖面示意；图4.8-2多联机空调室外机排风百叶区温度分布对比分析图，从左到右依次是每层设空调机位（33个）、隔1层设空调机位（16个）、隔2层设空调机位（11个）、隔3层设空调机位（8个），由排风口处温度分布可以看出，室外机每层设置，连续运行后出现排风口处

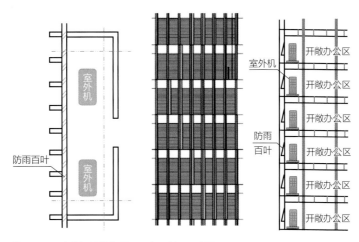

图4.8-1　室外机设置位置平、立、剖面示意图

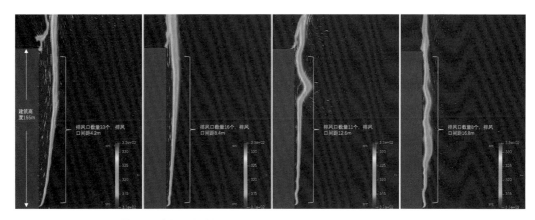

图4.8-2　室外机设置对排风区温度的影响对比

大范围温度过高，对机组运行效率有影响。

（5）对开敞、半开敞室外功能空间，暖通空调系统设计中可根据建筑使用功能定位选择适宜的局部降温、保暖措施，不建议采用全室性或大范围的供暖或空调措施。

【释义】工程项目中常见有大量室外（指有盖无其他围护措施）或半室外活动（指有盖且有两边）空间，通过模拟等技术分析，采用增强自然通风、增设机械通风、采用临时隔断、遮阳等措施提高舒适度。根据功能需求，也可在人员活动区设置局部供暖或空调措施等。

图4.8-3为某机场项目GTC半室外走廊冬、夏季在不同措施下各区域的舒适度空间分布图。通过模拟对比分析，确定不同策略下半室外空间舒适度区域分布，结合投资与施工难易，明确项目可采取的技术措施。

图4.8-4显示，对于夏季典型周下午最热时段，应用被动式策略（蓄水屋面、通风）后平均体感温度不高于31.7℃；主动式措施（局部制冷）保证了局部空间平均体感温度不高于30℃，并且确保周围空间的温度也不高于31.5℃。对于夏季极端周下午最热时段，被动式策略难以将体感温度维持在30℃附近；主动式措施在0.0m标高层可将各区域维持在不高于30℃，而在8.4m

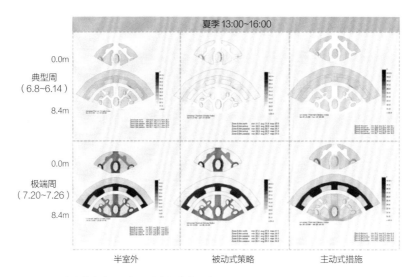

图4.8-3　半室外走廊夏季舒适度空间分布示意图

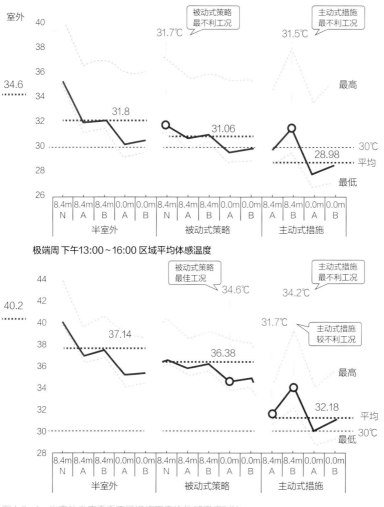

图4.8-4　半室外走廊夏季不同措施下平均体感温度对比

标高层只能保证局部空间的体感温度维持在30~31℃，周围空间体感温度难以保证。

图4.8-5和图4.8-6显示，对于冬季典型周夜间最冷时段，应用被动式策略（蓄水屋面、防风）后平均体感温度不低于6.7℃；主动式措施（局部供暖）保证了各区域平均体感温度均不低于9.5℃。对于冬季极端周夜间最冷时段，被动式策略难以将体感温度维持在9℃附近；主动式措施在0.0m标高层可将各区域平均体感温度维持在不低于8.3℃，而在8.4m标高层只能保证局部空间的平均体感温度维持在9℃以上，周围空间体感温度则降至7.3℃。

（6）充分利用自然通风降低运行碳排放，窗户的开启形式及位置符合自然通风季节的风向、风速要求，明确自然通风与暖通空调系统运行策略。

【释义】自然通风的设计需考虑开窗季节室外微气候环境中风向、风速对室内气流流向的影响，尤其是周边有其他建筑物时，室外微气候环境会发生变化，即与当地气候条件存在不同，此时的开窗设计必须经过室内外风环境模拟验算。

图4.8-7和图4.8-8为某高尔夫会所改造项目中建筑室外风环境及人行区风速模拟结果，通过模拟分析迎风面风压、建筑周边最大风速，确定自然通风开窗位置。

图4.8-9显示，通过室内自然通风的模拟分析，室内整体自然通风效果非常好，只有角部独立房间相对差一些。自然通风对室内空气龄的模拟显示均满足要求，多数在800s以下；图4.8-10室内温度分布图显示除角部独立房间外室温均在26℃以下，满足舒适度要求。

（7）过渡性高大空间如通高门厅、大堂、中庭等区域，利用风压、热压作用进行通风降温的同时要避免冬季热气浮升引起的温度梯度过大，需与建筑协调，必要时采取相应措施。

【释义】以下案例为某酒店大堂自然通风模拟，根据原有建筑外门及外窗开启形式，设计三个对比方案，分别是：

Case0——北侧设外门；

Case1——北侧外门上部增设高窗，南侧仅增加高窗；

Case2——在Case1基础上，南侧同时增加外门。

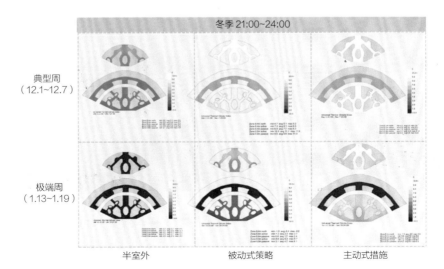

图4.8-5 半室外走廊冬季舒适度空间分布示意图

典型周 夜间21:00~24:00 区域平均体感温度

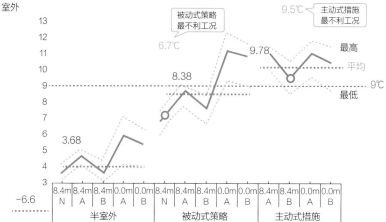

极端周 夜间21:00~24:00 区域平均体感温度

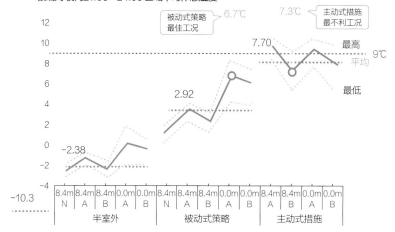

图4.8-6 半室外走廊冬季不同措施下平均体感温度对比

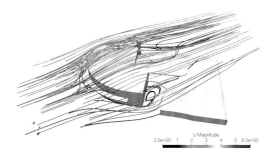

图4.8-7 建筑周边风环境轨迹图

图4.8-8 建筑周边人行区风速分布图

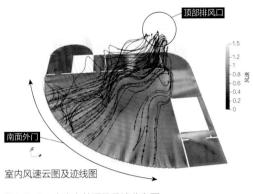

图4.8-9 室内自然通风风速分布图

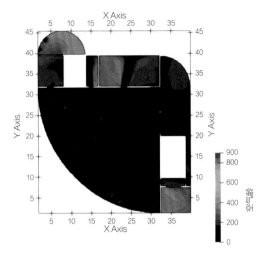

图4.8-10～图4.8-12显示，在典型工况下，Case0室内气温普遍会超过26℃，大堂顶部会有热量堆积；Case1在增加开启扇情况下，室内温度大部分区域均低于26℃，且室内有0.5m/s左右的微风；Case2平均温度最多可下降1℃，考虑到风的作用，体感温度可降低2℃左右；Case0相对于Case1、Case2的改善程度较小。

对某大学图信楼项目捕风塔设置对室内通风效果的影响分析，结果发现不同捕风塔形式对室内通风有较大影响，图4.8-13和图4.8-14分别展示了两种不同形式的捕风塔对室内风速、温度场的影响，说明捕风塔对中庭空间通风具有一定的加强作用，同时作用的大小与室内热压和风压有关。

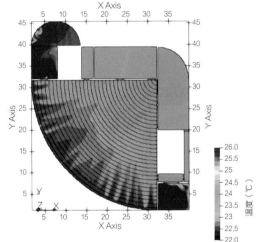

图4.8-10 室内自然通风空气龄、温度分布图

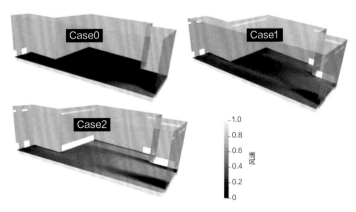

图4.8-11 某酒店大堂不同开窗形式室内通风风速云图

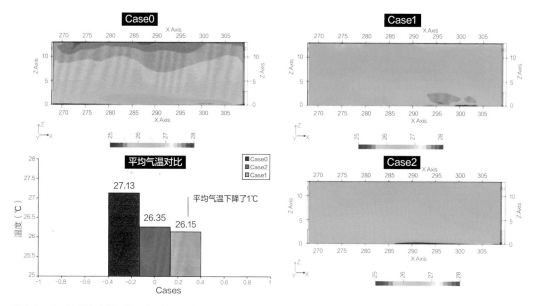

图4.8-12　某酒店大堂不同开窗形式通风模拟温度对比

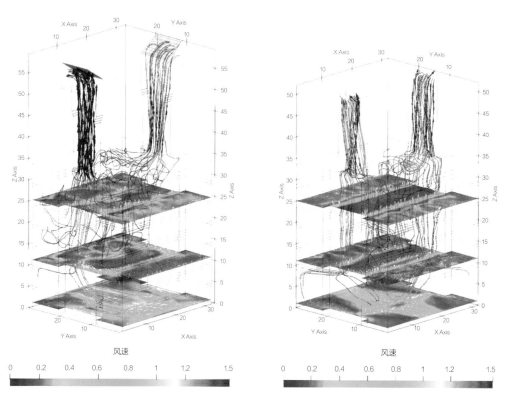

图4.8-13　某大学图信楼项目不同捕风塔形式室内风速对比图

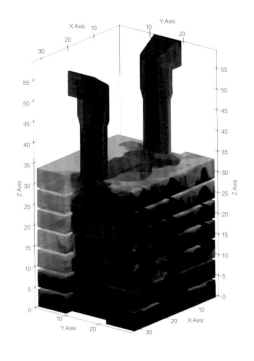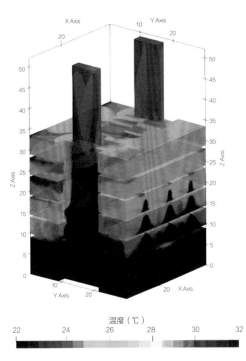

温度（℃）

22　　24　　26　　28　　30　　32

图4.8-14　某大学图信楼项目不同捕风塔形式过渡季节典型日温度对比图

2. 与结构融合设计

（1）暖通专业与结构专业在设计上的配合主要体现在楼板、剪力墙预留洞口、大型设备运输通道、吊装孔设置以及设备荷载等。

【释义】避免后期剔凿及结构加固是低碳设计的首要前提，暖通专业风管大，后期开洞对结构影响较大，尤其是核心筒等结构敏感部位，需要在机房位置选择、路由规划时提前沟通确定，避免后期无法达成一致导致的设计修改或现场返工。此外，制冷机等大型设备的体积大、荷载重，若机房不设在最底层，则对结构计算影响较大，并且大型设备不仅有初次安装的运输问题，还有后期更换时新旧设备进出问题，均需要在设计之初预留好相应的通路。

（2）合理选择设备基础形式降低结构荷载，减少碳排放。

【释义】暖通设备自身较重，若采用混凝土基础则结构荷载较大，尤其是设于屋面的空气源热泵机组、直膨式空调/新风机组、变冷媒多联机系统室外机等屋面设备的基础，荷载增加不仅带来建筑结构本体用材的增加，同时不同基础形式本身也增加了建材及建造过程的碳排放。

举例分析，一台送风量20000m³/h的整体式直膨空调机组，外形尺寸2700mm×2150mm×1800mm（H），机组运行质量1660kg。按通常最简单方法预留混凝土基础平面尺寸为2900mm×2350mm，最小高出建筑做法100mm，加上屋面保温、防水等做法后，混凝土基础高出结构板至少300mm，混凝土密度约2500kg/m³，则混凝土基础荷载约5111kg，若采用条形基础，如图4.8-15所示则其荷载约为1958kg。对于钢结构基础，此设备基础采用14号槽钢，做法详见图4.8-16，14号槽钢按16.7kg/m计算，荷载约为25kg。案例机组及基础选型参照上海泰恩特环境

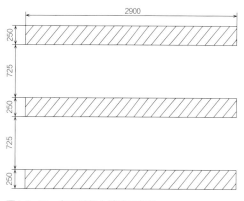

图4.8-15 条形混凝土基础示意图

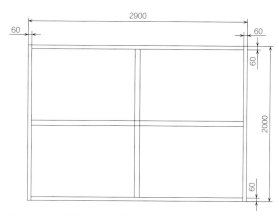

图4.8-16 槽钢基础示意图

有限公司提供技术资料。

根据《建筑碳排放计算标准》GB/T 51366—2019附录D，选取混凝土的碳排放因子295kgCO₂e/m³（C30混凝土），钢材碳排放因子按2.05kgCO₂e/kg（普通碳钢市场平均值）。

采用满铺混凝土方形基础计算碳排放量为：

$2.9m×2.35m×0.300m×295kgCO_2e/m^3=603.1kgCO_2e$

采用条形基础（3条300宽）混凝土基础的碳排放量为：

$2.9m×0.3m×0.3m×3×295kgCO_2e/m^3=231.0kgCO_2e$

采用钢结构基础的建材碳排放量为：

$（2.9×3+2×3）m×16.7kg/m×2.05kgCO_2e/kg=50.3kgCO_2e$

由上述示例可以看出，采用钢结构时基础的荷载和碳排放量均最小，若条件允许时建议优先选用钢结构作为设备基础。当设备设置于屋面时，由于涉及屋面防水、保温及设备减震、隔振等要求，确需采用混凝土基础时应优先选用条形混凝土基础以降低结构荷载和碳排放量。

3. 与电气的融合设计

（1）暖通设备运行能耗高，用电量大，根据建筑功能及使用情况合理确定不同季节、不同时段用电设备同时使用情况，以供建筑电气专业确定合理的配电容量及变压器数量，提高变压器负载率。

【释义】暖通空调系统设备用电及运行控制都离不开电气专业，尤其是在"双碳"背景下，化石能源用量大幅消减，未来建筑用能全面电气化以后，暖通的供暖、制冷用能均以电力为主，如何更好地高效用电，需要暖通专业和电气专业共同完成。

暖通专业主要用能时间在夏季制冷和冬季供暖，而这两个季节的用电并非直接相加关系，把用电设备区分为冬季用电、夏季用电，平时用电、消防用电或特殊时段用电，是暖通专业和电气专业融合设计的基础，只有细分用电类型，才能更好地进行针对性匹配设计。

图4.8-17给出了暖通专业用电设备拆解示意图，带括号的部分表示条件允许的情况下冬夏可共用的设备设施。

（2）特大功率用电时，根据项目需求选择高压供电，节省变压器及变压损耗，提高用能效率、降低碳排放。

【释义】项目规模较大时，制冷设备单台装机容量较大，此时选择10kV高压设备有利于降低碳排放。高压冷水机组由于启动电流小，减小了

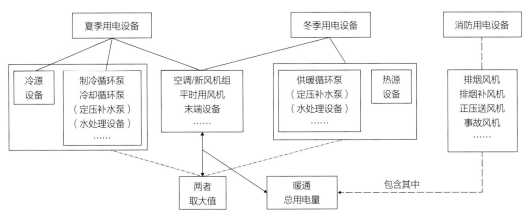

图4.8-17 暖通专业用电设备拆解示意

对电网的冲击，运行更加稳定；同时，运行电流小，电缆损失小，相同容量下COP更高，可节省运行能耗，降低运行碳排放；此外高压冷水机组的使用可减少变压器、低压柜以及输配电缆的数量，节省无用损耗，提高电能利用率。供暖季节，当采用低谷电蓄热时，选择10kV高压电锅炉，同样可降低变压器数量及机房占地。无论制冷还是制热，高压用电均需要提前与电气专业做好前期沟通，以便于各专业机房、市政进出线路由预留以及同供电部门进行上位协调。

（3）制冷机房等大功率用电设备机房与变电室临近布置，缩短电缆输送距离；方案阶段即进行管线路由规划，避免出现不合理输配路径。

【释义】工程项目设计中，由于制冷机房用电需求最大，故变配电室一般临近布置，这种做法极大缩短了电缆输配距离，属于节能又节材。但机房集中布置时，也造成了由于前期缺乏协调导致的管线布置困难，等施工图基本完成进行管线综合时，个别管线不得不"绕行"的情况，这种既浪费管材又使管道敷设不合理的现象，需要在方案阶段初步确定管线大小及路由，以协调机电各专业管线合理路由。

（4）合理的系统控制策略是暖通专业设备及系统运行减碳的重要手段，包括设备启停及转换

控制、安全保护控制、系统运行控制等。

【释义】暖通空调系统设备顺序启停控制主要有冷源系统的启停顺序、热源系统的启停顺序、空气处理机组的启停顺序。设备的安全保护控制包括低水量保护、防冻保护、水系统压力保护以及厂家配备的设备内部安全保护控制等。对常规的启停控制及安全保护控制，无论暖通专业还是电气专业都比较清楚，专业设计公司也具备清晰的控制做法。不同设备及系统的运行控制策略不同，常见设备及系统的控制原理及控制点设置可参照《民用建筑暖通空调设计统一技术措施2022》（中国建筑设计研究院有限公司编著）相关章节。设备及系统的运行控制需跟电气专业共同完成，暖通专业需要把自身需求表达清楚，尤其是多源耦合系统的运行控制，还需要跟电气专业进行有效沟通和探讨，在专业公司介入深化设计时，应由暖通工程师参与其中，使控制系统能切实符合设计需求。在项目投入使用后还应按实际运行工况进行运行调适，使运行工况与设计要求相符，只有合理的运行控制才能做到运行节能降碳。

4. 与给水排水专业融合设计

（1）严寒、寒冷地区建筑内非供暖区域设备管线的防冻设计需根据管道类型及所处环境，选

择合理的防冻措施是低碳设计的重要内容。

【释义】我国北方地区冬季较冷，最冷月平均气温在0℃以下的时间较长，严寒地区平均气温更低。管道内水在非流动状态下极易结冰，从而造成管道堵塞甚至冻裂，管道内水冻结造成阻塞甚至冻裂，破坏管道、阀门等系统组件，尤其是排水管道和消防管道。管道冻裂造成系统不能正常运行影响使用，管道维修也造成巨大损失。

管道防冻一般有以下几种方式：一是保温设计，为了防止管道冻裂，需要根据介质种类及间断流动时间，经计算选择合理的保温材料及保温厚度，以防止管道内介质冻结或延长介质冻结时间，此种方式后期无运行能耗，设计中优先推荐使用。二是提高管道敷设区域的环境温度，根据管道敷设区域功能确定合理的供暖方式。三是加热保温方式，将输送管道向环境中的散热量用加热的办法加以补偿，使输送管道中介质不冻结，常用的有电伴热方式，此种方式需消耗电力，后期运行能耗较高。除第一种防冻措施外，不论是电伴热防冻还是设置供暖措施防冻均需要专业间的配合，只有在设计中相互配合、高度融合、不断优化才能使设计方案更加绿色低碳。

（2）暖通空调机房中的冷热源机房、空调/新风机房等均需要设置供水点及排水点，设计中根据设备布置情况合理确定供水点位及用量，合理确定排水方式及接驳点。

【释义】低碳设计要求精细化、一次到位，应尽量避免设计中甩项以及由此造成的拆改。暖通冷热源机房内设备种类多，由此造成排水点多，一般设计中采用排水沟方式，集中至集水坑后统一提升排除，因此设计中应预先获取集水坑位置，合理确定排水沟走向，避免排水沟过长造成垫层厚度增加或坡度太小排除困难。暖通的空调/新风机房夏季因除湿有凝结水需排除，冬季有加湿需求时需要有自来水或软化水引入，因此，空调/新风机房需进行给水及排水设计。机房位置设置不合理时，将给相关设计工作带来困难，尤其是排水系统，因此设计中需综合考虑机房位置、服务区域以及机房内需求。

（3）暖通管线种类多且尺寸大，通常占用建筑空间较多，设计之初需进行机电各专业管线综合排布，满足建筑功能对净高的要求，同时减少后期管线移位带来的耗材增加。

【释义】暖通管线种类多，有冷热水管、凝结水管、送风管、回风管等，尤其是送回风管道，截面尺寸大、占用建筑空间多，设计中需与其他相关专业协调提前规划合理管线路由，避免后期管线综合时遇到无压排水管道带来修改困难。暖通的管道不仅有梁下的敷设，住宅类建筑还有垫层内的敷设，此时水暖管道交叉较多，尤其是水暖管井附近的管线较为密集，交叉点多，需要做好管线综合布置，避免后期施工过程中管线裸露或剔凿、破坏保温层等。随着BIM设计及装配式建造的实施，管线布置将得到进一步优化，详见相关章节内容。

4.9

设计案例

4.9.1

居住建筑

1. 项目介绍

案例选取北京市某居住建筑，该建筑为新建住宅，地上11层，无地下，建筑总面积约5551m²。供冷期按每年6月14日至8月31日；供暖期按每年11月15日至次年3月15日，该建筑体形系数为0.28，图4.9-1为该居住建筑三维模型图。

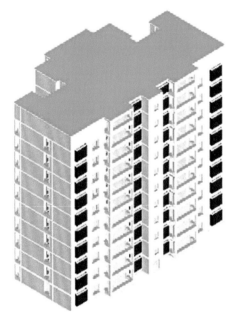

图4.9-1 居住建筑三维模型图

案例位于北京市怀柔区，根据中国建筑气候分区北京属于寒冷地区。模拟所需气象数据选自《民用建筑供暖通风与空气调节设计规范》GB 50736—2012。

2. 方案比选

本案例整体布局集中，项目周边有市政基础条件，可以采用集中供热、供生活热水等形式，比选方案热源设置为燃气锅炉、市政热力及多联机，末端均采用散热器供暖；住宅建筑冷源仅考虑分散式冷源（多联机和分体空调），自然开窗通风不设集中新风。结合项目特点和相关要求，提出4种比选方案，具体方案设计见表4.9-1。

对以上方案分别进行建筑运行阶段碳排放模拟计算，住宅建筑各项参数按照实际工程设计参数设置，包括建筑层数、体形系数、窗墙比、房间功能、室内设计参数（温度、湿度）、围护结构热工参数、暖通空调系统设置情况、照明和设备系统的功率密度等。模拟供冷、供热、风机、水泵等能耗，采用终端能耗加和计算，同时根据主要能源碳排放因子进行碳排放计算，其中碳排放计算依据《建筑碳排放计算标准》GB/T 51366—2019，各方案系统碳排放模拟计算结果见表4.9-2。

方案一为常规自建燃气锅炉和分体空调系统，其中供冷部分碳排放为总碳排放的21%，供暖部分碳排放为43%，照明部分碳排放为11%，其他部分碳排放为25%。方案二采用市政热力和分体空调，其中供冷部分碳排放为总碳排放的18%，供暖部分碳排放为52%，照明部分碳排放为9%，其他部分碳排放为21%。方案三采用多联机系统，冬夏共用，供冷部分碳排放为总碳排放的17%，供暖部分碳排放为32%，照明部分碳排放为11%，其他部分碳排放为40%。方案四在方案三的基础上，热源采用燃气锅炉，供冷部

居住建筑方案设定表   表4.9-1

方案	冷源	热源
方案一	分体空调	燃气锅炉，末端：散热器
方案二	分体空调	市政热力，末端：散热器
方案三	多联机系统	多联机
方案四	多联机系统	燃气锅炉，末端：散热器

居住建筑不同方案碳排放表   表4.9-2

方案	耗电量 [kWh/ (m²·a)]	耗热量 [KWh/ (m²·a)]	年碳排放 (tCO₂/a)	单位面积碳排放 [kgCO₂/ (m²·a)]	碳排放因子
一	1536	3198	8503.79	30.6	天然气：55.54tCO₂/TJ 电力：0.581tCO₂/MWh 热力：0.775tCO₂/GJ
二	1530	3006	10281.04	37.1	
三	2648	–	8539.89	30.8	
四	1578	3198	8637.56	31.2	

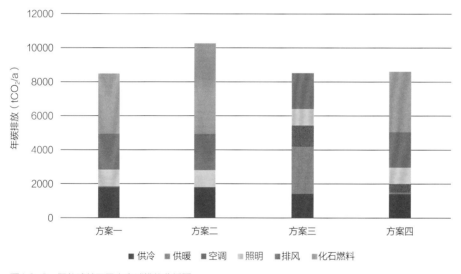

图4.9-2 居住建筑不同方案碳排放分析图

分碳排放为总碳排放的17%，供暖部分碳排放为42%，照明部分碳排放为11%，其他部分碳排放为30%。将四组方案进行模拟计算结果对比，如图4.9-2所示。

四种方案经过碳排放模拟计算后，可看出方案一为碳排放相对较低的方案。

3. 优化分析

由于建筑物使用寿命较长，因此其运行阶段碳排放在建筑整个生命期中的占比非常高。有研究对住宅建筑50年寿命期费用的分析表明，建筑使用过程中的能源消耗占到了总能源消耗的85%，因此建筑运行能耗是建筑节能中非常重要的一个环节。当前，我国住宅建筑能耗的主体包括供暖、空调、通风、照明、热水、家电等，这些能耗的总和占到了一次能源消费总量的30%左右，居耗能首位。分析我国城镇住宅建筑能耗的特点，主要有以下几个方面：①北方地区集中供暖面积大，供暖期长，能耗大；②除北方供暖区外，我国城镇住宅能耗（照明炊事生活热水、家电、空调），折合用电量约占民用建筑总能耗的18%～20%。

以本项目为例，进行以下优化：

（1）围护结构优化：提高住宅外窗的气密性，减少冷空气渗透；采用墙体、屋面节能技术，有效降低建筑本体冷热需求是降低暖通空调系统能耗的有效途径。应用高效保温材料，可有效降低建筑物的供暖和制冷能耗，从而达到节能减碳的目的。

（2）高效暖通空调系统：本项目市政配套健全，通过更换供热方式、调节改善管网系统、提高热源效率、采用变频设备等措施，将大幅度减少住宅运行期间的碳排放。通过对暖通空调系统进行全面的水力平衡计算，实现管网流量的合理分配，使供热质量大为改善。由于供暖管道保温不良，输送热能损失过多，造成能源浪费，须对管网采用新型保温材料进行保温，以达到节能减碳。另外，住宅实施按用热计量收费，改变以往按户或按面积的收费方式，可调动居民参与建筑节能的积极性，减少供暖能耗，降低碳排放。

本项目通过采用上述节能减碳技术措施，方案一碳排放相比之前降低了20%。

4.9.2

办公建筑

1. 项目介绍

本案例为北京市某办公建筑，总建筑面积12756m²，其中地上面积11116m²，地下面积1640m²。地下1层，地上11层，建筑高度38m。各层使用功能为：地下一层主要功能为车库及设备用房；一层主要功能为大厅、休息区、多功能

图4.9-3　办公建筑三维模型图

厅；二层至十一层为办公室及会议室。图4.9-3为该办公建筑三维模型图。

案例位置在北京市西城区，模拟所需气象数据选自《民用建筑供暖通风与空气调节设计规范》GB 50736—2012。

2. 方案比选

所选案例位于北京市市区，整体布局集中，周边有市政基础条件，因此比选方案中热源采用燃气锅炉、风冷热泵、市政热力及多联机，集中热源末端均采用散热器供暖；冷源设置为水冷机组、风冷热泵、多联机，末端选用风机盘管加新风系统。结合项目特点和相关要求，提出5种比选方案，具体方案设计见表4.9-3。

对以上方案分别进行建筑运行阶段碳排放模拟，公共建筑各项参数按照实际设计情况设置，包括体形系数、窗墙比、房间功能、室内设计参数（温度、湿度）、新风量、围护结构热工参数、暖通空调系统设置情况、照明和设备系统的功率密度等。模拟供冷、供热、风机、水泵等能耗，采用终端能耗加和计算，同时根据主要能源碳排放因子进行碳排放测算，其中碳排放计算依据

办公建筑方案设定表 　　　　表4.9-3

某办公建筑	冷源	热源	系统形式
方案一	水冷机组	燃气锅炉	散热器，风机盘管+新风系统
方案二	空气源热泵	空气源热泵	风机盘管+新风系统
方案三	多联机	多联机	多联机+新风系统
方案四	水冷机组	市政热力	散热器，风机盘管+新风系统
方案五	多联机	市政热力	散热器，多联机+新风系统

办公建筑不同方案碳排放表 　　　　表4.9-4

方案	耗电量 [kWh/ (m²·a)]	耗热量 [kWh/ (m²·a)]	年碳排放 (tCO₂/a)	单位面积碳排放 [kgCO₂/ (m²·a)]	碳排放因子
一	3183	1183	18478.15	33.25	
二	3681	—	17314.06	31.15	天然气：55.54tCO₂/TJ
三	3732	—	22365.52	40.24	电力：0.581tCO₂/MWh
四	3132	1112	19818.75	35.66	热力：0.775tCO₂/GJ
五	2997	1112	22640.73	40.74	

《建筑碳排放计算标准》GB/T 51366—2019，各方案系统碳排放模拟计算结果见表4.9-4。

方案一冬季供暖供水温度为60℃，回水温度为45℃，末端采用风机盘管+新风两管制水系统，冬夏切换。其中供冷部分碳排放为总碳排放的21%，供暖部分碳排放为19%，空调风机为21%，照明部分碳排放为28%，其他部分碳排放为11%。

方案二集中冷热源选用风冷热泵机组，夏季供冷，过渡季根据需要供冷或供暖，部分办公、值班等人员活动区域或其他功能房间夏季预留分体空调；末端采用风机盘管+新风两管制水系统，冬夏切换。其中供冷部分碳排放为总碳排放的17%，供暖部分碳排放为10%，空调风机为31%，照明部分碳排放为30%，其他部分碳排放为12%。

方案三为多联机系统，其中供冷部分碳排放为总碳排放的30%，供暖部分碳排放为14%，空调风机为24%，照明部分碳排放为23%，其他部分碳排放为9%。

方案四热源均采用市政热力，冷源为电制冷水冷机组。其中供冷部分碳排放为总碳排放的19%，供暖部分碳排放为25%，空调风机为19%，照明部分碳排放为26%，其他部分碳排放为11%。

方案五夏季使用多联机系统，冬季采用市政热力。其中供冷部分碳排放为总碳排放的29%，供暖部分碳排放为22%，空调风机为17%，照明部分碳排放为23%，其他部分碳排放为9%。

将五种方案进行模拟计算结果对比，如图4.9-4所示。

根据碳排放模拟计算结果可知，本项目风冷热泵碳排放量最低。

3. 优化分析

公共建筑暖通空调系统运行阶段碳排放占比最大，因此需要采取优化措施降低碳排放，以本

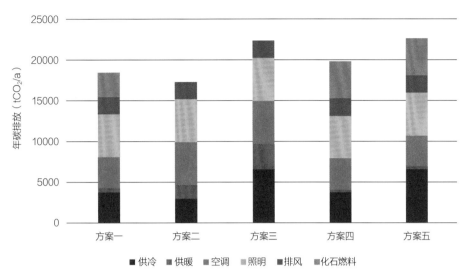

图4.9-4 办公建筑不同方案碳排放分析图

项目为例，进行以下优化分析：

（1）智能控制系统：应用物联网技术，结合边缘计算，实现办公区域新风和照明与在室人员、开窗情况连锁控制。对开敞办公区进行分区控制，根据当前本区内感应到的人数、位置，控制灯具开启与新风量，无人时做到人走灯灭、新风关闭；同时新风系统与外窗开启联动，若外窗处于开启状态则新风系统关闭。

（2）降低空调负荷：通过提升建筑围护结构热工性能、设置遮阳设施降低供暖空调负荷。采用高效设备，提高输配系统能效、热回收等措施进一步降低供暖空调能耗。

（3）利用变频技术：制冷设备、循环水泵、风机等采用变频技术，提高部分负荷运行能效，降低碳排放。

（4）排风热回收：对排风余热进行回收，通过换热器回收排风余热对新风进行预热或冷却，进而实现节能的目标。

本项目通过采用上述节能减碳优化，可降低运行阶段碳排放15%以上。

第5章

第 **5** 章

零碳建筑电气系统
设计方法

建筑内的用电设备是电能消耗的主体，且耗电量逐年攀升，碳排放量也随之递增，电气化率的上升已成为目前建筑综合用能的基本趋势。但碳中和、碳达峰早已成为世界各国的发展目标，我国也同样如此。在建筑领域如何应对电气化率上升、采取何种举措降低建筑电能消耗、实现建筑整体碳排放递减是摆在电气设计人员面前需要思考和探索的问题。

调整和规划建筑电气设计方法的技术路线，以降碳为重点、推动降碳协同增效、促进建筑领域全面绿色转型、实现零碳建筑目标是今后电气设计工作的首要任务。

零碳建筑电气节能负荷侧设计是以实现机电设备低碳运行降低碳排放量为目标，侧重系统运行效率的优化，突出电气供配电系统可调可控和机电设备优化控制，通过确定用电指标限值与引导值，建立合理的建筑电气供配电系统模式，在满足生产和生活质量的前提下，提出优化机电设备投入运行的控制策略，并探索降低系统传输和传输运行能耗、减少无功损耗、提高系统整体运行效率。在供电侧电源建设方面，借助新能源，依据电网引入电源类型、系统接入方式及运行模式，探索面向零碳建筑的多电源应用及其与电网深度融合的解决方案。

本章通过对零碳建筑电气设计梳理，旨在为新建、扩建和改建工程的供配电系统综合能效提升提供综合解决方案和设计导引，同时也力争在践行绿色建筑设计理念的实践探索中，为电气行业设计人员针对零碳建筑的具体设计工作提供可供参照的设计导向。

5.1

电源的综合利用

建筑及建筑群应合理引入光伏发电、风力发电、储能电源和市政电源，并采取多电源互补的原则构建零碳建筑新型的供配电系统。

【释义】建筑主体供电按照惯例均由当地市政供电公司提供，随着新能源技术的快速发展与国家能源脱碳政策的导引，供电电源的来源已变得多元化，传统市政电源已不再是建筑主体获取供电电源的唯一途径。

供电电源主要包括光伏发电电源、风力发电电源、微型燃气轮机、燃料电池、储能装置和市政电源，建筑新能源目前主要以光伏发电为主，减少量风力发电。光伏发电和风力发电与储能装置相结合并与市政电源并网运行，既可构建建筑新型电源供电系统，也可建立建筑微电网系统。

微电网以多能互补、集成优化、梯级利用为路径，以促进建筑园区能源发展方式转变为目的，以供能安全和节能低碳为根本，重在提高能源利用效率，强化节能，减少能耗和提高终端用能效率。建筑微电网以"电"为中心，把电网作为能源配置的基础平台，充分引入和利用清洁能源，推动建筑园区能源的合理配置。

5.1.1

光伏系统

1. 光伏系统整体建设应在充分了解建设用地太阳能资源情况的基础上，遵循现行国家规范和地方标准进行设计，采用"自发自用、余电上网"的模式。

【释义】光伏系统是利用光伏电池将光能直接转化为电能的发电系统。由于光能取自太阳，不存在能源耗竭，且在能源转换过程中不产生其他有害的气体、无碳排放，与建筑体结合技术成熟，故在建筑领域被视为广泛应用的绿色能源。

在建筑领域应用光伏系统与建筑市政电源并网运行，可降低建筑对市政电能的需求量，降低建筑用能的碳排放量。光伏系统供电主要由光伏方阵、光伏接线箱和变换器组成。光伏系统供电组成示意如图5.1-1所示。

根据现行国家标准《建筑节能与可再生能源利用通用规范》GB 55015的要求，对新建建筑安装太阳能系统（即光热和光电可根据建筑适宜性选择）作了强制性规定。全国各地也相继出台

了光伏系统建设的地方标准，如浙江省现行工程建设标准《民用建筑可再生能源应用核算标准》DBJ33/T 1105—2022中要求非住宅类居住建筑配置光伏组件的面积不应小于建设用地内容建筑面积的2%；江苏省地方标准《公共建筑节能设计标准》DGJ32/J 96—2010中要求光伏电池安装总功率不应低于建筑物变压器总装机容量的2‰；海南省要求，当工业建筑建设条件应符合国家绿色工业建筑标准和工业建筑节能标准时，应按照装配式建造，并在屋面设置光伏系统，光伏电池建设面积不低于屋顶面积的50%，对设有玻璃幕墙的建筑，鼓励采用光伏幕墙，地面露天停车位均要设置光伏车棚，光伏电池的面积不低于停车位面积等。所以，在进行光伏系统设计时需了解并遵循相应的设计规范和项目所在地的政策法规。

对有绿色星级要求的建设项目，可根据绿建星级（基本级、一级、二级、三级）评价标准设置光伏系统以获取相应加分。《绿色建筑评价标准》GB/T 50378—2019中对电气专业设置可再生能源得分规则参见表5.1-1。

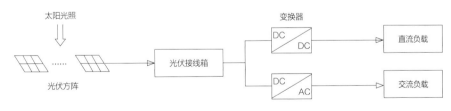

图5.1-1　光伏系统供电组成示意图

可再生能源利用类型和指标　　　　　　　　　　　表5.1-1

可再生能源利用类型和指标		得分
由可再生能源提供电量比例R_e	$0.5\% \leqslant R_e < 1.0\%$	2
	$1.0\% \leqslant R_e < 2.0\%$	4
	$3.0\% \leqslant R_e < 4.0\%$	6
	$65\% \leqslant R_e < 80\%$	8
	$R_e \geqslant 80\%$	10

光伏系统的发电量主要取决于安装地的太阳能资源，项目所在地的气象资料是系统设计的重要依据。光伏系统的设计应综合当地太阳能资源、建设地环境条件、建筑体外观条件统筹规划。

太阳能资源数据主要包括太阳年辐射总量、年日照小时数和等量热量所需标准燃煤，全国各地区太阳能资源等级划分表见表5.1-2，各地区太阳能资源等级主要数据见表5.1-3。

获取建设项目场地太阳能资源途径可查询当地气象站或相关部门发布的数据，气候特征宜为多晴天、多旱少雨，建设位置应避开存在安全隐患不利的区域，选择在周边无遮挡区域。

光伏系统设计中采用"自发自用、余电上网"模式指用户所发电主要由用户自己使用，多余电量接入电网，这种模式需要遵循当地的政策规定。

2. 在光伏组件材质选用上，屋面和立面宜优先采用单晶硅光伏组件，一体化光伏幕墙和光伏屋面应优先采用发电效率较高的铜铟镓硒薄膜组件或碲化镉薄膜组件。

【释义】光伏组件按照与建筑结合方式分为光伏与建筑一体化（BIPV）和光伏组件附着在建筑物上（BAPV）两大类。BIPV是将光伏组件与建筑材料复合在一起，成为不可分割的建筑材料或建筑构件，如光电瓦屋顶、光电幕墙和光电采光顶等，与建筑物主体同时建设。BAPV是将建筑物作为光伏组件的载体，起着支承作用，光伏组件的维护更换不影响建筑功能。既有建筑增设光伏系统时多采用BAPV形式，新建建筑推荐采用BIPV形式。

从光伏组件材质上选择，薄膜类材质和晶体硅材质的光伏组件多应用于BIPV，晶体硅光伏组件也多应用于BAPV。晶体硅光伏组件相比薄膜类材质的光伏组件的光电转化率高、经济效益好，常用于屋面；薄膜类材质的光伏组件依据其稳定性和与建筑物外观协调统一性好的特点常用于光

各地区太阳能资源等级划分　　　　　　　　　　表5.1-2

地区		地区分类	资源代号
宁夏北部、甘肃北部、新疆东部、青海西部、西藏西部等		一类地区	I
河北西北部、山西北部、内蒙古南部、宁夏南部、甘肃中部、青海东部、西藏东南部和新疆南部		二类地区	II
山东、河南、河北东南部、山西南部、新疆北部、吉林、辽宁、云南、山西北部、甘肃南部、广东南部、福建南部、苏北、皖南、台湾西南部等地区		三类地区	III
湖南湖北、广西、浙江、江西、福建北部、广东北部、陕西南部、江苏南部、安徽南部、黑龙江以及台湾东北部		四类地区	IV
四川和贵州两地		五类地区	V

各地区太阳能资源等级主要数据　　　　　　　　　表5.1-3

资源代号	年辐射总量（MJ/m²）	年日照小时数（h/a）	等量热量所需标准燃煤（kg）
I	6680~8400	3200~3300	225~285
II	5850~6680	3000~3200	200~225
III	5000~5850	2200~3000	170~200
IV	4200~5000	1400~2000	140~170
V	3350~4200	1000~1400	115~140

伏幕墙，但成本高。光伏组件的分类及特性见表5.1-4。

14种可定制标准色的光伏组件单位面积发电量对比表见表5.1-5。随着科技进步与技术发展，现有光伏组件的发电转换率仍会进一步改进与提升，新的发电转换效率高的光伏组件材料也会不断出现，需要应用者实时关注与了解。

3. 光伏组件安装的方位角和倾斜角应结合建筑朝向采用光伏组件最佳发电效率的角度。

【释义】光伏组件方位角是指光伏组件向阳面的法向量在水平面上的投影与正南方向的夹角。水平面内正南方向夹角为0°，向西偏设定为正角度，向东偏设定为负角度。夹角为0°时发电量最大。

光伏组件倾斜角是指光伏组件向阳面的法向量与水平面法向量的夹角，最佳倾斜角为光伏组件年发电量最大的倾斜角度。一年中的最佳倾斜角与当地的地理纬度有关，当纬度较高时，相应的倾斜角也大。

以北京（高纬度地区）、广州（低纬度地区）为例，在光伏电池组件在朝向正南最优倾角安装下，根据仿真计算结果，其所接受到的年辐射量均为100%。北京市和广州市年辐射量对比见表5.1-6。

安装光伏组件的方位角和倾斜角不同，其发电效率也不相同。假定光伏电池安装位置朝正南且安装倾角为最佳倾斜角时，其发电量为100%，采用其他方位角和倾斜角安装位置的光伏

光伏组件的分类及特性　表5.1-4

常见光伏组件种类		光电转化效率		优缺点	适用场景	图形示意
硅基光伏组件	晶体硅	单晶硅组件	15%~25%	转化率高、寿命较长、硅耗较大、成本较高	屋面立面	
		多晶硅组件	14%~20%	转化率较高、寿命较长、硅耗小、成本低		
多元化合物薄膜光伏组件	二元素CdTe	碲化镉薄膜组件	10%~17%	转化率较低、成本较高、稳定性好	一体化光伏幕墙光伏屋面	
	四元素CIGS	铜铟镓硒薄膜组件	12%~19%			

14种可定制标准色的光伏组件单位面积发电量对比　表5.1-5

颜色	发电量（Wp/m²）	颜色	发电量（Wp/m²）
碟翅蓝	170~180	深海绿	175~185
紫苑红	170~185	鸢尾蓝	150~160
草原绿	170~180	满江红	145~155
鱼尾灰	150~160	青矾绿	165~175
鲛青黄	135~145	暮云灰	145~155
海鸥灰	145~155	牡丹红	140~150
淡松烟	150~160	琉璃金	145~155

北京市和广州市年辐射量对比 表5.1-6

地区	方位角	倾斜角	年辐射量
北京市	正南	最佳	100%
		90°	66%
		0°	90%
	0~±45°	最佳	94%
		90°	60%
		0°	90%
	0~±90°	最佳	83%
		90°	44%
		0°	90%
广州市	正南	最佳	100%
		90°	49%
		0°	98%
	0~±45°	最佳	99%
		90°	68%
		0°	98%
	0~±90°	最佳	96%
		90°	40%
		0°	98%

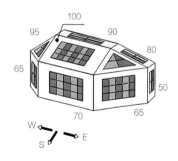

图5.1-2 降低程度

组件，发电量均有不同程度的削减，降低程度如图5.1-2所示。

光伏组件方位角与倾斜角的确定是光伏系统建设最重要的因素之一，通常采用避免受环境要素或建筑自身的遮挡的最佳朝向和最佳倾角安装，如平屋面安装光伏组件应选择最佳倾角进行设计且光伏方阵中光伏组件的间距满足冬至日不遮挡太阳光。坡屋面的坡度应选择光伏组件全年获得电能最多的倾角设计，设计若考虑获取较大的安装容量可适当的降低安装角度。

4. 并网光伏系统接入配电网的电压等级应遵循现行国家标准和电力行业的规定。

【释义】并网光伏系统按电压等级接入交流配电网方式可分三种方案，即高压接入、中压接入和低压接入。当光伏系统与公用电网并网时，应符合现行国家标准《光伏发电站接入电力系统设计规范》GB/T 50866、《光伏发电系统接入配电网技术规定》GB/T 29319、《光伏发电站接入电力系统技术规定》GB/T 19964的相关规定。但当中压和低压均具备接入条件时，应优先选用低压接入。光伏系统的发电容量按照《分布式电源接入电网技术规定》Q/GDW1480—2015规定，不同电

不同电压等级、装机容量配电网分类　　　　　　　　表5.1-7

配电网分类	接入配电网电压等级	单点推荐接入容量
高压配电网	110/66/35（kV）	6MW以上
中压配电网	20/10/6（kV）	400kW～6MW
低压配电网	380V	8～400kW
	220V	8kW以下

压等级、装机容量配电网分类见表5.1-7。

民用建筑接入配电网的电压等级一般为20kV、10kV或380V，负荷侧的用电设备有交流设备和直流设备。光伏系统发电量的不同，接入建筑配电网的位置和形式也不同。光伏系统接入建筑配电网的位置、一次接入系统方案和方案说明及系统特点见表5.1-8。

5. 并网光伏系统的并网逆变器应选择转换效率高、最大直流输入的功率且与光伏方阵侧发电功率相适宜、工作电压等级应与发电侧和负荷侧均相匹配的设备，且光伏方阵输入侧工作电压变化范围应在逆变器的最大功率跟踪（MPPT）范围内。

【释义】逆变器是光伏系统中重要的组成设备。逆变器可以分为有变压器逆变器和无变压器逆变器，有变压器逆变器转化率一般可以达到94%，无变压器逆变器转化率一般可以达到96%。有变压器逆变器的基本功能是通过升压与逆变，将光伏组件的直流电压升压到逆变器输出控制所需的直流电压，再将直流电压转换成负载配网侧所需要的相应频率的交流电压，为交流设备供电。根据逆变器在光伏系统运行中的应用又可分为离网运行和与配电网并网运行。

由于逆变器转换效率决定光伏系统发电的输出效率，因此，在选择逆变器时需根据逆变器形式、光伏方阵实际最大输出功率、光伏方阵工作电压范围与并网侧市政电压等级、最大功率点跟踪配置、逆变器转换效率及逆变器过载能力和寿命等因素来综合确定。

在逆变器输入输出电压等级选择上，输出电压取决于发电容量和用户侧配电网的电压等级，对中小型园区、政府大楼、写字楼、学校、商场、收费站等体量比较小的建筑，负载并网侧的电压等级为AC400V时，逆变器输出电压等级选配为AC400V；对大型园区、工厂、交通枢纽等体量大的建筑项目，负载并网侧的电压等级为AC10kV时，可选配输出电压等级为AC800V的逆变器经升压变压器升至10kV后并网。并网光伏系统400V逆变器光伏系统架构如图5.1-3所示，800V逆变器光伏系统架构如图5.1-4所示。

逆变器的输入电压需与光伏方阵直流输出电压相匹配，虽然输入电压与输出电压无直接联系，但为降低光伏方阵发电传输损耗和提高逆变器的转换效率，应尽量提升较匹配的光伏方阵的输出电压。

光伏电池组件输出功率易受光照强度和温度等环境因素影响，不同时间段输出的功率不同。最大功率跟踪（MPPT）控制器可实时跟踪光伏组件运行的最大发电功率点，从而可实时获取光伏

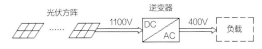

图5.1-3　400V逆变器光伏系统架构

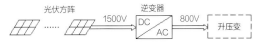

图5.1-4　800V逆变器光伏系统架构

光伏系统接入建筑配电网的位置、一次接入系统方案和方案说明及系统特点

表5.1-8

接入位置	一次接入系统图方案	方案说明及系统特点
交流中压配电网		光伏组件经过组串式逆变器可将直流电压逆变为交流频率适当的电压，再经过升压变压器，通过升压变压器接至中压侧母线。中压并网系统常用于光伏电池组件多的系统。光伏系统输出直流电压比较高，输出额定功率较大的系统。不足是由于光伏组件数量较多，对太阳阴影的耐受性比较弱；优势是高电压、低电流，电缆截面积小，配置更佳，使逆变器的转换效率更高
交流低压配电网负荷侧		光伏组件经过组串式逆变器可将直流电压逆变为交流频率匹配的低压电压接至低压配电系统负荷侧的配电箱。交流低压配电网系统负荷侧适用于安装光伏电池组件数量较少、单点接入容量较小的系统。这种方式优点是每一串的光伏组件串联少，对太阳阴影的耐受性强，发电效率高，减少馈电电缆损耗，电能就地完全消纳，降低投资成本

续表

接入位置	一次接入系统图方案	方案说明及系统特点
交流低压配电网		光伏组件经过组串式逆变器可将直流电压逆变为交流频率匹配的低压电压接至低压配电网的低压母线侧，经低压母线为用电负荷馈电。低压并网系统适用于光伏组件数量相对较多，总的发电量在400kW以下，并网系统接入三相400V低压配电网，通过交流配电线路为负载供电，剩余的电量可馈入公用电网
直流母线侧		光伏组件经过变换器将一种电压的直流变为另一种电压的直流（DC/DC）接至直流母线侧，经直流母线给直流负载馈电。直流电压等级应根据直流母线侧负载电压情况结合综合效率、配电设备、元器件耐压、配电线路损耗及储能等多方面综合确定，通常在直流电压等级较高的750~1000V范围内选择。系统适用于直流负载，可减少直流设备的整流环节，消除谐波，提高整体用电效率，便于实现电源协同控制和负荷柔性调节

方阵最大发电量，减少发电输出功率损失，因此逆变器配置最大功率点跟踪控制器是提高发电转换效率的重要手段。

在逆变器容量选择上，因光伏组件装机容量和逆变器额定容量的配比在1∶1的情况下，由于客观存在的各种损失，逆变器实际输出的最大功率只有逆变器额定功率80%～90%，即使在光照条件最好时，逆变器也未能满载工作。依据LOCE标准（系统平均度电成本）来衡量，最优的容配比应大于1∶1，因此，建议一类光资源地区宜按1.1∶1配用，二类光资源地区宜按1.2∶1配用，三类光资源地区宜按1.4∶1配用。

6. 根据光伏方阵总的发电量确定逆变器安装类型，针对线路总损耗确定逆变器具体安装位置。

【释义】逆变器根据安装位置可分为集中式逆变器和组串式逆变器。集中式逆变器其系统由光伏组件、直流电缆、汇流箱、直流汇流配电、直流电缆、逆变器、隔离变压器、交流电缆和并网交流配电装置等组成，因经两次的直流汇流，使逆变器配置MPPT不能有效地跟踪光伏组件运行的最大发电功率点，且当任意组串发生故障或被阴影遮挡时，又将会影响系统整体发电效率。组串式逆变器其系统由光伏组件、直流电缆、逆变器、交流电缆和并网交流配电装置等组成，由于组串式逆变器体积不大，故受阴影遮挡的影响因素小，每个逆变器配置的MPPT能有效跟踪光伏组件运行的最大发电功率点，可提高发电效率，且较集中式逆变器相比具有无需二次汇流、功率小和自身耗电低等优势。组串式逆变器方案图如图5.1-5所示，集中式逆变器方案图如图5.1-6所示。

集中式逆变器MPPT电压在450～820V的较窄范围，一般用于日照均匀的大型厂房、荒漠电站、地面电站等系统总功率较大的大型发电系统中；

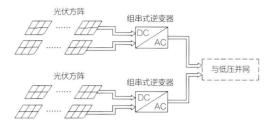

图5.1-5 组串式逆变器方案图

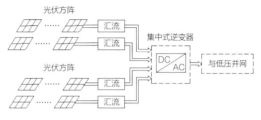

图5.1-6 集中式逆变器方案图

组串式逆变器MPPT电压在200～1000V的较宽范围，组件配置灵活，适用于各种场景光伏电站。

针对组串式逆变器的位置设置，可采用就地集中设置方式也可采用就地分散设置方式，具体设置位置主要以直流传输电缆和交流传输电缆总体损耗最小为最佳方案，电缆传输损耗分析可参见本章5.2节供配电系统的降耗提效中相关说明。

7. 光伏组件的串联数应根据并网逆变器的最大功率跟踪点控制范围、光伏组件的工作电压确定，光伏组串的并联数宜根据逆变器配置MPPT数量确定。

【释义】光伏方阵中光伏组件的接入方式可分为串联方式和并联方式。串联方式是将几个电池的正极与负极相接、电压增加；并联方式是将同等电压串联的正和正、负和负连接，电压不变，容量增加。每串串联的光伏组件数量一般不超过20个，并联连接串的数量一般不超过10路。

光伏方阵中，同一光伏组串中各光伏组件的电性能参数宜保持一致，且光伏组串串联组件数应满足两个条件，即条件1为光伏组件串联后的最大开路电压低于逆变器的最大接入电压，符合式（5.1-1）的计算结果；条件2为光伏组件串联后的最大功率跟踪点（MPPT）电压在逆变器的MPPT电压范围之内，符合式（5.1-2）的计算结果。光伏组串的并联数量一般根据逆变器的MPPT的参数选择。

$$N \leqslant \frac{V_{\text{dcmax}}}{V_{\text{oc}}[1 + (t - 25) \times K_{\text{V}}]} \qquad (5.1-1)$$

$$\frac{V_{\text{mpptmin}}}{V_{\text{pm}}[1 + (t' - 25) \times K_{\text{V}}']} \leqslant N \leqslant \frac{V_{\text{mpptmax}}}{V_{\text{pm}}[1 + (t - 25) \times K_{\text{V}}']}$$

$$(5.1-2)$$

式中　V_{oc} ——光伏组件的开路电压（V）；

V_{pm} ——光伏组件的工作电压（V）；

V_{dcmax} ——逆变器允许的最大直流输入电压（V）；

V_{mpptmax} ——逆变器MPPT电压最大值（V）；

V_{mpptmin} ——逆变器MPPT电压最小值（V）；

K_{V} ——光伏组件的开路电压温度系数，由组件厂商提供；

K_{V}' ——光伏组件的工作电压温度系数，当无厂商数据时，可用K_{V}光伏组件的串联数取整；

t ——光伏组件工作条件下的极限低温（℃）；

t' ——光伏组件工作条件下的极限高温（℃）。

【例】以某420W多晶硅组件为例，假设当地极端低温为-40℃；逆变器最大开路电压为1100V，MPPT电压在200~1000V，逆变器和光伏组件的技术选用参数见表5.1-9。

根据光伏组串计算式（5.1-1）、式（5.1-2）和表5.1-9中逆变器MPPT配置数量参数，可确定光伏组件串联数和并联数的选择，见表5.1-10。

8. 并网光伏系统应在并网点处设置计量装置，用于监测电流和控制逆变器输出功率，计量数据上传至能源管理系统。

【释义】光伏发电系统接入电网前，应明确计量位置。每处计量位置均应装设电能计量装置，其设备配置和技术要求应符合现行行业标准《电能计量装置技术管理规程》DL/T 448以及相关标准、规程要求。电能表采用静止式多功能电能表，技术性能符合现行国家标准《电测量设备（交流）特殊要求　第21部分：静止式有功电能表（A级、B级、C级、D级和E级）》GB/T 17215.321和行业标准《多功能电能表》DL/T 614的要求。电能表至少应具备双向有功和四象限无功计功能、事件记录功能，配有标准通信接口，具有本地和远程通信的功能，电能表通信符合现行行业标准《多功能电表通信协议》DL/T 645的要求。

逆变器和光伏组件的技术选用参数　　　　表5.1-9

华为逆变器SUN2000-125KTL-M0的技术参数		光伏组件的电性能参数［标准测试条件（STC）：光强：1000W/m²；频谱：1.5A；组件温度：25℃］	
最大输入电压	1100V	CS3W	420P
每路MPPT最大输入电流	26A	最大输出功率（P_{max}）	420W
每路MPPT最大短路电流	40A	最佳工作电压（V_{mp}）	39.5V
MPPT电压范围	200~1000V	最佳工作电流	10.64A
额定输入电压	750V	开路电压（V_{oc}）	48.0V
输入路数	20	短路电流（I_{sc}）	11.26A
MPPT数量	10	组件效率	19.0%
额定输出功率	125000W	工作温度	-40~+85℃
最大视在功率	137500VA	温度系数（V_{oc}）	-0.28%/℃

光伏组件串联数和并联数的选择　　　　　　　　　　　　　　　　表5.1-10

名称	说明
标准测试条件（STC）	辐照度=1000W/m²，电池片温度=25℃，AM=1
计算取值	V_{0C}=48V，V_{mp}=39.5V，K_V=$K_{V'}$=−0.28%/℃，假设当地极端低−40℃，极限高70℃，$V_{mpptmax}$=1000V，$V_{mpptmin}$=200V，V_{dcmax}=1100V
串联数量计算结果	按式（5.1-1）计算串联数N≤19；按式（5.1-2）计算串联数：6≤N≤21，结合同时满足条件1与条件2，串联数量范围为6～19，考虑经济效益最高，串联数建议选择19
并联数量计算结果	根据表5.1-9中逆变器MPPT数量为10，故所选的并联数量不能超过10路

电能计量装置的产权归属于光伏发电系统的建设方。并网前应根据当地供电公司要求，完成电能信息采集终端与主站系统的通信调试，选择具有相应资质的电能计量检测机构对电能计量装置进行相关检测并出具完整的检测报告。电能计量装置投运前，应由电网企业和光伏发电系统产权归属方共同完成竣工验收。

并网光伏系统按允许通过市政电源进线端向公共电网馈电分为可逆流和不可逆流两种方式，在并网前均需与当地电力公司协商取得一致。

并网光伏系统一般在所发出电能远远小于建筑自身所消耗的电能时采用不可逆流并网光伏系统。正常情况下光伏系统所产生的电能不会向公共电网馈电，但为防止向电网馈电情况发生，需设置防逆流装置。

防逆流装置具有直流输入保护、输出过流保护，交直流电涌保护、防孤岛等保护措施，对光伏组串的故障、绝缘阻抗、残余电流等具有监测功能。当系统检测到逆向电流超过额定输出电流的5%时，光伏系统会应在2s内自动降低发电容量或停止向电网线路馈送电流，实现防逆流保护。

若采用不可逆流方式需要设置防逆流装置，计量与防逆流装置安装位置示意图如图5.1-7所示。

9. 并网光伏系统的运行信息均应纳入智能供配电管理平台。

【释义】10kV电压等级的并网光伏发电系统应具备与电网调度机构进行数据通信的能力，具有接受电网调度机构控制调节指令的能力，同时还包含遥测、遥信、遥控、遥调信号等能力。

380V电压等级的光伏发电系统应具有监测和记录运行状况的功能，通过380V电压等级并网的光伏发电系统还应具备电量上传的功能，可采

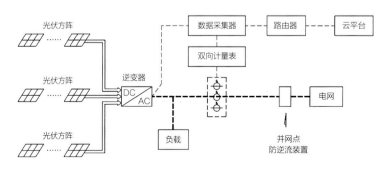

图5.1-7　计量与防逆流装置安装位置示意图

用无线或光纤公网通信方式，采取信息安全防护措施。

10. 光伏方阵应设置安全运行措施和定期清洗制度。

【释义】为提高光伏系统整体安全运行效率，避免热斑效应，光伏系统的供应商在安装光伏方阵时需采取系统安全运行的保障措施，即当光伏方阵内某一光伏组件出现故障时，应不影响其他光伏组件正常工作。通常采取在每个光伏组件支路电池板的正负极输出端反向并联1个或2~3个旁路二极管。当光伏组件发生故障时，可通过旁路二极管两端形成正向偏压使二极管导通，光伏组串工作电流可绕过故障组件，经旁路二极管流过，其他组件正常工作。

光伏组件因污染会导致发电效率下降。经测试，两次清洗比对发电效率可下降5%。若光伏方阵长期积灰，光电转换率可降至20%~40%，所以应选择在阳光暗弱的时间段定时清洗维护；在冬季有积雪情况的地区应采取融雪措施。考虑光伏组件的运行与清洗维护，在组件连续布置的长度大于40m时，应设置维护通道，兼顾光伏组件定期清洗通道，通道宽度一般不小于0.8m。

5.1.2
风力发电

1. 结合建筑物或者建筑园区设置的风力发电系统应根据本地气象资料、建设场地周边环境及建筑外形条件等因素综合确定。

【释义】建设风力发电系统首先应收集建设场址的风资源条件，收集场地的风速、风向、温度、气压及湿度等气象资料，有效数据由所在地区气象台（站）获取。

安装位置应根据建筑本体高度及场地周边风向遮挡条件、与建筑及周边环境相结合的适应性

来综合确定。

2. 了解风力发电装置结构和系统组成，有助于在建筑物上的具体布局。

【释义】风力发电系统是将风能转变成机械能，再将机械能转化为可用电能的过程，主要由塔架、风力发电机组、风轮、齿轮增速器、联轴器、调速装置、微机控制系统等部件组成。

塔架的作用是支撑风力发电机的支架，有钢架结构、圆锥形钢管、钢筋混凝土三种形式，风电机塔载有机舱及转子。

风力发电机组由机头、转体、尾翼、叶片组成，是将风能最终转变成电能的关键设备。

风轮是风力发电机组接受风能的部件，由叶片、轮毂、主轴等组成，而叶片是风力发电机组关键的部件，其作用是调速，当风力超过额定风速时，在风轮上采取措施使风力发电机组输出功率不超过允许值。

齿轮增速器是风力发电机组关键部件之一。因风轮机工作在低转速下，而发电机工作在高转速下，为实现匹配，需采用增速齿轮箱，从而将风电机转子上的较低转速、较高转矩转换为用于发电机上的较高转速、较低转矩。

联轴器为连接齿轮增速器与发电机之间的装置，为了减少占地空间，联轴器与使风力发电机停止转动的制动器往往设计在一起。

设置调速装置的目标是在风速变化的不均匀时可使风轮运转在额定转速下。

计算机控制系统能够实现自动启动、自动调向、自动调速、自动并网、自动解列、运行中机组故障的自动停机等的自动控制。

风轮在风力的作用下旋转，而发电机在风轮轴的带动下旋转发电，因风量不稳定，输出的交流电为变化电压，须经整流转换后为建筑用电负载服务。风力发电系统组成示意图如图5.1-8所示。

3. 根据风力发电系统发电量确定与电网接

图5.1-8　风力发电系统组成示意图

入条件和接入点，并遵循现行国家标准和电力行业规定的并网条件。

【释义】风力发电按运行模式分为独立运行、与电网并网运行。独立运行为自发自用，与电网并网运行为自发自用余量接入配电网。风力发电机组按发电量可分为小型（10kW以下）、中型（10~100kW）和大型（100kW以上）。风力发电系统单点接入用户配电网的运行方案见表5.1-11。

风力发电系统单点接入用户配电网的运行方案　　　　　　　　表5.1-11

接入点电压	并网点参考容量	系统接入方案
专线接入用户10kV配电网	400kW ~ 6MW	
专线接入用户380V配电网	<400kW	

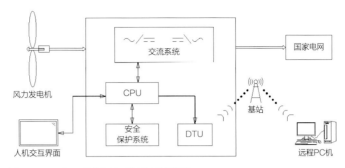

图5.1-9 10kW风力发电系统组成示意图

【例】以发电量为10kW的变桨距风力发电机组为例来介绍系统组成及相关设备参数。

10kW风力发电系统包括变桨距风力发电机组、自动安全保护系统、折叠塔杆及基础附件、三相变换系统等。10kW风力发电机组组成的设备规格参数及数量见表5.1-12，10kW风力发电系统组成示意图如图5.1-9所示。

10kV变桨距风力发电机组为中小型，具有可靠的安全性与可观的经济性。变桨距风力发电机组采用双级变桨技术，低风速段具有较高启动、

加速性能；额定风速以下，跟踪风速及风轮转速，自动调整叶尖角度在最佳尖速比状态高效运行；额定风速以上，自动调控叶尖角度为负值，使风轮转速维持在额定转速附近永不超速。

风机发电机组包含叶片（轴）、轮毂、导流罩、飞杆、发电机、回转体、维护窗口、立轴、尾舵等零部件。风机发电机组技术参数见表5.1-13所示，结构示意如图5.1-10所示。

变桨距风力发电系统具有完善的自动安全控制系统（ASP系统），系统特点如下：

10kW风力发电机组组成的设备规格参数及数量　　　　　　表5.1-12

序号	设备名称	规格参数	数量
1	变桨距风力发电机	10kW/DC500V	1
2	自动安全保护系统	BK-500	1
3	塔杆及基础附件	12m/折叠塔杆/分2节	1
4	三相并网变换系统	AHWI-DC500V/AC380V	1

风机发电机组技术参数　　　　　　表5.1-13

额定功率（kW）	11	电机类型	三相交流 永磁同步发电机
工作电压V_{DC}	DC500V/AC380V		
启动风速（m/s）	3	工作风速（m/s）	3-30
额定风速（m/s）	12	安全风速（m/s）	45
调速方式	变桨距	停机方式	自动停机
适用环境温度（℃）	-40~60	噪声（dB）	≤65
主体质量（kg）	550~700	风轮直径（m）	7
塔杆高度（m）	≥12	设计寿命	20年

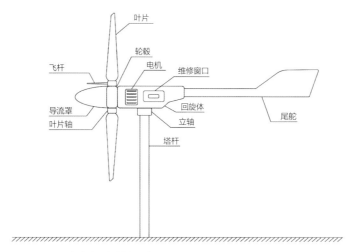

图5.1-10　风力发电机组结构示意图

1）信息输入源为风轮转速，具有稳定可靠、响应速度快等特点；

2）有效吸收风速波动对变桨系统的冲击，调控柔和，故障率低；

3）系统部件间浮动连接，摩擦损失小，系统寿命长，安全性高；

4）风速2.5m/s即可启动，在低于额定风速时实现风轮的高效率；

5）系统采用机械部件，使用寿命长，故障源少，环境适应性好；

6）系统自动跟踪风轮转速的变化，并自动闭环控制桨距。

自动安全控制系统（ASP系统）包括风速仪、风速仪支架、刹车总成、ASP控制箱等，通过检测环境风速、系统电压、系统电流及控制器状态等信号，智能控制风力发电机的运行及停机。当检测到的数据出现异常时，ASP系统通过桨距控制机构改变叶片的角度为负角度，卸掉风轮盘面上的压力，使风轮转速下降，风能能量减小。在风轮转速下降后，刹车系统将风轮主轴制动，风轮停止转动。待工况符合运行要求时，ASP系统自动解刹车，风力发电机重新开始工作，从而实现了无人值守。另外，控制箱上的手动与自动

切换按钮，大大方便了风力发电机的日常维护工作。

折叠塔杆独立起落杠杆式的设计为风力发电机安装提供了便利，折叠塔杆外观示意图如图5.1-11所示。在塔杆上安装风力发电机组时，无需重型起吊设备；维护风力发电机组时，只要有捯链即可，维护工作量小。塔杆技术参数见表5.1-14。

10kV变桨距风力发电系统三相变换并网系统具有如下特点：

1）并网质量符合国际通用并网标准和规范；

2）控制方式符合微网控制策略，分自控和受控两种方式；

3）通信协议内容和方式可根据客户要求进行定制；

4）无卸荷器设计，增加整机系统安全和减少能源浪费。

三相变换并网系统技术参数见表5.1-15。

5.1.3

市政电源

1. 建筑供电电源通常来源于市政，鉴于今

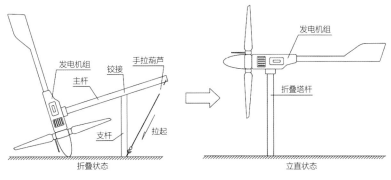

图5.1-11　折叠塔杆外观示意图

塔杆技术参数　　　　　　　　　　表5.1-14

型号	10kW变桨距风力发电机	材质	Q235B
防护措施	热镀锌+喷塑	连接方式	法兰
壁厚	8mm（12m折叠）	镀锌层厚度	≥85μm
喷塑层厚度	≥85μm	喷塑颜色	白色，光泽度≥90%

三相变换并网系统技术参数　　　　　　表5.1-15

名称	技术参数	名称	技术参数
并网电压	AC380V±20%，50Hz	并网电网类型	3P
风力机输入功率	≤11kW	并网额定功率	10kW
并网最大功率	11kW	使用海拔	≤4000m
工作环境温度	-25~55℃	工作环境湿度	≤85%
并网柜　防护等级	IP44	并网柜净重	120kg
并网柜　柜外观尺寸	600mm（宽）/1375mm（高）/450mm（厚）		

后供电电源的多样性特点和能源综合利用目标，在项目建设初期应对建筑物变压器安装指标适当进行合理规划。

【释义】建筑用电指标是建筑物用电能耗的重要约束参数，也是建筑用电能耗最直观的体现。不同类型建筑物用电消耗量不同，同一类型建筑所处地域不同也存在差异，在设计阶段合理运用单位建筑面积用电指标确定变压器安装指标是建设项目用电负荷节能运行的重要环节。

随着设计人员节能意识的增强、高效机电设备普遍的应用、建筑物运营阶段节能管理水平的提高，变压器容量安装指标均进一步降低。依据各类建筑物运行调研的数据，在现有标准和措施中提供的各类建筑物单位建筑面积用电指标基础上又提出了用电指标目标值，见表5.1-16～表5.1-18，供设计人员参考使用。

另外，对设置太阳能光伏发电并同时配置储能装置的建筑，还需要注意应考虑其对变压器安装指标的影响。当安装容量及供电可靠性完全满足建筑物供电需求时，设置单台变压器的建筑，其变压器配置容量需减去储能电池释放电能容量；设置成对变压器的建筑，当设计条件具有应

规划单位建筑面积负荷指标   表5.1-16

建筑类别	单位建筑面积负荷指标（W/m²）	单位建筑面积负荷指标目标值（W/m²）
居住建筑	30~70（4~16kW/户）	25~60
公共建筑	40~150	35~140
工业建筑	40~120	35~110
仓储物流建筑	15~50	10~40
市政设施建筑	20~50	15~40

注：本表参照《城市电力规划规范》GB/T 50293—2014。

各类建筑物的单位建筑面积用电指标   表5.1-17

建筑类别	用电指标（W/m²）	变压器容量指标（VA/m²）	变压器容量指标目标值（VA/m²）
公寓	30~50	40~70	35~60
旅馆	40~70	60~100	55~90
办公	30~70	50~100	45~90
商业	一般：40~80	60~120	55~90
	大中型：60~120	90~180	85~140
体育	40~70	60~100	55~90
剧场	50~80	80~120	75~110
医院	50~80（30~70）	80~120（50~100）	75~110（45~90）
高等院校	20~40	30~60	25~50
中小学	12~20	20~30	15~25
幼儿园	10~20	18~30	15~25
展览馆、博物馆	50~80	80~120	75~110
演播室	250~500	500~800	500~800
汽车库（机械停车库）	8~15（17~23）	12~34（25~35）	10~30（20~30）

注：本表参照《全国民用建筑工程设计技术措施·电气》（2009）。表中所列用电指标的上限值按空调冷水机组采用电动压缩机组，当采用直燃机（或吸收式制冷机）时，表中用电指标可降低25~35VA/m²。

校园的总配变电站变压器容量指标   表5.1-18

学校等级及类型	变压器容量指标（VA/m²）	变压器容量指标目标值（VA/m²）
普通高等学校、成人高等学校（文科为主）	20~40	15~30
普通高等学校、成人高等学校（理工科为主）	30~60	25~50
高级中学、初级中学、完全中学、普通小学、成人小学	20~30	15~25
中等职业学校（含有实验室、实习车间等）	30~45	25~40

注：本表参照《教育建筑电气设计规范》JGJ 310—2013；变压器容量指标不含供暖方式为电供暖的学校。

急情况下退出一台变压器运行而另一台需满足保障负荷的连续供电时，储能电池释放电能容量宜为消纳变压器为非保障负荷供电的容量。对设置太阳能光伏但未设置电池储能装置的建筑，可不考虑光伏发电量对变压器安装容量的影响。

2. 鉴于变压器负载率对变压器安装指标的影响，应根据用电负荷运行特征适当上调变压器的带载能力。

【释义】变压器负荷率为变压器的输出视在功率与变压器额定容量之比，当视在功率也就是计算负荷确定的条件下，变压器的负载率决定变压器容量。

根据《工业与民用供配电设计手册（第四版）》表16.3-4～表16.3-6中城市生活不同电价和负载率下干式变压器年运行费用数据，同型号、同容量的变压器，负荷率越高，年综合损耗及年运行费用也越高。采取降低负载率，加大变

压器配置容量，虽然能降低年综合损耗及年运行费用，但增加变压器投资，也增加了变压器自身的损耗，同时变压器带载能力也没能得到充分的利用。

变压器过载能力是指当负载运行电流超过变压器额定电流时仍能在一定时间内正常运行。自然风冷条件下变压器过载倍数与运行时间关系见表5.1-19；当采用强迫风冷时，变压器过载倍数与运行时间关系见表5.1-20。

由于变压器长期过载会导致变压器的温升升高，从而缩短变压器的使用寿命，所以也不宜为最大化提高变压器的利用率。根据《电力变压器　第12部分：干式变压器负载导则》GB/T 1094.12—2013的规定，最大过载电流不允许超过额定电流的50%。目前部分节能型产品变压器负载率与额定温升的关系见表5.1-21，变压器额定温升与寿命的关系见表5.1-22。

自然风冷条件下变压器过载倍数与运行时间关系　　　　　　　　　表5.1-19

过载倍数	1.0	1.1	1.2	1.3	1.4	1.5
运行时间（min）	连续	连续	90	60	45	30

资料来源：海鸿电气有限公司，变压器绝缘系统耐温等级为R级，绕组温升按H级设计。

采用强迫风冷条件下变压器过载倍数与运行时间关系　　　　　　　　表5.1-20

过载倍数	1.0	1.1	1.2	1.3	1.4	1.5
运行时间（min）	连续	连续	连续	连续	120	90

资料来源：海鸿电气有限公司，变压器绝缘系统耐温等级为R级，绕组温升按H级设计。

变压器负载率与额定温升的关系　　　　　　　　　　　　　　　　表5.1-21

负载率	20%	30%	40%	50%	60%	70%	80%	90%	110%	120%
与额定温升之比	4%	10%	15%	25%	32%	52%	65%	80%	100%	150%

资料来源：海鸿电气有限公司，变压器绝缘系统耐温等级为R级，绕组温升按H级设计。

变压器额定温升与寿命的关系　　　　　　　　　　　　　　　　　表5.1-22

额定温升/寿命	125K/180a	130K/110a	140K/50a	150K/20a

资料来源：海鸿电气有限公司，变压器绝缘系统耐温等级为R级。

对于短时出现峰值负荷的建筑如剧院演出使用的变压器，其峰值负荷即可利用变压器短时过载能力，不必为此增大变压器安装容量。

一般类型建筑物变压器负荷率宜运行在75%~85%之间，但对于建筑物内负荷等级多数在二级及以上且仅含少量三级负荷的用户，变压器的负荷率宜运行在65%~75%之间。

5.1.4
储能装置

1. 采用综合电源的建筑群体，应依据国家新能源项目建设的相应政策配建储能，并采用以蓄电池为介质的电化学储能方式。

【释义】民用建筑设置风力发电和光伏发电（以下简称风光发电）可以向用户提供清洁能源，作为市政电源的重要补充，助力零碳建筑。但风光发电技术严重依赖自然条件，导致其存在的不确定性。储能技术能够在负载用电不足以消耗风光发电容量时，对剩余电量进行存储，并在风光发电量不足以供给负载用电消耗时进行电量补充，保证高负荷、低负荷条件下电网供电的持续性和稳定性。风光发电均受天气的影响波动较大，储能系统可以平稳其波动，维持用户侧用电电压及频率的稳定，包括通过配置单独的储能系统或在风光发电转换器中加入内部稳定储能模块等方法，

均能获得更加稳定电网的电压和频率，电源质量得到充分保障。因此，在风光发电系统中配置储能装置已成为提高新能源利用率的重中之重。

民用建筑已广泛应用可再生能源并接入并网，使储能成本尤其是电池成本不断下降，电力体制改革，包括电价机制的不断完善和辅助服务市场的兴起，中央和地方政府出台多项政策支持储能行业的持续发展，均为储能技术提供了发展动力。

随着市政电源实时电价、峰值电价的实施，在用户层面应用储能技术能够配合实时电价政策，减少用电成本，通过在用电低谷期储电并在用电高峰期或者高电价时间进行使用，来降低用户的买电成本。经统计，按照目前储能系统建设成本，在峰谷电价差在1元/kWh以上时，配置储能系统更具经济性。

储能是指通过介质或设备把能量存储起来，在需要时候再释放的过程。储能技术分类见表5.1-23。

以蓄电池为介质的电化学储能方式因其易于实现的外部条件，目前广泛应用于民用建筑领域。储能系统由电池模组、双向变换器（PCS）、电池管理系统（BMS）、能量管理系统（EMS）及其他电气设备等部件构成。

2. 在民用建筑领域根据不同的建筑需求采用针对性的储能应用策略。

储能技术分类   表5.1-23

储能技术分类	物理形式	机械类储能	动能	飞轮储能
			势能	抽水储能、压缩空气储能
		电磁场储能	电场能	超级电容器储能
			磁场能	超导储能
	化学形式	电化学储能	锂离子电池储能、铅酸蓄电池储能、液流电池储能、钠硫电池储能、钠离子电池储能	
		化学类储能	氢储能	

【释义】由于建筑领域风光发电的实时发电量与建筑实时消耗电能容量存在差异性，为充分利用储能优势可考虑以下应用策略：

（1）对于一些大型收费站、站房等屋面面积大，设置光伏发电量大于建筑自身用电需求的建筑，可以利用储能装置将多余的光伏发电量存储起来，避免弃光现象发生。

（2）对高耗能企业在用电高峰季节可能被要求有序用电或错峰用电时，应用储能充放电模式满足企业错峰生产需求，同时，高耗能行业执行的尖峰电价又可为储能的电费管理创造商业盈利条件，在谷电价时段利用市电对储能电池进行充电，在峰电价时段及平电价时段进行放电，降低用电成本。

（3）对别墅等小型独立建筑，可通过配置家庭储能消纳光伏发电的容量，即白天居民用电低谷时将光伏所发的电储存起来，在夜间居民用电负荷较高且电网供电峰值段时通过配置的储能实现电能的自给自足。另外，在配电网故障的情况下，家庭储能还可继续提供电力，从而降低了电网停电对用户造成的影响，提高了自身供电的可靠性。

（4）对有零碳或低碳要求的示范性建筑，可通过市政电源、风光发电、储能装置等综合能源互补方式来协同提高供电能力，同时也实现新能源100%的优先利用。

3. 根据储能容量确定储能装置接入配电网的电压等级，根据储能并网工作模式确定一次并网接线方案。

【释义】储能装置接入电网方式可分为并网型和离网型，由于新能源放电的不稳定性及受储能配置容量限制，建筑储能均采用并网型。并网型储能系统有三种接入方式，不同储能容量并网接入三种方式见表5.1-24。表5.1-24中储能装置采用10kV电压等级的接入主要应用在电网侧，而在民用建筑领域中的应用储能电气技术主要在负荷侧，因此，容量较小的储能装置主要考虑采用380V或220V电压等级的低压接入方式。

根据用户不同需求和不同地区的电网政策，不同应用模式的储能系统一次并网接线方案见表5.1-25。

储能系统与市政电源并网运行通常采取新能源储能自发自用、新能源储能全额上网、利用电网进行储能充放电应用共三种模式。

新能源储能自发自用运行模式适用于新能源发电量覆盖用户全部用电负荷需求后仍有多余电量，且新能源上网补贴低或无新能源上网补贴的地区，可将新能源多余的发电量存储在电池中，在新能源发电不足或夜间无新能源发电时，电池放电供负载用电，提高新能源系统的自发自用率和能源自给自足率，节省电费支出。

新能源储能全额上网模式适用于新能源补贴电价高于市政电源用电电价的场景。全额上网模式下，当新能源发电超过逆变器的最大输出能力时，通过给电池充电存储能量；当新能源发电小于逆变器最大输出能力时，电池放电，确保逆变器最大化输出新能源能量到配电网。

利用电网进行储能充放电应用模式适用于用

不同储能容量并网接入三种方式　　　　　　　　　　　　表5.1-24

储能额定功率	接入电压等级	接入方式
8kW及以下	220V/380V	单相或三相
8kW~1MW	380V	三相
0.5~5MW	10kV	三相

不同应用模式的储能系统一次并网接线方案　　　　　表5.1-25

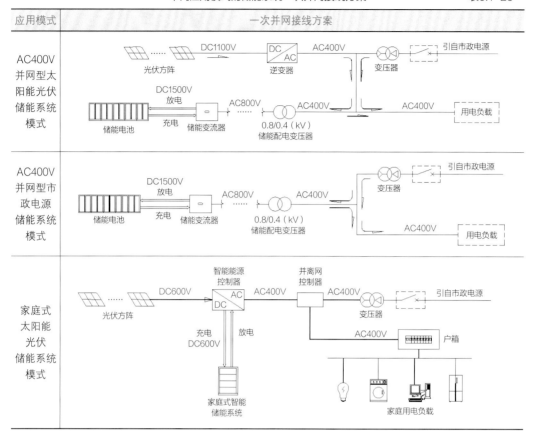

应用模式	一次并网接线方案
AC400V并网型太阳能光伏储能系统模式	
AC400V并网型市政电源储能系统模式	
家庭式太阳能光伏储能系统模式	

电峰谷价差较大的场景，是目前用户侧储能最主要的盈利方式。该模式通过手动设置充放电时间段，如夜间低电价时段设置为充电时间段，电网在该时段以最大充电功率给储能装置电池充电，高电价时段设为放电时间段，储能装置电池只有在放电时间段进行放电，以节约用电成本。该模式需要至少设置一组充放电时间段，在充电时间段允许电网给储能充电，在放电时间段可以给负载供电；其他未设置的时间段储能电池不允许放电，由新能源发电和市政电网给负载供电。研究表明，峰谷价差达到0.7元/kWh时，储能收益率可达到10%。

4. 储能电池应选择合适的电压等级和设计使用年限大于8年的产品，安装条件应满足整体环境的安全性。

【释义】建筑储能的运行方式对储能电池的选择有很大影响，建筑整体用电的能量调节对储能电池寿命和效率的要求更高，各类储能电池性能指标对比见表5.1-26。结合表中各类储能电池的安全性、能量密度、循环寿命、能量效率和产业发展，目前磷酸铁锂离子电池（以下简称锂离子电池）成为建筑储能电池的主流产品。

单个储能电池的电压和容量较小，绝大多数情况下，需要多个储能电池串联和并联才能满足应用要求。储能电池模组是指可以在现场独立拆卸和更换最少电池的成组结构。为了提高输出电压，需要将多个储能电池模组串联成一个储能电池簇，而为了增大输出电流，则需要将多个储能电池模组或储能电池簇并联。锂电池的电池模

各类储能电池性能指标对比

表5.1-26

电池分类	锂离子电池				铅酸蓄电池	钠硫电池	液流电池（钒）	钠离子电池
	锰酸锂	三元锂	磷酸铁锂	钛酸锂				
质量能量密度（Wh/kg）	70~160	180~300	100~180	80~110	25~30	150~340	10~30	80~120
功率密度（W/kg）	300~500	300~500	300~500	1000~2000	75~300	150~230	—	200~400
工作温度（℃）	放电：-20~55；充电：0~40	放电：-20~60；充电：0~60	放电：-20~60；充电：0~60	-40~65	-20~60	300~350	5~45	-20~60
自放电率（%/月）	1~3	1~3	1~3	≤0.1	5	<0.01	<0.01	—
倍率性能C	0.25~4	0.25~1	0.25~3	1~20	0.1~0.2	0.1~0.3	0.5~1.4	0.25~3
循环寿命（次）	800~1500	500~2000	500~5000	≥25000	200~300	≤2500	1000~13000	2000
能量效率（%）	≥95	≥95	≥95	≥95	70~90	70~90	60~85	—
安全性	良	差	良	优	优	良	优	良
成本	低	较高	较低	较高	低	较高	高	较低

注：本表摘自《双碳节能建筑电气应用导则》（中国建筑节能协会电气分会，中国城市发展规划设计咨询有限公司组编，2023）。

组电压宜选12V、24V、36V、48V、72V系列，民用建筑中储能电池模组的最高电压不宜超过60V，电池模组间宜采用快速插拔方式连接。储能电池模组或储能电池簇并联时应配置隔离电器，且隔离电器宜采用多极形式的隔离开关或具备隔离功能的断路器。电池模组外形示意图如图5.1-12所示，电池簇外形示意图如图5.1-13所示。

与铅酸电池相比，锂离子电池热失控风险和火灾破坏性更大，传统的消防措施很多时候无法有效应对锂离子电池火灾，因此建筑储能必须充分考虑锂离子电池热失控和火灾危险可能带来的后果，现阶段建议储能电池组优先选择设置在建筑室外。

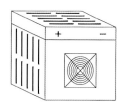

图5.1-12　电池模组外形示意图

图5.1-13　电池簇外形示意图

目前市场上对于储能电池多采用集成的电池柜方式，电池柜内包含电池模组、负荷开关、柜内自带空调冷却系统、消防报警监测系统等。考虑到建筑的安全性，目前储能系统均设置在室外，采用集成化电池柜，更便于运输、运维和安装，且不必在园区内再设置单独的电池机房。蓄电池的荷载及空间对比见表5.1-27。

5. 储能装置电池容量宜根据建筑整体用电情况，结合储能目标、建筑光伏发电量等因素进行配置和计算。

【释义】建筑储能最基本的功能是通过调整充放电功率改变配电系统的负荷特性，达到新能源的消纳、平抑负荷波动和电力交互等目的。

储能电池容量设计中，负载用电情况是最重要的参考因素，但电池充放电能力、储能的最大功率、负载用电时段的运行等特征同样不容忽视。通常，电池手册上标注的是电池的理论容量，即在理想状态下，电池荷电状态（SOC）从100%到0时电池能够释放的最大电量。在实际应用中，考虑到电池使用寿命不允许放电到SOC为0，会设置保护最低电量限值。

储能电池容量需考虑电池使用率和电池过程损耗。当建筑设置的新能源发电系统容量较小或负载用电量需求较大时，电池配置起不到储存电能的作用而闲置；储能电池系统若配置不当，在充放电过程中产生过程损耗，使电池放电量小于电池存电量，负载耗电量小于电池放电量，造成

蓄电池的荷载及空间对比　　　　　　　　　　　　　　表5.1-27

系统容量（kVA） （放电时15min）	电池类型	质量（kg）	电池架/电池柜尺寸： 宽×深×高（m）	承重 （kg/m²）
200	铅酸蓄电池	3000	0.9×1.2×1.6	1667
	锂电池	800	0.6×1.1×2.0	1212
400	铅酸蓄电池	5400	1.15×1.2×1.6	1636
	锂电池	1600	（0.6×1.1×2.0）×2.0	1212

电池供电不足的现象。采用不同的光伏系统运行模式其储能电池容量配置可参考以下计算方法进行。

（1）当光伏发电系统为独立的发电系统，且完全配置储能装置时，其储能电池的容量应按式（5.1-3）进行计算：

$$C_c = D \cdot F \cdot P / (U \cdot K_a) \qquad (5.1-3)$$

式中　C_c——储能电池容量（kWh）；

　　　D——最长无日照期间用电小时数（h）；

　　　F——储能电池放电效率的修正系数，通常取1.05；

　　　P——负荷容量（kW）；

　　　U——储能电池的放电深度，通常取0.5～0.8；

　　　K_a——交流回路的损耗率，通常取0.7～0.8。

（2）当光伏发电系统为自发自用并网型系统，按照政策要求比例及时间（通常为10%～20%，2h）配置储能装置时，其储能电池的容量应按式（5.1-4）进行计算：

$$C_c = D \cdot F \cdot P / (U \cdot K_a) \qquad (5.1-4)$$

式中　C_c——储能电池容量（kWh）；

　　　D——政策要求储能用电小时数（h）；

　　　F——储能电池放电效率的修正系数，通常取1.05；

　　　P——光伏输出容量（kW）；

　　　U——储能电池的放电深度，通常取0.5～0.8；

　　　K_a——交流回路的损耗率，通常取0.7～0.8。

（3）当储能作为应急电源备用，主要应用在电网不稳定地区或有重要负载的情境中。在选择电池容量时，需要考虑的就是电池在离网情况下单独供应所需要的电量（假设晚间停电，无PV）。其中离网时需保电的重要用电负荷总功率和离网预计时间是最关键的参数，其按式（5.1-5）计算：

$$C_c = D \cdot F \cdot P / (U \cdot K_a) \qquad (5.1-5)$$

式中　C_c——储能电池容量（kWh）；

　　　D——预计离网时间（h）；

　　　F——储能电池放电效率的修正系数，通常取1.05；

　　　P——需保电重要负荷容量（kW）；

　　　U——储能电池的放电深度，通常取0.5～0.8；

　　　K_a——交流回路的损耗率，通常取0.7～0.8。

（4）当储能作为享受峰谷电价政策红利使用时，以高峰时期的总用电量为基础计算出电池容量的最大需求值，然后根据光伏系统的容量和投资的效益在该区间内找到一个最佳电池电量。这种情况下需要专业的投入和收益比的经济分析。

6. 储能变换器（PCS）应按照使用场合储能系统的需求，根据PCS的相数、结构形式、系统电压、功率因数、切换时间和容量等技术参数来配置适宜的产品。

【释义】储能变换器（PCS）又称双向储能逆变器，由功率、控制、保护和监控等软硬件电组成，连接于蓄电池组和电网（或负荷）之间，实现电能双向转换。由于应用场合不同，储能变流器的功能和技术参数差异较大，在选择时应注意系统电压、功率因数、峰值功率、切换时间和容量等，这些参数的选择对储能系统功能影响较大。

PCS分为单相PCS和三相PCS。单相PCS通常由双向DC-DC升降压装置和DC/AC交直流变换装置组成，直流端通常是DC48V，交流端AC220V。三相PCS又可分类为小功率和大功率两种类型。小功率三相PCS由双向DC-DC升降压装置和DC/AC交直流变换两级装置组成；大功率三相PCS由DC/AC交直流变换一级装置组成。

PCS按结构形式分为高频隔离、工频隔离和不隔离三种。单相和功率在20kW以下三相PCS一般采用高频隔离的方式，50~250kW容量的三相PCS一般采用工频隔离的方式，500kW以上容量的三相PCS一般采用不隔离的方式。

PCS系统电压即为蓄电池组的电压，也是PCS的输入电压。不同技术的PCS系统电压相差较大，单相两级结构的PCS系统电压在50V左右，三相两级结构的PCS系统电压在150~550V之间。三相带工频隔离变压器的PCS系统电压在500~800V之间，三相不带工频隔离变压器的PCS系统电压在600~900V之间。

PCS系统在正常运行时，功率因数应大于0.99，当系统参与功率因数的调节时，功率因数的范围应该尽可能宽。

PCS有两种切换时间，一是充放电切换，对大型PCS通常要求在90%额定功率并网充电状态和在90%额定功率并网放电状态之间，切换时间不长于200ms；二是应用于并网模式和离网模式的切换，此时切换时间不长于100ms。

PCS额定容量宜按负荷容量的1.2倍配置，也可以根据负荷的重要程度提高配置倍数，如当负载容量200kW时，建议PCS额定容量按250kW配置。若用电负荷有离网独立运行需求时，则应加大PCS额定容量的配比。

7. 储能装置应设置电池管理系统（BMS），对电池的充放电及运行进行管理，BMS系统还应将相关信息上传至能源管理系统（EMS），实现能源整体管理。

【释义】电池管理系统（以下简称BMS）的基本功能是对储能电池的状态进行实时检测，在出现异常和故障的情况下提供保护。BMS包括前端电池检测单元（以下简称BMU）和分析及控制单元（以下简称BCU）。BMU一般集成在储能电池模组内，BCU则根据系统规模和监控要求可能包

含两到三个控制层级。

为避免储能电池过放引起电池损坏，在电池荷电状态低于限值时，BMS会将电池模组或电池簇与外部链接断开，储能变换器也将停止运行。在负载端电压正常且允许充电的情况下，要求储能变换器能对电池进行补充充电，充电结束后自动恢复正常运行。储能变换器的补充充电功能应自动执行，或通过远程方式启动。BMS需实时反馈电池电压、充放电电流、荷电状态、能量状态、最大允许充放电功率等信息。

能源管理系统（以下简称EMS）具有针对锂电池储能电源的管理功能，以实现实时监控、诊断预警、全景分析、高级控制功能，满足运行监视全面化、安全分析智能化、全景分析动态化的需求，保证储能电站安全、可靠、稳定运行。

EMS适用于储能站、微电网、新能源储能一体化等类型项目的系统监控、功率控制及能量管理的监控系统，实现对储能电站BMS和PCS的集中监控，统一操作、维护、检修和管理，实现故障的快速切除、在负荷高峰时缓解电网压力、降低电网运行成本、提高经济效益。EMS能源管理系统框架示意图如图5.1-14所示。

5.1.5

建筑微电网系统

1. 建筑微电网系统的建设目标就是要采用多种能源有机融合的方式构建更经济、安全可靠和绿色环保的新型电力系统。

【释义】为确保如期实现"双碳"目标，应加快构建以新能源为主体的新型电力系统，大力提升新能源消纳和存储能力。"源网荷储一体化"是一种可实现能源资源最大化利用的运行模式，通过源源互补、源网协调、网荷互动、网储互动和源荷互动等多种交互形式，更经济、高效和安

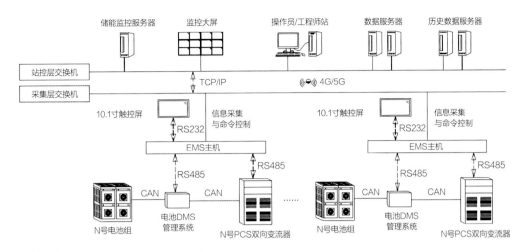

图5.1-14　EMS能源管理系统框架示意图

全地提高电力系统功率动态平衡能力，是构建新型电力系统的重要发展路径。

　　推行"源网荷储一体化"可最大化调动负荷侧调节响应能力，让用户深度参与系统运行的调节，通过捕捉灵敏的价格信号充分挖掘并提高用户积极性，增加负荷侧调节的灵活性。在发电侧为增加各类电源的调节能力并将其充分释放、实现电力系统调节资源共享，需要提高新能源的发电占比，以促进新能源就近生产和利用并增加储能系统的规模化应用。源网荷储供配电系统构建导引如图5.1-15所示。

　　"源网荷储一体化"在实施路径上主要分为三种模式：区域（省）级源网荷储一体化、市（县级）源网荷储一体化和园区（或建筑单体）级源网荷储一体化。建筑微电网系统主要针对园区（或建筑单体）级"源网荷储一体化"。

　　建筑微电网以分布式电源为主，将分散的分布式电源组织起来形成一个小型的能源系统为区域内负荷供电。建筑微电网具备微型、清洁、自治和友好四个基本特征，即系统规模一般容量在兆瓦级及以下，电压等级一般在10kV以下，与终端用户相连，电能就地利用。

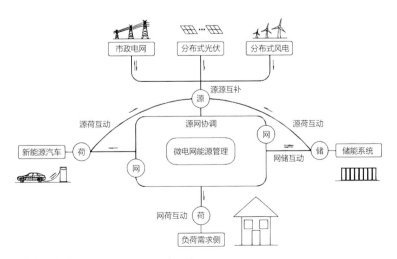

图5.1-15　源网荷储供配电系统构建导引

分布式电源是以清洁能源或以能源综合利用为目标的发电形式，微电网内部电力电量能实现基本自平衡。现阶段微电网与外部电网的电量交换一般不超过总电量的20%。微电网对大电网的支撑作用，是通过利用储能和控制技术进行实时调节，实现供电网络内部电力电量的平衡，并可能实现与市政电网并网运行模式和离网运行模式的平滑切换。

微电网规划建设目标以低碳用能推动建筑园区用能结构调整，建设目标一般包括经济性目标、可靠性目标和环保性目标三类。

经济性目标通常为综合成本最小化、项目收益最大化等。微电网成本主要包括安装建设成本、运维成本、燃料成本、环保成本、购电成本、损耗成本等；项目收益则主要包含售电收益、节能减排效益、可再生能源发电补贴等。从时间跨度来看，经济性目标的计算时期既可为全寿命周期内，也可取为年平均值。

可靠性目标需要能够真实客观反映微电网系统及内部设备的运行状况及对用户供电的影响等，主要指标有自平衡率、供电不足率、平均停电时间、平均停电频率等。

环保性目标通常为污染物排放量、化石燃料消耗量、弃风光率等，主要反映微电网系统的环境效益。

2. 选用适宜合理的建筑微电网系统架构主要考虑因素为电源接入类型和负荷使用类型。

【释义】建筑微电网按供电电源接入类型可分为交流微电网、直流微电网和交直流混合微电网；建筑微电网系统又可根据负荷使用类型即直流负载和交流负载的占比，选用适宜的系统架构形式。微电网系统类型及电气系统一次方案见表5.1-28。

微电网系统无论采用哪种类型，只要负荷侧共存交流负载和直流负载，都存在需要设置

交流变直流、直流变直流、直流变交流的变换器，而经变换器转换均有3%~5%的功率损失，因此，在上述三种系统构架选择上应在确定"源"和"荷"的形式基础上，再确定"网"的架构。直流微电网或交直流混合微电网将是未来发展方向，但现阶段交流微电网仍然是设计主选的主流系统类型。

直流微电网是指由光伏系统和储能系统建立的直流（DC）耦合系统，而业内所指的光储直柔技术是针对民用建筑行业直流微电网的一种应用，其聚焦于民用建筑分布式光伏、分布式储能、低压直流配电与民用柔性用电设备。该系统结合分布式光伏发电、储能、直流配电及柔性用电四项关键技术，由于在发电、储能、配电、用电环节均采用直流，通过合理设置直流电压等级来减少传统民用建筑配电系统中广泛存在的交直流变换环节，降低系统损耗。系统加入柔性用电负荷，使光储直柔微网的互动性更强，对电网波动的承受能力也加强，同时也进一步推广了柔性直流用电设备的制造与应用。

3. 建筑微电网系统的建设应遵循当地的资源条件、尊重自然、顺应自然、因地制宜，规划设计前应进行前期研究、系统规划、技术要求和项目评估四部分工作。

【释义】微电网系统设计前应进行前期研究、系统规划、技术要求和项目评估等工作。前期研究阶段首先应根据项目目标需求、所处地域、分布式能源特点、负荷特性、当地法规、政策及是否可接入公共配电网等条件，确定系统并网或离网的运行模式；其次应进行当地资源评估（即源）和发电量预测；最后进行用电负荷侧（即荷）能耗预测。

系统规划应根据建设目的、可用再生能源、建设投资和经济运行情况，确定微电网中可用再生能源的配比，并结合当地接入公共配电网的政

微电网系统类型及电气系统一次方案　　　　　　　　　　表5.1-28

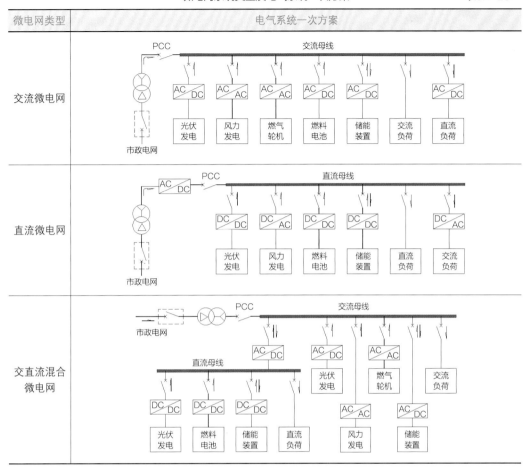

微电网类型	电气系统一次方案
交流微电网	
直流微电网	
交直流混合微电网	

策来确定适宜的微电网系统设计方案。

技术要求应满足接入配电网的保护、控制和通信等，以确保微电网的安全运行；同时针对微电网系统的安全性、可靠性、经济性、环保性、冗余性等方面进行全方位评估，以确定最优方案。

4. 微电网能源容量配置应依据负荷侧功率预估和电源接入侧供给能力的预测确定。

【释义】设计阶段负荷预测是微电网能源配置的基础之一。在进行负荷预估时，宜先进行电量需求预估后进行电力需求预测。负荷预估包括以下方面：

（1）负荷预估所需要的数据包括：建筑功能、用电设备系统配置、用电负荷特性变化分析、峰值负荷和日负荷曲线、可中断负荷情况及负荷年增长率预期判断。

（2）分析不同负荷的优先级主要区分重要负荷和非保障可控负荷，以保证电力不足时重要负荷连续性供电。低优先级可控负荷可在用电高峰时段，通过主动切除的方式参与需求侧响应。低优先级可调柔性负荷，可在用电高峰时段通过降低运行功率的方式参与需求侧响应。通过分析可进一步精确微电网的实际运行容量，以减少非必要的电力设备报装容量。

（3）负荷预估按时间分为短期、中期和长期三种预估方式，中期和长期负荷预估包括长期负荷电量、总负荷电量和峰值负荷电量预估等，主要用于微电网系统规模的建设，是微电网决策的重要因素。短期负荷预估，侧重系统每小时的负荷容量，其作用是确定满足可靠性、运行约束、环境影响等约束条件下的经济运行方式，主要用于项目的评估。

发电侧发电能力预测同样是微电网能源配置的基础之一。在前期研究阶段，应收集历史气象数据、地理环境特征及建设场地信息等资料。对太阳能、风能等不可调度资源和生物质能、火力发电、热电联产、储能系统等可调度资源进行资源分析，再根据建设项目具体安装条件、负荷预测和碳排放建设目标，结合国家法规及地方性政策来确定适宜的可再生能源配比，即可再生能源装机容量占项目变压器装机容量的比例。

由于分布式能源以不稳定、间歇性的风光资源为主，建筑群建设项目主要以光资源为主，因此为使微电网系统运行稳定，需设置储能装置。当考虑离网运行条件时，应配置必要容量的储能装置或可调度的发电单元，但对于民用建筑一般不考虑离网运行。

5. 应对微电网接入电源的电压进行调节，以保证微电网输出电压的稳定性。

【释义】微电网主要以分布式电源为主，虽然设置容量不大，但是数目较多，使得微电网的控制不能像传统电网那样由电网调度中心统一控制以及处理故障，这就对微电网的运行和控制提出了新的要求。如根据电网需求或者电网故障情况，能够实现自主与主电网并列、解列或者是两种运行方式的过渡转换运行，同时实现对电网有功功率、无功功率分别控制、调节微电网的馈线潮流、控制每个微电源出口频率和电压、实现微电网与市政电网的协调优化运行以及对市政电网的安全支撑等。

微电网在离网运行时应能确保微电源快速响应，满足用户电力需求和对电能质量和可靠性的要求。即在大电网发生故障或其电能质量不符合

标准的情况下，微电网可离网运行，这时的微电网和市政电网均处于正常的独立运行状态，相互之间不受影响。因此，离网运行是微电网最重要的运行能力，而实现这一能力的关键技术是微电网与市政电网之间的电力接口处的控制环节——静态开关，用以实现在接口处灵活控制电能的接收和输送。从市政电网的角度看，微电网相当于负荷，是一个可控的整体单元。另外对用户来说，微电网是一个独立自治的电力系统，可以满足不同用户对电能质量和可靠性的要求。

多电源微电网组成框架示意图如图5.1-16所示，微电网包括A、B和C共3条配电馈线，整个网络呈辐射状结构，馈线通过微电网主隔离装置与配电网相连，可实现并网与离网运行方式的平滑切换。

馈线A和馈线B上接的为重要负荷，安装多个分布式电源为其提供电能，馈线A上接敏感负荷，连接燃料电池和微型燃气轮机，其中微型燃气轮机运行于热电联产，向用户提供热能和电能；馈线B上接可调节负荷，连接光伏发电和风力发电共同为其提供电能；馈线C为非敏感负荷，没有配置专门的微电源为馈线C上的负荷供电，正常情况下可通过微电网冗余容量或并网市政电源获得电能并维持正常运行。需要说明的是，目前建筑群新能源主要以光伏系统为主导，若微电网中仅接入光伏系统，馈线A和馈线B可合并，若光伏系统输出电能足以满足负荷侧总的运行容量，馈线A、馈线B和馈线C均可合并在一条配电馈线上，一条馈线运行策略与三条馈线运行策略一致。

微电网馈线A和馈线B上的负荷由微电源承担，当离网运行时，若微电网内部出现过负荷时，可切断馈线C上负荷的供电电源；当并网运行时，在市政电网发生故障停电或者出现电能质量问题时，微电网通过静态开关切断与市政电网的联系，微电网离网运行，故障消除后，主断路

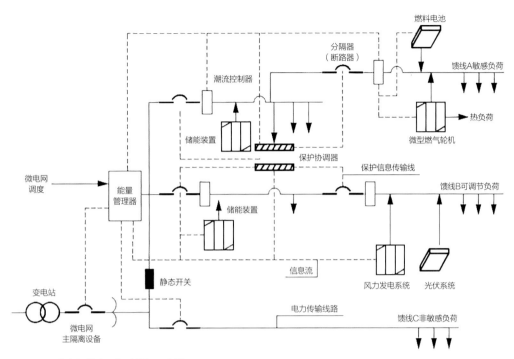

图5.1-16　多电源微电网组成框架示意图

器重新合上，微电网恢复并网运行模式。

6. 在微电网系统中主要采用PQ控制、V/F控制和下垂控制等具体技术对接入电源进行控制。

【释义】建筑微电网系统中分布式电源常用的控制方法主要有：PQ控制、V/F控制和下垂控制。

PQ控制是一种恒功率控制，通常在并网运行状态下采用PQ控制，控制的目的是不考虑其对微电网频率和电压的调节作用，使接入电源（指分布式电源）输出的有功和无功能够实时跟踪参考信号，而频率和电压支撑由市政电网提供。

V/F控制是通过设定电压和频率的参考值，再通过PI调节器对电压和频率进行跟踪，作为恒压、恒频电源使用。电源在进行V/F控制时只采集逆变器端口的电压信息，可通过调节逆变器来调节电压值，频率采用恒定值50Hz。

下垂控制主要是指电力电子逆变器的控制方式，利用有功-频率和无功-电压呈线性关系的特性对系统的电压和频率进行调节。该控制方法不需要各微电源之间通信联系就可以实施控制，所以一般采取对微电源接口逆变器控制。

微电网在并网时采用PQ控制策略，以保证可再生能源的充分利用；在离网运行时采用V/F控制，以保证微电网在离网运行时电压和频率稳定，使负荷功率能很好跟踪变化特性。平时微电网均处于并网运行，当因故微电网需要从并网模式切换到离网模式，逆变器的控制从并网时的PQ控制过渡到离网运行时的V/F控制，既要保证交流电压频率的平滑过渡，又要让输出功率匹配负荷的速度尽可能快；当微电网从离网模式切换到并网模式时，为避免并网瞬间的电流冲击，需保证并网前微电网与市政电网同步且电压相等。

7. 微电网中逆变器在整体上应具备保持与电网同步的能力，无论并网还是离网工作状态，通过动态调节电压或电流的控制模式来保证微电网整体电源输出的稳定性。

【释义】当微电网系统中采用多台逆变器时，要求各逆变电源的输出正弦波电压必须具有相同的频率和幅值。在微电网中，多个并联的逆变电源以输出的有功功率和无功功率为控制量对逆变电源的输出电压进行同步，从而达到稳定和谐并联的目的。

微电网应根据不同的并网形式设置不同的有功功率调节控制功能。380V电压等级并网的微电网系统的最大交换功率和功率变化率可远程或就地手动完成设置；10kV电压等级并网的微电网系统与外部电网交换的有功功率应能根据电网频率值、电网调度机构指令等信号进行调节。

微电网应根据不同的并网形式设置不同的无功功率调节控制功能。380V电压等级并网的微电网系统，并网点功率因数应在0.95（超前）~0.95（滞后）范围内可调；10kV电压等级并网的微电网，并网点功率因数应能在0.98（超前）~0.98（滞后）范围内连续可调。在其无功输出范围内，应具备根据并网点电压水平调节无功输出，参与电网电压调节的能力，其调节方式和参考电压、电压调差率等参数可由电网调度机构设定。

为保障微电网连续供电的要求，在通过集中逆变器并网运行的系统，当逆变器交流侧电压跌至0时，逆变器应连续0.15s不间断并网运行；当电压跌至20%标称电压时，逆变器能够保证不间断并网运行0.625s；逆变器交流侧电压在发生跌落后2s内能够恢复到标称电压的90%时，逆变器能够保证不间断并网运行。

8. 并网运行的微电网在并网点级设置具有故障隔离的断路设备，同时应配置保障电网运行质量的辅助设备。

【释义】微电网系统在并网点应安装易操作、具有明显开断指示、具备开断故障电流能力的断路器。断路器应根据短路电流水平选择设备分断能力，并需留有一定裕度。

380V电压等级并网的微电网在并网点安装的并网断路器应具备电源端与负荷端反接能力。对逆变器类型电源并网点应安装低压并网专用开关，且具备失压跳闸和有压合闸的功能，失压跳闸定值宜设定20%U_n（标称电压）/10s，有压设定值宜大于85%U_n。

10kV电压等级并网的微电网在并网点安装的断路器应易操作、可闭锁、具有明显开断点、带接地功能、可开断故障电流，分断能力一般宜采用20kA或25kA。

由于微电网运行中电力电子变换以及非线性负载引起谐波电流或电压和存在三相不平衡、谐波电压作用下的多谐振导致串联谐振、间歇式微电网潮流会引起电压的波动和闪变，所以，无功补偿容量的计算应充分考虑逆变器功率因数、汇集线路、变压器和送出线路的无功损失等因素，并网点功率因数连续可调范围值应满足表5.1-29的要求。

微电网在公共连接点的电能质量应满足现行国家标准《电能质量监测设备通用要求》GB/T 19862的要求，接入公共连接点的电压偏差应满足现行国家标准《电能质量 供电电压偏差》GB/T 12325的要求，接入公共连接点的电压波动和闪变应满足现行国家标准《电能质量 电压波动和闪变》GB/T 12326的要求，接入公共连接点的电压不平衡度应满足现行国家标准《电能质量 三相电压不平衡》GB/T 15543的要求。

微电网接入公共连接点的谐波应满足现行国家标准《电能质量 公用电网间谐波》GB/T 24337的要求，谐波注入电流应满足现行国家标准《电能质量 公用电网谐波》GB/T 14549的要求，其中微电网注入公共连接点的谐波电流允许值应按微电网与电网协定最大交换容量与公共连接点上具有谐波源的发/供电设备总容量之比进行分

并网点功率因数连续可调范围值 表5.1-29

电压等级	分布式电源	位置	功率因数范围
380V	光伏系统或其他方式	并网点	超前0.95～滞后0.95
10kV	光伏系统	接入用户系统 自发自用（余量上网）	超前0.95～滞后0.95
		接入市政电网	超前0.98～滞后0.98
	同步电机类电源		超前0.95～滞后0.95
	感应电机及非光伏逆变器		超前0.98～滞后0.98

配，向公共连接点注入的直流电流分量不应超过与市政电网协定最大交换容量对应交流电流值的0.5%。

9. 微电网系统应设置完备的自动化监控和管理系统，并在微电网相应的接入点配置好电能使用的计量功能，以满足调度和监测的需求。

【释义】380V电压等级并网的微电网应具有监测和记录运行状况的功能，同时应具备电量上传功能。上传的通信方式采用无线或光纤以公网通信传输并应采取信息安全防护措施。

10kV电压等级并网的微电网应具备与电网调度机构之间进行数据通信的能力，能够采集微电网的电气运行工况，上传至电网调度机构，同时具有接受电网调度机构控制调节指令的能力。通信方式和信息传输应符合相关标准的要求，包括遥测、遥信、遥控、遥调信号，以及提供信号的方式和实时性要求等，可采用基于现行行业标准《配电自动化系统应用》DL/T 634.5101的通信协议。

上传至公共配网管理部门的信息包括并网点处开关状态、电压、频率、电流、有功功率和无功功率，提供各分布式电源的发电能力，设置储能装置的还应提供充放电状态。

并网型微电网系统接入电网前，应明确计量点，计量点设置应考虑产权分界点。计量点应装设双向电能计量装置，其设备配置和技术要求需符合5.1.1节中第7条的相关要求。

10. 零碳建筑电气微电网建设应依据负荷侧运行耗能预测，合理设置分布式能源、市政供电网和储能装置，通过调整能源结构来构建零碳建筑电气用能零碳化的目标。

【释义】零碳建筑电气设计主要以建筑内供配电系统综合碳排放为零为目标，实现方法基于机电系统低能耗的运行，在常规市政电源供电的同时引入分布式能源、配置储能系统，通过改变能源结构来优化供配电系统的电气微电网，以达到设定目标。

分布式新能源以光伏发电为例，正常工作时间段，根据假定的太阳能日发电量和用电负荷日用电情况曲线（见图5.1-17），零碳建筑电气电能零碳化的设计配置宜采用如下方法：预测全年光伏发电量=预测全年用电负荷侧耗电总量；预测全年储能容量=预测全年非光伏发电时段用电负荷侧耗电总量。

结合图5.1-17，运用光伏发电系统的零碳建筑微电网不同条件下的运行状态如下：

（1）阳光充足的正常天气条件下：在1、2、4、5段时间，储能系统供电；在3段时间，光伏系统为负荷供电，为储能电池充电。

（2）节假日期间，在满足最基本的负荷需求外，储能设备充满后多余的光伏发电量通过市政供电网并网接口上传至市政电网，作为光伏系统余量的储备，即返回电网总电量=光伏发电量-储能充电容量-负荷消耗容量。

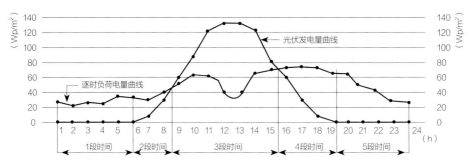

图5.1-17 太阳能日发电量和用电负荷日用电情况曲线

（3）阴天下雨非正常天气条件下，市政电源与储能装置共同完成负荷所需的总的用电量，即电网供电总电量＝负荷消耗容量－储能充电容量。

（4）非正常天气条件下，储能装置宜利用低谷用电时段充电，既缓解电网压力，又享受低谷电价。

（5）应考虑光伏系统余量返回电网电量综合可平衡所消耗的市政电源总能耗。

5.2

供配电系统的降耗提效

应综合考虑提升供配电系统运行能效和降低系统有功功率损耗的影响因素。

【释义】建筑供配电系统由接收电能、变换电压、分配电能和输送电能四个环节组成，接收电能环节是指将建筑引入的电源送至用电负荷中心，将电力供电与负荷中心连通，为负荷中心提供电能；变换电压环节是利用变压装置将供电电压转变为用电负荷所需要的工作电压；分配电能和输送电能环节则是将电能通过配电导体分配至各用电负荷侧。

供配电线路及变压损耗基本上是指接收电能、变换电压、分配电能和输送电能四个环节电能损耗的累加。而建筑群及建筑内的机房位置、供电半径、供电电源电压等级、功率因数、谐波治理、配电变压器、变换器、配电干线及配电导体等方面的设计与设备选用是对节能设计的考量。因此，在供配电系统设计中，应注重降低电能在供配电过程中的损耗、节约导体的用量、提升用电设备运行的效率、保障用电质量。

5.2.1

电压等级

1. 建筑群及建筑内各用电负荷供电电源电压等级应根据用电负荷容量、用电设备特性、供电距离及供电电源的电压类别等因素合理确定。

【释义】电压等级是电力系统及电力设备的额定电压级别系列。额定电压是电力系统及电力设备规定的正常电压，即与电力系统及电力设备某些运行特性有关的标称电压。

民用建筑常用的交流供电额定电压等级包括35kV、20kV、10kV、380V/220V等，直流供电额定电压等级包括1500V（±750V）、750V（±375V）、220V（±110V）、48V等。

供电系统电压等级是设计开始阶段首先要考虑的因素。交流供电电压与配电容量、三相有功功率损耗和电压降的关系见表5.2-1。

2. 建筑群供电电压等级依据供电公司提供的外电源情况来确定。建筑群内各建筑的供电电压等级根据用电负荷计算容量来确定，尽量采用较高等级的供电电压。

【释义】由市政直接引入建设项目变电所的外电源，其电压等级即为当地供电公司提供给建设项目的最高入户电压等级，按当地电网建设情况可采用交流35kV、20kV或10kV；对建筑面积体量较小的建设项目，进线电源电压等级可采用交流380V。

供电电源按照电流传输特性，又可分为交流电源和直流电源。当建设项目装设光伏系统、储能装置并与电网交互运行且内部设有直流设备时，宜设置直流配电系统，直流设备接入电压的等级选择可参见表5.2-2。

3. 在设备电压等级选择上，尤其针对大容量单台设备应在方案阶段相互配合协调确定。

【释义】建筑内风机水泵供电电压等级需依据市场供应制造商提供的产品的标称电压确定，一般类型电机设备标称电压AC380V，但大容量单台设备在方案阶段对其供电电压等级需相互配合，对比使用环境、经济投入、运行投入等因素，在满足当地供电电网允许条件下，以提高供电能力、降低线路损耗为最终目标确定供电电压。

交流供电电压与配电容量、三相有功功率损耗和电压降关系　　表5.2-1

名称	计算公式	符号说明	说明
供配电系统配电网容量	$S=\sqrt{3}U_nI_r$	S为送电容量，kVA；U_n为配电网标称电压，kV；I_r为线路导线持续载流量，A	当线路其他条件一致，提高供电电压，供电容量相应增加，系统带载能力提升
三相有功功率损耗	$\Delta P_L=P^2R/U_n^2\cos^2\varphi$	ΔP_L为有功功率损耗，kW；P为三相配电线路有功功率，kW；I_n为线路电流，A；R为线路每相电阻，Ω；$\cos\varphi$为功率因数	在负荷参数一致条件下，提高供电电压，降低功率损耗
电压降	$\Delta u=\dfrac{PR+QX}{10U_n^2}\times100\%$	Δu为电压降，%；R为配电线路电阻，Ω；X为配电线路电抗，Ω；Q为配电线路无功功率，kvar	当线路其他条件一致，提高供电电压，电压损失降低

注：直流配电系统中除无需考虑功率因数外，其他考虑因数与交流配电系统一致。

直流设备接入电压的等级选择　　表5.2-2

设备额定功率	直流母线电压等级
>15kW	DC750V
≤15kW且>500W	DC375V
≤500W	DC48V

注：本表引自现行团体标准《民用建筑直流配电设计标准》T/CABEE 030—2022。

对单台电动压缩式冷水机组额定输入功率在650～1200kW之间的电压等级选用应重点分析比较。电动压缩式冷水机组供电电压推荐等级见表5.2-3。

标称电压10kV交流电动压缩式冷水机组（以下简称10kV机组）与标称电压380V交流电动压缩式冷水机组（以下简称380V机组）节能比较见表5.2-4。

4. 设备在交流或直流供电电压供电选择上，对相对集中且均变频运行的多台设备，尽量采用直流配电系统，降低变频器交流与直流供电的总体转换损耗。

【释义】变频器应用变频技术与微电子技术，通过改变电机工作电源频率的方式，将电压和频率固定不变的工频交流电变换为电压或频率可变的交流电，来控制交流电动机的电力控制设备。变频器电路由整流、直流、逆变和控制共4个部分组成，使用的供电电源分为交流电源和直流电源，交流电源供电控制路径为工频交流电源→整流→直流→逆变→可调节交流电源；直流电源供电控制路径为直流→逆变→可调节交流电源；在交流电网中直流电源也是将交流电源通过变压器变压、整流滤波后获取的。

直接采用直流电源可取消整流环节，无需配置整流装置，减少转换损失，逆变效率也可以提升3%～5%。在直流供电系统中，无需配置无功功

电动压缩式冷水机组供电电压推荐等级　　　　　　　　　　　　　　　表5.2-3

额定输入功率P（kW）	供电电压	额定输入功率P（kW）	供电电压	额定输入功率P（kW）	供电电压
$P>1200$	10kV供电	$900<P\leq1200$	宜10kV供电	$650<P\leq900$	可10kV供电

注：本表摘自《民用建筑供暖通风与空气调节设计规范》GB 50736—2012。

10kV机组与380V机组节能比较　　　　　　　　　　　　　　　表5.2-4

项目名称	10kV机组	380V机组
电压等级	10kV	380V
一次线路图		
机组配置数量	10kV机组提高单机制冷量，配置台数少于380V机组	
变配电装置投入数量	10kV馈电开关柜及10kV机组 10kV进线柜、启动柜和补充偿柜	10kV与380V馈电开关柜、变压器及集中补偿柜、机组启动柜
占用机房面积	由于10kV机组变配电装置投入数量配置电气装置较380V机组投入设备少，其占用面积相应缩减	
供配电损耗	提高供电电压有效降低线路损耗，减少导体总截面投入。10kV直接供电，取消10kV/380V电压转换环节，系统损耗得到进一步消减，从而提高供电效率	
电网质量	提高供电电压有效降低线路压降，降低启动电流，减少对电网的冲击	

率补偿，取消整流环节也无需进行谐波治理，使电网质量也得到提升。

直流供电可采用较高电压等级的直流750V电源，降低直流系统传输损耗。当配电系统无直流配电系统时，也可以将交流380V供电电源直接转换为相应等级的直流电源，为直流负载提供直流配电。冷源变频系统直流配电构架示意如图5.2-1所示。

5. 对安装环境或操作距离有安全要求的空间，应采用额定安全特低电压供电。为降低供电线路较长情况下的供电线路损耗，宜采取就地供电电压与特低电压的转换。

【释义】对照明插座设备应在防火分区内的配电间进行380V与220V电压配电转换。对因环境要求需采用交流不大于50V和直流不大于120V的特低电压时，应在供电点附近设置电压转换。当因供电距离引起的电压降不满足设备运行电压要求时，应在设备就地设置电压转换。如：游泳池、喷水池等人接触类潮湿场所，照明设备需采用交流12V、直流30V及以下的安全特低电压供电。

6. 针对建筑内直流电压等级的用电设备，当建筑内设有直流供电系统时，可直接为其供电，否则在设备端进行交流与直流转换。

【释义】建筑内LED照明及酒店、公寓、住宅内的变频洗衣机、冰箱等家用电器、变频空调、变频电梯、快速充电桩等均可直接采用直流供电。当建筑内设有直流系统时，应采用相应等级的直流供电电压为直流设备供电，以减少交直变换器降低电能损耗。当建筑内设有一定规模的直流设备时，经能耗与经济评估后采用局部直流系统为直流设备供电。直流用电设备的直流电压等级应用对照见表5.2-5。

5.2.2
功率因数与谐波治理

1. 在系统设计时应以提升综合功率因数为原则，减少系统运行中的无功功率损耗、提高电网供配电效率。

【释义】功率因数既是衡量交流供配电系统供配效率的指标，也是系统运行的质量指标，功

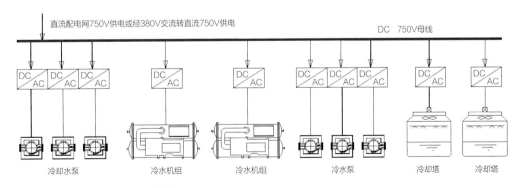

图5.2-1　冷源变频系统直流配电构架示意

直流用电设备的直流电压等级应用对照　　　　　　　　　　　　　　　表5.2-5

直流电压等级	48V	220V	400V	750V
直流用电设备	LED照明、家用电器	变频空调、变频洗衣机及冰箱	直流充电桩、变频空调、电梯	大巴车、直流充电桩

率因数的大小可以判断供配电系统运行效率的高低。根据表5.2-1内三相有功功率损耗计算公式可以看出，在有功功率与电压确定的条件下，功率损耗ΔP与$\cos\varphi$的平方成反比。假设公式内其他参数均不改变，当功率因数由0.8提高至0.9时，$\Delta P_2/\Delta P_1$=0.79，功率损耗可降低21%。

无功补偿方式可划分为集中无功补偿、区域无功补偿、末端无功补偿，其示意如图5.2-2所示。集中无功补偿适用于10kV（或22kV）供电的建筑变电所低压进线端，区域无功补偿适用于区域用电负荷功率因数偏低且距离上级变电所较远的380V低压电源进线端，末端无功补偿主要针对功率因数较低的末端设备，如10kV（6kV）冷水机组、末端灯具等。

2. 供电端负荷侧的功率因数首先应满足供电公司的指标要求，用电设备的能效等级不应低于2级。

【释义】建筑物作为市政供电的一个用电负荷单元，为提高建筑物的功率因数，通常在变电所低压进线侧采用集中自动无功补偿装置，补偿后的功率因数不低于0.95。对于三相基本平衡负载的供配电系统，采用三相共补措施，如图5.2-3所示；对存在三相不平衡负载的供配电系统，且三相不平衡超过15%时，需采用分相无功自动补偿装置，如图5.2-4所示。

对距离供电端较远、负荷容量较大、负载稳定且长期运行的用电设备或设备无功计算负荷大于100kvar时，宜就地采取区域静态无功补偿方式，补偿后的功率因数不低于0.9。

对末端用电设备，如照明灯具配电回路，为降低回路线路损耗，照明灯具优先选择功率因数较高的产品；对灯具本身功率因数低的产品，应就地配置无功补偿装置。荧光灯的功率因数控制在不低于0.95；高强度气体放电灯的功率因数控制在不低于0.9；对功率容量$P\leqslant5W$的LED灯，其功率因数控制在不低于0.75；对功率容量$P>5W$的LED灯，其功率因数控制在不低于0.9；10kV（6kV）冷水机组功率因数控制在不低于0.9。

采用集中自动补偿时，宜采用分组自动循环投切式补偿装置，并应防止过补偿、防止振荡、防止负荷倒送和过电压。

电力电容装置的载流电器及导体的长期允许电力，低压电容器不应小于电容器额定电流的1.5倍，高压电容器不应小于电容额定电流的1.35倍。

在设置电容器时，需要计入电容器额定电压与系统平均运行电压不一致带来的补偿容量差异的影响。

3. 建筑物供电端注入公共电网的谐波电压和谐波电流应限制在现行国家标准《电能质

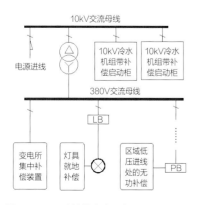

图5.2-2 无功补偿方式示意图

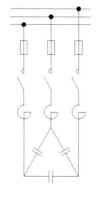

图5.2-3 三相共补

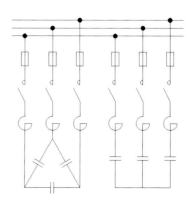

图5.2-4 带分相无功补偿功能

量 公共电网谐波》GB/T 14549内所规定的允许值范围。

【释义】变电所低压配电系统设计时应考虑向公共电网注入的谐波含量限制在不大于供电公司向用户提供的公共电网电压，波形应符合现行国家标准《电能质量 公用电网谐波》GB/T 14549的要求，公用电网谐波电压（相电压）限值见表5.2-6，注入公共连接点的谐波电流允许值见表5.2-7。

当配电系统中具有持续运行且有稳定特征频率的大功率非线性负载时，宜采用无源滤波设备；当配电系统中具有动态运行且变化特征频率的大功率非线性负载时，宜采用有源滤波设备。

当建筑内用电负载产生较小谐波且设置较分散时，应在变电所集中设置有源或无源抑制谐波装置，集中无功补偿宜与谐波治理采用一体化治理方式。不同补偿与谐波治理方式如图5.2-5所示。

对建筑内三相负载基本平衡，但系统运行变化较频繁，可采用晶闸管投切技术，串联调谐电抗器，既有效抑制系统谐波，又达到在谐波环境下快速的投切，实行安全动态无功补偿。

对建筑内存在大量单相负载，系统配电三相负载不平衡超出限制值，且系统运行变化较为频繁，可采用晶闸管投切技术，串联调谐电抗器，增加单相电容器，既有效抑制系统谐波，又达到

公共电网谐波电压（相电压）限值　　　　　　　　表5.2-6

电网标称电压（kV）	电压总谐波畸变率（%）	各次谐波电压含有率（%）	
		奇数次	偶数次
0.38	5.0	4.0	2.0
6	4.0	3.2	1.6
10			
35	3.0	2.4	1.2

注入公共连接点的谐波电流允许值　　　　　　　　表5.2-7

标准电压（kV）	基准短路容量（MVA）	谐波次数及谐波电流允许值（A）											
		2	3	4	5	6	7	8	9	10	11	12	13
0.38	10	78	62	39	62	26	44	19	21	16	28	13	24
6	100	43	34	21	34	14	24	11	11	8.5	16	7.1	13
10	100	26	20	13	20	8.5	15	6.4	6.8	5.1	9.3	4.3	7.9
35	250	15	12	7.7	12	5.1	8.8	3.8	4.1	3.1	5.6	2.6	4.7

标准电压（kV）	基准短路容量（MVA）	谐波次数及谐波电流允许值（A）											
		14	15	16	17	18	19	20	21	22	23	24	25
0.38	10	11	12	9.7	18	8.6	16	7.8	8.9	7.1	14	6.5	12
6	100	6.1	6.8	5.3	10	4.7	9	4.3	4.9	3.9	7.4	3.6	6.8
10	100	3.7	4.1	3.2	6.0	2.8	5.4	2.6	2.9	2.3	4.5	2.1	4.1
35	250	2.2	2.5	1.9	3.6	1.7	3.2	1.5	1.8	1.4	2.7	1.3	2.5

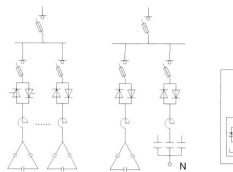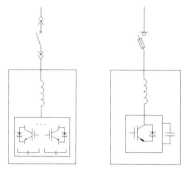

图5.2-5　不同补偿与谐波治理方式

在谐波环境下快速的投切，平衡三相负载，实行安全动态无功补偿。

在谐波中主要为5次谐波时，可考虑串联电抗率为6%或7%的电抗器；在谐波中主要为3次谐波时，可考虑串联电抗率为14%的电抗器；也可根据实际情况采用两种电抗率的电抗器混装的方式。

并网光伏系统接入电网后引起电网公共连接点的谐波电压畸变率以及向电网公共连接点注入的谐波电流应符合现行国家标准《电能质量　公用电网谐波》GB/T 14549的规定，运行时向电网馈送的直流电流分量不应超过其交流额定值的0.5%。

4. 对用电设备的谐波控制应遵循国家对入网产品的谐波限制要求。

【释义】建筑内非线性用电负荷如变频驱动或晶闸管整流直流驱动设备、计算机、不间断电源（UPS）、荧光灯、LED灯等在运行过程中会产生谐波，应首先对产品本身的电流谐波准入值进行限制，即对电流谐波源头进行控制，在设计文件中应明确所选用的产品符合国家对产品入网的输入电流谐波分量的限制要求，用电设备的谐波电流限值应满足现行国家标准《电磁兼容　限值　第1部分：谐波电流发射限值（设备每相输入电流≤16A）》GB 17625.1、《电磁兼容　限值　对

额定电流大于16A的设备在低压供电系统中产生的谐波电流的限制》GB/Z 17625.6的要求。

对舞台灯光配电系统，因舞台灯光采用可控硅进行调控，在调光过程中产生谐波源，所以应对可控硅调光设备进行入网谐波提出限制值要求，若总的供电系统运行中实际测量谐波含量不达标，宜就地在供电端增设谐波治理装置进行就地集中治理。

5.2.3
配电变压器

1. 设计选择配电变压器的能效等级不得低于现行国家标准对变压器能效水平下限值的规定。

【释义】能效是指在能源利用中发挥作用的能源量与实际消耗的能源量之比，能效限定值是配合我国实施的《中华人民共和国节约能源法》中淘汰高耗能产品制度而制定的标准，它是一个强制性指标，如果用能产品的能源利用效率低于该指标就被认为是高耗能产品。各级能效节能水平见表5.2-8。

《建筑节能与可再生能源利用通用规范》GB 55015—2021第3.3.1条要求，电力变压器、交流接触器、照明产品的能效水平应高于能效限定值

各级能效节能水平　　　　　　　　　　　　　　　　表5.2-8

能效等级	产品节能水平
1级能效	产品节能效果达到国际先进水平
2级能效	产品比较节能
3级能效	产品节能效果为我国市场的平均水平

或能效等级3级的要求。

配电变压器能效等级是对其能量转换效率的考量，其能效限定值是在规定测试条件下，对变压器空载损耗和负载损耗的允许最高限值。能效等级分为三级，能效限制值参见《电力变压器能效限定值及能效等级》GB 20052—2020。

2. 在设计中尽量选择非晶合金配电变压器或其他节能效果更佳的变压器，以便更好地降低损耗。

[释义] 空载损耗和负载损耗是衡量变压器损耗的两个重要参数。变压器有功功率损耗由空载损耗和负载损耗组成，空载损耗是常数，负载损耗与变压器负载的平方成正比。依据《电力变压器能效限定值及能效等级》GB 20052—2020，在非晶合金与电工钢带负载损耗约定一致的情况下，电工钢带空载损耗均是非晶合金空载损耗的2倍以上。

【例1】一台10kV/0.4kV-1600kVASCR（B）三相三柱非晶合金干式变压器，在其他条件相同情况下，采用不同能效等级的变压器其综合有功损耗比较见表5.2-9。

【例2】一台10kV/0.4kV-1600kVASCR（B）三相三柱非晶合金干式变压器和一台同等容量树脂绝缘干式节能型电力变压器为例均为2能效的变压器，其综合有功损耗比较见表5.2-10。

目前国内市场上节能和节材的变压器还包括

采用不同能效等级的变压器其综合有功损耗比较　　　　　　　表5.2-9

综合有功损耗计算公式	$\sum P = P_0 + K_Q \dfrac{I_0\%}{100} S_{rT} + \beta^2 (P_k + K_Q \dfrac{u_k\%}{100} S_{rT})$		
符号说明	$\sum P$——综合有功损耗，kW； P_0——空载损耗，kW； P_k——负载损耗，kW； $I_0\%$——变压器空载电流百分数（样本可查）； $u_k\%$——变压器额定短路阻抗电压百分数（样本可查）； S_{rT}——变压器额定容量，kVA； K_Q——无功经济当量，kW/kvar，10/0.4kV变压器取值范围为 [0.05, 0.1]； β——变压器负荷率		
参数取值	$I_0\%$=0.2，$u_k\%$=6，K_Q取0.1，β按80%考虑，β按40%考虑		
综合有功损耗	1级能效	P_0=530W，P_k=10555W	$\sum P_1$=13749.2W
	2级能效	P_0=645W，P_k=10555W	$\sum P_2$=13864.2W
	3级能效	P_0=760W，P_k=11730W	$\sum P_3$=14731.2W
综合有功损耗比较	当 β 按80%考虑时：$\sum P_2$=1.008$\sum P_1$；$\sum P_3$=1.071$\sum P_1$ 当 β 按40%考虑时：$\sum P_2$=1.028$\sum P_1$；$\sum P_3$=1.103$\sum P_1$		

注：空载损耗和负载损耗数据取自《电力变压器能效限定值及能效等级》GB 20052—2020表2。

相同能效等级的非晶合金变压器与树脂绝缘变压器综合有功损耗比较　　　表5.2-10

综合有功损耗计算公式	$\sum P = P_0 + K_Q \dfrac{I_0\%}{100} S_{rT} + \beta^2 \left(P_K + K_Q \dfrac{u_k\%}{100} S_{rT} \right)$		
参数取值	非晶合金变压器 $I_0\%=0.2$，树脂绝缘变压器 $I_0\%=0.3$，$u_k\%=6$，K_Q取0.1，β 按80%考虑		
非晶合金变压器	2级能效	$P_0=645W$，$P_k=10555W$	$\sum P_2=13864.2W$
树脂绝缘变压器	2级能效	$P_0=1665W$，$P_k=10555W$	$\sum P_2=15024.2W$
综合有功损耗比较	在相同条件下，2级能效等级的1600kVA树脂绝缘变压器的综合有功损耗为非晶合金变压器的1.084倍		

注：空载损耗和负载损耗数据取自《电力变压器能效限定值及能效等级》GB 20052—2020中表2。

硅橡胶干式变压器、天然酯（植物绝缘油）变压器、立体卷铁心变压器、非晶立体卷铁心敞开式变压器等，这类变压器不仅空载损耗和负载损耗低，且在环保材料使用和外形结构上更加低碳环保。如硅橡胶干式变压器用硅橡胶绝缘方式替代了环氧树脂绝缘方式，在变压器绕组生产和变压器运行过程中无废气和废液排放，生产过程消耗电量仅是传统变压器消耗电量的15%，寿命终结硅橡胶与金属导线可分类回收。而立体卷铁心敞开干变结构更紧凑，与同容量传统带外壳环氧树脂干变相比，体积约小34%，质量约轻41%。

3. 在分配变压器供电负荷时，不同季节不同运行时段的用电负荷应尽量采取同一变压器供电，以避免变压器空载运行，提升变压器整体使用效率。

【释义】为避免变压器长期空载运行，在负荷分配时，对于季节性负荷（如制冷设备）、工艺负荷（如展览用电、舞台设备用电）等当用电负荷计算容量大于500kVA时，宜优先考虑单独设置变压器，使其具有退出机制；当工艺负荷（如展览用电、舞台设备用电）无法实施退出运行机制时，因存在较多时段的空载运行，宜优先配置1级能效的变压器。考虑到多数地区供电部门对民用建筑变压器退出机制存在较为繁琐的申报手续，建议优先考虑配置1级能效变压器。

不同季节不同时段运行的用电负荷，应考虑同台变压器供电，如冷热源用电设备、医技楼内不同用途的医疗用电检查设备等，以有效利用同时系数来提高变压器利用率。

当因负荷容量大而选择多台变压器时，在负荷分配合理和满足供电局对最大变压器容量限制的情况下，尽可能减少变压器的台数，选择相对较大容量的变压器以增加变压器综合供电能力，但不宜超过2000kVA。

5.2.4

变电所和配电间的位置规划

1. 变电所的位置规划重点应依据供电接入点和供电距离来综合考虑。

【释义】当项目内设有多个变电所时，与市政对接的变电所需考虑与上级和下级电源接入的便捷性，变电所位置靠近负荷中心。变电所分布与接线示意如图5.2-6所示。

室内变电所的供电半径一般不宜超过150m，室外变电所的供电半径一般不宜超过200m；采用低压进线的建筑物，低压配电室供电半径为建筑内供电距离与上级电源至低压配电室供电距离之和，总长度不宜超过150m。设置合理的机房位置可减少供配电线缆总体材料投入。

2. 为总容量较大的群组用电负荷供电，宜单独设置变电所。当不具备设置单独变电所条件

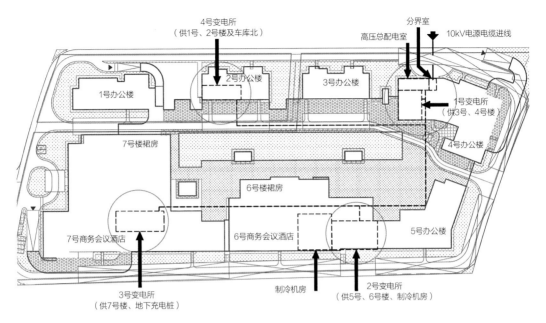

图5.2-6 变电所分布与接线示意

时，可与附近建筑变电所共同建设。

　　【释义】总容量较大的较集中群组用电负荷，一般指建筑内集中配电的大型用电负荷如冷热源站、舞台工艺负荷、数据中心等，宜采用单独设置变电所。当建筑条件不具备设置变电所时，其供电电源与供电装置可与冷热源站或舞台位置靠近建筑变电所共同建设，以减少线路投资和线路低压损耗。

　　3. 设置在楼层或区域配电间内的配电装置至末端负荷设备的供电距离不宜大于60m。

　　【释义】为照明负荷供电的楼层或区域配电间应深入负荷中心，位置宜靠近变电所电源进线侧部位。在楼层或区域配电间内设置配电装置至末端照明和办公类用电负荷供电的配电线路距离不宜大于60m，便于线路维护，降低线路损耗。

5.2.5

配电干线

　　1. 配电干线路接线形式应根据用电负荷特

性与用电负荷容量来确定。

　　【释义】负荷等级是确定配电干线接线形式的基础节件，根据用电负荷特性，准确把握负荷分级并合理确定配电干线的接线方式，可避免产生配电装置及配电导体的投入，造成资源浪费。

　　配电干线的接线方式分放射式、树干式及放射式与树干式结合的形式。放射式是末端负荷配电装置直接与电源端连接，适合较大容量负荷供电；树干式是采用多个末端负荷配电装置共用一个干线回路，末端负荷配电装置的电源由干线回路分支线引出，适合同一路径的用电负荷供电；树干式及放射式与树干式结合的供电，适合容量较小且分散的负荷。放射式、树干式及放射式与树干式结合的接线方式如图5.2-7所示。

　　2. 应充分利用群组用电负荷的同时系数来构建配电干线形式，尽可能减少配电装置配电回路数量，以实现降低导体截面总量和总体损耗的目标。

　　【释义】由于放射式供电采用独立回路，供电可靠性虽然增强但配电回路数也增多，提高了

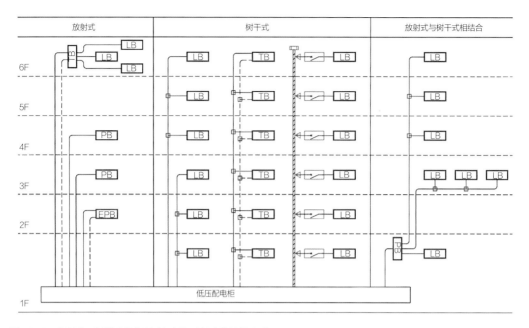

图5.2-7　放射式、树干式及放射式与树干式结合的接线方式

配电装置回路数量占比和配电导体总截面的投入。而树干式配电可充分利用负荷用电的同时系数，通过母线插接箱或电缆T接端子连接至配电装置，不仅可降低上级配电装置馈电回路数量占比，同时也节约导体总量、降低了导体总体损耗。

【例】某建筑共6层，若层高按5m考虑，每层设置1个60kW的楼层配电箱，编号分别为AL1（2、3）-1～AL1（2、3）-6，放射式、树干式不同方案接线方式如图5.2-8所示。

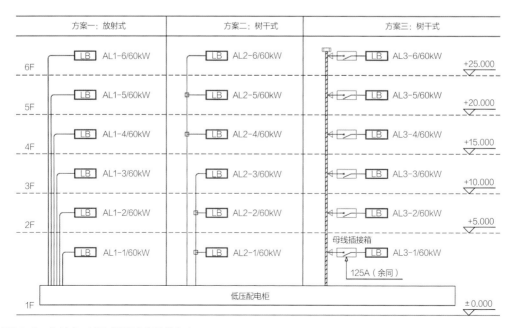

图5.2-8　放射式、树干式不同方案接线方式

如图5.2-8所示，方案一采用放射式供电，共计6条出线回路，每个回路计算电流大小90.9A，出线开关规格为125A，电缆选型为4×50+1×25（mm²）。方案二采用电缆T接形式的树干式供电，考虑同时系数为0.8，计算电流为218.18A，开关选型为250A，电缆选型为4×150+1×70（mm²）。方案三采用母线插接形式的树干式供电，考虑同时系数为0.7，计算电流为436.36A，开关选型为500A，导体选型为630A封闭母线。

用电负荷采用放射式与树干式配电形式能耗比较见表5.2-11。由表可知，采用树干式配电，合理考虑同时系数，相比放射式配电可使铜缆使用量降低，同时也可有效降低有功功率损耗，当配电线路长度越长时，铜消耗及有功功率损耗降低效果越明显。

3. 视不同类型、不同用途的用电场所，应有针对性地选择供电导体截面。

【释义】对功能固定、工艺流程清晰的用电场所，其总负荷运行相对稳定，如冷热源机房、大型员工厨房、群组电梯、办公等场所，供电回路按实际计算容量和经济载流量来选择导体截面时，无需考虑冗余。

对于功能不固定且与出租招商有关系的商业建筑用电场所，一般由多种业态组成，包括休闲娱乐场所、各类品牌连锁餐饮服务、影院类等，功能区域存在变化特点，其配电干线需考虑一定容量的冗余度，配置区域用电负荷安装指标也应以满足用电灵活性需求为重点。各类主要功能服务区域用电负荷安装指标推荐值参见表5.2-12～表5.2-15。

对有冷热源要求的建筑，由于冷热源负荷运

用电负荷采用放射式与树干式配电形式能耗比较   表5.2-11

方案	方案一	方案二	方案三
单条回路安装负荷（kW）	60	180	360
需要系数	0.90	0.90	0.90
同时系数	1.00	0.80	0.70
计算电流（A）	90.91	218.18	381.82
开关选型（A）	125	250	500
电缆选型（mm²）	4×50+1×25	4×150+1×70	630A母线
线路阻抗（Ω/km）	0.435	0.118	0.094
线路有功功率损耗（kW）	0.324	0.088	0.069

零售业主要区域用电负荷安装指标推荐值   表5.2-12

业态名称		功率负荷密度（W/m²）
超市	大型超市（面积＞7000m²）	130～150
	中型超市（3000m²≤面积≤7000m²）	180～200
	小型超市（面积＜3000m²）	100～120
零售百货		60～100
品牌集合店		90～120
折扣店		90～120

续表

业态名称	功率负荷密度（W/m²）
家居家饰	80～100
运动精品	80～100
家电卖场	110～140
数码体验店	110～130
世界名牌街	100～150
室内步行街	100～120
室外步行街	100～120

注：若室内室外步行街商铺带餐饮的参照餐饮相关标准。

餐饮用电负荷安装指标推荐值　　　　　　　　　　表5.1-13

业态名称		用电负荷指标推荐值（W/m²）
品牌餐馆	有燃气厨房	250～300
	无燃气厨房	300～500
品牌连锁快餐		250～300（kW/间）
大型餐饮		250～450
社交简正餐		150～350
简快餐		200～250
休闲饮食		150～200
美食广场		200～250（总量约600kW）

注：麦当劳、肯德基、必胜客等品牌连锁快餐，应按具体厨房工艺调整。

休闲文化娱乐主要区域用电负荷安装指标推荐值　　　　　表5.2-14

业态名称	用电负荷指标推荐值（W/m²）	业态名称	用电负荷指标推荐值（W/m²）
影城	160～180	美发沙龙	110～150
电玩中心	110～130	儿童乐园	130～160
KTV	150～200	儿童培训中心	80～100
健身中心	120～150	书店	80～100
美容美体	110～150	滑冰场制冰设备	100～120

影院主要区域用电负荷安装指标推荐值　　　　　　　表5.2-15

主要区域名称	单机容量（kW）	电压等级（V）	备注
服务大堂	50	380	不含空调
放映层LED大屏	40	380	—
放映厅（VIP厅）	35	380	双放映机影厅
	25	380	单放映机影厅
	10	380	TMS机房

行季节不同，在规划机房时宜相邻布置，可合并供电电源，共用配电干线。

对成组用电设备采用区域二次配电的原则，既可减少供电干线回路数量，又可减少总体导线截面，例如制冷机房的水泵二次配电如图5.2-9、图5.2-10所示。

4. 在信息网络构架建设方面，可依据建设项目的不同规模、业务场景的不同需求、物业管理模式的不同，有针对性地选择全光网络传输形式，以降低对供电的需求。

【释义】全光网络指信号只是在进出网络时才进行电/光和光/电的变换，而在网络中传输和交换的过程信号始终以光的形式存在，不需要经过光/电和电/光的转换，因为在整个传输过程中没有电的处理，提高了网络资源的利用率。

全光网络实现方式可分为无源光网络（PON）方式和有源光网络（AON）方式。无源光网络方式由光线路终端（OLT）、光网络单元（ONU）或光网络终端（ONT）。无源光网络（PON）又可基于无源光网络（PON）技术组成无源光局域网络（POL）方式，该组网方式采用无源光通信技术为用户提供融合的数据、语音、视频及其他智能化系统业务。有源光网络方式是在用户侧设置有源接入设备，其后与无源光网络类同。

无源光网络在运营商家庭宽带、政企专线、服务单体多、布线复杂及以纵向数据传输为主和横向数据传输量不大、未来网络扩展需求大的场景适用性较好，并能充分发挥其优势。

在进行网络方案设计前，应首先了解项目的实际情况，与业主进行沟通，使业主充分了解无源光局域网特点，为业主构建适宜的无源光网同时节省电能投入。无源光网络与有源光网络、传统以太网络建设阶段对比见表5.2-16，无源光网络与有源光网络、传统交换机网络运维阶段对比见表5.2-17。

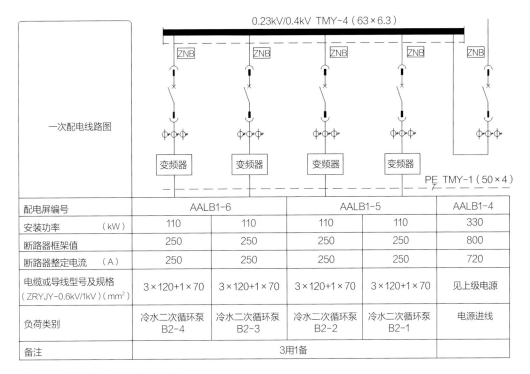

配电屏编号	AALB1-6		AALB1-5		AALB1-4
安装功率　　　（kW）	110	110	110	110	330
断路器框架值	250	250	250	250	800
断路器整定电流　（A）	250	250	250	250	720
电缆或导线型号及规格（ZRYJY-0.6kV/1kV）（mm²）	3×120+1×70	3×120+1×70	3×120+1×70	3×120+1×70	见上级电源
负荷类别	冷水二次循环泵B2-4	冷水二次循环泵B2-3	冷水二次循环泵B2-2	冷水二次循环泵B2-1	电源进线
备注	3用1备				

图5.2-9　制冷机房冷水水泵二次配电

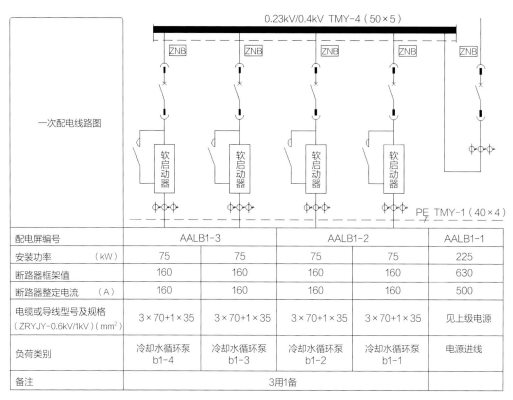

图5.2-10　制冷机房冷却水泵二次配电

配电屏编号	AALB1-3		AALB1-2		AALB1-1
安装功率　　　（kW）	75	75	75	75	225
断路器框架值	160	160	160	160	630
断路器整定电流　（A）	160	160	160	160	500
电缆或导线型号及规格 （ZRYJY-0.6kV/1kV）（mm²）	3×70+1×35	3×70+1×35	3×70+1×35	3×70+1×35	见上级电源
负荷类别	冷却水循环泵 b1-4	冷却水循环泵 b1-3	冷却水循环泵 b1-2	冷却水循环泵 b1-1	电源进线
备注	3用1备				

无源光网络与有源光网络、传统以太网络建设阶段对比　　　　　　　　表5.2-16

项目	传统以太网络	有源光网络	无源光网络
业务承载 能力	多种业务需要建设多个 子系统网络	建设一套光纤网络 支撑多项业务	建设一套光纤网络 支撑多项业务
建设 成本	中（设备成本低、 综合布线成本高）	高（设备成本高、 综合布线成本中）	低（设备成本中/低、 综合布线成本低）
综合 布线	大量的线缆及空间占用	中等的线缆及空间占用， 较易部署	少量的线缆及空间占用， 易部署
布线 周期	长	中	短
空间 占用	占用较大的 设备机房和布线空间	占用中等的 设备机房和布线空间	占用较小的 设备机房和布线空间
距离 限制	弱电间到房间小于85m	楼宇汇聚到房间可达10km （使用普通单模光模块）	OLT到ONU距离可达40km （一般控制20km）
部署 方式	单一 （光纤到弱电间）	丰富（光纤到弱电间、光纤到房 间以及光纤到桌面）	丰富（光纤到弱电间、光纤到房 间以及光纤到桌面）
设备 类型	终端设备单一 （机架式接入交换机）	较丰富（机架式接入交换机、桌 面设备、86盒式设备）	丰富（机架式ONU、桌面ONU、 86盒式ONU、光模块式ONU）

续表

项目	传统以太网络	有源光网络	无源光网络
设备带宽	由收敛比和设备规格决定，弱电间接入交换机上下行带宽1~20G	由收敛比和设备规格决定，用户侧接入交换机上下行带宽1~20G	由分光比和设备规格决定，ONU上行带宽9.8M~10G下行带宽19.6M~10G
用户带宽	由设备带宽和设备规格决定，用户带宽40~800M（24口交换机）	由设备带宽和用户侧设备规格决定，用户带宽250M~2.5G（4口交换机）	由设备带宽和ONU规格决定，用户带宽5M~2.5G（4口ONU）
带宽潜力	无	巨大的带宽潜力	巨大的带宽潜力
可靠性	双汇聚、接入交换机双链路上联	双汇聚、双楼宇汇聚、接入交换机双链路上联	双OLT、双分光器、ONU双链路上联
网络安全	需要额外的网络安全措施	SDN可以为复杂的环境提供更高级的网络监控功能，网络安全依赖于管理者能力	内建的安全特性（OLT支持流氓ONU检测，ONU支持MAC绑定，GPON下行支持AES加密，10G GPON上下行支持AES加密）

无源光网络与有源光网络、传统交换机网络运维阶段对比　　　　表5.2-17

项目	传统以太网络	有源光网络	无源光网络
运营维护	汇聚交换机、接入交换机需独立配置，运维效率低、运维成本高；网线多，运维管理复杂	采用在房间设置交换机的方案需配套使用SDN技术，管理运维效率较高；光缆多，运维管理较复杂	所有前端ONU都通过OLT或网管系统集中进行配置、管理、监控，管理运维效率高；光缆少，运维管理简单
能耗	能耗高；各层交换机需常用电源和备电源（UPS）及环境温度控制	能耗中；汇聚交换机需常用常用电源和备电源（UPS）及环境温度控制	能耗低；分光器、ONU无需常用和备用电源及环境温度控制
扩展性	差	较好	好
使用寿命	设计使用寿命为15年	设计使用寿命为30年	设计使用寿命为30年
抗干扰	易受电磁干扰	抗电磁干扰	抗电磁干扰
升级	无法平滑升级；网线本身带宽有限制且网线本身也需要不断升级，汇聚和接入交换机均同时需要更换升级	平滑升级；整个光布线网络都无需做任何改变，只需要更换汇聚设备和对应的交换机即可	平滑升级；整个光布线网络无需做任何改变，只需要更换OLT的用户板和对应的ONU即可

5.2.6

配电导体

1. 在配电导体选择上，首先应满足现行国家标准对电缆材料使用条件的要求，在标准没有特殊约定材质的条件下，可优先采用资源丰富且节能的铝合金复合电缆。

【释义】配电导体包括铜、铝、铝合金电缆、铜铝复合母线。铜应用广泛，但由于国内铜矿资源有限，供需缺口较大造成产品成本增加。铝合金是我国电缆行业发展的新材料，具有优良的性能，导电率为基准材料铜IACS的61.8%，载流量为铜的60.8%，优于纯铝仅次于铜，导体不含铅、铬等重金属元素，回收率高。再生铝的综合能耗为电解铝的5%，再生铜综合能耗为冶炼铜18%。铝合金产品生产过程消耗能源相对更少，CO_2排放也相对更少。铝合金电缆与铜芯电缆、铝芯电缆的比较见表5.2-18。

设计在进行电缆选择时，复核项目采用铝合金电缆的适宜性，在标准没有特殊界定材质条件下，可优先采用节能的铝合金电缆。

但由于在满足同等电气性能的前提下铝合金电缆截面是铜芯电缆的1.8倍~2倍，敷设路由占用空间相对大一些，所以，设计时需要合理规划

和选择敷设路由空间。铝合金电缆较适合会展、厂房、体育场馆等高大空间建筑。

2. 载流量超过400A及以上的供电导体，宜采用母线槽供电，既可提高供电线路的安全性和可靠性，又可降低线路损耗。

【释义】考虑施工、安装的便捷性，低压配电电缆的截面积一般控制在185mm²。单根电缆载流量一般控制在400A以下，考虑多根电缆同槽敷设电缆载流量降容因数，需将电缆载流量控制在320A或以下。当电缆载流量超过400A及以上时，需使用多拼电缆以满足负荷用电需求。

母线槽的额定电流可达6300A，其安全性、

铝合金电缆与铜芯电缆、铝芯电缆的比较   表5.2-18

项目	铜芯电缆	铝芯电缆	铝合金电缆	说明
导体材质	电工铜	电工铝	铝合金	铝合金导体是采用含铝、铜、镁、铁、硼、钛、锌、硅等元素的铝合金材料，经过特殊退火处理制成
载流量	相当	相当	相当	通过适当选型
电压降	相当	相当	相当	通过适当选型
防腐性能（空气中）	差	优	优	铝材具有防腐性能，是因为当铝表面与空气接触时的钝化效果，会立即形成薄而致密的氧化层阻止其继续氧化
抗蠕变性能	优	差	优	铝合金中的铁起主要作用
接头连接稳定性	优	差	优	铝合金中的铁起主要作用
电缆重量	重	轻	轻	同等载流量时，铝合金电缆重量只有铜芯电缆60.8%左右
弯曲半径	10d~20d	10d~20d	7d	d为电缆直径，铝合金电缆仅在联锁铠装结构时，最小弯曲半径为7d，其他结构与铜芯电缆、铝芯电缆一致
回弹量	高	低	低	回弹量越低，施工越方便
紧压系数	80%~90%	80%~90%	大于90%	导体延压性能决定这一系数，系数越高，导体绞合后直径越小
电缆直径	小	大	中	电气性能相同时
安装方便性	一般	一般	优	铝合金电缆重量轻、易弯曲、反弹小
性价比	中	差	优	因为铜资源的稀缺，铜原材料价格高，铜芯电缆采购成本高。铝芯电缆安全性能低，永久性敷设不推荐使用，铝合金电缆电气性能稳定、安全性高、价格适中、性价比优

注：本表摘自《铝合金电缆设计与采购手册》（2015年9月第一版）。

灵活性、施工便捷性、节能性均超过同等载流量的多拼电缆。母线槽与电缆的比较见表5.2-19。

3. 当供电导体采用母线槽时，应尽量选择新型铜铝复合智能母线槽。

【释义】铜铝复合母线槽采用铜铝复合技术，搭接、始端、分支均采用铜导体，与外部导体、插接箱可靠连接；传输本体采用合金铝导体，在额定电压1kV以下，满足载流量160～4000A等不同规格的同时节约了铜的消耗。

铜铝复合智能母线槽（以下简称智能母线槽）由母线干线单元及智能始端箱、智能插接箱、感应元件、智能芯片、测控系统、测控主站等组成，在传统母线槽基础上增加母线槽的信息采集，包括三相电流、电压、有功功率、视在功率、功率因数、频率、三相电压平衡、相位角、分相、谐波、漏电阈值、L1、L2、L3、N线全线温度、剩余漏电电流等，具有防人身触电、预防电气火灾、节约线损等功能。产品质量符合现行国家标准《低压成套开关设备和控制设备　第6部分：母线干线系统（母线槽）》GB/T 7251.6和《低压成套开关设备和控制设备　第8部分：智能型成套设备通用技术要求》GB/T 7251.8的规定。

智能母线槽监测管理系统即可采用全线检测、局部检测等多种功能模式，通过对智能母线槽监测管理，提升了母线槽运行安全及供电可靠性，延长了使用寿命。采集数据可自成母线监测系统，也可上传本建筑电能管理系统，以实现建筑配线智能化管理。

智能母线槽采用监视管理系统，不仅在安全供电上得到提升，在线路损耗及电压降方面优于铜导体母线槽，同时降低运行线损及运维成本，也践行了低碳绿色应用。载流量400～1000A的智能母线槽、铜导体母线槽、铜芯电缆的经济比较见表5.2-20，智能母线槽与铜导体母线槽技术参数对比见表5.2-21。

母线槽与电缆比较　　　　　　　　　　　　　　　　　　　　　　　表5.2-19

项目	母线槽	电缆
载流能力	母线槽载流量要通过极限温升试验	电缆载流量是通过计算得出，存在以下电流计算值不确定性： 1. 材料及结构散热能力因数； 2. 电缆多拼集肤效应； 3. 多拼连接存在接头压不紧时电流单边流现象，造成电缆载流量不均匀
敷设	直接敷设	桥架内敷设需考虑降容系数，影响载流能力
分支及保护	母线槽通过插接开关进行分支，当分支发生故障，可快速切断，确保干线持续供电。	电缆通过电缆分支头引至分支配电箱，分支头无保护开关，分支配电箱内设置保护开关
使用寿命	母线槽使用寿命允许50a及以上	电缆使用寿命18～25a
节能	母线槽比电缆节约铜资源，对规格在35～240mm²范围可节约30%～50%铜；对电流在400A及以上可节约50%～80%铜	

资源来源：珠海光乐电力母线槽有限公司。

载流量400~1000A的智能母线槽、铜母线槽、铜芯电缆的经济比较

表5.2-20

额定电流等级（A）	智能母线槽与铜电缆		铜导体密集母线槽与铜电缆		电缆配比
	智能母线槽（每米价格）（元/m）	铜电缆（每米价格）（元/m）	铜导体（每米价格）（元/m）	铜电缆（每米价格）（元/m）	
400	450	782	680	782	4×240+1×120
500	560	1048	850	1048	4×300+1×150
630	710	1210	1070	1210	2（4×185+1×95）
700	800	1564	1190	1564	2（4×240+1×120）
800	900	2096	1360	2096	2（4×300+1×150）
900	1027	2346	1530	2346	3（4×240+1×120）
1000	1142	3144	1700	3146	3（4×300+1×150）

备注： 1. 电缆桥架800A以下配100mm×200mm，约85元/m；
2. 电缆桥架800A以上配100mm×250mm，约105元/m；
3. 按铜价73000元/t。

注：本表由珠海海光乐电力母线槽有限公司提供。

智能母线槽与铜导体母线槽技术参数对比

表5.2-21

额定电流等级（A）	智能母线槽电阻（μΩ/m）	铜导体母线槽电阻（μΩ/m）	智能母线槽电抗（μΩ/m）	铜导体母线槽电抗（μΩ/m）	智能母线槽阻抗（μΩ/m）	铜导体母线槽阻抗（μΩ/m）	智能母线槽电压降Δu（V/m）	铜导体母线槽电压降Δu（V/m）	智能母线槽百米线损功率损耗（%）	铜导体母线槽百米线损功率损耗（%）
400	185.0	226.8	34.4	18.7	188.22	227.55	0.1292	0.1553	3.07	3.64
500	150.6	176.4	28.1	14.6	153.21	176.98	0.1315	0.1490	3.12	3.54
630	117.8	139.3	22.0	11.5	119.79	139.73	0.1296	0.1483	3.08	3.52
700	99.6	122.1	18.7	10.1	101.37	122.53	0.1218	0.1445	2.89	3.43

续表

额定电流等级（A）	智能母线槽电阻（μΩ/m）	铜导体母线槽电阻（μΩ/m）	智能母线槽电抗（μΩ/m）	铜导体母线槽电抗（μΩ/m）	智能母线槽阻抗（μΩ/m）	铜导体母线槽阻抗（μΩ/m）	智能母线槽电压降 Δu（V/m）	铜导体母线槽电压降 Δu（V/m）	智能母线槽百米线损功率损耗（%）	铜导体母线槽百米线损功率损耗（%）
800	85.2	104.4	16.0	8.7	86.71	104.80	0.1191	0.1412	2.83	3.35
900	74.4	90.2	14.0	7.5	75.75	90.51	0.1171	0.1372	2.78	3.26
1000	68.2	81.8	12.8	6.8	69.38	82.11	0.1191	0.1383	2.83	3.29
1100	59.4	72.8	11.2	6.1	60.47	73.07	0.1142	0.1354	2.71	3.22
1250	55.4	58.8	10.5	5.0	56.34	59.00	0.1209	0.1243	2.87	2.95
1400	44.1	51.2	8.40	4.3	44.85	51.39	0.1078	0.1212	2.56	2.88
1600	40.5	44.8	7.7	3.8	41.21	45.00	0.1133	0.1214	2.69	2.88
1700	36.6	41.8	7.0	3.6	37.26	41.93	0.1088	0.1201	2.58	2.85
1800	31.6	38.7	6.1	3.3	32.18	38.86	0.0995	0.1179	2.36	2.80
2000	29.8	34.5	5.8	3.0	30.40	34.64	0.1045	0.1168	2.48	2.77
2250	26.4	32.4	5.1	2.8	26.93	32.52	0.1041	0.1179	2.47	2.93
2500	24.9	29.2	4.9	2.5	25.38	29.29	0.1090	0.1233	2.59	2.93
2800	22.0	25.6	4.2	5.2	22.43	25.70	0.1078	0.1235	2.56	2.88
3200	18.3	22.0	3.5	1.9	18.63	22.13	0.1024	0.1212	2.43	2.83
3600	14.9	19.4	2.9	1.7	15.20	19.43	0.0940	0.1193	5.23	2.80
4000	13.2	17.3	2.6	1.5	13.47	17.32	0.0926	0.1179	5.20	2.77
4500	12.5	16.2	2.4	1.4	12.69	16.26	0.0981	0.1168	2.33	2.93
5000	—	14.4	—	1.3	—	14.49	—	0.1221	—	2.90
6300	—	10.0	—	0.9	—	10.06	—	0.1068	—	2.54

注：1. 本表由珠海光乐电力母线槽有限公司提供；母线运行后线损，智能母线槽比铜母线槽线损少 10%～20%。
　　2. 参数均为环境温度35℃、70K、cosφ=0.95；

5.3

机电设备的时效控制

5.3.1

机电设备监控的基本要求

1. 建筑内机电设备应采取有效的节能措施，建立合理的机电设备运行时间和运行效率的控制方法。

【释义】建筑机电设备的时效控制是指将控制装置和被控对象按照一定的方式组合起来，通过设置必要的联动控制，在满足使用需求和符合工程使用标准要求的前提下，利用数字网络通信技术，通过对机电设备运行的时间控制和运行工况调节，使建筑物内应用环境品质既能达到设计要求又能提高系统使用能效、降低运行能耗，实现节能的控制目标。

对机电设备进行控制的具体目标是在保证系统运行安全的状态下，通过智能控制管理系统对建筑内不同功能区域环境运行参数的监测和对机电设备及电动附件的调节、对机电设备的运行与故障状态及预警临界值提示，应用能效计量等数字化管理及信息共享等控制方法，实现对用电设备运行时间和运行效率的协调控制，减少建筑运行阶段的碳排放。

2. 建筑设备监控系统应具备启停、监测、保护与调节控制等基础功能，暖通空调、给水排水、供配电、照明、充电设施和竖向交通传输等系统设备应纳入管理，并宜将各系统在统一的智慧平台下进行管理。

【释义】建筑设备监控系统是指将建筑设备通过传感器、执行器、控制器、人机界面、数据库、通信网络、管线及辅助设施等连接起来，并配有管理软件进行监视和控制的综合系统。

建筑设备监控系统由中央管理设备（包括控制主机、监视器、打印机、通信接口等）、现场控制器、环境状况的参数元器件、现场通信网络组成。监控范围需要依据项目建设目标确定，可纳入供暖通风与空气调节、给水排水、变配电、照明、充电设施、电梯和自动扶梯等系统设施。当被监控设备自成控制体系自带控制单元时，可采用标准协议的通信接口方式与建筑设备监控系统互联。建筑设备监控系统组成构架如图5.3-1所示，建筑设备监控系统具有的功能见表5.3-1。照明系统参见5.4节照明系统的低碳运行设计中的相关内容；充电设施系统参见5.5节充电设施的建设与节能运行中的相关内容；变配电系统参见5.6节供配电系统的运维节能调控中的相关内容。

3. 机电设备的控制模式应以自动控制为主，并根据建设项目实际情况来选择具体的控制系统。

【释义】机电设备的控制模式分手动控制和自动控制。手动控制是由人直接或间接通过一次或二次回路操纵控制机电设备的方法，一般应用在由人来操作的用电设备，如室内无联锁要求的通风机、灾后事故风机的控制和设备检修时进行的手动调试运行控制等。自动控制运用在具有一定逻辑联锁关系的机电设备中，以空气质量、环境温湿度、压力、流量和液位等为运行条件来实现控制目标。

自动控制一般由建筑设备监控系统来实现，通过建筑设备监控系统的监测、自动控制与自动

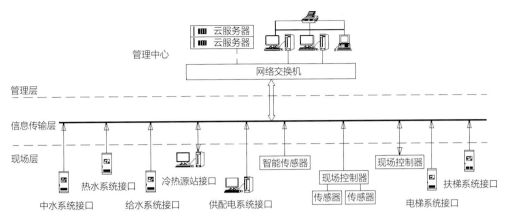

图5.3-1 建筑设备监控系统组成构架

建筑设备监控系统具有的功能 表5.3-1

具有功能	功能内容
监测功能	监测设备在启停、运行及维修处理过程中的参数；监测反映相关环境状况的参数，包括温度、湿度、流量、压力、压差、液位、照度、气体浓度、电量、冷热量等建筑设备运行基础状态信息
安全保护功能	应能根据监测参数执行保护动作，并应能根据需要发出报警
远程控制功能	操作人员通过人机界面可发出改变被监控设备状态的指令；被监控设备的电气控制箱（柜）具有手动/自动转换开关，当执行远程控制功能时，转换开关应处于自动状态，监控系统处于手动操作模式
自动启停功能	按时间表控制相关设备的顺序启停控制；处于自动控制模式时，系统及被监控设备的电气控制箱（柜）均处于自动状态模式
自动调节功能	系统设置手动/自动的模式转换，手动模式为维护状态，自动模式为按设定工况自动运行与调节，使被监测数值达到设定值的要求；系统具有设定和修改运行工况和参数设定值

调节完成机电设备的运行和节能管理。建筑设备监控系统应用主要分以下几种方式，在选择系统方式时，可以根据各系统特点并依据建设项目的具体情况确定。

（1）现场总线控制系统（FCS）：遵循开放式的协议，采用通用型的端口，利用传感器、仪表等现场设备采集相关数据，通过逻辑计算判断，对被控设备进行控制。现场设备均可通过总线相互连接，其架构相对简单，现场总线控制系统框架（FCS）示意图如图5.3-2所示。

由于现场控制器在现场控制设备附近位置安装，控制器与控制设备之间的数据传输距离缩短，逻辑元件信息沟通更直接，对运维人员来讲管理也方便。当系统需要设置冗余时，只需要增加管理中心的主机，但当控制设备与被控设备之间距离较远时，需要大量的信号线缆进行连接，信息均需要在总线上传输，对总线压力较大。FCS较适合系统建设简单的项目。

（2）分布式控制系统（DCS）：通常采用若干个控制器，对系统运行过程中的众多节点进行控制，各控制器之间通过网络连接并进行数据交换。系统管理中心通过网络与控制器连接，接收数据、传达控制指令。分布控制系统（DCS）架构示意图如图5.3-3所示。

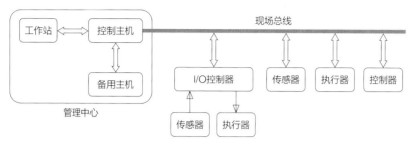

图5.3-2　现场总线控制系统框架（FCS）示意图

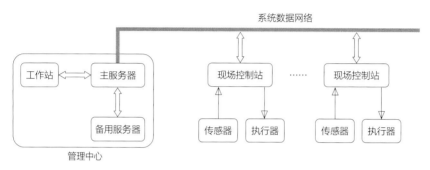

图5.3-3　分布控制系统（DCS）架构示意图

分布式控制系统（DCS）功能全面、系统灵活，在增减设备或增减功能上比现场总线控制系统（FCS）相对容易，且在计算能力、系统扩展、就近控制、资源共享等方面均具有一定优势，但节点造价偏高、运维也较复杂，运算能力和网络安全也需进一步提升。FCS较适合系统建设复杂的项目。

（3）分布式机电一体化控制系统：机电一体化技术将一次配电、二次控制、保护、设备环境监控、能耗数据采集、信息显示、数据通信技术相结合，构成一体的智能一体化成套控制设备。机电一体化控制系统是将建筑内若干智能一体化成套控制设备以及现场的传感器、执行器、网络元件等通过网络连接在一起组成的管理平台。机电一体化控制系统架构示意图如图5.3-4所示。分布式机电一体化控制系统适合各类项目。

4. 设备监控系统的现场控制器常规以直接数字控制器为主，以可编程逻辑控制器为辅。

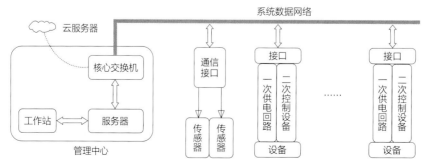

图5.3-4　分布式机电一体化控制系统架构示意图

【释义】设备监控系统的现场控制器包括直接数字控制器（DDC）和可编程逻辑控制器（PLC）。

直接数字控制器（DDC）通过模拟量输入通道（AI）和开关量输入通道（DI）采集实时数据，然后按照一定的规律进行计算，最后发出控制信号，并通过模拟量输出通道（AO）和开关量输出通道（DO）直接控制设备运行。直接数字控制器（DDC）架构示意图如图5.3-5所示。

可编程逻辑控制器（PLC）采用一种可编程的存储器，在其内部存储执行逻辑运算、顺序控制、定时、计数和算术运算等操作的指令，通过数字式或模拟式的输入输出来控制设备运行。一般应用在较复杂的控制逻辑环境。可编程逻辑控制器（PLC）架构示意图如图5.3-6所示。

直接数字控制器（DDC）属于可编程逻辑控制器（PLC）的一种，是将一些控制程序固化，

以实现一些特定的控制功能，相当于定制版的可编程逻辑控制器（PLC），使用更为方便。但由于程序固化，直接数字控制器（DDC）在系统灵活性上与可编程逻辑控制器（PLC）相比扩展性相对差，无法自由编程和二次开发。

5. 当机电设备需要按时序控制运行时，建筑设备监控系统应具备时序控制功能，以降低能源损耗、提升建筑运维品质。

【释义】建筑设备监控系统按照事先拟定的时间对相关机电设备的运行进行时序控制是提升机电系统运行效率的重要方法之一，时序控制常见于空调供暖设备，例如冷水泵、冷却水泵、冷却塔、制冷机组等的启停运行。

时序控制是建筑设备监控系统按照工艺要求，将不同功能的机电设备按照各自的使用方案设定好启停时间，利用时间继电器按照设定的时间间隔或者利用直接数字控制器（DDC）或可编

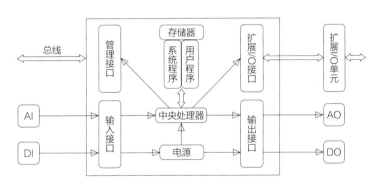

图5.3-5　直接数字控制器（DDC）架构示意图

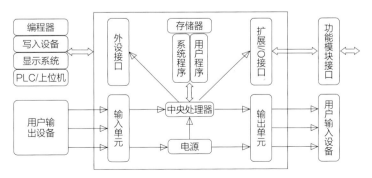

图5.3-6　可编程逻辑控制器（PLC）架构示意图

程逻辑控制器（PLC）的定时功能来对机电设备的启动、停止以及节能运行等状态进行控制。

时序控制可以有效减少运维人员的工作量，同时避免因运维人员操作失误导致系统运行时不正常的情况发生。在各种控制总线和智能控制方案的系统应用上，时序控制将逐渐被纳入现场总线控制系统（FCS）、分布控制系统（DCS）、机电一体化控制系统或其他方式的建筑设备监控系统中，以实现模块化应用。

6. 针对变化性负载还应采用变频调节与控制方式，以达到精准控制目的。

【释义】变频调速是在建筑设备领域应用最为广泛的一种控制手段，变频器通过改变电动机工作电源频率来控制电动机的转速以满足末端负荷变化量的需求，如空调变风量系统设备、空调给水变流量系统设备、生活给水等系统设备。

变频调节根据不同的输入参数，例如温度、湿度、流速等，利用控制总线或者控制器的应用，通过对变频器的不同设置对电动机进行相关的调节，从而达到精准控制的目的。

由于调节过程中按末端需求控制，避免了电动机的频繁启停和运行冲击，降低了机电设备的运行损耗，使得机电设备运行更加平滑，达到节能运行与低碳环保效果。

【例】某改造项目将工频运行的空气处理机组改为变频运行，风机频率随负荷变化自动调节，回风口温度传感器回传的温度信号，人体感觉舒适，减少了忽冷忽热的不适感。空气处理机组的温度控制原理示意图如图5.3-7所示。

在外部环境的温湿度条件基本相当、内部设定参数基本一致的大前提下，工频运行与变频运行节能效果对比如图5.3-8所示，图中深色部分为空气处理机组的工频运行耗电量统计，浅色部分为空气处理机组变频运行耗电量统计，根据连续3d的数据进行统计，空气处理机组的变频运行相对于空气处理机组工频运行可平均节约30%的用电量。

变频器主要由整流（交流变直流）单元、谐波治理单元、逆变（直流变交流）单元、制动单元、驱动单元、检测单元、处理单元等组成。由于变频器在整流过程中会产生谐波，所以，在大量应用变频器节能控制机电设备的同时，应在变频器本体内设置谐波自动抑制装置，在运行时电流谐波总畸变率（THDi）≤5%。

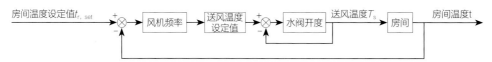

图5.3-7　空气处理机组的温度控制原理示意图

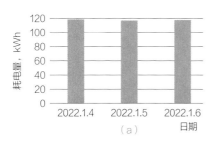
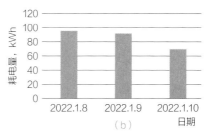

图5.3-8　工频运行与变频运行节能效果对比
（a）工频运行；（b）变频运行

7. 建筑设备监控系统要与建筑主体建设有机同步协调进行，并需制定建设阶段全过程环节控制要点。

【释义】为实现建筑设备监控系统的建设与运维的节能目标，在建设初期，设计与建设方应确定建设目标，并根据建设目标制定设计方案，为达到设计条件的完整性和专业间的一致性、施工准确性与运维的有效性，在设计、设计深化、施工与运维各环节上应密切配合。建设阶段全过程环节控制要点见表5.3-2。

5.3.2

暖通空调系统设备的监控内容

1. 在进行暖通空调系统设备监控设计时，应根据各监控单元的功能和原理提出电气专业监制点的具体要求，便于各监控单元信息的收集、上传与管理。

【释义】为有效实现暖通空调系统设备的节能监控管理，在进行的设计时，电气专业需根据暖通空调专业提供的工艺运行原理图，梳理并确定设备、电动附件动作条件与联动控制顺序，完

建设阶段全过程环节控制要点　　　　　　　　　　表5.3-2

建设阶段	环节控制要点
设计阶段	1. 给水排水、暖通空调、电气与智能化专业间需密切配合，给水排水、暖通空调、电气通过提资方式将本专业控制原理提供给智能化专业； 2. 智能化专业完成控制点位表并根据运行原理编制控制流程； 3. 给水排水、暖通空调、电气需预留建筑设备监控系统接口条件； 4. 设计单位相关专业完成本系统相关内容的全部设计工作
深化设计	1. 系统中标单位依据中标产品完成二次深化设计图，图中应对一次设计的建设目标进行比对说明； 2. 一次设计单位相关专业应对二次深化文件中的技术指标进行复核确认，以确认建设目标的落地性； 3. 参与系统运行的相应专业的中标产品应与建筑设备监控系统确认接口条件一致性，网络接口需满足兼容性、稳定性等要求，以确保安装调试顺利进行
施工配合	由于涉及专业较多，需要机电厂家，配电柜厂家、智能化集成商、能耗管理系统与建筑设备监控系统密切配合、协调施工程序，以达到预期安装调试的条件
运维阶段	由于系统涉及配合方较多，系统运行稳定性和兼容性是非常重要的因素，竣工前的运行调试是运维阶段的基础，但由于建筑设备监控系统为全年运行系统，在竣工前仅能完成当季的设备调试，需要后期相应配合方的继续协作和技术支持
节能控制	1. 运行阶段应注重不同建筑能耗使用的差异性、系统稳定性和兼容性，根据使用时间确定冷源的运行时间，以达到节能和舒适性平衡的时效性； 2. 集中空调系统应根据实际运行状况制定过渡季节能运行操作方案； 3. 对作息时间固定的建筑在非使用期间采取停止空调运行或降低空调运行温湿度和新风控制标准，满足局部区域的空调要求； 4. 对人员密集场所，应根据实际需求制定新风调解方案和操作规程，采取必须的传感器（如CO_2浓度传感器）自动启停； 5. 标准的系统接口、产品功能的稳定、产品定制的标准化均是保障控制目标实现的长期运行因素，应在产品选择阶段予以关注； 6. 系统对产品升级迭代的稳定性和兼容性，是系统运行保障的影响因素，应在产品选择阶段予以关注； 7. 标准化的系统运维模式可削减运维人员的技术维护成分、提高维护时效和降低维护费用，且责任清晰，故系统在定制阶段应予以关注

成设备、附件的联动控制要求，并根据系统对设备、附件调节的控制逻辑，提出设备、附件运行调节控制策略；根据相关专业工况转换边界条件及各控制点在全年不同运行季节的设计参数，确定最佳的运行控制参数值，并按照建筑功能类别模式，提出适宜的管理与节能运行方案。制冷机房、锅炉房、空调机房内典型系统设备主要监控内容见表5.3-3～表5.3-8。

2. 各监控单元宜以采用一体化控制模式为主、现场独立控制器（DDC或PLC）模式为辅。

【释义】各监控单元的监视与控制常规均由现场控制器完成，控制器对所在区域参与联动的

冷水机组定流量、负荷侧变流量一级泵冷源系统设备监控内容　　　　　　表5.3-3

开机顺序控制	冷却塔风机→冷却水管路水阀→冷却水泵→冷水管路水阀→冷水泵→冷水机组
停机顺序控制	冷水机组→冷水泵→冷水管路水阀→冷却水泵→冷却水管路水阀→冷却塔风机
监测内容	1. 冷水机组、冷水泵、冷却水泵、冷却塔风机、水阀的工作状态； 2. 冷水进出口温度、压力测量，冷却水进出口温度、压力测量； 3. 冷却水系统水流状态、冷却塔风机进出口水温； 4. 冷却水流量测量、运行时间和启动次数
参数设定	冷水机组冷水出水温度，需要时再设定冷水机组供水温度
控制内容	1. 通过负荷侧供/回水温度、回水流量计算实时冷负荷，并根据冷负荷需求确定冷水机组、冷却水泵、冷水泵运行台数和冷水机组冷水及冷却水路电动阀门的开关； 2. 根据冷水机组要求设定最低冷却水温度，控制冷却水温差旁通阀的开度；根据冷却水温度确定冷却塔运行台数； 3. 根据压差传感器信号调节电动旁通调节阀开度以控制供回水压差； 4. 设定冷水机组低水量保护，当冷水机组的冷水、冷却水出口设置的水流开关未到达设定起泵水位或运行中水位降至设定低流量水位时，停止冷水机组启动或运行

冷水机组变流量、冷却塔风机变频冷源系统设备监控内容　　　　　　表5.3-4

	监视控制参数设定	1. 冷水机组出水温度、冷却水最低允许温度设定和冷水机组运行台数及与之对应的电动水阀的控制同冷水机组定流量、负荷侧变流量一级泵冷源系统相同，见表5.3-3相关内容； 2. 设置冷水机组低水量保护，当进出口压差小于设定最低允许值时，停止冷水机组启动或运行
冷水泵、冷却水泵、冷却塔控制程序制	参数设定	根据冷水机组最低允许冷水流量和冷却水流量，设定冷水机组冷水和冷却水允许最低进出口压差；设定冷水泵、冷却水泵、冷却塔风扇最低允许转速
	冷水泵变频控制	1. 当控制冷水供回水压差时，根据设定供回水压差，调节冷水泵转速或调节压差旁通阀开度； 2. 当多台冷水泵同时运行时，水泵同频调速；当仅一台水泵运行时，水泵变频最低流量不小于冷水机组安全运行流量；当负荷侧冷水流量需求低于单台水泵最低安全运行流量，压差旁通阀开启； 3. 可利用冷水供回水温差控制冷水泵变频，这种控制方式由于延迟反馈末端负荷变化，与压差控制相比，灵敏度偏弱
	冷却水泵变频控制	设定冷却水供回水温差，根据冷却水供回水温差调节冷却水泵转速，以维持冷却水供回水温差为设定值，当冷水机组冷却水进出口压差降至最低允许压差或水泵降低最低允许转速时，不再降低水泵转速
	冷却塔风机变频控制	一般情况下获得较低的冷却水温度可以从冷水机组能效提升中获得较高节能效益，因此在冷却塔出水温度达到冷水机组冷却水最低允许温度之后，冷却塔风扇才开始调节转速以维持冷却塔出水温度不低于最低允许温度

蓄冰冷源系统设备监控内容　　　　　　表5.3-5

运行工况	系统预制自动转至蓄冰、主机供冷、融冰供冷、联合供冷工况运行
阀门工况	系统按运行工况自动将阀门控制至相应的工况位置
蓄冰 工况控制	1. 根据蓄冰量要求确定主机及配套水泵、冷却塔运行台数； 2. 根据负荷预测制定供冷策略，并根据蓄冰设备剩余冰量修正供冷策略
主机供冷 工况控制	1. 根据冷负荷要求确定主机及配套水泵、冷却塔运行台数； 2. 调节主机出水温度以控制二次水出水温度为设定值
融冰供冷 工况控制	1. 调节乙二醇溶液循环泵转速以控制二次水出水温度为设定值； 2. 当乙二醇溶液循环泵达到最低允许转速后，调节阀门开度以控制二次水出水温度为设定值
联合供冷 工况控制	1. 根据供冷策略确定主机及配套水泵、冷却塔运行台数； 2. 调节阀门开度以控制二次水出水温度为设定值
负荷侧 设备运行控制	1. 根据供冷策略确定基载主机、双工况主机和供冷换热器启停和运行台数； 2. 同步调节供冷换热器循环泵转速以满足负荷侧要求；当控制冷水供回水压差时，设定各环路供回水压差，调节转速或压差旁通阀开度，以维持供回水压差在设定值

燃气热水锅炉热源系统设备监控内容　　　　　　表5.3-6

开机顺序控制	热水循环泵→热水电动阀（如果有）→锅炉
停机顺序控制	锅炉→热水电动阀（如果有）→热水循环泵
监测内容	1. 锅炉与热水泵的运行与故障； 2. 热水进出口温度和压力、油温/油压、燃气压力、燃气/燃油控制阀开度、低流量； 3. 室外温度、锅炉房室内燃气体浓度 （注：锅炉本体均配套控制器，监视信号可通过控制系统通信接口上传获取）
参数设定	锅炉出水温度（包括气候补偿调整）
控制内容	1. 通过控制系统负荷、侧供/回水温度、回水流量，计算出所需热负荷，确定锅炉、热水循环泵运行台数； 2. 设置二级泵时，二次侧热水泵控制方法与冷源二级泵控制相同（见表5.3-3、表5.3-4相关内容）； 3. 对锅炉出水温度进行气候补偿控制； 4. 设置锅炉低水量保护，当锅炉热水出口设置的水流开关未到达设定启泵水位或运行中水位降至设定的低流量水位时，停止锅炉启动或运行； 5. 锅炉房内设置的可燃气体浓度报警探测器应与燃气供气进线管的总切断阀和事故风机联动

定风量全空气空调机组监控内容　　　　　　表5.3-7

启机顺序		电动水阀→电动风阀→风机
停机顺序		风机→电动风阀→电动水阀
系统联锁 控制程序		风机由现场控制器是通过中控室远程控制或现场控制箱手动控制启停；温度、风阀、水阀等控制环路与风机联锁，风机停止运行联锁温度控制环路停止工作，水阀全闭，新风阀全闭
温度 控制	供冷	调节电动阀开度以控制回风温度或典型房间温度为设定值。当回风温度高于设定值时，通过PID控制关小水阀，当回风温度低于设定值时开大水阀
	供热	调节电动阀开度以控制回风温度或典型房间温度为设定值。当回风温度高于设定值时，通过PID控制开大水阀，当回风温度低于设定值时关小水阀

续表

焓值控制	当室外空气条件适合于焓值控制时，利用新风和回风的混合保证必需的送风温差，以达到节能的目的。在焓值控制中新风阀、回风阀按程序比例开关，并反馈新风量
湿度控制	根据回风湿度与设定值比较，控制加湿电磁阀开关。设有冬季工况的系统应设置防冻保护控制，即当混风温度低于0℃时，应在风机停运时关闭新风和排风电动风阀
新风量控制	夏季供冷和冬季供热时，调节新风、回风、排风阀门开度以控制回风或典型房间CO_2浓度为设定值
报警管理	室外温度、送风温度、回风温度、过滤器报警、风机运行状态显示故障报警

变风量全空气空调系统设备监控内容 表5.3-8

启机顺序		电动水阀→电动风阀→风机
停机顺序		风机→电动风阀→电动水阀
系统联锁控制程序		风机由现场控制器通过中控室远程控制或现场控制箱手动控制启停；温度、风阀、水阀等控制环路与风机联锁，风机停止运行联锁温度控制环路停止工作，水阀全闭，新风阀全闭
风机变速控制		1. 当采用静压控制方式时，调节送风机转速以控制送风管道静压值为设定值； 2. 当采用总风量控制法时，调节送风机转速以控制送风量为需求值； 3. 当采用阀位控制法时，应增加静压控制+总风量控制联合控制法，调节送风机转速以控制送风管道静压值为设定值，通过总风量计算，再修正风机转速；增加变静压控制法，根据末端风量要求和风管流量-阻力特性，通过计算调整静压测点值，调节送风机转速达到静压测点值； 4. 变风量全空气系统一般通过设置独立的新风机，保证新风量
温度控制	供冷	调节变风量末端装置风阀开度以控制典型房间温度为设定值。变风量系统需恒定送风温度，夏季当送风温度高于设定值时，通过PID控制开大水阀，当送风温度低于设定值时关小水阀
	供热	调节变风量末端装置风阀开度以控制典型房间温度为设定值。变风量系统需恒定送风温度，冬季当送风温度高于设定值时，通过PID控制关小水阀，当送风温度低于设定值时开大水阀
焓值控制		当室外空气条件适合于焓值控制时，利用新风和回风的混合保证必需的送风温差，以达到节能的目的。在焓值控制中新风阀、回风阀按程序比例开关，并反馈新风量
湿度控制		根据送风湿度与设定值比较，控制加湿电磁阀开关
新风量控制		夏季供冷和冬季供热时，变风量全空气系统一般通过设置独立的新风机，保证新风量
报警管理		室外温度、送风温度、回风温度、过滤器报警、风机运行状态显示故障报警

设备及电动附件执行各种逻辑控制与调节。环境状况的参数元器件分为检测类和执行类，检测类主要包括温度、湿度、压力、压差、流量、水位、CO浓度、CO_2浓度、电量变送器等，执行类主要包括电动调节阀、电动蝶阀、电磁阀、电动风阀执行器等。

在传统BA系统中，受控设备的监视与控制信号直接与现场控制器（DDC或PLC）连接，其参数元器件也均直接或通过总线连接与现场控制器（DDC或PLC）连接，现场控制器通过通信接口与建筑设备监控系统进行信息传递，以实现对被控设备、检测类和执行类的管理。

采用建筑设备机电一体化控制模式时，在设备出厂时已经具备专用的标准化节能控制功能，并且完成了设备监控的接线及测试工作。机电一体化设备通过标准接口与系统平台网络传输，系统平台根据上传信息的存储、分析、运算，进行联控与优化和本地或远程的服务。由于一体化控制箱（柜）具备显示和设置运行参数、设备状态的显示屏幕和操作设备，方便运维人员对设备的操作以及快速排除设备故障，同时也降低了运维成本。

【例】以新风空调机组采用传统控制模式为例说明独立控制器（DDC或PLC）模式电气专业的内容表达方式。电气设计首先需要根据暖通专业新风空调机组运行原理图统计现场控制器所需要

监视与控制的点位数量，其监视与控制点位统计表的表达如图5.3-9所示。

其后再根据新风空调机组运行原理提出现场控制器所要采集的监视内容和对设备与附件的联动控制要求内容，其控制器监控内容及说明见表5.3-9。

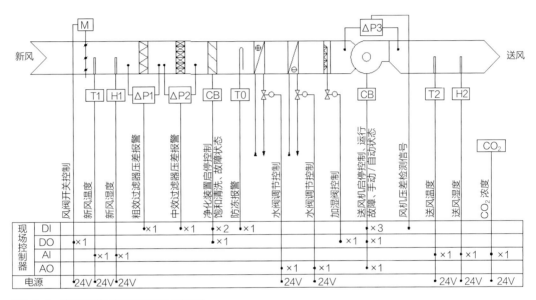

图5.3-9 新风空调机组监控与控制点位统计

新风空调机组控制器监控内容及说明		表5.3-9

监控内容	监控内容说明
控制符号	AI为模拟量输入，AO为模拟量输出，DI为开关量输入，DO为开关量输出
采集符号	T温度传感器，H湿度传感器，△P压差传感器，CO_2二氧化碳
受控符号	电动阀两通水阀（24V）
控制内容	温湿度、送风量、防冻保护（冬季空调设计室外温度低于0℃的地区）
运行控制	1. 温度控制：根据供冷工况和供热工况，调节电动阀的开度使其控制在温度的设定值； 2. 湿度控制：利用对加湿器的控制，使其室内相对湿度达到设定值； 3. 送风量控制：根据CO_2浓度控制新风量； 4. 防冻运行保护：当水盘管表面温度达到设定的防冻温度时，打开热水管路电动阀，关闭新风阀
监测与报警	1. 对新风空调机组电源的运行与故障状态、控制系统的手自动转换状态进行监测； 2. 对超过初效过滤器压差设定值、中效过滤器压差设定值和静电过滤器清洗设定值进行报警设定； 3. 对温度、湿度、压差、电动阀、防冻温度进行采集监测
能耗控制因数	1. 考虑建筑设备白天、夜间负荷变化等使用特性，设置不同的工作模式； 2. 根据人员变化，实时调整新风机转速； 3. 避免大流量、小温差状态以造成能耗增加； 4. 新风系统采取不同时间控制模式以满足正常工作的需求； 5. 风机全压、风机总效率、风机有效功率比

【例】以冷源空调系统采用分布式机电一体化控制系统为例，系统由管理运维平台、一体化能效控制柜（含配电单元、能效采集与控制模块）、能效控制模块和布线系统组成。布线系统可采取智能一体化成套控制设备以及现场的传感器、执行器和网络元件等通过网络接口直接接入传输网络，也可以采取采集传输总线、节能控制传输总线、计量统计传输总线的三总线结构进行网络传输。三总线网络传输架构图如图5.3-10所示。

系统基于互联网+智慧能效控制柜技术，对空调设备数据实现采集→传输→储存→分析→运算→指令→多闭环控制→大数据优化→远程云控服务等，为客户提供一个实现测量、控制、状态、功能、信息的全方位智能化设备综合监控智能系统，运行平台可以通过云端互联技术，实现远程智能管控、在线数据分析等技术支撑服务。智能一体化综合调控系统监控内容及说明见表5.3-10。

一体化控制模式与传统现场独立控制器（DDC或PLC）模式应用比较分析如下：

（1）现场独立控制器系统涉及的专业较多，提供产品的供应商也多，对运维人员的技术管理水平也有一定的限制，中间任何环节出现问题均会导致系统运行效率下降，以致于达不到调节目的而变成工频使用。

（2）机电设备一体化控制系统采用专用的控制器，使得设计标准化，涉及的设计专业和产品供应商数量都得到了简化，受中间环节影响因数相对减弱。机电一体化系统在生产过程中预先调试，减少安装调试过程的时间成本、避免不同的施工方导致的控制接线及调试过程中出现误差，大幅度减少现场施工和调试的工作量，有效降低建筑前期投入和后期运维成本。由于集成度更高，在系统稳定性和兼容性特别机电控制节能相关领域能起到作用会更大。

（3）现场独立控制器系统模式侧重于控制功能，功能单元调控由现场控制器完成，节能策略

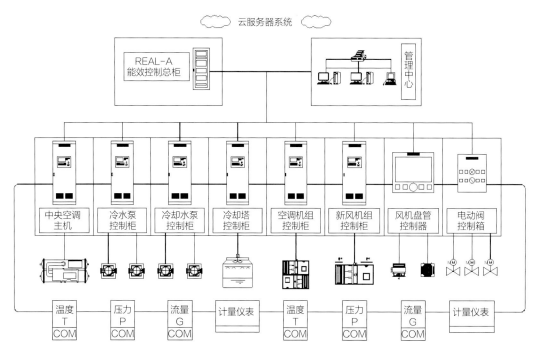

图5.3-10　三总线网络传输架构图

智能一体化综合调控系统监控内容及说明　　　　　　　　表5.3-10

监控内容		说明
主控设备		1. 中央空调主机（冷水机组）； 2. 辅机循环系统（冷水泵、冷却水泵、冷却塔风机）； 3. 空调系统相关电动阀的智能控制； 4. 组合式空调机组、新风机组，车库一氧化碳风机等； 5. 其他机房内附属设备的控制管理
工作原理		1. 受控设备就地设置能效控制模块或能效控制柜，对各个系统设备的就地进行自动调节、报警、预判断等监控管理； 2. 经过数据上传至一体化综合调控系统管理运维平台，实现空调系统各个环节的远程（或云端）的统一控制与管理； 3. 根据室外温湿度的变化和室内人员客流量的变化，在保证用户舒适度的前提下，智能调节空调系统的整体运行，达到系统节能的目的
能效 控制模块	冷水泵 能效控制器	是针对冷水循环泵工作特点开发的专用智能控制器，内嵌冷水系统节能控制软件。使冷水系统达到精细化的小闭环控制，从而让冷水系统能处于最高效区间运行
	智能 计量单元	1. 检测电压、电流、有功功率、无功功率等全部参数并对电能进行计量统计； 2. 实现设备的在线操作记录功能，如设备的开关时间、不同状态下的运行时间等（如普通运行模式、节能运行模式、运控运行模式等）
	谐波治理装置	抑制或吸收变频系统运行时产生谐波，避免柜体内元器件发热，延长设备使用寿命、保持系统的稳定性
	智能 操作终端	1. 接受远程控制指令； 2. 显示设备的工作状态和参数； 3. 就地手动控制
控制优势		1. 优化水泵功率，变频，阀门、流量、扬程之间的效率最优曲线； 2. 根据各个水循环之间的能耗交换量，优化单个风机水泵的效率最优曲线区间，建立专用负荷预测控制策略和自适应优化算法模型，合理计算暖通空调系统的实际负荷量，并由此对系统的设备进行最优控制； 3. 根据实际所需负荷改变其运行工况，利用物联网+和云数据实现中央空调系统自学习、自优化，实时跟踪、反馈和控制、系统动态平衡调节； 4. 与直接数字控制系统模式相比，综合年平均节能率达20%或以上
机房 群控优势		1. 通过三总线网络构架将整个空调系统冷水机组、水循环系统、新风系统、房间末端系统集成一体化综合调控平台； 2. 根据不同设备工艺特点，采用不同的网络化专用节能控制器及不同控制算法与控制方式的节能控制软件，在实现单个系统能耗最优的基础上，将中央空调的多个系统互联成一体，提高多系统的互补性、兼容性、高效性，降低整个中央空调系统能耗，提高中央空调系统的*SCOP*值

资源来源：山东金洲科瑞节能科技有限公司。

大多靠运维人员的手动调节，调节的参数也多为温度。在软件程序算法多应用PID算法，对系统整体节能调节存在一定的局限性，使系统整体节能效果进一步提高受到限制。

（4）机电一体化控制系统提供了控制器、操作系统和驱动电机，利用嵌入式软件实现对机电系统的智能化模糊控制，对配电、保护、计量、控制、预警、节能、通信等统一管控。这种智能化模糊控制不仅可以提高系统的运行效率，也可以提高系统的运行精度，并且可以根据所带负载的变化，实时地调整电机的输出功率，在节能策略上更关注节能潜能，系统程序通过先进的算法，使得系统节能率得到有效提升。

通过采用一体化控制模式与现场独立控制器

（DDC或PLC）模式应用比较，可以看出，建筑设备一体化控制相比于传统BA系统在控制功能和效果上具有一定的优势。在设计过程中可因地制宜地采用与项目匹配的控制模式。

3. 风机盘管和电加热采暖散热器的现场控制器类型选用应与建设标准相匹配，设置位置应合理。

【释义】风机盘管均由控制器根据设定环境条件联动控制水路阀电动阀的开度，控制器按使用功能分为就地手动控制器和就地网络控制器。不同类型控制器其控制方法及节能模式见表5.3-11。

风机盘管控制器位置设置是控制节能的关键因素之一，应尽量避免设置在自然光经常照射的位置，也应避免不同区域风机盘管控制器集中设置在一起的现象，控制器应按对应风机盘管服务区域尽量分散设置。相同要求的末端控制器还包括地面出风风机盘管和多联机室内机的现场控制器。

电加热采暖散热器由现场暖气温控阀控制，温控阀由温度控制器、电热执行器、阀门（阀体）组成。与风机盘管控制器功能类同，可手动设定房间温度也可现场遥控设定房间温度，当设置较多的散热器时，可采用网络控制，通过网络设备远程设定房间温度按需达到使用要求，即工作时间按设定温度运行，非工作时间和节假日按设定防冻温度运行模式。温度控制器安装位置同风机盘管控制器的要求。相同要求的末端控制器还包括地暖温控器。

电加热散热器在供暖期应采取工作与非工作的节能运行模式，在非供暖期应切断电源，避免控制设备待机耗电。

4. 通风机应以环境空气质量参数为重要指标进行联动控制。

【释义】通风系统在建筑内起着重要的作用，它关系到建筑内环境空气的质量，但也不能起重要的作用而采用长期运行的控制模式，应根据风机所处位置采用不同的控制方法。

对工频运行的通风机，采取时间程序控制启停；变频运行的风机应注意控制通风系统的单位风量；地下车库的风机应与CO浓度进行联动控制。

风机系统应设有节假日运行模式，并对风机前后压力或风道压力（针对变频风机）、风机供电情况、保护情况、手/自动状态、变频器的工作状态等进行监管，对设有建筑设备管理系统的建筑，应将上述信息通过现场控制器采集上传至建筑设备管理系统。

5.3.3
给水排水系统设备的监控内容

1. 生活给水、中水和热水系统的受控设备自成体系，通过标准接口将受控设备及关联信息与建筑设备监控系统进行交互，并保障信息完整。

【释义】给水系统、中水系统、热水和雨水回用系统的运行均自成系统，对设有建筑设备监

不同类型控制器其控制方法及节能模式 表5.3-11

控制器类型	控制方法	节能模式
手动控制型	控制器电源通断、室内温度、风量挡位、工况转换均现场手动设定完成	以人的行为节能为系统运行条件
联网控制型	控制器电源通断、室内温度、风量挡位、工况转换、节假日模式等由远程网络设备控制设定	按人员流动状态自动控制环境温度

控系统的建筑，以上系统的相关运行信息需通过兼容的通信协议接口与建筑设备监控系统进行信息上传，便于对各系统节能运行进行管理。各系统具体监视及上传内容见下列要求：

（1）生活给水系统

当建筑物顶部设有高位生活水箱时，水箱液位计传感器高水位和低水位值用于控制给水泵的启停，超高水位和超低水位值用于报警。上传信息内容包括：水泵运行状态显示、故障报警；高位生活水箱的高水位、低水位、超高水位及超低水位。

当建筑物采用恒压变频给水系统时，设置压力变送器测量给水管压力，用于调节给水泵转速以稳定供水压力，并监测水流开关状态。上传信息内容包括：水泵运行状态显示、故障报警；给水管压力、水流开关状态。

当采用多路给水泵供水时，依据相对应的液位设定值控制各供水管电动阀（或电磁阀）的开关，同时各供水管电动阀（或电磁阀）与给水泵间进行连锁控制。上传信息内容包括：水泵运行状态显示、故障报警；水管电动阀（或电磁阀）的状态。

设置低位水箱、中间水箱时均需将水位信号、水质信息上传至建筑设备监控系统。

（2）中水系统

贮存池（箱）设置液位计测量水箱液位，其上限信号用于停中水泵，下限信号用于启动中水泵；中水恒压变频供水系统的监控要求同恒压变频给水系统，但具有根据中水箱液位来控制补水电动阀（或电磁阀）的功能；主泵故障时，备用泵应自动投入运行。上传信息包括：中水泵运行状态显示、故障报警、贮存池（箱）的上下限水位、补水水位和溢流水位值、补水电动阀（或电磁阀）的开关状态。

（3）热水系统

水流开关控制加热设备的启停，回水温度控制热水循环泵或电伴热系统的启停。上传信息包括：热水循环泵运行及故障状态、热水温度、回水温度；太阳能热水器系统还应包括太阳能集热器温度、储热水箱中水温、管道防冻温度、太阳能热水循环泵状态、空气源热泵循环泵、电动阀状态、恒温水箱补水泵。

（4）为避开电力用电高峰，中水系统应优先采取电力用电低谷时间段运行；对于蓄热式电制热水系统设备，同样也应采取电力用电低谷时间段运行；对非工作时间段应切断供电电源，避免非工作时间段二次回路处于带电状态而增加电能损耗。

2. 排水系统通过现场控制器将受控设备及关联信息上传至建筑设备监控系统。

【释义】排水设施通过现场集水坑（池）设置的液位传感器来实现上限信号用于启动排水泵，下限信号用于停泵的联动控制。对设有建筑设备监控系统的建筑通过现场控制器需将每台排水泵的运行状态显示、故障报警、手动、自动工况转换及集水坑（池）水位状态值（启泵第1台泵水位SW2、启动第2台泵水位SW3、停泵水位SW1、溢流水位SW4）信息上传，实现对排水设施的管理。两台排水泵监视与控制点位统计表如图5.3-11所示。

3. 热水器应具备设定开关时间的程序运行模式，并通过现场控制器将关联信息上传至建筑设备监控系统。

【释义】热水器根据自身配置的温控器控制设备运行，即根据设定的水温将冷水进行加热，当电热水器的水温达到设定上限温度时，温控器发出指令停止电加热器继续给水加温，转为保温工作状态；当电热水器的水温降至设定的下限温

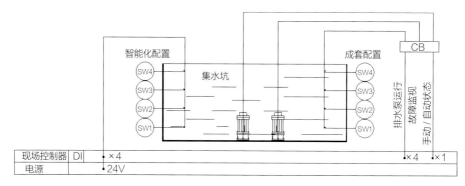

图5.3-11　两台排水泵监视与控制点位统计表

度时，温控器发出继续给水加温的指令，使电加热器又处于持续运行状态。

因热水器具有限温和保温特性，在工作期间均需持续供电以保持电加热器的设定水温，所以，电加热器应根据运行工况设定开关时间，在非使用期间和节假日期间设定关闭模式，以达到节能目标。

5.3.4

电梯、自动扶梯与自动人行道的监控要点

1. 集中设置两台及以上垂直客运电梯应采用群控方式，并通过标准接口将相关信息上传至建筑设备监控系统。

【释义】电梯作为竖向承载人流的交通工具，在建筑中起着非常重要的作用，但由于电梯耗电量大，进而也成为节能减排关注的能耗设备之一。对建筑内设置两台及以上的电梯应采取群控方式，并根据建筑物使用性质，在集中设置三台及以上电梯的场所，应选择电梯峰值时间段全部投入使用，平滑工作段部分投入运营，非工作时间段与节假日时间段停运的不同运行模式，最大限度提高群内电梯运行效率。运行时间段当无人乘坐电梯时，除采取停运在就地楼层外，还可选择电梯轿厢灯光熄灭的节能状态。

垂直客运电梯的系统控制自成系统，通过兼容的通信协议接口与建筑设备监控系统进行信息交换，信息包括：上行、下层运行状态、停泊楼层显示、故障报警。

2. 若条件允许，垂直电梯应尽量采用电能回馈技术。

【释义】电梯回馈装置是把电梯在不平衡载荷情况下曳引机所产生的电能经过逆变，变成为与电网同频、同相优质交流电返回到局域电网，供电梯主板、电梯井道、轿厢照明、轿厢风扇等及附近有负载的地方（或其他电梯及附属设备）使用，一般电流不大，持续时间不长。

电梯运行过程就是电能与机械能转换的过程，当电梯重载上行或轻载下行时，需要给电梯提供能量使机械势能增加，电梯通过曳引机将电能转换为机械势能，曳引机处于耗电状态；当电梯轻载上行或重载下行时，运行过程需要使机械势能减少，电梯机械势能通过曳引机转换为电能，曳引机处于发电状态。另外，电梯在从高速运行到制动停止的过程，是机械动能消耗的过程，其中一部分动能则通过曳引机转换为电能，曳引机处于发电过程。电梯结构原理示意图如图5.3-12所示。

曳引机发电过程产生的电能需要及时处理，否则对曳引机有严重的危害。常规的变频电梯处理此部分电能的方法是在直流电容端加装制动单元和制动电阻，当电容两端的电压到达一定值，

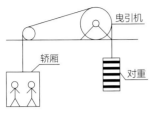

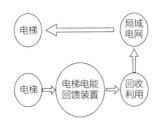

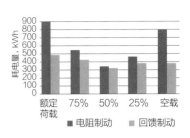

图5.3-12　电梯结构原理示意图　　　图5.3-13　能量回馈流程　　　图5.3-14　耗电量对比

制动单元动作，多余的电能通过制动电阻转换为热能散发到空中。

电能回馈装置替代制动单元和制动电阻，通过自动检测变频器的直流母线电压，将变频器直流环节的直流电压逆变成与电网电压同频同相的交流电压，经多重噪声滤波环节后连接到交流电网，达到绿色、环保、节能的目的。由于电阻不发热，机房温度降低，间接减少机房空调或风机的使用，达到二次节能的作用，节电率平均可达30%及以上。能量回馈流程如图5.3-13所示；电梯加装电能回馈装置前后往返10次的耗电量对比如图5.3-14所示，图中深灰表示电阻制动，浅灰表示回馈制动。

3. 自动扶梯与自动人行道应采用程序控制与感应控制相结合的运行方式，并通过标准接口将相关信息上传至建筑设备监控系统。

【释义】自动扶梯因具备连续不断地乘载大量客流的特点，在大型公共场所如大型商业建筑、交通建筑如机场、火车站、地铁站等均成为重要的人流疏导的交通工具。自动人行道主要在机场应用，这类交通工具方便了人员出行，减少了人员体力的付出，但非高峰时段若不采取自动化管理手段，将处于空转状态，不仅大大浪费能源，同时也缩短了设备寿命。

根据不同的建设环境对自动扶梯与自动人行道采取不同的运行方式是建设者的第一需求。采用变频调速技术，每台扶梯入口处均设置人体感应探测装置，在运行时间段，无乘客处于低频运转节能运行模式，有乘客自动加速到预设载客运行速度；对未采用变频调速技术自动扶梯与自动人行道，可采用感应探测装置，有乘客时起动并正常运行，无乘客时停止运行。由传感器控制扶梯、自动人行道的运行如图5.3-15所示。自动扶梯与自动人行道的系统控制自成系统，通过兼容的通信协议接口与建筑设备监控系统进行信息交换，信息包括：运行状态、故障报警。

5.3.5
独立空间单元监控要求

1. 独立空间单元的各种控制功能应采用集中控制器进行统一的监控和管理。

【释义】独立的空间单元的各种控制功能是指室内照明、冷热源末端设备、电动遮阳设备等，用自动控制技术将照明控制、空调控制、遮阳控制集成，取代分散控制或手动控制。

集成控制器通过接收空间单元内的人体动静传感器、照度传感器、温湿度传感器、空气质量传感器的监测信号实现关联控制。

控制程序可根据动静传感器通过集成控制器联动通断供电电源，根据照度传感器联动开启灯具的数量，根据室外直射日光辐照度（>280W/m²）和阳光照射室内深度（>0.5m）联动控制电动遮阳设备的下降，根据二氧化碳探测器连锁新风阀或新风机组的启停，根据温湿度探测器连锁调节现场冷热阀的开度。

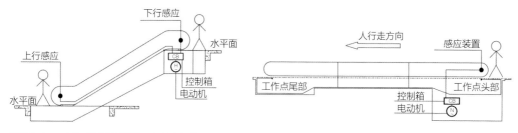

图5.3-15　由传感器控制扶梯、自动人行道的运行

集成控制器可纳入建筑设备监控系统，也可纳入智能照明控制系统。当纳入智能照明控制系统时，需与建筑设备监控系统进行集成以实现冷热源系统的联动控制。空间单元设备的调节均基于冷热源系统、区域新风空调机组处于运行状态。

2. 集中控制器应具有程序控制、自动控制相结合的控制模式，并可通过手工模式调节。

【释义】控制模式一般为预设模式、自动模式和人工调节模式。

预设模式为根据季节、日期及正常工作或活动时间对整个室内环境进行设定，包括温度、湿度、照度及空气质量。利用传感器将空间内各项参数通过系统上传至上位机，并将数据传递至各机电系统作为各系统的输入参数，各机电系统根据输入参数配合调节达到预设阈值。

自动模式一般在预设模式预设时间段外运行，与预设模式形成互补关系。在固定活动或工作时间段外，通过环境感知单元判断当前空间内是否有人，若判定无人存在，系统应延时一段时间后关闭此空间内各系统，以降低建筑能耗。延

时关闭各系统以确保人员短时间离开该空间内仍能维持当前环境状态。若判定有人存在，系统应根据各机电系统预设值对该空间环境进行调节。

人工调节模式即在预设模式基础上增加人性化功能，即当人对其环境照度和温度进行参数修改时，预设值失效，系统按人为设定参数进行调节运行。

集中控制器控制逻辑关系如图5.3-16所示。

随着物联网、人工智能和虚拟现实等新兴技术不断进步，大数据和云计算等基础设施的不断完善，机电设施将在一个智能管理平台下建立系统与环境、人与机器的交互，实现在线感知，完成管理者和环境需求者所要求的交互服务，解决了DCS系统的欠缺。

物联网的应用将智能传感器、移动终端、智能控制终端、楼控系统、视频监控系统等通过无线和/或有线的长距离和/或短距离通信网络实现互联互通，在内网、专网和/或互联网环境下，采用信息安全保障机制，提供安全可控的实时在线监测、定位追溯、报警联动、远程控制、远程

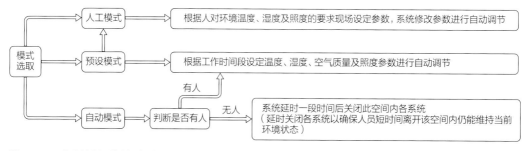

图5.3-16　集中控制器控制逻辑关系

维保、在线升级、预案管理和调度指挥等管理与服务功能，有效提高了建筑物的节能效果。

由于物联网采用开放的通信协议技术，支持所有标准通用协议的第三方设备接入，故今后的机电设施或自动控制系统产品也将朝着网络化、标准化和控制单元模块化等方向发展。产品标准化即具有统一的制造标准，标准的网络数据接口和标准的通信协议，不受系统或产品升级换代的影响。

采用独立空间单元集中控制器方式，也将以相同的独立空间单元为标准模块，对通用场所预置功能，对个性化场所除预制功能外，增加与人的交互功能，通过不同应用区域的逻辑关系，来实现建筑物用能管理的最优化。

5.4

照明系统的低碳运行设计

5.4.1
天然采光的利用

1. 建筑物室内空间照明首先应优先利用天然光源，当天然光源无法满足照度水平的要求时，增设人工照明。

【释义】建筑物室内天然光源的利用一般是指太阳光线通过外窗照射至室内的亮度，属于自然资源的直接利用；人工照明则是通过电光源发出的光线为室内提供亮度，但是需要提供电源，产生能耗。

天然采光包括侧窗采光和屋面顶部天窗采光等。过强的天然光线，人眼会自然产生不舒适的感觉，因此，需要利用建筑窗外百叶或内部遮光帘来控制进入室内光线的时间和程度。

设计师在规划整体照明设计时，对设有建筑外窗的室内环境，应根据使用者工作、生活特点，合理配置人工照明，当天然光的亮度达到照度需求时，尽量采用自动控制技术限制人工照明的投入，节约能源。

2. 天然采光分为不同的采光等级及对应的采光系数，在计算天然采光的具体参数选择时，应遵循现行国家标准。

【释义】不同的建筑对天然采光的需求不同，在天然采光计算时，应首先确定采光等级，如卧室、起居室和一般病房的采光等级不应低于Ⅳ级，普通教室的采光等级不应低于Ⅲ级。

采光系数作为采光设计的衡量指标，设计人员应根据不同采光等级确定采光系数，并依据现行国家标准《建筑环境通用规范》GB 55016和《建筑采光设计标准》GB 50033进行天然采光设计。工作场所作业面的采光等级与采光标准值见表5.4-1，表5.4-1采光系数标准值适用于我国Ⅲ类光气候区、室外设计照度值为15000lx。民用建筑工作场所参考作业面取距地面0.75m、公共场所参考平面取地面，采光标准的上限值不宜高于上一采光等级的级差，采光系数值不宜高于7%。

3. 为了增加低碳照明系统设计力度，可利用导光管采光系统作为人工照明的辅助光源。

采光等级与采光标准值

表5.4-1

采光等级	侧面采光		顶部采光	
	采光系数 标准值（％）	室内天然光 照度标准值（lx）	采光系数 标准值（％）	室内天然光 照度标准值（lx）
I	5	750	5	750
II	4	600	3	450
III	3	450	2	300
IV	2	300	1	150
V	1	150	0.5	75

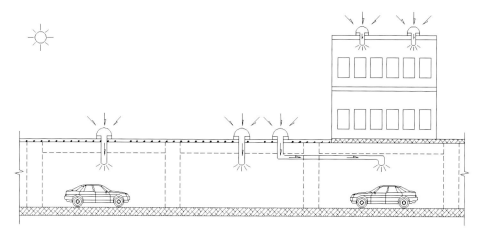

图5.4-1　地下汽车库及顶层房间导光管采光系统应用示意图

【释义】天然光照明的采光系统通常由集光器、导光管和漫射器组成。集光器将室外天然光线通过导光管道传输后再由漫射器将天然光均匀照射至室内空间。

采光系统采集天然光，运行过程为全光谱照明，无需提供电源，无碳排放和能耗，光源无频闪、无眩光，是节能环保的健康光源。

在有条件的大跨度或过大进深的会展建筑、物流中心、地下停车场及无外窗的建筑等场所，均可较好地应用光导管照明系统，将天然光引入，形成天然光与人工照明有效互补。

地下汽车库及顶层房间导光管采光系统应用示意图如图5.4-1所示，车库白天利用导光管采光系统为车库提供照明服务。

5.4.2

电光源和灯具的选择

1. 除考虑电光源综合特性外（光源的显色性、色温和启动时间等），应重点关注光源的能效与寿命。

【释义】电光源按发光物质分类可分为热辐射光源、固态光源和气体放电光源，常见电光源发光物质分类见表5.4-2。

由于各类电光源发光原理不同，产生的光源能效也不同。

白炽灯为传统的钨丝灯，虽然显色性好、接近天然光，但由于能效过低，同比约为节能灯能效的1/5、LED灯能效的1/8，所以容量在15W及以

常见电光源发光物质分类   表5.4-2

电光源	热辐射光源	白炽灯
		卤钨灯
	固态光源	半导体发光二极管（LED）
	气体放电光源	荧光灯
		金属卤化物灯

上普通照明白炽灯已被淘汰，15W以下容量的无特殊要求也不予应用。

卤素灯虽然在白炽灯的基础上进行了改进，其显色性好、接近天然光，寿命比白炽灯延长，且体积更小，但光源能效低，同比约为节能灯能效的2/5、LED灯能效的1/4，所以只有在特殊场所应用。

金属卤化物灯发光效率高、显色指数高、色温高、接近日光色、寿命较长，但启动时间长，二次启动时间约为2～3min，在高大空间和室外空间常规照明中也有应用。

荧光灯配节能型电感或电子镇流器，色温有2700K（暖白）、4500K（正白）和6500K（冷白）三类，显色指数较高、能效高，发光效率为白炽灯的4～5倍，寿命为白炽灯的10～15倍，为室内较理想的照明电光源。

LED灯色温灵活，与荧光灯相同也具有暖白、正白和冷白三类色温，且可动态调节。相比荧光灯光源，LED灯光源有更高的能效，且具有光线稳定、启动时间短、耗电量低、寿命长、体积灵活及冷光源发热量低等优势。LED灯虽然配有驱动电源存在谐波、功率因数低并有光衰现象，但由于其性能的优势，目前已成为照明电光源应用的主流产品。伴随着LED灯的技术不断进步，LED光源正逐步取代其他类型的电光源。

常用电光源的应用场所见表5.4-3。

不同色温的电光源给人的感觉不同，如当色温小于3300K时人会感觉温暖；当色温大于5300K时人会有冷的感觉；色温在3300～5300K之间属于中间色。电光源显色指数是衡量电光源对物体色彩的还原能力，显色性越高，对物体色彩的还原能力越强。

在光源选择上，无特殊要求应优先选择发光能效高、寿命较长且符合相关色温和显色指数要求的产品。常用电光源参数见表5.4-4。

2. 在灯具的选择上，应重点考量灯具的效率和灯具的能效。

【释义】灯具的效率是指在规定的使用条件下，灯具发出的总光通量与灯具内所有光源发出的总光通量之比。灯具的能效是指在规定的使用条件下，灯具发出的总光通量与其输入的功率之比。电光源发出的光通量经过灯具的反射器、透镜、遮光罩等有一定损失，不同制造标准生产的灯具效率也不同，而相同功率的灯具，其效率越

常用电光源的应用场所   表5.4-3

电光源	应用场所
LED灯	博物馆、美术馆、商业、车库、酒店、庭院照明、建筑物夜景照明及需要调光的场所
荧光灯	学校、酒店、工业、商业、办公室、控制室、医院、图书馆等
金属卤化物灯	体育场馆、展览中心、游乐场、商业街、广场、车站、码头、工厂等

常用电光源参数   表5.4-4

光源	发光能效（lm/W）	色温（K）	显色指数Ra	使用寿命（h）
LED灯	60～150（整灯的能效）	2700～6500	60～80	25000～50000
三基色直管荧光灯	65～105	2700～6500	80～85	12000～16000
金属卤化物灯	80～100	3000～6000	65～95	5000～20000

高灯具的能效也越高。常用灯具的效率和能效见表5.4-5，调温调光型LED灯具的效能与应用场景见表5.4-6，非调温调光型LED灯具的效能与应用场景见表5.4-7。

3. 在照明灯具能效等级的选择上应符合现行国家标准的要求。

【释义】根据现行国家标准《建筑节能与可再生能源利用通用规范》GB 55015的要求，选用的照明灯具的能效水平应高于能效限定值或能效等级3级。LED筒灯能效等级、定向集成式LED灯能效等级、非定向式自镇流LED灯能效等级的选用均应满足现行国家标准《室内照明用LED产品能效限定值及能效等级》GB 30255、《金属卤化物灯能效限定值及能效等级》GB 20054、《普通照明用自镇流无极荧光灯能效限定值及能效等级》GB 29144的相关要求。

4. 在照明灯具关键附件如荧光灯的镇流器和LED灯具的电子控制装置选择上，应符合现行国家标准的要求。

【释义】现行国家标准《建筑节能与可再生能源利用通用规范》GB 55015对所选用的照明灯具关键附件也作了规定，其能效水平应高于能效

常用灯具的效率和能效   表5.4-5

灯具种类	灯具效率（%）	灯具能效（lm/W）
荧光灯	70～85	42～70
金属卤化物灯	55～80	44～80
LED灯	—	60～120

调温调光型LED灯具效能与应用场景   表5.4-6

灯具类型	灯具效能（lm/W）	应用场景
筒灯	50～85	公共区域、大厅、办公区、过道、商场
线型灯	60～85	办公室、会议室、商场、走廊、过道
吸顶灯	80～100	公共区域、过道、楼梯间
灯管	90～120	车库、办公区、过道、超市
面板灯	90～110	学校、医院、公共区域、大厅、办公区、过道
天棚灯	100～120	工业厂房、仓库、物流中心、体育场馆、大厅、公共区域
灯带	100～130	休闲区、前台、大厅、办公区
壁灯	60～85	过道、楼梯间
路灯	100～135	道路

资源来源：恒亦明（重庆）科技有限公司。

非调温调光型LED灯具效能与应用场景 表5.4-7

灯具类型	灯具效能（lm/W）	应用场景
筒灯	60~90	公共区域、大厅、办公区、过道、商场
线型灯	90~95	办公室、会议室、商场、走廊、过道
吸顶灯	90~120	公共区域、过道、楼梯间
灯管	100~130	车库、办公区、过道、超市
面板灯	100~120	学校、医院、公共区域、大厅、办公区、过道
天棚灯	100~130	工业厂房、仓库、物流中心、体育场馆、大厅、公共区域
灯带	100~130	休闲区、前台、大厅、办公区
壁灯	70~90	过道、楼梯间
路灯	110~150	道路

资源来源：恒亦明（重庆）科技有限公司。

限定值或能效等级3级，进一步限定了灯具附件耗能的选用标准。

镇流器分为电感式镇流器和电子式镇流器。镇流器作为灯具的关键附件，由于自身功率较大，间接增加了灯具运行时的整体能耗，所以，在工程应用中不应采用普通电感镇流器，管型荧光灯应配用电子镇流器或节能型电感镇流器。设计中所选用的管型荧光灯用非调光电子镇流器和非调光电感镇流器能效限值的能效等级均应满足现行国家标准《管型荧光灯镇流器能效限定值及能效等级》GB 17896的相关要求。

LED灯具（包括整体式LED模块和内装式LED模块）附件电子控制装置一般设置在电源和一个或多个LED模块之间，为LED模块提供额定电压或电流，并具有调光、校正功率因数和抑制无线电干扰的功能。LED灯具电子控制装置包括等效安全特低电压或隔离式控制装置和自耦式控制装置。电子控制装置作为LED灯具的关键附件，由于自身内部在工作及整流过程中存在一定的损耗，在工程应用中应优先选用能效系数高的产品，且所选用控制装置的能效等级应满足现行国家标准《LED模块用直流或交流电子控制装置 性能规范》GB/T 24825的要求。LED模块用电子控制装置的能效等级详见表5.4-8；常用LED灯具配调温调光型的电子控制装置相关参数见表5.4-9，常用LED灯具配非调温调光型的电子控制装置相关参数见表5.4-10，灯具电源的输入电压根据供电电压确定。

5. 园区道路照明应采用适合能效的电光源和灯具，条件适宜时可引入太阳能路灯。

【释义】园区室外道路照明电光源在满足眩光限制值的基础上宜首选电光源寿命长、发光效

LED模块用电子控制装置的能效等级 表5.4-8

能效等级	自耦式控制装置能效系数			隔离输出式控制装置能效系数		
	$P \leqslant 5W$	$5W < P \leqslant 25W$	$P > 25W$	$P \leqslant 5W$	$5W < P \leqslant 25W$	$P > 25W$
1级（%）	84.5%	89.0%	92.0%	78.5%	84.0%	88.0%
2级（%）	80.5%	85.0%	87.0%	75.0%	80.5%	85.0%
3级（%）	75.0%	80.0%	82.0%	67.0%	72.0%	76.0%

常用LED灯具配调温调光型的电子控制装置相关参数　　表5.4-9

灯具类型	输出电压等（V）	与灯具组合形式	类型	能效等级
筒灯	30～40	一体化/分离式	隔离	2级/3级
线型灯	30～40	一体化/分离式	隔离	2级/3级
吸顶灯	80～130	一体化	自耦式	1级
灯管	80～130	一体化	自耦式	1级
面板灯	30～40	分离式	隔离	2级/3级
天棚灯	30～40	一体化	隔离	2级/3级
灯带	24	分离式	隔离	2级/3级
壁灯	30～40	一体化	隔离	2级/3级
路灯	30～40	分离式	隔离	2级/3级

资源来源：恒亦明（重庆）科技有限公司。

常用LED灯具配非调温调光型的电子控制装置相关参数　　表5.4-10

灯具类型	输出电压等（V）	与灯具组合形式	类型	能效等级
筒灯	30～40	一体化/分离式	隔离	1级/2级
线型灯	30～40	一体化/分离式	隔离	1级/2级
吸顶灯	80～130	一体化	自耦式	1级
灯管	80～130	一体化	自耦式	1级
面板灯	30～40	分离式	隔离	1级/2级
天棚灯	28～54	一体化	隔离	1级/2级
灯带	24	分离式	隔离	1级/2级
壁灯	30～40	一体化	隔离	1级/2级
路灯	28～54	分离式	隔离	1级/2级

资源来源：恒亦明（重庆）科技有限公司。

室外常用节能电光源性能指标　　表5.4-11

光源类型	发光效率（lm/W）	显色指数	色温（K）	平均寿命（h）	适用范围
金属卤化物灯	＞100	65～90	9000～15000	9000～15000	道路照明
LED光源	白光＞100	60～80	2700～6500	＞25000	广泛使用

率高的产品，热带地区宜采用偏高色温，营造凉爽感觉；寒冷地区宜选用低色温，给人温暖的感觉。室外常用节能电光源性能指标见表5.4-11。

对当地太阳能资源好、配电线路敷设难度大的区域，宜引入太阳能路灯。

5.4.3

照明水平的综合提升

1. 室内照明设计除应满足照度标准值外，还应满足其他照明质量指标。

【释义】室内照度过低容易使人感到疲劳和精神不振，照度过高会使人过度兴奋和急躁；照度极不相同而需人眼频繁适应会造成视觉疲劳；照明灯具产生的眩光使人眼感觉不舒适；照度的不稳定性会导致工作环境中的亮度发生变化，从而使人被迫产生视力跟随适应，跟随适应次数增多，将使视力降低。

综上因素，在进行照明设计时，既要控制照度标准值也要控制均匀性、眩光、照度的稳定性、光源的显色指数等质量指标，减轻视觉疲劳、提高工作效率，营造友好的照明氛围。

常用场所照度标准值及相关质量因数值约束值见表5.4-12，照度计算值与表中照度标准值的偏差不应超过±10%。

2. 室外道路照明应满足人员行走和车辆行驶的安全照度，照度值应根据道路等级确定。

【释义】室外道路照明包括车行道和人行道是园区建设中不可缺少的一项重要的基础设施，它为园区或建筑周边夜间车辆行驶以及行人出行创造良好的视觉环境，既保障人身安全，又可降低犯罪率。

在进行室外道路照明设计中，设计师应根据道路等级和照度标准，在满足安全、适用、节能、经济的前提下，达到照度设计水平。室外道路照度值和一般显色指数应符合表5.4-13内的规定。

常用场所照度标准值及相关质量因数值约束值 表5.4-12

房间或场所		参考平面及其高度	照度标准值（lx）	统一眩光值	照度均匀度	一般显色指数	色温（K）
楼梯间		地面	50	25	0.40	60	4000
公共车库	车道	地面	50	—	0.60	60	4000
	车位	地面	30	—	0.60	60	4000
门厅	普通	地面	100	—	0.40	60	4000
	高档	地面	200	—	0.60	80	4000
电梯厅	普通	地面	100	—	0.40	60	4000
	高档	地面	150	—	0.60	80	4000
走廊及流动区域	普通	地面	50	25	0.40	60	4000
	高档	地面	100	25	0.60	80	4000
办公室	普通	0.75m水平面	300	19	0.60	80	4000
	高档	0.75m水平面	500	19	0.60	80	4000
卫生间	普通	0.75m水平面	75	—	0.40	80	4000
	高档	0.75m水平面	150	—	0.60	80	4000
高大空间仓库	大件库	1.0m水平面	50	—	0.40	20	4000
	一般件库	1.0m水平面	100	—	0.60	60	4000
	半成品库	1.0m水平面	150	—	0.60	80	4000
	精细件库	1.0m水平面	200	—	0.60	80	4000

室外道路照度值和一般显色指数 表5.4-13

场所	水平照度最低值 $E_{h,av}$ （lx）	最小水平照度 $E_{h,min}$ （lx）	最小垂直照度 $E_{v,min}$ （lx）	最小半柱面照度 $E_{sc,min}$ （lx）	一般显色指数最低值
主要道路	15	3	5	3	60
次要道路	10	2	3	2	60
健身步道	20	5	10	5	60

常用场所照明功率密度限值 表5.4-14

房间或场所		照明功率密度限值（W/m²）	房间或场所		照明功率密度限值（W/m²）
楼梯间		≤2.0	办公室	普通	≤8.0
公共车库		≤1.9		高档	≤13.5
门厅	普通	≤3.5	卫生间	普通	≤3.0
	高档	≤6.0		高档	≤5.0
电梯厅	普通	≤3.5	高大空间仓库	大件库	≤2.0
	高档	≤5.0		一般件库	≤3.5
走廊及流动区域	普通	≤2.0		半成品库	≤5.0
	高档	≤3.5		精细件库	≤6.0

3. 照明功率密度值是照明节能控制的重要指标，照明设计的计算结果不得超过现行国家标准约定的限值。

【释义】室内照明亮度目标是要满足人对环境的工作需要和生理需求，现行国家标准《建筑照明设计标准》GB 50034对各类建筑场所提出了照度标准值限制，并对功率密度限制值给出了标准值和目标值，对照明节能起到有力的推动作用。现行国家标准《建筑节能与可再生能源利用通用规范》GB 55015中对照明功率密度又提出了限值，进一步强化低碳照明设计执行力度。在进行照明设计时，在满足照明计算标准值的同时，照明功率密度的计算结果不应大于标准规定的照明功率密度限值。常用场所照明功率密度限制见表5.4-14所示。

4. 照明设计应以基础照明设计为主线重点照明为辅线，既满足要求又避免过度。

【释义】基础照明目的是让室内空间照度达到规范约定的标准值。灯具通常采用均匀布置方式以满足工作面的照明水平和照度均匀度。

照度标准值是指工作或生活场所参考工作面（当无其他规定时，通常指距地面0.75m高的水平面）上的平均照度值。照度均匀度是指表面上的最小照度与平均照度之比，公共建筑的工作房间和工业建筑作业区域内的一般照明照度均匀度不应小于0.7。具体参见现行国家标准《建筑照明设计标准》GB 50034内各类建筑各场所的相关规定。

重点照明为采用集中光线照射某一区域，目的是为满足局部区域高照度的要求或为突出照射区域与整体环境的强烈对比，如实验室的实验台、图书馆的阅读区、博物馆的展品区和商业建筑的专卖店商品等。

在照明设计时，应首先确定室内空间的使用性质，如办公室、会议室、教室、展区、阅览室等，明确环境对照明的功能使用要求，在确定目

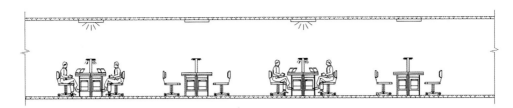

图5.4-2　阅览室一般与重点照明布置示意图

标基础上，配置相应功能目标灯具以达到照明品质表达效果，规避过度或过低的照度导致人身疲劳进而影响健康。阅览室一般与重点照明布置示意图如图5.4-2所示。

5. 应尽量采用能效较高的LED灯，降低照明能耗。

【释义】同一环境空间在满足相同照度标准值的条件下，分别采用LED灯和荧光灯具，通过利用系数法进行照度计算及LPD值验算，比较LED灯与荧光灯具的节能效果。

【例】办公室长12m、宽10m、棚顶高3m，有三面采光窗，尺寸均为宽2.8m、高2.2m；平均照度值设定为300lx，参考水平面高度为0.75m；办公室内表面反射比分别为棚顶0.7、墙面0.5、地面0.2、玻璃0.35；灯具为嵌入式安装，维护系数取0.8。

选择同一制造商不同灯具产品LED灯与T5荧光灯，LED灯参数为：功率为40W，光通量为3700lm；T5荧光灯参数为3×16W（包含电子镇流器功率），光通量为3600lm。LED灯与荧光灯节能效果对比见表5.4-15。

5.4.4
照明节能控制

1. 照明控制应采用以自动控制为主、手动控制为辅的合理控制方式。

【释义】照明灯具控制是实现绿色照明低碳运行的重要环节，其控制方式分为手动控制和自动控制。手动控制是采用现场手动控制面板对灯具采取一对一或一对一组灯的控制方式，其环境照明水平和节能行为均依据人的行为确定。自动控制具体分为以下几种控制方式：

（1）声光控制

声光控制是利用声音传感器和光敏传感器对灯具进行组合控制。当环境亮度未达到预设照度标准值时，光敏元件处于接通状态，环境由声音控制，有声音灯亮，持续一段时间自动熄灭；当环境亮度已达到预设照度标准值时，光敏元件处于断开状态，环境不受声音控制，灯具处于熄灭状态。声光控制应用的优势为安装与运行简单、灯具运行能耗降低效果明显，但不适用于频繁启动的场所。

（2）一体化智能控制

一体化智能控制是将环境亮度、声音变化有效关联，并将灯具、传感器和控制功能集成形成一体化产品，与声光控制灯具不同的是可纳入物联网照明控制系统，实现有效监管。

（3）智能照明控制系统

智能照明控制系统由中央控制管理主站、传感器、控制模块、智能控制开关、传输线路及传输接口等组成，通过控制系统对室内照明灯具进行接通、断开的控制、照度调节、场景变化及与其相关系统的联动，在实现建筑室内空间光环境品质的同时，可最大限度控制照明电光源的投入，实现照明运行能耗最小化。智能照明控制系

表5.4-15

LED与荧光灯节能效果对比

计算公式	符号说明	取值	计算结果	灯具类型	插值法取利用系数U[①]	计算灯具个数N	节能效果对比
功率密度：$LPD = \dfrac{P}{S}$	h_f——室空间高，m;	$h_f=2.25m$;					
工作面平均照度：$E_{av} = \dfrac{N\varphi UK}{A}$	l——室长，m;	$l=12m$;					
	b——室宽，m;	$b=10m$;		T5荧光灯	0.74	16.9[②]	
灯具个数：$N = \dfrac{E_{av}A}{\varphi UK}$	h_f——地板空间高，m;	$h_f=0.75m$;			计算照度（lx）	LPD值（W/m²）	
	ρ_i——第i个表面反射比;	$\rho_1=0.2$;					
	A_i——第i个表面面积，m²;	ρ_2、ρ_3、$\rho_4=0.5$;			319.7	7.2	
	ρ——空间表面平均反射比;	$A_1=120m^2$;					
墙平均反射比：	ρ_W——墙面的反射比;	A_2、$A_3=9m^2$;	室形指数：	灯具类型	插值法取利用系数U[①]	计算灯具个数N	通过T5荧光灯与LED灯计算结果对比，LED灯比T5荧光灯节电率高达30%
$\rho_{WAV} = \dfrac{\rho_W(A_W - A_g) + \rho_g A_g}{A_W}$	A_W——墙的总面积（包括外窗面积），m²;	A_4、$A_5=7.5m^2$;	$RI=2.42$				
	ρ_g——玻璃窗或装饰物的反射比;	$\rho_W=0.5$;		LED灯	0.87	13.9[③]	
有效空间反射比：	A_g——玻璃窗或装饰物的面积，m²;	$\rho_g=0.35$;	地面空间有效反射比：				
$\rho_{eff} = \dfrac{\rho_0 A_0}{A_S - \rho A_S + \rho A_0}$	E_{av}——工作面上的平均照度，lx;	$A_g=18.48m^2$;	$\rho_{eff}=0.22$		计算照度（lx）	LPD值（W/m²）	
	φ——光源光通量，lm;	$A_W=132m^2$;					
室形指数：	U——利用系数;	$E_{av}=300lx$;					
$RI = \dfrac{5}{RCR}$	A——工作面面积，m²;	$A=120m^2$;	墙面平均反射比：		321.9	5	
	K——灯具的维护系数;	$\varphi_{T5}=3600lm$;	$\rho_{WAV}=0.48$				
空间表面反射比：	E——平均照度;	$\varphi_{LED}=3700lm$;					
$\rho = \dfrac{\Sigma\rho_i A_i}{\Sigma A_i}$	P——房间内照明安装总功率，W;	$P_{T5}=48W$;					
	S——房间投影面积，m²;	$P_{LED}=40W$;					
室空间比：	P_{T5}——荧光灯的功率，W;	$S=120m^2$					
$RCR = \dfrac{5h_f(l+b)}{l \cdot b}$	P_{LED}——LED灯的功率，W						
空间开口平面面积： $A_0 = l \cdot b$							
空间表面面积： $A_S = 2h_f \cdot l + 2h_f \cdot b + A_0$							

注：①通过计算结果的室形指数、墙平均反射比、地面有效空间反射比及已知有效顶棚反射比，利用所选取灯具配套提供的利用系数表，经插值法计算，得出在此空间内，该灯具的利用系数；
②由于是矩形空间，采用3×6的布置方法，每列布置6盏灯，共计3列，共计18盏，灯具数量调整至18盏；
③由于是矩形空间，采用3×5的布置方法，每列布置5盏灯，共计3列，共计15盏，灯具数量调整至15盏。

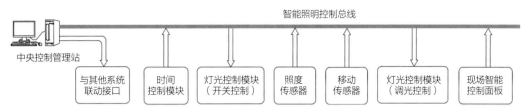

图5.4-3　智能照明控制系统框架示意图

统框架示意图如图5.4-3所示。

（4）物联网照明控制系统

物联网照明控制系统由物联网现场感知层、信息传输层和智能服务管理平台层组成。感知层由智能灯具、智能手机、物联网传感器等组成，接入设备可脱离平台层自主运行。信息传输层通过接入感知层采集和发出的信息上传至智能服务管理平台层进行信息交换，实现照明控制的智慧管理。

由于平台层具有访问灯具的能力，使照明运行系统管理更加精细化的同时又融合数字与网络技术，与其他系统设备相关联动相对便捷，只需通过感知层接入、传输层传输，再通过智能服务管理平台进行系统联动约定，即可实现不同系统的互联互通与互控。系统运用物联网算法，也同时提升了节能效果。物联网照明控制系统框架示意图如图5.4-4所示。

2. 不同建筑室内空间采取不同自动控制模

式组合，既满足使用需求又实现节能。

【释义】自动模式控制包括时间控制、声光控制、传感器控制、场景控制。

时间模式控制多用于有固定时间规划的场所，通过智能照明控制器的时钟单元对灯具进行时间设定，当所属时空达到控制器所设定的时域时，控制器发出指令对灯具接通与断开控制或调光控制。

声光模式控制是利用开关的预设值与环境声音和亮度进行比对，当环境光照度需求不满足预设照度值后声音探测器再拾取到声音，触发开灯指令，声音消失后延时关灯。

传感器模式控制主要利用某种或多种传感器的组合方式对空间灯具接通与断开控制或调光控制。传感器控制方式多用于采光较好的室内空间，通过监测天然光对室内光环境的变化，来控制灯具的光通量，以达到节能效果。

场景模式控制适用于环境空间有多模式场景

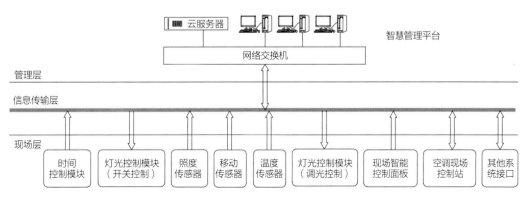

图5.4-4　物联网照明控制系统框架示意图

预设，根据预设的场景模式对空间内灯具进行开关及调光控制。

3. 灯光控制设计应尽量采用传感器模式控制，以达到自动控制为主导的低碳照明运行目标。

【释义】灯光控制的传感器包括光照传感器、移动传感器。对采光较好的室内空间，可采用光照传感器通过实测工作面照度值与设定的照度值比较来控制室内照明亮度，根据不同工作面光照程度，将照度调至系统预设照度值，以最大限度利用天然光。

移动传感器主要根据探测当前空间人的活动状况来控制灯具的开启，即有人活动、灯具开启，无人状态、灯具熄灭。移动传感器多用于开敞办公区域，可将大空间分割成若干个小的空间单元，在每个小的空间单元内设置移动传感器，使照明节能控制更加精细化。

当光照传感器与移动传感器组合使用时，移动传感器控制灯具的接通与断开，光照度传感器控制调节灯具输出的光通量，可更进一步降低照明系统运行能耗。

4. 照明灯具控制的设计还要符合行为模式的照度需求。

【释义】室内照明达到有效的控制，应对室内空间进行规划，按人或车的行为模式去划分，即一般可划分为流动区域、停留区域、不经常流动区域、特定功能区域、车位和车道区域等。

走廊、门厅等为人流动区域，通常采用手动或自动控制模式，自动控制模式可按照上班、下班、清扫和静楼等时间分段，通过时间模块对空间环境内的灯具进行接通与断开或调光控制。不通过时间段来控制的则应采取人体移动传感器对所属空间人的流动进行探测，进而联动控制灯的开启，达到人来灯亮，人走灯灭。走廊照明场景自动控制示意图如图5.4-5所示。

办公室、阅览室、教室等人员停留区域，通常采用手动控制或自动控制或手动自动组合模式控制，对有外窗的区域，应充分利用天然采光，靠近窗户区域的灯具与其余灯具分开控制。自动控制应基于移动传感器和光照传感器对不同位置的灯具分别进行控制，大空间办公室或阅览室可将其分割成区域活动单元进行控制，实现有针对性的开启。办公室照明场景控制示意图如图5.4-6所示。

人员不经常流动区域一般为带电梯的建筑楼梯间、地下无人值班的机房公共通道区等，这些区域通常采用单灯带移动传感器或声光传感器的一体化产品。当人进入此区域时，经移动传感器或声光传感器感知人的活动后自动开启此区域的照明，延时关闭。这类区域也可以采用就地设置定时开关控制，手动开启后根据设定的延时时间自动关闭，采用这种控制方式经济实用，不足的是需要人为操作。上述这类区域照明点亮时间不会过长，无需调光控制。楼梯间照明场景控制示意图如图5.4-7所示。

特定功能区域是指大型会议区、多功能区、

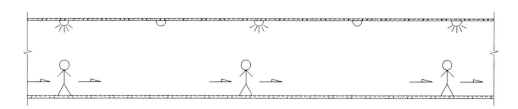

图5.4-5　走廊照明场景自动控制示意图

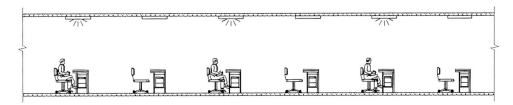

图5.4-6　办公室照明场景控制示意图

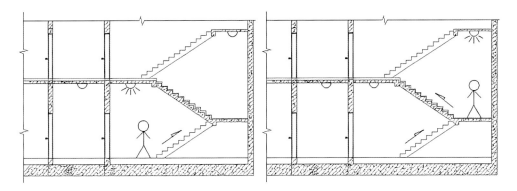

图5.4-7　楼梯间照明场景控制示意图

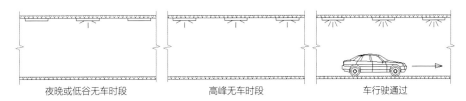

图5.4-8　地下车库车道照明场景控制示意图

宴会厅等，这类区域由于功能需求一般均由各类场景组成，包括会前场景、会间场景、活动场景、清扫场景，除专业公司承办的大型活动外，一般设置智能照明控制系统，实现场景变换，必要时与场内音视频、空调温湿度进行联合控制。

地下车库照明一般采用智能照明系统对车库内车位、车道的照明进行控制，高峰段车道正常照度，低峰段车道采取分组或调光控制方式，定时自动降低照度；车位也可采用移动探测器控制，车入位或离开区域照明点亮，其他区域处于静止状态无照明，以达到节能控制。地下车库车道照明场景控制示意图如图5.4-8所示。

5. 室外道路照明设计应采用自动控制方式，并主要以时间控制与传感器控制相结合的控制模式为主。

【释义】室外道路照明可采取时间控制或光照传感器控制方式，时间控制可按季节变化预设不同的开启时间，这种控制方式对于天气变化较大时会有不利因素。光照传感器控制更加适宜节能控制，可按照预设的照度标准值定时开启照明，满足人行走和车辆行驶安全。

为进一步增加节能效果，采取光照传感器与时间相结合的控制方式，入夜根据光照探测器控制灯的开启，在半夜时间段，按照设定时间在满足安全照度的前提下，整体降低照度标准来满足使用和节能运行。室外人行道与车道照明场景控

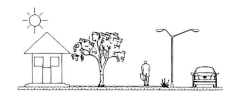

图5.4-9　室外人行道与车道照明场景控制示意图

制示意图如图5.4-9所示。

5.4.5
典型场所灯具布置与控制的应用

1. **灯具布置与控制应遵循既要保证照明质量又要兼顾低碳节能的原则。**

【释义】设计人员在进行照明设计时，应首先了解环境对照度使用需求，再结合房间布局选择适宜的节能灯具、确定合理的灯具布置、配置有效的照明控制方法，以获得较好的照度水平和较佳的低碳运行效果。

对设有天然采光区域的照明应结合场景需求布置，其控制应独立于其他区域的照明控制，当天然采光区域达到照度要求时，应尽量避免开启人工照明。

典型空间灯具布置与控制图中应用的灯具与灯具控制元器件图例符号与图例符号说明

见表5.4-16。

2. **面积较大的敞开式办公室照明灯具布置宜按若干个基本办公单元进行规划，主要通道、办公区宜分开布置与控制，办公区应分组控制。**

【释义】在面积较大的敞开（大开间）办公室照明灯具布置时，应基于使用功能划分为办公区和主要通道区。办公区宜拆分为若干个基本办公照明单元，有外窗办公区再划分内区办公照明单元和外区办公照明单元。大开间办公照明单元划分如图5.4-10所示。

照明灯具控制管理划分按办公区控制管理单元、主要走道区控制管理单元，有外窗的大开间办公室按内区和外区办公控制管理单元。

当采用手动控制时，可在出入口相对集中设置手动控制面板，对相应管理单元的灯具进行手动控制。大开间办公室灯具手动控制模式如图5.4-11所示。

当采用自动控制时，每个管理单元均设置移

灯具与灯具控制元器件图例符号与图例符号说明　　　　　　　表5.4-16

图例符号	图例符号说明	图例符号	图例符号说明
⊗	节能灯具	⊢——⊣	节能灯具
◑	节能灯具	⊨——⊨	节能灯具
⊗PIR	节能灯具（配置移动传感器）	⊢——PIR	节能灯具（配置移动传感器）
◑PIR	节能灯具（配置移动传感器）	☐	智能控制面板
○	照度传感器	✧	声光控开关
⊙	移动传感器	✧✧✧	翘板开关

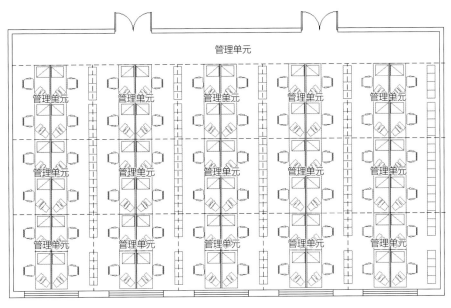

图5.4-10 大开间办公照明单元划分

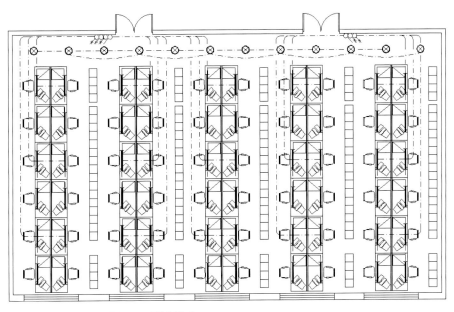

图5.4-11 大开间办公室灯具手动控制模式

动传感器，对每个管理单元实行独立控制，对有内外区划分的区域，在外区办公控制管理单元区还应设置光照度传感器。在移动传感器监测到有人员活动时，自动打开所属管理单元灯具，当移动传感器监测到有人离开时，系统应对当前管理单元灯具发出延时关闭指令；外区管理单元应首先通过移动传感器探测是否有人员活动，再通过

光照度传感器监测所属管理单元自然采光情况，根据照度需求对灯具进行调光，当自然采光照度满足管理单元照度值要求时，移动传感器探测不对灯具发出任何指令。大开间办公室灯具自动控制关系如图5.4-12所示。

3. 教室灯具宜按照讲课区、听课区进行布置，灯具设置方向应避免对人眼产生眩光，内外

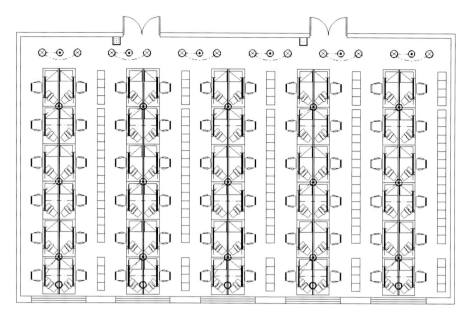

图5.4-12　大开间办公室灯具自动控制关系

区照明灯具除考虑平行于外窗分组控制外，还宜考虑讲课区灯具单独控制。

【释义】带有讲台和课桌的教室，划分为教学区和学生区，设有固定黑板时，应装设黑板照明，教学区与黑板照明可兼顾设置。

普通教室内灯具垂直于黑板方向布置，且布置在课桌的侧上方。对于家具不固定的活动教室，照明灯具应均匀布置；对活动范围较固定时，可在活动区范围内均匀照明灯具，对整体活动教室可不采取均匀布置灯具方式，以避免过度投入照明灯具。

采用自动控制的教室，当教室设有外窗时，应充分利用天然采光将靠近窗户的灯具与其余灯具分开控制，设有黑板的教室应设置黑板照明且独立控制，设有投影的教室，前排靠近投影区域的灯具宜能独立控制。

上课时教室照明应根据课程安排通过时间控制，并通过照度传感器探测当照度未达到设定照度标准值时，开启照明灯具；当室外光线较强可通过外窗传感器自动将靠窗的灯光减弱或关闭；

当室外光线较弱时，传感器可根据感应信息调整灯的亮度，达到预先设置的照度标准值。上课时段教室灯具控制模式如图5.4-13所示。

为便于学生午休，在这个时间段应将照度降低或关闭照明系统；放学后应将教室照明调成自动模式，其放学后教室灯具控制模式如图5.4-14所示，根据移动传感器感知是否有人员活动，对灯具发出开与关的指令。

当采用手动控制时，在教室入口教学区设置课桌区、黑板灯或投影灯手动控制面板。教室无投影时灯具手动控制模式如图5.4-15所示，教室有投影时灯具手动控制模式如图5.4-16所示。

4. 建筑内楼梯间休息平台应设置正常照明，住宅楼梯间照明应采用延时开关或一体化灯具，公共建筑楼梯间照明应根据建设项目性质确定其照明灯具控制方法。

【释义】楼梯间照明一般采用时间、声光或移动传感器或移动与光复合传感器控制。对设有垂直电梯、扶梯的建筑，由于楼梯人流较少，根据经济投入可采用声光控制、移动传感器控制或

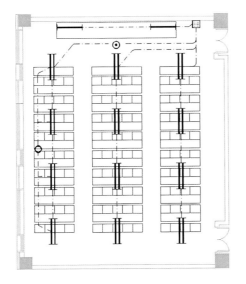

图5.4-13　上课时段教室灯具控制模式

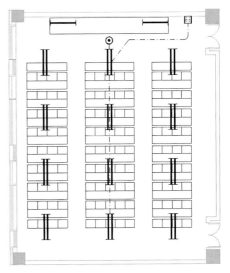

图5.4-14　放学后教室灯具控制模式

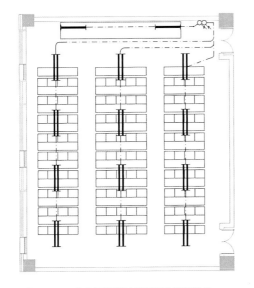

图5.4-15　教室无投影时灯具手动控制模式

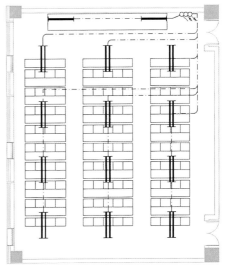

图5.4-16　教室有投影时灯具手动控制模式

移动与光复合传感器控制。对一些特殊功能建筑，如多层会展建筑、医院建筑等，由于办展和门诊楼就医期间，楼梯成为人经常利用的场所，为满足人对亮度的需求和环境使用的安全性，可采取在展览和就医期间用时间控制器控制楼梯间照明，非展览期间和医院下班期间转为声光或移动传感器控制，人来灯亮人走灯灭的节能运行模式。封闭式两、三跑标准层楼梯间照明控制模式

如图5.4-17所示，封闭式剪刀梯和敞开楼梯间标准层照明控制模式如图5.4-18所示。

5. 地下停车场照明灯具应依据不同区域分别进行布置，并采取自动控制模式。

【释义】地下停车场车道与车库入口的灯具布置应将线性灯具纵轴与行车方向一致，坡道出入口处应具有过度照明效果，车位上灯具尽量靠近车尾区域布置。机械停车库照明灯具应安装在

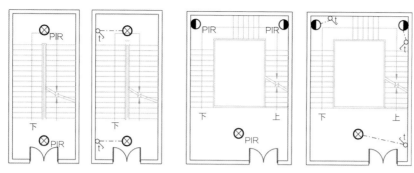

图5.4-17　封闭式两、三跑标准层楼梯间照明控制模式

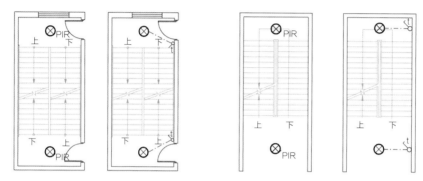

图5.4-18　封闭式剪刀梯和敞开楼梯间标准层照明控制模式

机械停车装置两侧，当有有梁时，一般与梁底齐平。设有充电桩的车位，灯具不应安装在充电桩正上方，水平距充电桩不小于0.5m。

地下停车场一般采用自动控制的模式，车位及车道应分开控制。一般车道照明可采用1/2～1/4交叉控制的原则，也可通过选用分段调节照明亮度的原则来满足管理对不同时间段、不同照度的需求。车位及车道照明灯具布置图与分区成组控制模式如图5.4-19所示。

车道及车位灯具可采用单灯自带移动传感器的节能控制方式。当无车和无人来时，可全部或部分保持低照度；当车或人来时，相应区域的灯

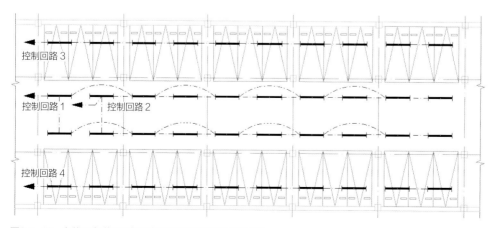

图5.4-19　车位及车道照明灯具布置图与分区成组控制模式

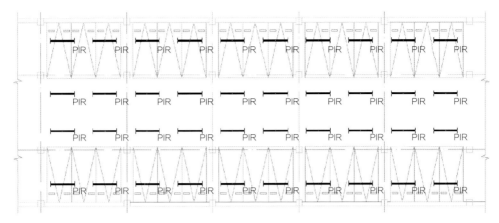

图5.4-20 单灯带移动传应器的照明灯具控制模式

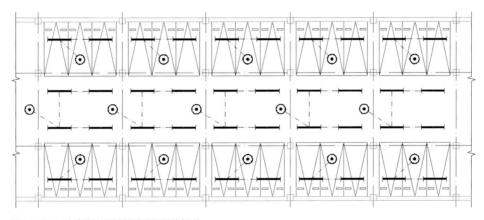

图5.4-21 移动传应器控制照明灯具的关系

全部达到正常亮度。单灯带移动传应器的照明灯具控制模式如图5.4-20所示。

车道及车位照明亦可选用普通灯具配置移动传感器的节能控制方式，移动传感器对车辆及人员进行捕捉探测，当无车经过时保持低照度，当有车经过时自动达到正常亮度。移动传应器控制照明灯具的关系如图5.4-21所示。

6. 住宅内照明灯具可依据功能区的划分设置与控制。

【释义】住宅户内照明应按客厅、餐厅、卧室、书房、厨房、卫生间等区域划分。客厅、餐厅、卧室、书房、厨房、卫生间均应设置照明灯具，满足户内人员基本活动的照度需求。

客厅、卧室、书房均应配置辅助照明接入条件，满足局部阅读或观看电视的需求。厨房油烟机自带局部照明，可不考虑局部照明接入条件。为保障夜间起夜安全，宜设置起夜照明，起夜照明灯具配置移动传感器，亮度满足人的视觉舒适和人的行为安全。对户内设有楼梯的空间，在楼梯休息平台应设置照明灯具，保障人上下行走安全。

为方便户内人员控制灯具的便捷性，客厅、卧室可采用双控开关控制；为达到多场景亮度需要，客厅照明可采用具有调光控制的灯具；楼梯照明可采用双控开关或就地声光控延时开关控制；为避免家中无人忘关灯现象，可在户内进口处设置切断所有照明回路的总开关。

5.5

充电设施的建设与节能运行

5.5.1

充电桩的配置

1. 充电桩的配置应依据现行国家及地方标准、适用场所等确定建设数量和交流充电桩与直流充电桩比例。

【释义】充电桩按服务于不同电动汽车充电输入接口的电源类型分为交流充电桩和直流充电桩，交流充电桩是为具有车载充电装置的电动汽车提供电压等级为交流380V或220V电源的专用充电装置。直流充电桩是将交流电能变换为直流电能为非车载充电机的电动汽车动力蓄电池提供直流电源进行充电的装置。直流电源电压等级为400V和750V两种，采用直流750V电压等级为非车载充电机的电动汽车充电，更能提高充电效率。

为推动充电汽车的发展，国家及各地方均对新建停车库、停车场出台了充电桩配置数量的相关建设标准，设计人员在充电桩的建设过程中需了解并满足其相关要求。

充电桩的建设一般包括建筑面充电桩的建设和社会面充电桩的建设。建筑面充电桩的建设包括建筑单体设置的停车库或停车场、建筑园区内停车场，主要服务于建筑单体或园区内工作和生活人员的电动汽车充电。配置标准应符合现行国家及地方现行标准所确定的建设数量和交流充电桩与直流充电桩比例。

2. 建筑面充电桩总体建设数量和交流与直流充电桩配置比例主要参照地方标准，并留有余地。

【释义】新建建筑充电桩建设需与停车位同步建设，在地下停车库配置的充电桩以单相交流充电桩为主，在室外配置的充电桩可采取单相交流和直流充电桩混合配置方式。

大型公共建筑配建的停车场、社会公共停车场的充电桩建设数量应不低于总车位数的10%，交流和直流充电桩比例宜按1:9配置。新建住宅充电桩建设数量按总车位数量的100%预留单相交流充电桩建设安装条件，若设置直流充电桩建设时，应考虑配置在公共停车位。住宅小区地下停车场充电桩建设示意图如图5.5-1所示。

3. 社会面充电桩具体建设数量主要依据市政规划，通常以直流充电桩为主。

【释义】社会面充电桩的建设主要设置在公共停车场、集中充电站或电动汽车电池换电站等场所，主要服务于社会的电动汽车充电，由于以经营和社会服务为主，一般以配置三相交流充电桩和直流充电桩为主，具体建设数量主要依据市政规划或建设场地规模确定。

社会面电动汽车充电设备主要以城市公共充电桩（直流充电桩或柔性共享充电堆）、集中换电站为主，充电桩具体建设数量配置应以市政规划为主要建设依据。为加快充电换电的基础设施建设、完善基础设施运营管理体系，各级政府相关部门进一步优化了社会面公共充电网络布局、加大了公共充电换电设施建设力度，充分考虑公交、出租、物流等专用车充电需求，通过新建、改建、扩容、迁移等方式，逐步提高直流充电桩占比，并鼓励停车充电一体化等模式创新，实现停车和充电数据信息互联互通，落实充电车辆停车优惠等惠民措施。社会面充电站建设示意图如图5.5-2所示。

图5.5-1　住宅小区地下停车场充电桩建设示意图

图5.5-2　社会面充电站建设示意图

5.5.2

供配电系统

1. 在进行电动汽车充电桩配电设计时，首先应确定负荷分级，根据负荷等级确定外电源供电方式，电能质量应满足现行国家标准要求。

【释义】对于为电动汽车设置的充电设备，除中断供电在公共安全方面造成较大损失或对公共交通、社会秩序造成较大影响的三相交流和直流充电设备及电池更换站不宜低于二级负荷外，其余均为三级负荷。电动汽车充电设施的负荷分级见表5.5-1。

电动汽车充电设施根据负荷等级确定外电源供电方式，即一级负荷采用两路电源供电，二级负荷采用两回路或专用回路供电，三级负荷采用单电源供电。

充电设备所产生的电压波动和闪变在电源接入点的限值应符合现行国家标准《电能质量　电压波动和闪变》GB/T 12326的有关规定；充电设备接入电网所注入的谐波电流和引起电源接入点电压正弦畸变率应符合现行国家标准《电能质量　公用电网谐波》GB/T 14549的有关规定；充电设备在电源接入点的三相电压不平衡允许限值应符合现行国家标准《电能质量　三相电压不平

电动汽车充电设施的负荷等级　　　　　　　　　　表5.5-1

负荷等级	负荷名称	应用示例
不低于二级	中断供电在公共安全方面造成较大损失，或对公共交通、社会秩序造成较大影响的快速充电设施	用于电动公安巡逻车、电动公交车、电动救护车等的非车载充电机
三级	其他场所的一般充电设施	用于居住小区商场、办公及分散充电设施的充电设施

衡》GB/T 15543的有关规定。

面向电网直接报装接电的经营性充电设施的电能计量装置应安装在产权分界点处。非车载充电机电能计量应符合现行国家标准《电动汽车非车载充电机电能计量》GB/T 29318的有关规定，交流充电桩电能计量应符合现行国家标准《电动汽车交流充电桩电能计量》GB/T 28569的有关规定。

2. 充电桩的计算负荷应按直流充电桩、三相交流充电桩和单相交流充电桩分组并采用需要系数法计算确定，充电主机系统的计算负荷整体按需要系数法计算确定。

【释义】直流充电桩、三相交流充电桩、单相交流充电桩及充电主机系统由于建设位置不同、服务性质不同，充电桩使用的需要系数和同时系数取值也不同。在进行充电桩的负荷计算时，宜按充电桩类型分组并采用需要系数法进行计算，对充电主机系统应按整体考虑并同样采用需要系数法进行计算。

电动汽车充电设备负荷计算可参考式（5.5-1）进行，电动汽车充电设备需系数选择可参见表5.5-2，单向交流7kW充电桩需要系数选择可参见表5.5-3。

（1）充电设备总容量计算：

$$S_{js} = K_t \left\{ K_{x1} \cdot \sum \left[P_1 / (\eta_1 \cdot \cos\phi_1) \right] + \cdots + K_{xn} \cdot \sum \left[P_n / (\eta_n \cdot \cos\phi_n) \right] \right\} \quad (5.5-1)$$

电动汽车充电设备需要系数选择　　　　　　　　　　表5.5-2

充电设备类型及使用情况		需要系数	说明
建筑面交流充电桩	单台交流充电桩	1	包括家用场所、公共场所使用的单台交流充电桩
	非运营场所2台及以上单相交流充电桩	0.28~1	需要考虑车型和电池状态等不确定性
建筑或社会面非车载充电机	1台	1	考虑设备的充电特性曲线及充电终端容量需求确定取值；台数越多和单台设备功率越大，取值越小
	2~4台	0.8~0.95	
	5台及以上	0.3~0.8	
	运营单位专用	≥0.9	包括电动出租车、电动公共汽车
社会面充电设备	充电站	0.4~0.8	适用于城区，非车载充电机的数量和容量对需要系数影响较大
	社会公共停车场充电主机系统	0.45~0.65	充电终端数量越多，取值越小
	运营单位专用充电主机系统	≥0.9	包括电动公共汽车、电动出租车企业

单相交流7kW充电桩需要系数选择　　　　　　　　　　　表5.5-3

台数（台）	需要系数	台数（台）	需要系数
1	1	25	0.42~0.50
3	0.87~0.94	30	0.38~0.45
5	0.78~0.86	40	0.32~0.38
10	0.66~0.74	50	0.29~0.36
15	0.56~0.64	60	0.29~0.35
20	0.47~0.55	80	0.28~0.35

式中　S_{js}——充电设备总的计算容量，kVA；

　　P_1、P_n——各类充电设备（一般按单相交流、三相交流和直流充电桩）总的等效额定功率，kW；

　　η_1、η_n——各类充电设备的工作效率，一般取0.9~0.95；

$\cos\phi_1$、$\cos\phi_n$——各类充电设备的功率因数，一般大于0.95；

　　K_t——同时系数；一般取0.8~0.9；

K_{x1}、K_{x2}、K_{xn}——各类充电设备的需要系数。

（2）充电主机系统总容量计算

$$S_{js}=K_x \cdot P/(\eta \cdot \cos\phi)\qquad(5.5\text{-}2)$$

式中　S_{js}——充电主机系统的计算容量，kVA；

　　P——充电主机系统的额定功率，kW；

　　η——充电主机系统的工作效率，一般取0.9~0.95；

　　$\cos\phi$——充电主机的功率因数，一般大于0.95；

　　K_x——需要系数。

3. 根据确定的计算容量规划供电方案，系统在满足负荷供电需求基础上应利于供配电系统的节能运行。

【释义】当充电设备布置相对集中且总的负荷计算容量较大时，对充电设备容量计入现有变压器后预期变压器最大负载率超过85%的改造建筑，宜采用专用变压器供电，否则利用原有变压

器冗余容量，以提高变压器综合使用效率。

对建筑园区配置大容量的充电主机系统或充电设备总容量大于500kVA的有大量非车载充电机的新建社区、新建大型办公建筑停车楼及机场停车楼等，宜采用专用变压器供电，利于节能运行、提高供电效率。

4. 充电桩配电系统的建设应根据充电桩负荷的计算容量和供电电源类型确定供电系统框架。

【释义】在电动汽车充电桩配电系统设计时，应依据负荷计算及供电电源类型确定供电电源类型，供电电源包括市政电源、储能电源、光伏电源，供电系统包括市政电源配置储能电源、光伏电源与市政电源相结合、光伏电源与储能电源相结合、光伏电源与储能电源和市政电源相结合。无论哪种组合，其供电系统的应用均应以有效控制用户或经营者的用电成本、巩固和提升电网供电能力、消纳电网谷时过剩电能和降低电网峰时使用率为目标。

光伏电源与储能电源和市政电源相结合为电动汽车充电桩供电系统，一般可采用交流配电系统、直流供电系统和交直流混合供电系统三种方式。

交流配电系统中的光伏电源系统和储能电源系统均通过并网逆变器连接至交流母线，实现并网运行。该系统较适合应用在建筑面，直流充电

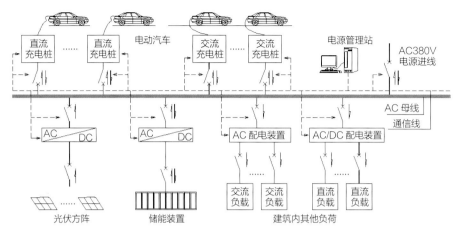

图5.5-3　交流供配电系统框架示意图

桩占比较少，内部直流负荷也较少的配电网络，交流供配电系统框架示意图如图5.5-3所示。

直流配电系统可充分利用光伏电源发电容量和配置的储能电源容量，将光伏电源系统与储能电源系统、直流电源负荷等均通过直流（DC/DC）变换器连接至直流母线，光伏电源容量和负荷容量的波动由储能电源装置在直流侧调节。相对交流配电系统，直流配电系统减少换流损耗，较适合社会面和建筑面，直流充电桩较多且直流负荷总容量远大于交流负荷总容量。直流供配电系统框架示意图如图5.5-4所示。

交直流混合配电系统即交流配电母线经逆变器设置局部直流配电母线，交流充电桩接至交流母线，直流充电桩接至直流母线，相对交流电网或直流电网同样减少负荷侧变换损耗、保障电源质量，提高系统稳定性，较适合应用在建筑面以交流负荷为主导但直流负荷占比也相对较大的情况。交直流混合供配电系统框架示意图如图5.5-5所示。

5. 根据充电终端性质及容量来确定采用树干式或放射式的配电方式。

【释义】三相交流充电桩通常服务的电动汽车容量较大，一般均可达到30kW及以上。当充电桩安装容量（Pe）在30kW≤Pe＜120kW时，既可采用放射式为每个车位充电桩配电，也可采用树干式为每个车位充电桩配电；当充电桩安装容量Pe≥120kW时，应采用放射式配电。该配电方式适用于公交充电站、运营充电场站等。

对设置在建筑内的充电桩，一般为单相交流充电桩，每个充电桩容量一般不大于7kW，配电宜采用按照防火分区或防火单元设置充电桩电源总配电箱（柜）的方式配电至车位末端充电桩。末端充电桩配电均可采用三相树干式为每个单相充电桩供电，总数量不宜超过6个，并均匀分配到每相上，每相负荷总容量为14kW。该供配电方式适用于住宅、办公楼等地下车库、停车场等。

对于有直流充电要求的场所和单位，且充电终端数量为5台及以上时，为了满足各种车型充电的需要，优先采用充电主机系统。

住宅家用充电设备，为便于管理和计量，应纳入家用电气设备配电系统内，采用单独回路供电。

直流充电桩、三相交流充电桩和单相交流充电桩的配电干线示意图如图5.5-6所示。

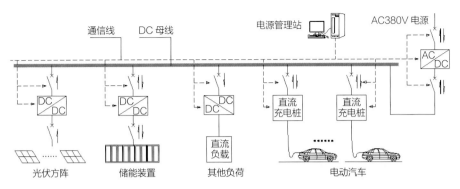

图5.5-4　直流供配电系统框架示意图

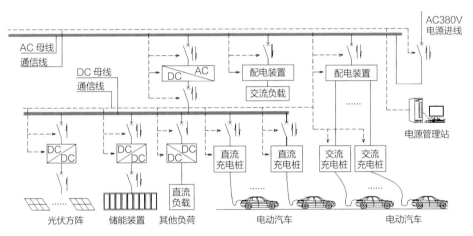

图5.5-5　交直流混合供配电系统框架示意图

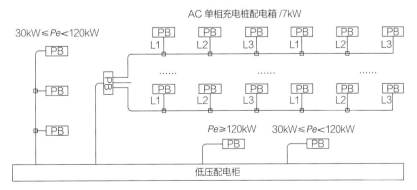

图5.5-6　直流充电桩、三相交流充电桩和单相交流充电桩的配电干线示意图

5.5.3
充电桩供电模式的调配

充电桩供电模式的电源调配应依据供电电源形式来优化调整。

【释义】在规划充电桩供电组合模式时，应充分了解当地电力公司的电力资源及用电政策，确定采用以市政电源为主导、储能电源为辅或以储能电源为主导，市政电源为辅的供电模式；根据光伏系统建设规模、储能配置容量和接入市政电源负荷容量，确定采用光伏电源与市政电源相结合、光伏电源与储能电源相结合或光伏电源与储能电源和市政电源相结合的供电模式；各类充电模式均以确保充电模式的适宜性和使用的安全性、电源配置的合理性为目标。

（1）采用以市政电源供电为主、储能电源供电为辅的供电模式为电动汽车充电时，按图5.5-7所示策略进行调配。该模式充分利用市政电源低谷时段电价优势为电动汽车及储能装置

充电，非低谷时段优先使用储能装置供电并停止为储能装置充电。市政电源接入容量与储能充放电配置容量应满足充电桩整体充电要求的容量，建议储能容量配置不低于整体充电能力的30%。图5.5-7～图5.5-11中Y表示"是"，N表示"否"。

（2）采用以储能电源供电为主、市政供电电源为辅的充电模式为电动汽车充电时，按图5.5-8所示策略进行调配。该模式在低谷时段仍优先采用市政电源供电，非低谷时段采用储能电源供电，当储能容量无法满足充电负荷的供电需求时，市政电源补充供电。市政电源接入容量与储能充放电配置容量应满足充电桩的整体充电要求容量，建议储能配置容量不低于充电站提供充电容量能力的70%。

（3）采用光伏电源与市政电源相结合的供电模式为电动汽车充电时，按图5.5-9所示策略进行调配。该模式优先利用光伏电源供电，当光伏电源发电量不满足充电负荷供电需求时，市政电源补充供电。无充电需求时光伏电源所发出的电

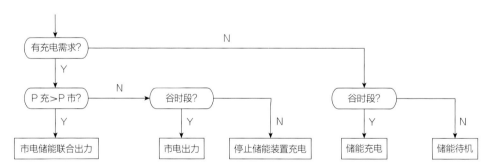

图5.5-7　以市政电源供电为主导储能电源供电为辅助的供电模式

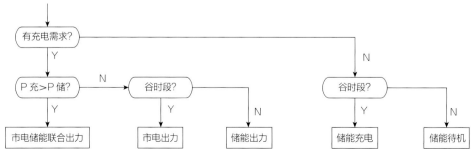

图5.5-8　以储能电源供电为主导市政供电电源为辅的充电模式

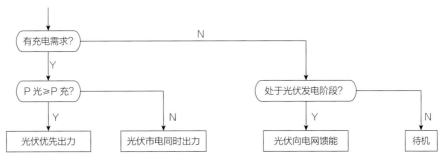

图5.5-9　光伏电源与市政电源相结合的供电模式

能可向电网馈能，为电网输送绿色能源。市政电源接入配置的容量应满足充电桩的整体充电要求容量。

（4）采用光伏电源与储能电源相结合的供电模式为电动汽车充电时，按图5.5-10所示策略进行调配。该模式利用光伏电源发电时间段为电动汽车和储能电源装置供电，非发电时间段或遇不利天气时由储能电源为充电桩提供电源。储能电

源装置容量配置应满足非光伏发电时段的充电需求及不利天气下的容量储备。

（5）采用市政电源、光伏电源和储能电源相结合的供电模式为电动汽车充电时，按图5.5-11所示策略进行调配。该模式优先利用光伏电源所发出的电为电动汽车和储能电源装置供电。当光伏电源所发出的电有余量时，可将电能输送给电网，为市政电源提供绿色能源；当光伏电源所发

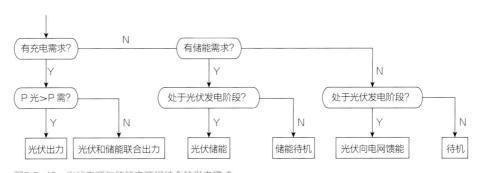

图5.5-10　光伏电源与储能电源相结合的供电模式

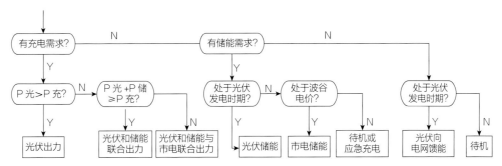

图5.5-11　市政电源和光伏电源与储能电源相结合的供电模式

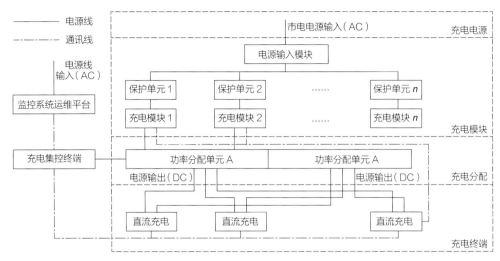

图5.5-12 充电主机系统示意框图

出的电量不满足充电桩充电负荷容量需求时，利用储能电源或市政电源补充。

储能电源装置在接受光伏电源充电未达到额定容量的情况下，在市政电源低谷电价时段，利用市政电源为储能电源充电。储能电源装置容量配置应满足非光伏电源发电时段的充电负荷需求及不利天气下的容量储备，市政电源接入容量仅作为补充或辅助储能电源容量的应急缺口容量。

5.5.4
充电桩节能运行具体技术应用

1. 集中设置充电终端的大型停车场和电动公交场站应优先采用充电主机系统。

【释义】充电主机系统（即柔性充电堆）主要由充电主机系统本体、充电终端、站级监控和收费系统等组成，是一种以模块化、标准化为架构，以数字化智能充电模块、矩阵式控制为核心集中式的充电站。系统通过对功率分配单元控制、功率变换、动态功率分配、站级监控、有序充电管理和新能源发电及储能系统供电接入，实现按电动汽车的充电服务和对充电设备、配电设备及辅助设备的集中控制与管理。充电主机系统示意框图如图5.5-12所示。

系统采用数字化智能充电模块，为电动汽车按实际充电功率需求动态分配充电功率，提高了充电设施能量转换效率及设备的利用率。各充电模块在运行中被调用的概率基本一致，使充电模块的使用寿命处于基本一致的状态，有利于充电主机系统的性能维护。系统可同时为多辆不同车型的电动汽车进行充电，并具备电动汽车信息、电池信息、充电桩信息、用户卡信息等综合服务管理，方便用户使用，有利于电动汽车的普及。

根据充电模块的调用和分配模式不同，又分为环形（含环形与星形组合）柔性充电堆主机系统和矩阵式（含全矩阵与半矩阵）柔性充电堆主机系统。

环形柔性充电堆主机系统通常采用环形智能充电的模式，适用于社区、大型公建配建停车场或社会公共停车场等。系统中央处理单元主动巡回检测每台车的电池电量，在社区夜间或正常办公工作时间，自动地轮流将每台车充满，属于柔性充电的一种，其优势在于充分利用空闲时间充

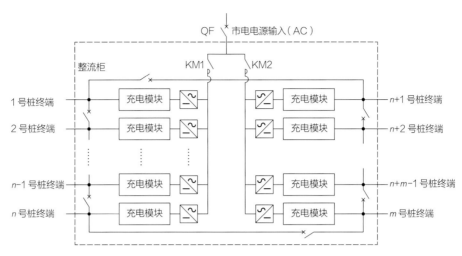

图5.5-13　环形柔性充电堆主机系统示意图

电，充电效率更高，成本也更低，大大节约了充电等待时间。环形柔性充电堆主机系统示意图如图5.5-13所示。

全矩阵式柔性充电堆主机系统是利用直流充电桩（一般配置容量为15kW、20kW、30kW、45kW等）采用模块化组合功率、矩阵式拓扑结构，按需智能动态分配充电容量。适用于电动汽车公交充电站、电动出租车运营公司、物流公司等大功率、多充电桩的场所。

全矩阵式柔性充电堆主机系统能够确保将充

电模块的功率用到极致，车辆多时按需动态分配充电功率，车辆不多时加大每辆车的充电功率，快速充满缩短等待时间。加大充电功率时，需要更多的继电器切换充电模块的功率流向，导致硬件和控制软件的成本增加，继而对设备的可靠性也提出更高的要求。480kW全矩阵式柔性充电主机系统示意图如图5.5-14所示。

2. 充电桩可采用V2G节能运行技术，以便充分利用已充电车辆的储能回馈电网。

【释义】V2G（Vehicle-to-grid的缩写）技

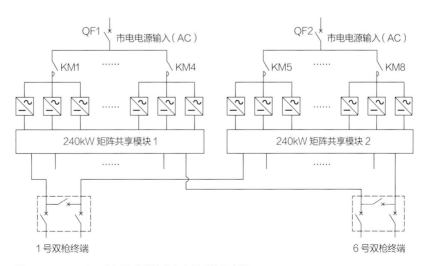

图5.5-14　480kW全矩阵式柔性充电主机系统示意图

图5.5-15　V2G技术运行模式示意图

术是指车辆到电网电能的双向转换，移动设备本身既可接受外部电能的输入，也可对外输出电能。由于电动汽车装载着电池动力系统即储能装置，电动汽车需要充电时电流则由电网通过充电桩流向车辆，当电动汽车不使用时，车载电池的电能可在电网需要时向电网输送电能。

随着电动汽车数量日益增加和无序充电的急剧扩大，不受控的电动汽车充电将进一步加重负荷高峰期间对公共电网供电的负担，从而可能引发电力系统供电能力的不稳定。

V2G技术可将电动汽车这一未来城市电网的大规模用电负荷转变为可以配合电网调控调度的荷与源，灵活的充放电可以帮助电网实现调峰、填谷，有利于电力供需平衡。V2G技术运行模式示意图如图5.5-15所示。

V2G技术运行模式可引导电力消费用户通过电力交易的方式交易风电、光电等新能源电力，以满足电力用户购买绿色电力的需求。通过开展绿色电力交易更好地促进新型电力系统建设。

随着双向充电桩技术（V2G技术）的发展，利用电动汽车储能作为电网和可再生能源的缓冲，使得建筑微网具有更加灵活多变的调配策略。国内部分地区电网为充分利用设备能源，实行峰谷分时电价机制，在这些地区，配合分时电价及奖励机制，推广V2G技术，将更有利于激发电动汽车用户的主观参与意愿。当V2G技术形成规模化应用并与民用建筑分布式光伏发电、用户侧储能相结合，将形成更为多样、更具经济效益、节碳成效更为显著的城市电网运行新模式。以节能低碳、经济效益更优为目标，制定系统调控的基本原则为：

（1）合理配置储能容量，合理设置放电深度，以增加储能系统使用寿命。

（2）减少弃光，提高太阳能发电系统利用率。

（3）通过储能系统达到调峰调频、平抑波动。

（4）峰时光伏全力消纳，谷时储能充能，降低用电成本。

【例】以某地高峰、平段、低谷电价时段为例，配电系统采用光伏系统、储能系统与市政电源并网运行，结合峰谷电价，制定有效的能源管理调配策略，使系统具备最佳运行效益，调控策略结合时段运行场景说明。为便于区分，将各时段分别命名为上午、下午、傍晚、晚间和夜间，用电时间段的命名见表5.5-4。

用电时间段的命名　　　　　　　　　　　表5.5-4

电价	高峰		平段		低谷
命名	上午	傍晚	下午	晚间	夜间
时段	8:00～12:00	17:00～21:00	12:00～17:00	21:00～24:00	0:00～8:00

（1）场景策略A：夜间属谷价时段，光伏系统不工作、储能系统充电、充电桩为电动汽车充电，场景策略A如图5.5-16所示。图5.5-16～图5.5-20中，"Y"表示"是"，"N"表示"否"。

（2）场景策略B：上午时段属峰值电价，且光伏发电系统属高位运行，优先使用光伏发电为用户侧负荷供电，多余电能可供储能系统存储或为电动汽车充电桩供电，若光伏系统出力不足，

且储能系统及电动汽车储能处于合理放电区间，也可由储能系统及电动汽车储能供电，当光伏发电和储能放电均无法满足负荷需求时，则采用市政电源补充。场景策略B如图5.5-17所示。

（3）场景策略C：下午时段为平价用电时段，此时光伏发电系统属高位运行，优先使用光伏发电为充电桩及用户侧负荷供电，多余电能可供储能系统存储，若光伏系统出力不足，优先采用市政电源供给充电桩及用户侧负荷，若此时储能装

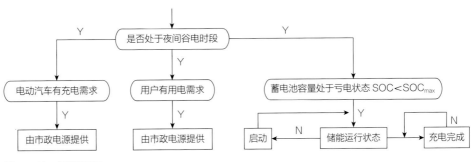

图5.5-16 场景策略A

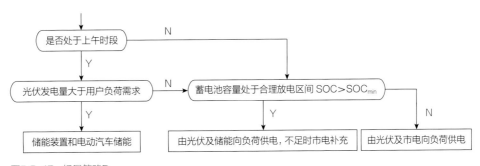

图5.5-17 场景策略B

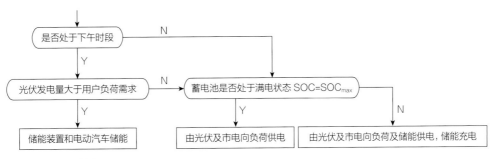

图5.5-18 场景策略C

图5.5-19　场景策略D

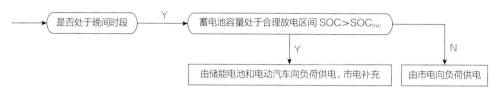

图5.5-20　场景策略E

置容量处于低位，可由市电电源供给储能装置充电。场景策略C如图5.5-18所示。

（4）场景策略D：傍晚时段属峰值电价，光伏发电量不足，若储能装置及电动汽车储能处于合理的放电区间，则采用储能装置及电动汽车储能优先供给用户负荷用电，市政电源作为补充。场景策略D如图5.5-19所示。

（5）场景策略E：晚间时段为平价用电时段，光伏发电系统不工作，若储能系统及电动汽车储能此时容量处于合理的放电区间，则可优先由蓄电池为负荷供电，市政电源作为补充，此阶段蓄电池能量释放后，需待夜间谷电期间充电，完成一天内的系统调配循环。场景策略E如图5.5-20所示。

V2G技术将电动汽车接入电网的重要环节是建立与电网通信，实现对电动汽车充放电的调控，预测其负载的增加。V2G技术分为分散式和集中式两种运行模式。

分散运行模式是指电动汽车用户依据充电桩运营单位或电力运营商制定的奖励机制确定自有车辆的充放电策略，电动汽车用户具有独立的充放电决策权限，存在随机性和不可控性。集中运行模式对一定数量、规模的电动汽车充放电策略

统一管理，可实现预先制定的调配策略，以实现电动汽车电力能源的优化整合。

目前参与微电网或城市电网的电动汽车电力能源调度均基于特定前提假设，假定所有涉及的电动汽车用户都参与集中式或分散式的V2G运行模式。而在实际场景中，电动汽车用户会依据电动汽车制造企业对该项技术应用制定的相关政策、用户对相关技术的自身解读及外部刺激机制来管理其车辆的充放电控制，权衡使用成本与使用便利性，更加广泛、可接受的V2G运行模式尚待进一步开发，以便更多电动汽车用户参与其中，形成规模效应，促进相应技术的应用，实现更高的能源利用率。

5.5.5
充电设施的运行管理

充电设施应设置运行管理系统并通过通信接口与建筑设备监控系统进行信息传输。

【释义】电动汽车充电设施作为电动汽车充电的服务设备，为保障服务品质和充配电系统安全运行，可设置电动汽车充电设施运行管理系统，电动汽车充电站应设置电动汽车充电设施运

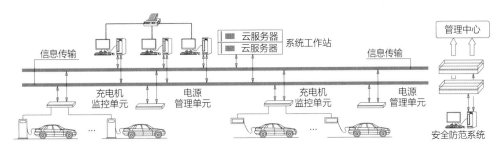

图5.5-21 电动汽车充电设施运行管理系统框架示意图

行管理系统。电动汽车充电设施的运行管理系统应包括充电监控管理、充电电池管理、供电监控管理、服务平台管理，并宜与安防监控系统联控。电动汽车充电设施运行管理系统框架示意图如图5.5-21所示。

充电监控管理应具有兼容性和扩展性，以满足不同类型充电设备的接入和充电设施规模的扩容等要求。

充电电池管理采取实时与充电桩控制器进行信息交互，监控电池的电压、电流和温度等状态参数、预测电池的容量，避免电池出现过放电、过充、过热和电池单体之间电压的不平衡等不良现象，使电池的存储能力和循环寿命得到最大化的保证。

供电监控管理应对充电桩供电系统的保护开关状态、电压、电流、有功功率、无功功率、功率因数和电能计量的信息进行监视管理，对供电保护开关能进行现场或远程分合闸控制。充电主机系统的供配电系统还应具备系统供电容量的超限报警、故障事件记录与统计功能。

供电监控管理应对充电桩进行工作状态、故障信号、功率、电压、电流和电能量的监测管理，针对直流充电桩还应进行温度监测，充电桩同时具备接受管理系统的遥控启停、校时、紧急停机、远方设定充电参数等控制与调节功能。

服务平台管理主要对实现充电时间、充电电量、付费金额、充电空位、充电价格等主要信息进行管理，将平台数据与充电桩结合，便于用户端使用，提高充电桩的优化管理。

直流充电桩的电能计量装置应符合现行国家标准《电动汽车非车载充电机电能计量》GB/T 29318的有关规定，交流充电桩的电能计量装置应符合现行国家标准《电动汽车交流充电桩电能计量》GB/T 28569的有关规定。面向电网直接报装接电的经营性充电设施的电能计量装置应安装在产权分界点处。

为加强电动汽车充电设施的安全运行管理，可设置视频监控系统，对现场环境可直观监视，并宜将电动汽车充电设施运行管理系统及视频监控系统纳入统一的智慧平台进行管理。

5.6

供配电系统的运维节能调控

供配电系统在运维阶段采取节能调控策略以提升供电品质，并做到既保证电力供给又合理且高效用电。

【释义】建筑供配电系统用电节能调控是指在无人干预的情况下，通过执行规定约束条件，应用计算机技术、现代电子技术、通信技术和信息处理技术等实现给定目标的重新组合、策略优化，对用电负荷的运行实施测量、监视与调控。

供配电系统在运维阶段采用节能调控管理，不仅巩固供电的安全性和运行的可靠性，而且在用户选择用电能力、加大削峰填谷、变压器最佳运行状态及提高供电连续性品质等方面均得到提升。

用电系统的节能调控以可视化智能管理平台获取负荷侧用电性质、用电消耗量、供电侧市电、新能源发电量和储能装置存储能力的信息，并对其耗能进行统计；对参与调控的用电负荷进行远程控制其投入与卸载。在能源综合利用的供配电系统中，以合理调配为控制策略。当发生系统故障风险时，做到重要负荷持续供电，对非保障负荷根据冗余容量采取不卸载或部分卸载的运行对策。随着直流产品不断研发和市场的推进，微电网中典型的光储直柔也将成为低碳用能发展趋势并融入建筑变配电系统。

5.6.1

基本条件

1. 确定用电负荷的负荷等级，明确用电负荷类型、负荷运行特征及可调控范围和程度。

【释义】民用建筑中的用电负荷按类别可以分为消防负荷和非消防负荷，根据用电负荷性质及重要程度又可划分为特级负荷、一级负荷、二级负荷及三级负荷。除三级负荷以外的消防负荷、特级负荷及一级负荷属于不可调配负荷，二级负荷属于不可调配或短时可调配负荷。用电设备按供电电源类型可分直流设备和交流设备。建筑内电气终端用电设备如照明LED灯、电脑、手机、服务器等电子设备均为直流设备，变频器和直流充电桩等也均为直流供电负载。按负载可调节程度又分为柔性负载和刚性负载。将上述信息纳入运维管理的负荷特性信息管理表，见表5.6-1。

柔性负载主要针对建筑内可调节负荷，用电设备的用电柔性部分指电功率最大可调节范围，不包括不可调节的刚性负载的电功率。而对于整体建筑而言，不同时刻其柔性可调量不同；对不同时刻用电负荷类型不同，其整体的柔性可调量也不同。因此，负荷调节的建立均基于对建筑柔性程度的掌握。一般情况下，不同功能建筑的柔性占比见表5.6-2，用电设备的用电柔性占比见表5.6-3。

为保障运维阶段正常进行用电设备节能运维调控，在配电系统设计初期应规划调控方案，确定调控范围，配电干线设计除满足负荷等级和配电管理需求外，还应满足多途径不同调控方案的应用。

在设计阶段配电干线设计需按整体可调与不可调进行配电回路设计。在设计电力干线系统图中，由变电所低压柜馈电回路应采取按负荷等级

负荷特性信息管理表　　　　　　　　　　表5.6-1

用电设备负荷类型	参与调解度	用电设备负荷类型	参与调解度
三级负荷末端装置	参与调配	特级负荷	不可调配
三级负荷二次配电回路	参与调配	一级负荷	不可调配
三级负荷配电干线	参与调配	二级负荷	短时可调配
柔性负载	参与电功率柔性调节	刚性负载	仅参与通断调控

不同功能建筑的柔性占比　　　　　　　　表5.6-2

建筑功能	柔性
居住类	>30%
办公类	15%~20%
酒店	20%~30%

用电设备的用电柔性占比　　　　　　　　表5.6-3

设备类型	柔性	设备类型	柔性
照明	15%~20%	电阻性负载	30%~50%
风机、水泵	30%~40%	空调制冷压缩机	10%~20%
信息类负载	0	冰箱、洗衣机	0

分类供电方式，对有管理功能要求且其内含有不同负荷等级的用电负荷区域可在二次配电后按负荷等级分类供电，并按可调与不可调进行配电回路设计。

对配电回路干线整体调控的，卸载可在变电所或入户配电室完成；对局部负荷卸载的可在二次配电支干线配电回路完成；对末端负荷卸载，在配电箱进线端完成。配电干线调控策略示意图如图5.6-1所示。

2. 应实时采集并上传电源侧供电电源和馈电侧用电负荷运行信息。

【释义】用电安全是指供配电系统在正常运行状态下既要满足用电负荷对供电连续性和合理用能的节能运维要求，又能在出现非正常情况下使用电系统仍能按负荷等级需求继续为保障负荷连续供电。为保障系统在用电负荷调控过程中的用电安全，应对供配电系统相关环节用电运行信息进行采集以获取准确数据，保障调控的有效性。

电源侧的供电电源包括市政电源、光伏发电和电池储能电源，在电源侧相关位置设置总用电量和发电量参数采集装置，获取电源侧电能运行数据，掌握电源运行状况，分析可控能源裕度，预测未来调控策略并指导建筑总体电耗碳足迹的分析。

通过用电信息的采集可形成市政电源侧日常运行的年、月、周、日负荷运行曲线；对光伏发电电源可形成不同季节、不同天气和同一日的发电曲线；对储能电源可形成平日控制运行的充放电曲线，预制充电、放电的优化方案，以实现用电系统的效果。电源侧采集内容见表5.6-4。

变压器作为电网运行中重要的节能运维用电

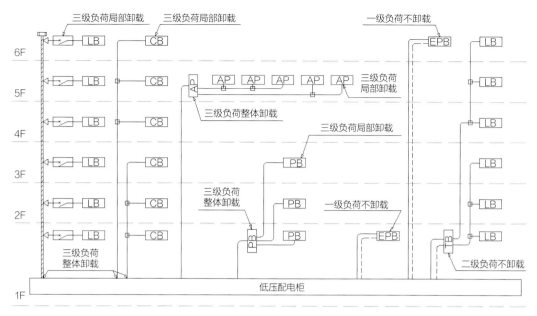

图5.6-1　配电干线调控策略示意图

电源侧采集内容　　　　　　　　　　　　　表5.6-4

信息类别	信息获取内容
进线电源	电流、电压、频率、相位角、功率因数、谐波、有功功率、无功功率
联络电源	电流、电压、有功功率、无功功率
光伏发电电源	电流、电压、频率、谐波、输入功率
储能电源	电流、电压、频率、谐波、放电与充电的输入与输出功率

装置，应具有将运行信息上传至能源管理系统的能力。通过上传接口将运行损耗、空载损耗、温升、线圈温度负荷率和风机状态等信息上传，管理系统通过上传信息与系统后台计算可获取变压器运行的负荷率。这些参数对运维阶段用电系统的常态化节能管理和应急状态下系统控制策略均起着至关重要的作用。

为满足储能装置配置容量实施有效性，需要对储能系统进行有效的管理。信息应通过已设置的电池管理系统（BMS）与电能管理系统集成，即是否按设定的条件进行充电和放电；对储能装置的额定功率、额定容量进行实时数据采集和监控；了解是否达到配电系统的容量要求。

馈电侧采集装置应按照项目建设目标在相应配电区域、配电回路、末端配电装置等处设置，以形成负荷侧年、月、周、日的用电运行曲线。馈电侧采集内容见表5.6-5。

3．根据项目定位及投资情况，在电源侧、馈电侧安装信息采集装置并将信息上传至能源管理平台。

【释义】在建设项目设计阶段，首先应根据负荷性质确定调控标准和确定调控范围，可考虑按低压配电回路整体调控，也可以区域二次配电回路按配出回路有选择地进行调控，或精准定位在终端配电箱进线回路调控。

采集装置可采用智能仪表、一体化智能模块

馈电侧采集内容　　　　　　　　　　表5.6-5

信息类别	信息获取内容
配电回路	电压、电流、频率、功率因数、谐波含量、有功功率、无功功率
末端装置	电压、电流、功率因数、谐波含量、有功功率、无功功率
补偿柜	电压、电流、功率因数、投切容量、投切时间
抑制谐波柜	谐波次数、谐波含量

或物联网断路器，一般情况下同一个建设项目宜采用同一种类型的采集装置。

在功能配置上储能电源回路配置的采集装置应具有双向采集功能，而当配电系统具有向市政电网输送清洁能源条件时，市政电源侧配置的采集装置也应具有双向采集功能。

电源侧和馈电侧采用不同采集装置及网络接线示意图如图5.6-2～图5.6-8所示。

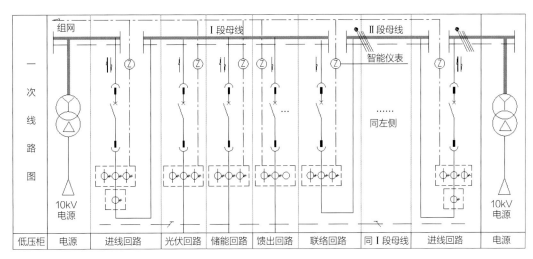

图5.6-2　电源侧采用智能仪表进行信息采集的设置及网络接线示意图

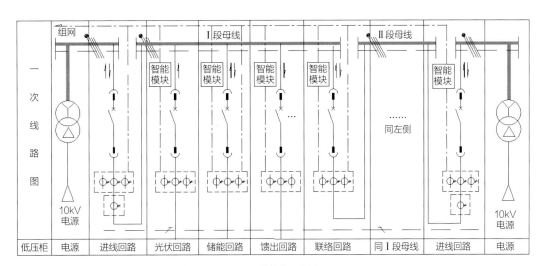

图5.6-3　电源侧采用智能模块进行信息采集的设置及网络接线示意图

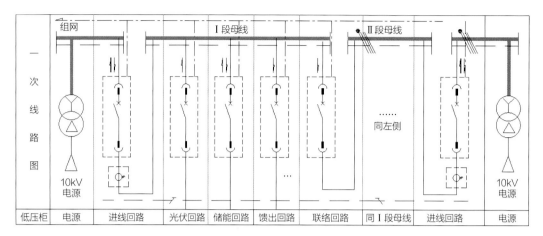

图5.6-4　电源侧采用物联网断路器进行信息采集及网络接线示意图

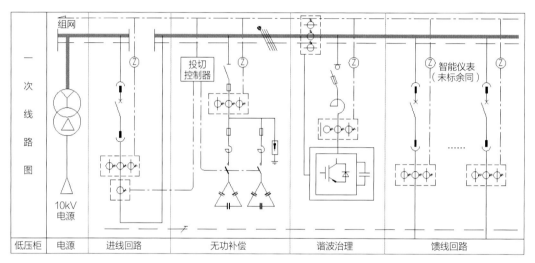

图5.6-5　低压馈电回路采用智能仪表进行信息采集的设置及网络接线示意图

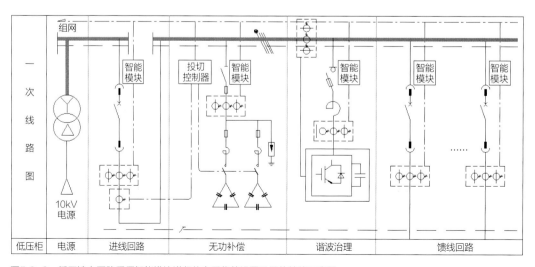

图5.6-6　低压馈电回路采用智能模块进行信息采集的设置及网络接线示意图

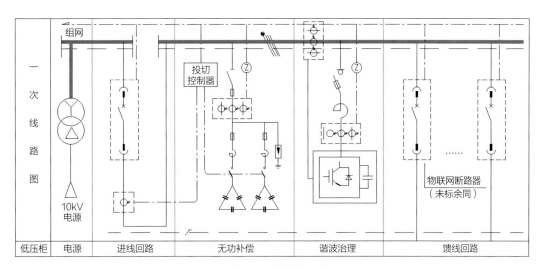

图5.6-7　低压馈电回路采用物联网断路器进行信息采集及网络接线示意图

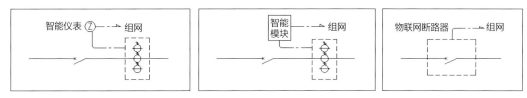

图5.6-8　配电柜（箱）信息采集的设置及网络接线示意图

4. 受控回路或受控用电设备的配电断路器应具有可远程自动分合闸的能力，就地受控装置可采用智能仪表、一体化智能模块或物联网断路器。

【释义】为实现受控配电回路或负荷设备回路整体节能运维调控管理，需在受控点的供电端设置受控装置。受控装置接受电能管理系统远程调控指令，驱动断路器完成分合闸的控制动作。因此，在设计阶段还应规划好参与调控的负荷回路或调控的用电设备。

分闸一般情况下均为自动完成，对按计划限电控制可采取自动或手动完成，负荷分闸后再合闸可采取自动和手动两种方式。

实现分合闸可通过智能仪表、一体化智能模块或物联网断路器。由于智能仪表、一体化智能模块或物联网断路器均具有输入信息、采集信息和发出分合闸控制指令，同一建设项目可采用同一种类型装置，受控装置的设置及网络接线示意图如图5.6-9所示。

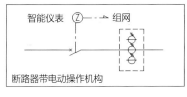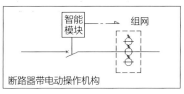

图5.6-9　受控装置的设置及网络接线示意图

5.6.2
调控策略

1. 应重点关注负荷运行回路状况，并设定好相应的预警值与报警值。

【释义】变配电系统运行首先应重点关注负荷回路保护装置与实际运行负荷参数匹配度，设定与运行参数相匹配的保护的预警值、报警值，以增强安全运行自动管理力度。

在配电回路和末端装置已设定的预警和报警值，均应以断路器运行参数和用户允许运行时间来设置。在负荷运行过程中应关注配电回路用电负荷的运行状况，其配电回路的负荷运行电流是否接近或超过保护开关的设定值。当负荷实际运行负荷与原设计预测的运行负荷偏差较大时，应及时调整保护开关的设定值，以满足用电负荷安全有效的运行的条件。

关注功率因数及谐波含量，以保持用电电网良好的质量环境。已设定的补偿柜功率因数报警值以当地供电公司对用户高压侧约定最低数值设置为原则，抑制谐波柜谐波含量限制报警值也应满足供电公司向用户提供的公共电网电压波形符合现行国家标准《电能质量公用电网谐波》GB/T 14549的要求。运行中关注无功补偿投切后运行的功率因数、谐波经治理后的含量，若运行值与预定值存在偏差应时处理，使其运行在预设值范围内。

2. 关注变压器季节性负荷变化规律，做好调控预案及措施准备。

【释义】对单独设置的季节性负荷的变压器，应预置时间节点退出机制方案。单独设置变压器的季节性负荷如制冷设备、电采暖设备，非使用季节采取停运措施，避免变压器的空载运行。对单独设置变压器的工艺负荷如展览用电、舞台设备用电，因用电负荷为间歇式运行，无法设置

退出机制，应重点考虑采用能效等级高的产品，以降低空载时的运行能耗。

对同时运行的两台成组变压器，应具有变压器最佳运行区域的负载调控措施。因季节或其他因素导致两台变压器低负荷运行，若单台变压器运行容量均能承载两台变压器所带负荷容量且所带负荷均为三级负荷时，可停运一台变压器。变压器运行容量承载力可参见本章5.1节市政电源内的相关内容。

当负荷特性中含二级及二级以上负荷时，可按两台变压器运行损耗之和最小来优化调控两台变压器所负担的负荷容量，以使两台变压器负荷率（β）尽量均处于经济运行区 $\beta_{JZ}^2 \leqslant \beta \leqslant 1$ 或最佳经济运行区 $1.33\beta_{JZ}^2 \leqslant \beta \leqslant 0.75$ 的范围，β_{JZ} 为经济负载系数。

调整方法主要依据保障负荷中主备电源的工况状态，也可利用三级负荷预留冗余电缆长度来进行季节性负荷期间的负荷配电端子接线的调配。

3. 对蓄热、蓄冰、蓄电等用电负荷应设置低谷运行错峰用电控制模式。

【释义】新能源的消纳对电网来说一直是挑战，因为其出力既有比较大的波动性和不可预测性，也和负荷侧的需求曲线并不完全匹配。如电网采用的风力发电在晚上一般是高峰，如可调节的弹性资源如建筑内设置的蓄热锅炉系统、冰蓄冷系统、电动汽车充电桩和电动自行车等系统可以来消纳风电，即预制用电低谷时间段运行控制模式。对于中水处理设备、游泳池净化处理设备也可优先选择用电低谷时段运行。

4. 应预制供配电系统应急状态下负荷调控预案，满足保障性负荷连续供电，冗余容量连续为非保障负荷供电。

【释义】供配电系统应预设多种应急状况下的负荷调控预案，以应对限电、停电等不同应急状况下的负荷运行策略。应急状况可按停电时间

可知与不可知设置调控方案，可知的计划性停电即可按变压器过载倍数与过载时间的关系参见本章5.1节市政电源内的相关内容进行卸载调控。非可知的非计划性停电应急状态下调控可按变压器运行容量的1.1倍即长期运行来进行卸载调控，进行卸载调控预案可基于负荷预测曲线。

未设置联络的成对运行的变压器，当其中一台变压器因故停运时，对另一台变压器带载容量[变压器负荷率（β）与变压器额定容量（P_{Te}）之乘积]与保障负荷总运行容量（P_Σ）值比对，当单台变压器带载容量βP_{Te}允许带载全部二级及二级以上负荷（$P_{\Sigma12}$）+本台变压器负担的三级负荷（P_3）时，不用卸载任何负荷；当负荷率部分冗余，按冗余量进行三级负荷预制优化控制卸载，在满足保障性负荷连续供电前提下，带载部分三级负荷。未设置联络的成组运行变压器优化控制运行模式图如图5.6-10所示。

成对运行的变压器设置联络开关，当其中一台变压器因故停运时，对另一台变压器带载容量与保障负荷总运行容量（P_Σ）值比对，对当变压器带载容量βP_{Te}能够带全部负载时，母联自动合闸，无需卸载，但当考虑失电母线负荷同时投入运行母线会产生突变电压降，引起系统频率不

稳，可考虑该母线段上大容量电机的三级负荷先卸载再延时投入；对于不满足全部负荷带载的情况，按冗余量进行三级负荷预制优化控制卸载后再投入母联开关。设置联络开关的成组运行变压器优化控制运行模式图如图5.6-11所示。

5. 多电源供配电系统的运行模式应根据系统的具体配置优化调整。

【释义】多电源供配电系统包括仅设置光伏系统未配置储能装置和设置光伏系统并配置储能装置，又因配置的储能电源用途不同，所以在规划供配电系统的运行模式时，应有针对性地调整。具体运行模式如下：

（1）设置光伏系统未配置储能装置，当采用光伏与市电并网运行的系统时，配电网直接消纳光伏电源。

（2）设置光伏系统且为光伏配置储能装置，储能装置仅用于削峰运行模式时，在光伏处于发电状态且非用电高峰时段，光伏用于储能；在光伏处于发电状态且为用电高峰时段，光伏发电+储能装置+市政电源并网同时并网运行，共同为用电负荷供电；系统可根据变压器负荷预测运行曲线，在用电高峰时设定向光伏系统、储能系统发出相应的运行指令。光伏系统和储能装置用于

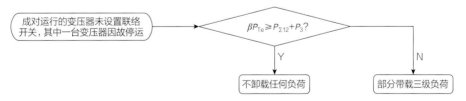

图5.6-10 未设置联络的成组运行变压器优化控制运行模式图

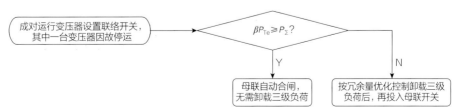

图5.6-11 设置联络开关的成组运行变压器优化控制运行模式图

削峰的运行模式图如图5.6-12所示。

（3）设置光伏系统且配置储能装置，储能装置用于削峰填谷运行模式，在光伏处于发电状态且非用电高峰时段，光伏用于储能；在光伏处于发电状态且为用电高峰时段，光伏发电+储能装置+市政电源并网同时并网运行，用电低谷市电为储能装置充电。储能容量以预计削峰容量设定，充电容量则为削峰负荷−吸纳光伏负荷。光伏系统和储能装置用于削峰填谷的运行模式图如图5.6-13所示。

（4）设置光伏系统且配置储能装置，储能容量按消减变压器容量程度配置，当变压器负荷率未达到设计设定值时，市电供电，储能待机；当变压器负荷率超过设计设定值时，市电供电+储

能容量同时供电，也可与按预测负荷运行曲线设定储能装置发电时间。用电低谷时间段，储能充电，此系统的光伏发电仅用于储能。光伏系统仅用于储能，储能装置用于消减变压器容量的运行模式图如图5.6-14所示。

（5）设置有光伏系统且配置储能装置，并结合地区电网峰谷电价机制，系统处于经济最优运行模式时，电价谷时由光伏发电余量+市政电源向储能装置充电；电价峰时由光伏发电+储能设备同时供电，市政电源作为补充；平价时，光伏发电供电，市政电源、储能设备（应优先满足电价峰时的电能供给）作为补充。光伏系统和储能装置结合峰谷电价用于经济最优运行模式图如图5.6-15所示。

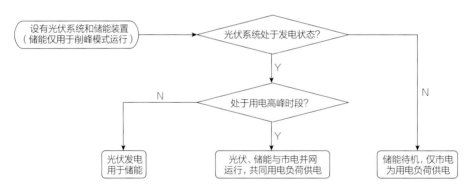

图5.6-12　光伏系统和储能装置用于削峰的运行模式图

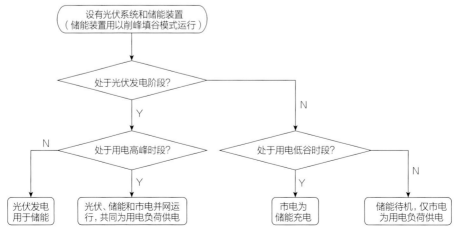

图5.6-13　光伏系统和储能装置用于削峰填谷的运行模式图

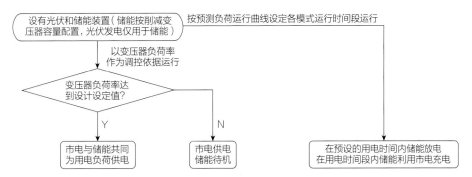

图5.6-14 光伏系统仅用于储能，储能装置用于消减变压器容量的运行模式图

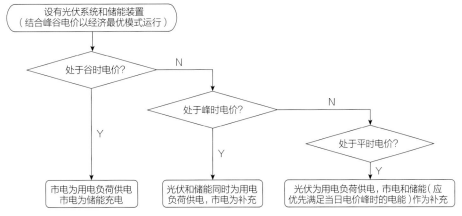

图5.6-15 光伏系统和储能装置结合峰谷电价用于经济最优运行模式图

（6）风能受建筑所处地域与外形限制，运用时产生的电能较小，采取就近接入末端负荷侧，就地并网消纳，不参与供配电系统的整体调配。

5.6.3

光储直柔

1. 光储直柔供电系统根据供需关系对建筑内柔性负载进行电功率调节，通过减少建筑对外部能源的使用量和建筑本体电源的削峰填谷，使外部供电负荷曲线趋于平稳，进而实现"源随荷动"的柔性用电供需模式。

【释义】"源随荷动"模式是指建筑供电侧要随时根据用电侧需求的变化而改变，即建筑用电模式转变为供给导向随需求响应，而建筑电力交

互均以城市电网指令为约束条件，通过建筑整体用电柔性实现需求侧与供给侧动态平衡的技术。

建筑用电负荷对于电网而言，不是供电量必须等于负载侧消耗电量的刚性负载，而是从电网的获取电量可以根据电网的供需关系在较大范围内调节，对电网侧的这一用电系统调节范围是以柔性负载负荷量为基础。对于整体建筑而言，不同时刻其柔性可调量不同；对不同时刻用电负荷类型不同，其整体的柔性可调量也不同。

建筑内用电负荷运行调节可根据光伏实际发电状况灵活调整使用时间，即发电量充足时及时消纳，反之则暂缓用电或者减少瞬时用电功率。蓄电系统的运行采取当电力供给量大于用电需求时蓄电，当电力供给量小于电力需求量时蓄电池放电。当电动汽车具备储电接入直流系统时与市

电、光伏、储能、用电负荷通过柔性调控实现动态平衡。

光储直柔技术通过接入市电配电网端口、光伏发电电源端口、储能装置端口、充电桩接口和直流可调与不可调负载控制端口的可受控性，实现与市政电网的互动性。

2. 接入直流配电系统中的用电负荷和储能装置的输出功率均随直流母线电压变化而变化，通过自动调节直流电压和柔性负载，达到供电侧与负荷侧的用电平衡。

【释义】光储直柔配电系统建立在直流电压可以在大范围内（−10%～+10%）变化和用电设备用电柔性的基础之上，直流母线上电压受负荷变化、分布式电源功率变化、外电网输入功率变化的影响。部分直流负荷通过电力电子变换器接入直流母线，具有较宽的电压适应范围，如电磁炉、电饭煲等家用电器，200～350V均可正常工作，现行国际标准《低压直流系统-标准电压和电能质量要求评估》IEC TR 63282—2020给出了"电压带"的概念，将电压带内分段定义为：禁止带、过电压跳闸、带过电压保护装置工作带、开关、换向和保护装置工作带、标称带、紧急状态带和断电带，电压带的选择取决于具体情况。

《中低压直流配电电压导则》GB/T 35727—2017中规定，1500V以下等级的直流供电电压偏差范围为标称电压的−20%～+5%。

针对直流配电电压等级及偏差范围，国内外的规定均较为宽泛，强制性较弱，且尚有争论，宜采用电压带概念，根据直流配电系统调控策略、设备特性、人身安全、隔离保护等制定标准值。建筑光储直柔配电系统示意图如图5.6-16所示。

光储直柔配电系统中，当市电供电电网为交流供电时，通过变换器（AC/DC）变换转为恒定直流输出功率为P_0，设定光伏发电的输入功率为

P_v，直流母线上输入电功率为P_0+P_v。

当系统中用电设备的总功率等于P_0+P_v时，如果直流母线电压处于系统要求的上下限之间，此时系统保持平衡。

当负荷侧用电容量大于P_0+P_v时，负载输入电流增加，直流母线电压下降，用电设备根据电压下降程度自动下调用电负荷功率，从而重新平衡到P_0+P_v。反之，当负荷侧用电容量小于P_0+P_v时，负载输入电流减小，直流母线电压升高，用电设备根据电压升高程度自动增加用电负荷功率或加大蓄电池、充电桩充电功率，从而重新平衡到P_0+P_v。

在实际运行中，若P_0+P_v过大而负荷侧用电设备和充电装置功率过小时，直流母线电压已达到允许的上限值，此时通过变换器（AC/DC）变换减小外网源功率以实现"源随荷动"，或采取调节光伏发电量转为部分储能；当储能量已饱和可通过部分"弃光"来稳定母线电压在上限值内。同样，若P_0+P_v过小且各蓄电装置已无电可放，此时通过变换器（AC/DC）变换加大供电功率，使母线电压维持在允许的下限值内，保证基本的用电需求。

为避免上述情况，在系统设计时应充分考虑系统内各用电设备的可调节能力和系统设置的蓄电池和当时所连接的电动汽车的蓄电池总容量。

3. 无论是电源接入还是负荷供电侧配置可编程自动控制的智能变换器，对不同的接口采取不同的调控方法，满足配电合理安全有效运行。

【释义】光储直柔配电系统中可接入市电配电网、光伏发电电源、储能装置、充电桩接口和直流可调与不可调负载，外网接口处变换器调控方式示意图如图5.6-17所示。图中所示的各接口处均带有可编程控制器的智能变换器。图中符号P_{0s}为系统外电网输入功率设定值，P_0为监测母线功率，V_0为监测母线电压，V_{max}为母线电压允许最

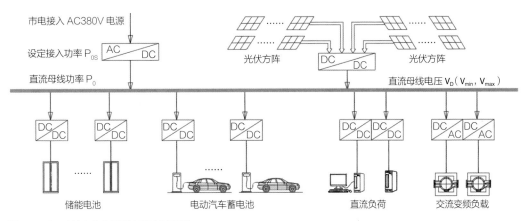

图5.6-16　建筑光储直柔配电系统示意图

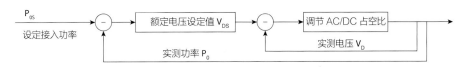

图5.6-17　外网接口处变换器调控方式示意图

大值，V_{min}为母线电压允许最小值。

（1）与市电配电网接口处的调控

在市电配电网接口处，市电配网调度系统给定的交流电功率设定值P_{0s}，通过交流变直流（AC/DC）变换按照恒定输出电压的模式控制直流母线电压V_D。当测量出实际输入交流功率$P_0 \neq P_{0s}$时，根据二者的差修正直流母线电压V_D。

当实测$P_0 > P_{0s}$时，降低直流母线电压，以减小P_0；

当实测$P_0 < P_{0s}$时，提高直流母线电压，以提高P_0。

当$P_0 = 0$时，即离网运行时，外网接口处的智能变换器失去对直流母线电压的控制权，此时母线电压的控制权在光伏电池控制器。当光伏输出功率过高时，光伏电池控制器通过弃光把母线电压维持在最大允许电压之下；当光伏电池的功率不足时，母线电压会不断下降，直至电压下降到允许值之下，蓄电池控制器承担母线电压的控制权，维持电压在正常范围内，直到蓄电池释放完毕。

（2）光伏电池接口处的控制

光伏电池接口处的控制器时刻检测母线电压，当电压$V_D > V_{max}$时，光伏电池控制器通过弃光的方式维持母线电压；不能维持母线电压在V_{max}时，放弃母线电压控制权，返回按最大接收功率模式调控。

（3）蓄电池接口处的控制

通过监测直流母线电压，确定蓄电池充/放电功率。蓄电池正常运行的电压波动范围在85%~110%之间。

（4）充电桩接口处的控制

智能充电桩根据光储直柔配电系统整体调控需求控制充/放电时间和充/放电电流。当测出直流母线电压$V_D >$母线电压设定值V_{Ds}时，对允许充电的电动汽车进行充电，其充电电流随母线电压变化波动，母线电压越高，充电电流越大。

对于允许放电的电动汽车，当检测出直流母线电压在$V_{min} < V_D < V_{Ds}$范围时，控制相对电量较高的汽车电池向直流母线放电；当测出直流母线电

压V_D接近V_{min}时，控制可放电的电动汽车电池向直流母线放电。

（5）负荷接口处控制

对于负荷的控制可分为集中控制、分散控制或分布式控制。

集中控制由控制中心与末端负荷建立通信网络，将分散的柔性负荷通过智能仪表（或智能模块、物联网断路器）、智能供配电管理平台与控制中心连接，接收控制中心输出的调度或补贴信息，控制中心接收负荷的投入、退出信息，适合于非重要工业用户。

分散控制不建立通信连接，通过测量负荷电压、功率信号，结合预先设定阈值，进行投入、退出操作，可减少由负荷集群大范围响应出现功率振荡等问题，适合于居民用户。

分布式控制将控制架构拆分为调度层、汇聚层和终端层。调度层采集电源侧运行状态及故障扰动；汇聚层负责区域柔性负荷群的运行状态调控，对负荷进行削减或多负荷优化分配，根据任务量和感知进行柔性负荷协同调控；终端层用电负荷要求快速响应。

根据用电负荷的调节性能和调节方式可将其分为平移延时型、变功率型和可切断型。各类型用电负荷的调节性能和调节方式分类见表5.6-6。

用电负荷终端均可设置一个调节旋钮，在0~1之间选择。0表示该设备不参与调节，无论直流母线电压如何变化，均按正常电源要求供电；1则表示该设备参与深度调节，根据母线电压变化改变用电允许状态。0~1之间的数值，表示该设备参与调节的程度。

各类型用电负荷的调节性能和调节方式分类　　　　　　　表5.6-6

用电负荷设备名称	调节性能和调节方式分类
蓄热水箱、空调冰/水蓄冷系统、冰箱、冷柜、洗衣机等及自身带有蓄电池的可充电电器设备	平移延时型
通过变频或其他方式进行功率调节的用电设备，如：变频分体空调、多联机、变频风机和水泵、变频扶梯、电梯和照明等	变功率型
在母线电压降低至预设值时切断不保障负荷的电源以降低系统用电功率	可切断型

5.7

设计案例

5.7.1

海南某酒店配套建筑节能低碳改造

1. 工程概况

本工程建筑面积为3664m²，两层框架结构，建筑高度为8.4m。2003年建成投入使用，是海南某酒店的配套建筑，主要功能包括餐饮、办公、洗浴更衣和配套设备机房等。

2. 节能改造内容

改造内容包括：建筑围护结构提升改造及清洁能源光伏应用、组织协调机房改造更新及厨房电气化改造更新、电气设计红线范围内的电气系统改造，电气系统改造具体内容见表5.7-1。

3. 节能改造目标

本改造项目是以获得国家绿色建筑二星级评价标识并达到近零能耗建筑技术标准为目标，同时开展光储直柔等新技术应用示范。改造完成后，达到提升建筑品质、降低运行能耗与运行碳排放量的目标。

建筑绿色低碳改造主要设计内容还包括：围护结构性能改造提升、设施设备性能改造提升、智能化性能改造提升、可再生能源利用提升等。

4. 光伏发电系统设置原则与运行模式

充分利用配套建筑现有建筑物的可利用屋面（面积约1469m²）、栏杆（面积约45m²）和停车区上方光伏雨棚设置光伏发电系统，做到应设尽设。

本项目采用建筑一体化光伏系统（BIPV），根据太阳能光伏电池组件分布和建筑效果，建筑采用多种光伏电池组件形式：屋面采用光伏瓦、栏杆采用光伏栏板。

根据太阳能电池组件分布和其电气参数，对光伏组件装机容量和首年发电量进行测算如下：光伏组件的装机功率约为194kWp，首年发电量

电气系统改造具体内容　　　　　　　　　　　　　　　　　　　　　　　　　表5.7-1

改造内容	改造方案简述
光伏发电系统	在现有建筑可利用的屋面（面积约1469m²）、栏杆（面积约45m²）和停车区上方屋顶规划分布式光伏发电系统
光储直柔系统	1. 建筑外电源仍旧保留现状变电所外电源的敷设路径和沿用接入电缆，变配电系统改造后采用交直流混合配电； 2. 在建筑外独立设置全钒液流电池储能装置； 3. 根据光伏发电容量和储能装置储存容量，设置局部区域的直流配电； 4. 设置一套能源管理系统，协调市电供应、分布式光伏、储能及建筑用能的关系，达到以示范性为主的一套光储直柔系统能源管理平台
10kV/0.4kV 变配电系统	1. 变电所不作原则性修改，仅根据实际出线回路及光储直柔直流微电网系统接入要求对变电所低压柜出线进行修改； 2. 将现状变压器（SCB9）原位更换为环氧树脂真空浇注SCB15干式变压器，满足2级能效等级； 3. 变压器低压侧无功补偿装置更新，串联相应比例电抗器，组成无源滤波装置，在无功补偿的同时对谐波进行治理
电力配电系统	根据水、暖设备系统的修改及建设交直流混合微电网需求，对现状配电系统进行调整
照明系统	1. 将现状非LED灯具更换为LED灯具； 2. 将建筑内的公区、走道、餐厅和主要功能空间的照明控制方式修改为智能照明控制系统； 3. 智能照明控制系统采用网络型产品，统一通过设备网进行数据传输； 4. 在带有自然采光的重点场所设置照度传感器，根据自然采光的变化实现灯具亮度的自动调节，降低照明运行能耗
能源管理系统	1. 将现状水、电、暖专业表计更换为智能远传表，并根据各专业分级计量的实际需求，在适当位置增加智能远传表； 2. 建筑能耗管理平台主机及服务器设置在酒店首层数据机房，各专业表计通过采集器接入智能化设备网
建筑设备 监控系统	对建筑设备监控系统进行整体更新升级，形成一套完善的建筑设备监控系统（楼控系统），对建筑物内的水、电、暖通空调设备进行自动检测与控制，提高对楼内机电设备的管理水平，达到节能降耗的目的
空气质量监测 与发布系统	在重点场所内设置空气质量监测装置，并将空气质量监测数据进行存储和实时显示

约为23.06kWh。

5．储能设施设置原则与运行模式

储能电站（系统）主要考虑在光伏发电高峰/用能低谷/低电价时储存能量，在用能高峰期/高电价时释放能量，具有新能源消纳、电网调峰调频、电力负荷削峰填谷、节约电费等多重作用。

本建筑储能电站（系统）采用电化学储能。电化学储能方式采用相对安全的全钒液流电池。根据平均日负荷曲线和光伏发电曲线进行储能容量选择。全天分24h最大发电-负荷差值为62.58kWh，发生在12:00。全天最大发电-负荷电量共计322.8kWh。考虑预留一定裕度，选择

125kW/375kWh装配式全钒液流电池。典型日发电和负荷用电量情况如图5.7-1所示。

由于电化学储能有一定的危险性，本次设计将储能电站设置于室外安全场所，采用室外预制舱式、景观融合设计，规格6.1m（长）×2.5m（宽）×2.9m（高），外形为一台20尺标准集装箱，占地约20m²。

6．10kV/0.4kV变配电系统

（1）变配电系统构架：本建筑10kV电源由酒店总变电所引来，变压器容量不变，根据实际出线回路及光储直柔直流微电网系统接入要求对变电所低压柜出线进行修改。10kV/0.4kV变配电系统构架如图5.7-2所示。

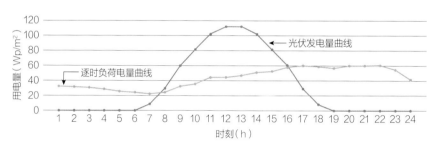

图5.7-1　典型日发电和负荷用电量情况

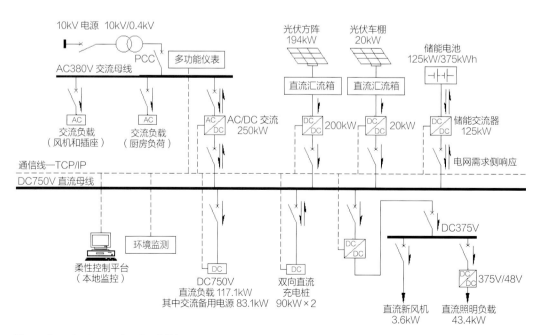

图5.7-2　10kV/0.4kV变配电系统构架

（2）由于现状变压器已经不满足节能要求（现状为SCB9），更换为环氧树脂真空浇注SCB15干式变压器，设强制风冷系统，满足2级能效等级；接线为D，Yn11，保护罩由厂家配套供货，防护等级不低于IP30。

（3）更新变压器低压侧无功补偿装置，串联相应比例电抗器，组成无源滤波装置，在无功补偿的同时对谐波进行治理。

（4）变配电系统负荷接入：本建筑将照明负荷、VRV室内机、VRV主机、新风机组、双向直流充电桩负荷纳入直流配电范围。其他负荷，如插座负荷、厨房电力负荷仍采用交流配电。

（5）直流系统负荷电压选择：照明负荷和空调室内机采用DC48V直流配电；空调主机和新风机组主机采用DC750V直流配电；新风机组室内机采用DC375V直流配电。其中空调和新风机组室外机采用DC750V直流和AC380V同时供电，可以实现无缝切换。直流配电系统图如图5.7-3所示。

（6）柔性用电：本建筑设置一套能源管理系统，协调市电供应、分布式光伏、储能及建筑用能的关系。做到以示范性为主的一套光储直柔建筑系统柔性控制平台。分布式发电系统采用低压并网，优先供给本建筑内部消纳，余电储存，如储能电站存满，则余电经变电所低压系统并网上传至10kV侧，经10kV电缆引至酒店总变电所，由酒店进行消纳。

光伏消纳逻辑如下：光伏发电（直流）→直流供电→逆变→交流供电→储能充电（直流）→余电并网上传→经10kV系统至酒店总变电所→酒店交流供电。

7. 照明系统

（1）灯具选择

1）本项目照明系统更改为DC48V供电，除了变电所内照明外，其他场所照明均更换为DC48V灯具，具体数量需由施工单位现场核实确定。

2）人员长期工作或滞留的房间或场所，照明光源的显色指数不应小于80；并采用符合现行国家标准《灯和灯系统的光生物安全性》GB/T 20145规定的无危险类照明产品。

3）选用LED照明产品的光输出波形的波动深度应满足现行国家标准《LED室内照明应用技术要求》GB/T 31831的规定。

4）实测功率小于或等于5W的LED光源，功率因数大于或等于0.5；实测功率大于5W的LED光源，功率因数大于或等于0.9。

5）LED的筒灯、线型灯具、平面灯具、高天棚灯具的发光效能应满足现行国家标准《LED室内照明应用技术要求》GB/T 31831的规定。

（2）照明控制方式

1）在建筑内所有公共区域、走道、门厅、餐厅、重点空间等区域均设置智能照明控制系统。

2）建筑景观照明、立面照明采用智能照明控制系统集中自动控制，并设置平时、一般节日、重大节日等多种模式。

3）智能照明控制系统采用网络型产品，统一通过设备网进行数据传输。系统除就近设置智能照明控制面板外，在后勤管理用房内设置一台智能照明系统工作站，可实现对本项目全部场所智能照明的集中控制。

4）设置智能照明控制系统的场所，当有外窗时，设置照度传感器，在照度达到设定值时，根据设定程序关闭相关灯具或实现灯具亮度的自动调节，降低照明运行能耗。

5）楼梯间照明采用声光控延时开关控制（采用灯具自带感应的方式）。

6）业务用房、机房、库房等场所采用就地控制的方式。

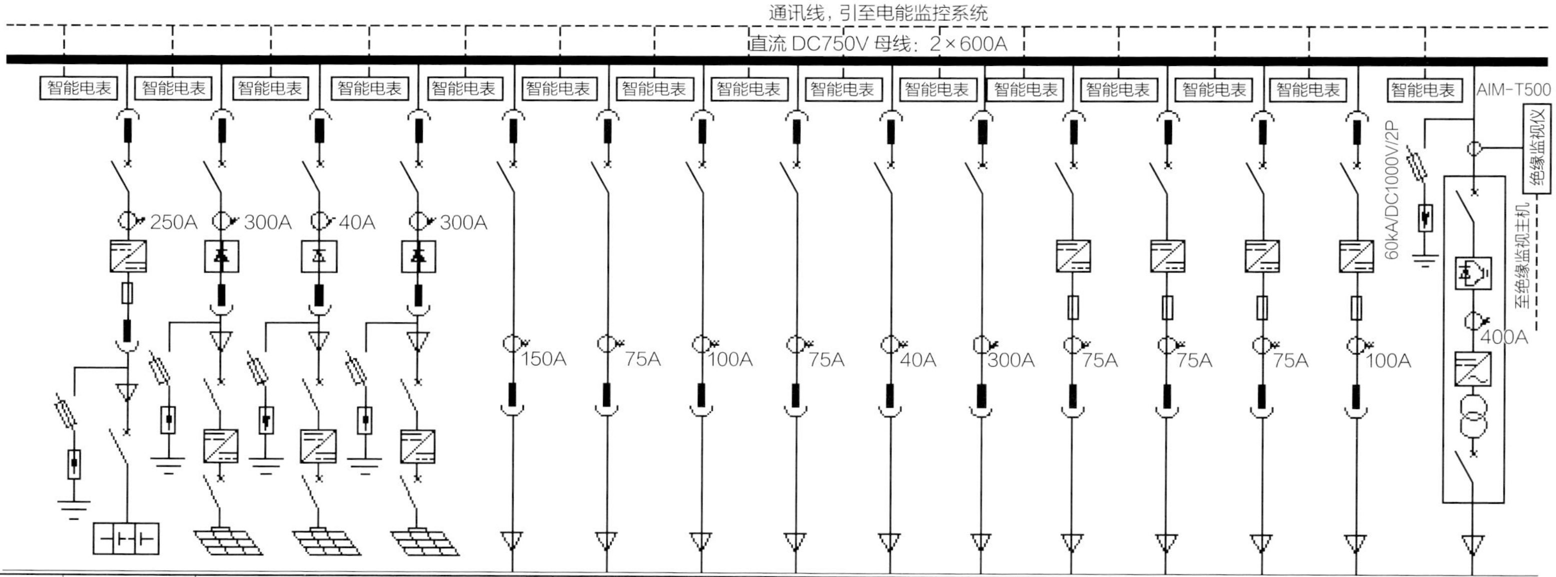

通讯线，引至电能监控系统

直流 DC750V 母线：2×600A

配电柜编号	ZG-01	ZG-02						ZG-03				ZG-04			ZG-05
配电柜功能	AC/DC 变流器	DC375V 直流交换柜						直流开关柜				光伏进线柜			储能变换柜
出线回路编号	Z-M1	Z-101	Z-102	Z-103	Z-104	Z-105	Z-106	Z-107	Z-108	Z-109	Z-110	Z-111	Z-112	Z-113	Z-114
出线回路名称	双向交流逆变	直流照明新风配电槽	备用回路	备用回路	备用回路	双向直流充电桩	备用回路	光储直VRV室外机	光储直VRV室外机	新风机组室外机	备用回路	附属建筑光状组件	光状车棚	备用回路	
出线回路设备编号		AL-1-ZZ				AP-CD		AP-VRV1	APZ-VRV2	APZ-XF					
出线回路容量	250kW	43.44kW				180kW		35.6kW	47.5kW	34kW		194kW	20kW		125kW/375kWh
出线回路电流	333.33A	57.9A				240A		47.5A	63.3A	45.3A		258.7A	26.7A		166.7A
输出电压	AC400V	DC375V										DC200-1000V	DC200-1000V	DC200-1000V	DC580V-850V
主要元件 断路器（DC/4P）	NSX400N 1000V	NSX100N 1000V	NSX100N 1000V	NSX100N 1000V	NSX100N 1000V	NSX400N 1000V	NSX100N 1000V	NSX100N 1000V	NSX100N 1000V	NSX100N 1000V	NSX160N 1000V	NSX400N 1000V	NSX400N 1000V	NSX400N 1000V	NSX250N 1000V
断路器整定值	400A	80A	63A	63A	63A	300A	40A	63A	80A	63A	125A	300A	40A	300A	225A
功率单元	100kW×3	单向隔离型 60kW										单向隔离型 2×100kW	单向隔离型 20kW		单向隔离型 20kW

AIM-T500

60kA/DC1000V/2P　400A

100A　75A　75A　75A　300A　40A　75A　100A　75A　150A　300A　40A　300A　250A

智能电表

图5.7-3　直流配电系统图

8. 建筑设备监控系统

（1）本项目现状未设置建筑设备监控系统，本次改造增加该系统，接入酒店主体建筑设备监控系统统一管理，对建筑物内的水、电、暖通空调设备及电动遮阳等设备进行自动检测与控制，提高对楼内机电设备的管理水平，达到节能降耗的目的。

（2）建筑设备监控系统能够保证高效、有序监控管理众多的机电设备，达到舒适、节能、高效的设计目的。

（3）建筑设备监控系统采用集散式网络结构的控制方式，由上位计算机、网络控制器、现场控制器DDC和现场测控设备构成。除对建筑机电设备监控外，还对楼内污水处理、空气污染源区域通风、空气质量监测等系统进行监控。

（4）消防专用设备不进入建筑设备监控系统。

（5）现场控制器DDC采用总线方式传输，所有DDC均可联网运行，DDC控制箱的电源引自就近强电控制箱。

（6）系统功能

1）通过纳入能效监管系统的分类分项计量及检测数据统计分析和处理，提升建筑设备协调运行和优化建筑综合性能。分类分项计量数据的采集可通过专门的能耗监测系统统一采集和分析、处理，也可在具有优化策略的冷热源监控系统中采集，如果两个系统对冷热源运行数据都有采集需求，应通过采集系统服务器的通信接口进行数据的读取，不重复设置计量装置。

2）本建筑变电所的计量在上级酒店主体变电所高压配电室内实现高压集中计量，本次在变压器低压侧设置计量电表，变电所内低压开关柜出线开关全部设计计量智能表，按照不同负荷类型分项计量。

（7）系统监控内容

1）系统监控包括：新风机组系统、送/排风机、排风兼事故风机、排水监控系统、空气质量监控系统、水质在线监测系统。

2）变配电系统：电气专业高低压配电系统采用微机保护及监控系统，建筑设备监控系统通过协议转换单元与其上位机相连，只监不控。具体以电气专业电力监测系统上传信号为准。

3）光伏发电系统：通过协议转换单元与其上位机相连，只监不控。具体以光伏发电系统上传信号为准。

4）智能照明控制系统、给水系统自成系统，预留与建筑设备监控系统的系统接口。

（8）空气质量监测与发布系统

1）在公共区域、典型场所、重点场所内设置空气质量监测装置，并将空气质量监测数据进行存储和实时显示。显示装置安装在二层大堂。空气质量监测系统纳入建筑设备监控系统，联锁开启新风机组等相关空气处理设备自动运行，以提升室内空气品质。

2）空气质量监测数据主要包括：对楼内主要空间的CO_2、$PM_{2.5}$、PM_{10}、温湿度、甲醛、光照和有机气体等环境信息数据进行监测（室内主要空间设置）；对室外有机气体、SO_2、CO_2、$PM_{2.5}$、PM_{10}、一氧化碳、温度、湿度和臭氧等环境信息数据进行检测（室外每个区域设置一处）。具有存储至少一年的监测数据和实时显示等功能。

9. 能源管理平台

（1）本建筑设置一套智能能源管理平台（能耗管理平台），实现对建筑内各项能耗数据的采集、分析、处理，加强建筑节能运行管理，达到节约能源，降低管理成本的目的。

（2）远传计量内容包括建筑内的电、水进户总表及各级表计处；另外分别计量照明及动力用电量；空调新风机组及冷热源耗能计量。水、暖、电各系统分别各自配置智能表具计量数据，本系统对其表具读数进行采集并上传至管理主机（位于酒店主体建筑内）进行数据分析。

（3）将现状水、电、暖专业表计更换为智能远传表，并根据各专业分级计量的实际需求，在适当位置增加智能远传表，新增表记需结合现场实际情况确定。

（4）建筑能耗管理平台主机及服务器统一设在酒店主体建筑首层数据机房，各专业表计通过采集器接入智能化设备网，再通过智能化设备网络传输至主机及服务器，以实现系统平台对建筑内用电、水、气、暖等能耗的读取、统计和分析，实现对总能源消耗情况、各业态能源消耗情况的记录和分析，便于独立核算或调整能源使用管理策略，制定最优运营方案。

（5）系统网络平台采用RS 485工业总线，自由式网络拓扑结构。数据采集终端为智能型终端，可独立工作及远程控制停用，计时计量均在终端完成。系统由工作站、信号采集管理器、支持RS 485协议的直读式智能表具等设备组成。

（6）系统组成：本系统由支持RS 485协议的直读式智能表具、表具计量接线盒、采集器、集中器、建筑能效监管数据服务器及建筑能效监管软件等组成。建筑能源管理系统图如图5.7-4所示。

（7）系统功能

1）可分别对建筑内的水、电、暖等能源进行采集并上传。

2）能耗统计：提供多种数据统计方式，可按能耗类型、按设备类型、按区域的用能统计。

3）系统可提供日统计、周统计、月统计、年统计等多种时段数据的统计方式。

4）统计结果可以提供报表输出功能，可以将输出的报表保存为EXCEL等文档格式。

5）能效优化策略。

6）对建筑实施能耗分析。

7）建筑能效管理提供技术经济分析。

8）对本地建筑提供基础数据。

9）建筑能效系统实施评估、优化。

10）提供建筑节能诊断。

5.7.2

某核心区地块二期（住宅、地下车库）

1. 项目概况

本项目为某核心区地块二期（住宅、地下车库）。核心区地块包括办公楼、住宅、酒店、地下车库、商业等功能。住宅及地下车库子项位于用地西侧，东南侧毗商业，东北侧为办公楼。

本项目由住宅、地下车库组成，包含5栋住宅（地上10层，地下3层，地上总建筑面积

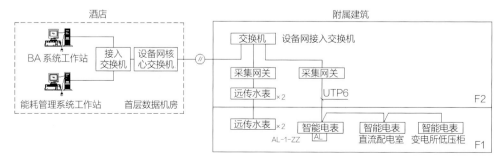

图5.7-4　建筑能源管理系统图

约30431.89m²）、1栋酒店（地上建筑面积约3258.02m²）和地下两层汽车库（建筑面积约41975.47m²，地下一层为住宅配套车库，地下二层为商业、办公配套车库）。

2. 光伏发电系统

（1）住宅光伏系统建设方案：在各住宅楼屋顶建设光伏发电系统，采用BAPV模式。光伏组件装机容量约148.33kWp，就地设置直流变交流（DC/AC）逆变器，采用并网运行模式，交流汇流后接入小区物业变电所低压侧，自发自用余电上网。

（2）光伏发电组件选择

1）在住宅楼屋顶太阳能热水由水专业设计，配置面积已满足相关规范要求。

2）各住宅楼在屋顶设置太阳能光伏组件，根据屋顶实际情况确定安装面积。

3）各住宅楼屋顶采用正泰/CHSM72M-HC组件，组件功率为211Wp/m²，光伏组件总安装面积约702.8m²，装机容量约148.29kWp，首年发电量约14.46万kWh。屋顶光伏发电组件设置示意图如图5.7-5所示。

4）太阳能光伏发电系统中的光伏组件设计使用寿命应高于25年，系统中多晶硅、单晶硅的电池组件自系统运行之日起，一年内的衰减率应分别低于2.5%、3%，之后每年衰减应低于0.7%。

5）太阳能光伏发电系统应根据光伏组件在设计安装条件下光伏电池最高工作温度设计其安装方式，保证系统安全稳定运行。

6）光伏变换器选择与光伏系统接入方案

本项目采用组串式光伏变换器，各单体屋顶光伏发电就地将直流电逆变为交流电，经交流并网柜汇流后就近接入物业变电所低压系统，实现与市电并网运行。物业变电所供电服务范围包括地下车库、办公商业车库配套充电桩、住宅公区用电。光伏发电系统构架示意图如图5.7-6所示。

7）光伏发电系统运行模式

光伏发电系统输出功率受外界环境影响较大，具有明显的间歇性和不确定性，为保证光伏资源的最大化利用，不对光伏系统的输出功率进行调度，而直接通过最大功率跟踪（MPPT）技术控制系统可以始终工作在最大功率点上，输出现有自然条件下的最大输出功率。

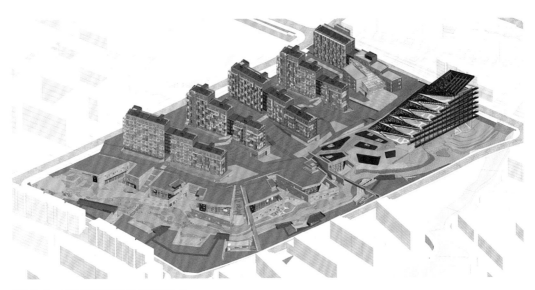

图5.7-5 屋顶光伏发电组件设置示意图

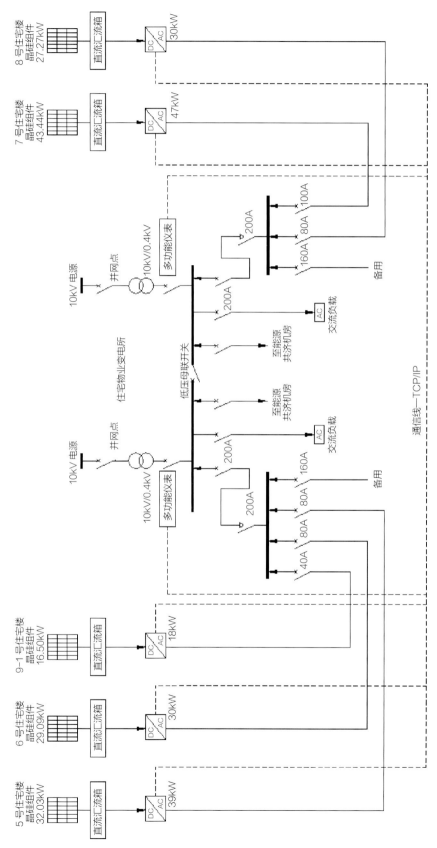

图5.7-6　光伏发电系统构架示意图

为最大限度实现核心区内光伏发电系统的整体消纳，将住宅、二期商业和办公楼三个区域的低压系统通过低压柔性直流互联装置实现连接，各区域共享光伏和办公楼附近的储能设施。

各区域的分布式发电系统优先就地消纳，剩余电能由能源共济站统一调配，实现园区微网内部流转消纳。在有电能剩余时，储存在办公楼处设置的储能电站，由办公楼低压并网上传至市政电网。具体如下：

光伏发电（直流）→逆变→交流供电（供电范围包括整个物业变电所服务范围）→余电经能源互济站为其他建筑交流供电→办公楼储能充电→余电上网。

8）光伏发电系统监控要求

光伏发电系统应对下列参数进行监测和计量：太阳能光伏发电系统的发电量、光伏组件背板表面温度、室外温度、太阳总辐照量。

3. 主要针对低碳节能关键技术应用

（1）在地下停车场内设置新能源汽车充电基础设施，办公商业配套车库（地下二层）按照配建停车位的30%规划建设，住宅配套车库（地下一层）按照配建停车位的100%规划建设。

（2）低压配电系统实施分项计量：设置电能计量装置，采用复费率电能表，满足执行峰谷分时电价的要求；在低压配电柜出线回路设置分项计量表。

（3）主要功能区域照明功率密度值达到现行国家标准《建筑照明设计标准》GB 50034规定的目标值及现行国家标准《建筑节能与可再生能源利用通用规范》GB 55015规定的限值。

（4）灯光控制符合下列规定：车库采用智能型照明控制系统，电梯厅、楼梯间采用声光控延时开关就地控制；建筑景观照明、立面照明采用智能照明控制系统集中自动控制，并设置平时、一般节日、重大节日等多种模式。

（5）合理选用节能型电气设备

1）电气设备采用效率高、能耗低、性能先进、耐用可靠、由绿色环保材料制成产品。

2）采用新型Dyn11接线组别的节能变压器SCBH17，使其自身空载损耗、负载损耗较小。

3）选用三相配电变压器的空载损耗和负载损耗不高于现行国家标准《电力变压器能效限定值及能效等级》GB 20052规定的能效等级。

4）水泵、风机等设备，及其他电气装置满足相关现行国家标准的能效2级或节能评价值要求。

5）选用交流接触器的吸持功率不高于现行国家标准《交流接触器能效限定值及能效等级》GB 21518规定的能效限定值。

（6）质量控制：地下车库设置CO浓度检测装置，与通风设备联动。当CO浓度超过规定值时，自动开启车库通风设备。

参考文献

［1］中国建设科技集团. 绿色建筑设计导则［M］. 北京：中国建筑工业出版社，2021.

［2］中国建筑设计研究院有限公司. 建筑电气设计统一技术措施2021［M］. 北京：中国建筑工业出版社，2021.

［3］中国建筑设计研究院有限公司. 民用建筑暖通空调设计统一技术措施2022［M］. 北京：中国建筑工业出版社，2022.

［4］中国建筑节能协会电气分会，中国城市发展规划设计咨询有限公司. 双碳节能建筑电气应用导则［M］. 北京：机械工业出版社，2022.

［5］中国航空规划设计研究总院有限公司. 工业与民用供配电设计手册［M］. 4版. 北京：中国电力出版社，2016.

［6］北京照明学会照明设计专业委员会. 照明设计手册［M］. 3版. 北京：中国电力出版社，2017.

［7］上海电力设计院有限公司. 北京至雄安城际铁路雄安站站房屋面分布式光伏发电项目接入系统方案设计资料［R］.

［8］（西）鲁克（Luque，A.）. 光伏技术与工程手册［M］. 北京：机械工业出版社，2011.

［9］孙成群. 建筑电气设计导论［M］. 北京：机械工业出版社，2022.

［10］中国建筑标准设计研究院. 建筑一体化光伏系统电气设计与施工：15D202-4［S］. 北京：中国计划出版社，2015.

［11］中国建筑标准设计研究院. 建筑太阳能光伏系统设计与安装：16J908-5［S］. 北京：中国计划出版社，2016.

［12］占智，邹波，林振智，等. 计及可转移充放电量裕度的电动汽车充放电实时调度策略［J］. 电力自动化设备，2018，38（6）：109-116.

［13］曹括. V2G充电桩与智能微电网的并网技术研究［D］. 广西科技大学，2019.

［14］丁明，田龙刚，潘浩，等. 交直流混合微电网运行控制策略研究［J］. 电力系统保护与控制，2015，43（9）：1-8.

［15］于哲. 光储充交直流微电网能源管理系统的研究［D］. 大连理工大学，2018.

［16］董叶莉，黄中伟. 光伏建筑一体化结合形式的探讨［J］. 建筑节能，2013，000（6）：34-36.

［17］深圳市盛弘电气股份有限公司. 电动汽车充电系统解决方案［Z］.

［18］深圳市盛弘电气股份有限公司. 柔性共享充电堆用户手册［Z］.

［19］华为技术有限公司. 智能组串式储能产品行业绿电解决方案［Z］.

［20］秦皇岛开发区前景光电技术有限公司技术资料［Z］.

［21］山东金洲科瑞节能科技有限公司技术资料［Z］.

［22］珠海光乐电力母线槽有限公司技术资料［Z］.

［23］海鸿电气有限公司技术资料［Z］.

［24］恒亦明（重庆）科技有限公司技术资料［Z］.

第 **6** 章

零碳建筑设计技术
指南集成应用案例

6.1

项目概况

1. 项目区位和气候特征

中德未来城核心区项目位于青岛中德未来城D2组团核心区地块，其东侧为生态园44号线，北侧为生态园21号线，南侧为生态园25号线，西侧为生态园40号线。核心区地块西侧为在建中小学，东侧、南侧、北侧地块均为规划住宅用地。

核心区地块南北长约330m，东西宽约190m，用地被九曲河支流1从西南向东北划分为两个地块：核心区一期、核心区二期。

2. 规划背景和规划目标

（1）概念规划阶段——生态绿岛的雏形，如图6.1-1所示。

这是德国GMP在我国黄海之滨城市青岛为生态工作生活而设计的一个城市企划，为中德政府合作项目，于2010年7月签订两国合作协议。2011年12月6日举行了项目的奠基仪式。

借助德国可持续建筑（DGNB）和Transsolar顾问的帮助，GMP在此项目中将再生能源利用比例推行到了极致。除了风与水、地热，还特别注重利用太阳能。青岛是一个太阳能资源极高的地区。新区面积大约为10km²，相当于柏林Mitte

图6.1-1 生态绿岛的雏形

区的大小。从山南扩展到山北。建筑师模仿青岛的景观特征——岩层及绿电，使用了类似的层型及柔和的线条。混合型建筑8层高、类型和密度以及之间相距的短距离均从节能的角度考虑。

（2）城市设计阶段——确定绿岛空间特色和智慧新能源方案

基于GMP原有概念规划，结合青岛项目场地自然本底特点和园区新能源规划，城市设计阶段提出了整个核心区城市设计方案，如图6.1-2所示。整个城市设计从能源、水资源利用、垃圾分类及资源共享、绿化模式、智慧管理、便捷交

图6.1-2 核心区城市设计方案

通、地域文化、智能建造等几个方面塑造城市特色空间。

（3）街区深化设计阶段——确定核心区地景空间特色和以智能绿塔为核心的新能源低碳社区目标

崔愷院士团队基于场地地形特点，将绿色生态的价值观作为设计的核心理念，坚持从地域本土生态本底出发，以生态设计逻辑展开整合设计，以总体平衡为目标，处理地域、环境、空间、功能、界面、技术等一系列问题，在平衡中创造最优的建筑与环境的关系。在设计策略、设计标准、技术节点、材料控制和智慧技术等方面最大限度地利用资源、节约能源、改善环境。

空间规划设计上采用开放"街区"设计理念，创造内外有别、动静结合的绿色公共空间。其中围合的住宅组团内部为内聚的半私密性院落公共空间，组团外部为开放的城市街道公共空间，街区深化设计方案如图6.1-3所示。

项目拟建设智能绿塔，绿塔项目设计旨在打造一个智能、绿色、低碳于一体的绿色低碳智能建筑，也是整个社区的蓄能和智能化能源控制、展示中心；将设计成为全国第一例德国PHI被动房PLUS认证标准的新建建筑、全国首个寒冷地区高层零碳建筑（参考德国能源署DENA零碳运营建筑标准）、全国首个或最大应用"光储直柔"技术的高层民用建筑。

图6.1-3 街区深化设计方案

6.1.2

技术背景

零碳技术和零碳化是绿色建筑技术发展的一个趋势，以德国被动房技术发展的脉络可以借鉴技术发展的特点。

1. 从被动房到零碳建筑——德国超低能耗建筑到零碳建筑技术路径

（1）传承性。零碳认证体系不是一个新的事物，而是脱胎于进行了十余年的被动式超低能耗建筑认证体系之上，是在原有体系基础上的一个升级，是在提高建筑能效的基础上，提高对可再生能源利用的要求。

（2）系统性与循序渐进。整个零碳认证体系分为三个循序渐进的标准［低碳（被动房），零碳运营，全生命周期零碳］。按照市场成熟程度投放不同标准，确保不同的市场成熟程度都会有相应标准与其对应。在欠发达国家被动式低碳建筑可能还是一个遥不可及的事物。我国市场目前推广零碳运营不会因为碳排放数据库尚未搭建完成而形成市场的"空窗期"，而在数据库搭建完善的一些国家则可以推广全生命周期零碳标准。

（3）符合当地条件。尽量采用当地官方公布的能源及碳排放相关系数，以确保计算结果的真实性与可靠性，因此应避免额外进行大量的研究和数值导入工作。

（4）关注全过程质量。认证标准中有一项前提，就是参与认证的项目需要经过全过程质量保证服务。从设计、审图、施工培训、施工检查到验收，都需要经过全过程的质量监督。

（5）以引导鼓励为主，比较灵活。考虑到建筑形式的多样性以及建筑所处环境的多样性，为保护建设方对于追求降低碳排放的热情，在确实无法满足通过可再生能源完全自供给的情况下，适当放宽自身可再生能源生产的要求，允许一定程度上使用公共网络的可再生能源。

（6）简化计算环节。计算最终控制的是终端能源量。这是在经过综合研究比较后，认为最简单而有效控制运营碳排放的计算过程。目的是在有效的前提下，尽量简化计算环节，使计算过程简洁清晰明了，好控制、好计算，最重要的是好理解，让各专业人员都可以尽快入门。

2. 零碳建筑的定义

零碳建筑又称净零碳建筑（ZeroCarbon Buildings，ZCB），由世界绿色建筑委员会提出。

零碳建筑的主要特征：一是强调建筑围护系统的节能指标，二是强调可再生能源的利用，三是建造和运营阶段的零碳化，四是建筑运营阶段碳排放量占建筑全寿命期碳排放总量的80%以上，这其中既涵盖"物的行为"，又包括"人的行为"，既体现了绿色建筑的"绿色性能"，也体现了被动式建筑的"节能性能"。真正的可感知和获得感，是零碳建筑的核心。部分学者认为零碳建筑很难实现建筑全寿命期内的零碳排放，零碳排放控制主要集中于建筑运营阶段。

目前，我国零碳建筑相关国家标准正在编制中，其中重庆、北京、天津等地已发布实施或正在编制与零碳建筑相关的标准规范，如重庆市标准《低碳建筑评价标准》DBJ50/T-139—2012、北京市标准《低碳社区评价技术导则》DB11/T1371—2016、北京市标准《低碳小城镇评价技术导则》DB11/T1426—2017、天津市环境科学学会标准《零碳建筑认定和评价指南》T/CASE00—2021、国家发展改革委《低碳社区试点建设指南》等，为零碳建筑的发展提供了一定的数据基础和项目经验。

3. 全球主要零碳建筑标准比较

全球主要零碳建筑标准比较见表6.1-1。

建筑自身及其使用者在12个月内的碳排放

全球主要零碳建筑标准比较　　　　　　　　　　　　　　表6.1-1

符号	dena Deutsche Energie-Agentur	ZERO CARBON CERTIFICATION	LEED Zero	Klima Positiv	C	Carbon Neutral Climate Active BUILDING
认证单位	德国能源署	International Living Future Institute	U.S. Green Building Cuncil	DGNB (DE)	Green Building Council (CNA)	NABERS (AUS)
认证对象	新建/既有建筑	新建/既有建筑	既有建筑（LEED）	既有建筑（DGNB）	新建/既有建筑	既有建筑（NABERS）
最低能耗要求	√	√	√	√	√	√
碳排放折算	运营	建筑+运营	运营（+使用者行为）	运营	全生命周期	运营
购买绿电或场地外可再生能源	√	√	√	√	√	√
起算最少运营时间	1年	1年	1年	1年	新建筑3年 既有建筑1年	1年
有效期	3年	2年	3年	3年	1年	3年

注：1. 德国Deutsche Energie-Agentur（DENA）的SINO-GERMAN ZERO CARBON BUILDING IN OPERATION CERTIFICATION标准；
　　2. 美国U.S. Green Building Cuncil的 LEED ZERO标准。

图6.1-4　绿色建筑设计标准（美国）

图6.1-5　零碳建筑设计标准（加拿大）

量可被降为零或可采取碳补偿措施全部抵消的建筑，美国绿色建筑设计标准如图6.1-4所示。

4. 加拿大Green Building Council（CNA）的《零碳建筑设计标准》）（Zero carbon building design standard标准）和《零碳建筑运行标准》（Zero carbon building performance standard），加拿大零碳建筑设计标准如图6.1-5所示。

在建筑现场生产的可再生能源和应用高质量碳补偿措施能够完全抵消建筑材料和运营相关年度碳排放的高效节能建筑。

建筑一年周期内运营碳排放量小于或等于利用可再生能源所避免的碳排放量。

结论：建筑碳排放计算范围的差异和能源平衡的要素选择是各国标准对零碳建筑定义的主要分歧点。

5. 可再生能源的范围

如供建筑使用的电能及热/冷能由以下能源产出，无论能源来自场地内或者场地外，则可视为可再生能源：

（1）太阳能；

（2）风能；

（3）水（包括低影响的水力、波浪、潮汐和水流资源）；

（4）合格的沼气；

（5）合格的生物质；

（6）空气冷热能；

（7）地热/冷能。

鉴于可再生能源产生的热能/冷能已经在能耗计算中有效降低了不可再生能源的能耗，因此在碳排放计算中不作为可再生能源产出总量。

6. 计算方式和目标（参考德国能源署零碳建筑标准）

建筑运营碳排放 – 利用可再生能源所避免的碳排放<0［kg/（m²·a）］

建筑运营碳排放［kg/（m²·a）］= Σ{各终端能源需求［kWh/（m²·a）］× 相应碳排放换算系数（kg/kWh）}

避免的碳排放［kg/（m²·a）］= Σ（场地内生产可再生能源 × 替代能源折算系数）+ Σ（场地外输入可再生能源 × 替代能源折算系数）

碳排放折算系数的选取，采用国家发布最新标准中的系数（电能，化石能源等），场地内可再生能源生产的最小要求应大于50%。

6.1.3
项目功能组成

项目功能组成如图6.1-6所示。

核心区一期由滨水商业和外置式集成储能设施组成；二期项目由三部分组成：东北侧的1号楼绿塔（01子项）、东南侧毗邻九曲河支流1的2号～4号楼滨水商业（02子项）、西北侧的5号～9号楼住宅组团及地下车库（03子项）。本项目总建筑面积108978.82m²，其中地上总建筑面积62622.82m²，地下总建筑面积4635m²。

1. 01子项1号楼绿塔

1号楼绿塔，建筑性质为高层办公建筑，位于二期用地西北部，紧邻北侧机动车出入口，其主要入口与西侧9-2号楼酒店入口相对。建筑地上7层、地下2层，建筑高度 40m，总建筑面积22425m²，其中地上建筑面积169683m²（含不计容地上面积980m²），地下建筑面积5457m²。建筑从南向北，从西向东层数递增，东北角最高。首层中部架空，将西侧入口广场与东侧九曲河支流水系连通，北侧为办公入口大厅，南侧为展览区入口大厅。

建筑主要入口位于首层西侧，地下一层东侧

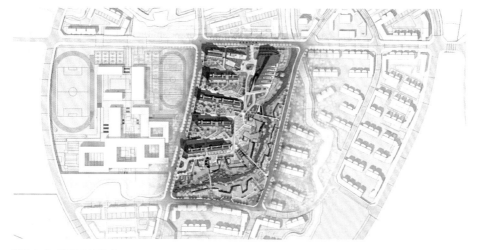

图6.1-6　项目功能组成

滨水露出地面，首层中部架空，将西侧入口广场与东侧九曲河支流水系连通，在建筑北侧设置分级台阶，将行人引至地下一层东侧九曲河河边景观慢行系统。建筑南端设有通往东侧一期地块的跨河人行连桥。

在建筑高层部分的西侧，结合入口广场布置消防车登高操作场地，北端设有15m×5m消防车回场。消防车道从楼前向南延伸，满足滨水高层建筑一个长边设置消防车道的要求。行人可沿消防车道向南可达绿塔建筑二层屋顶，绿塔建筑屋面从南向北逐层斜向递增，行人可延屋顶人行步道逐步向上。

2. 02子项2号~4号楼滨水商业

2号~4号楼位于用地东南侧，滨水商业配套区总建筑面积为11840m²。均为地上面积。北侧与1号楼绿塔相连，西侧与住组团及地下车库相接；滨水商业均为2层建筑，为半覆土建筑，建筑高度12.90m。建筑巧妙利用高差，在水岸和住区庭院之间植入配套服务空间，以连续墙体围合生成的多个庭院组团呈线性沿着水岸错落布置，拓展广场绿地的同时丰富了滨水空间。

滨水商业配套区通过半围合院落组织平面组团，各建筑首层与九曲河支流1河畔景观慢行步道相接，二层屋顶与住宅组团地面相接，2号楼南端设有通往东侧一期地块的跨河人行连桥。其中南侧的4号楼为社区配套用房，内设社区超市、社区综合服务中心、社区卫生服务站、老年服务站、物业管理用房等配套实施。建筑出入口主要设置在滨水层一侧，屋顶住宅地面层有部分商业入口及电梯下至滨水商业区。

3. 03子项5号~9号楼住宅组团及地下车库

5号~9号楼住宅组团及地下车库位于地块西北侧，5号楼~9-1号楼为住宅楼（局部首层为商业）建筑层数6~10层，建筑高度最高33.50m；9-2号楼为酒店，建筑高度3~5层，

建筑高度17.45m，与东侧1号楼绿塔建筑相对开设出入口。住宅居住户数246户，居住人数787人，酒店46间。

03子项5号~9号楼住宅组团及地下车库总建筑面积74713.59m²，其中地上面积333814.59m²，地下面积40899.00m²。

地下车库两层，共设有三处地下车库出入口，其中西南侧、北侧为单车道入口，西北侧为双车道出口，北侧车库入口可供1号楼绿塔及滨水商业货车出入地下车库。总停车位665辆，均为充电桩车位，其中无障碍车位7辆。停车位配置标准：全地下停车，住宅（$S_建$≤90m²：1.0车位/户；90<$S_建$≤120：1.2车位/户；120m²<$S_建$≤200：1.5车位/户）；办公：1.0车位/100m²；商业：0.9车位/100m²；社区服务：1.0车位/100m²；图书馆：0.4车位/100m²；酒店：0.4车位/客房（平衡一期停车指标55辆）。

二期项目基地对外开设四处机动车出入口：西侧南部沿生态园40号线东侧，4号楼屋顶设深港湾落客区，满足滨水商业落客需求；5号楼北侧向西设有地下车库入口，用地西北部设有地下车库出口；北侧设机动车出入口，作为地下车库入口和地面车辆出入口，便于在酒店和绿塔建筑门前设置落客区。

在1号绿塔建筑西侧沿建筑长边，结合建筑入口广场设有4~10m消防车道，与基地北侧机动车出入口相接，北端设置15m×15m消防车回车场地。

在2号楼~3号楼西侧屋顶（住宅地面层）西侧、设有南北向消防车道，北侧与绿塔楼前道路相接，3号~4号楼北侧，5号楼南侧设有4m宽消防车道，西侧与商业落客区相接，与西侧40号线衔接。由于滨水商业服务区建筑地面层与滨水层存在较大高差，大型消防救援车较难到达滨水层。在滨水商业区西侧设置消防车道，可通过

各庭院消防电梯以及各巷道楼梯下至滨水层，滨水商业区滨水层设置部分消火栓等满足消防扑救需求。

在5号~8号住宅楼北侧，结合楼前道路设置4m消防车道，其中5号楼前消防车道与西侧40号线衔接，6号~8号楼西端设有15m×5m消防车回车场地，东侧与基地内南北向消防车道衔接。

本项目按开放社区进行规划设计，西侧各住宅建筑楼间均设有通往西侧4号线的人行入口，其中西南端靠近商业落客区的为滨水商业人行主要入口，附近设有扶梯、电梯、大型景观台阶将游人引至滨水的主要入口及滨水慢行景观步道。

按照无障碍社区的理念进行无障碍设计，小区内除景观要求，从进入社区到入户，设无障碍坡道，无障碍设计的范围包括人行道、公共绿地和公共服务设施。住宅及公共建筑的入口、入口平台、候梯厅、电梯轿厢和公共走道均按照无障碍的要求进行设计。部分住宅可改造成无障碍住房。

6.1.4
碳计算初步成果

（1）绿塔可再生能源利用，见表6.1-2，供暖可再生能源利用量：555614.41kWh，可再生能源利用率：12.4%剩余能耗通过光伏系统覆盖，以达到零碳建筑标准。

（2）核心区域碳排放测算见表6.1-3，不包括碳汇及光伏发电减碳量。参考《近零能耗建筑技术标准》GB/T 51350—2019，华北电网碳排放因子：0.9419。

（3）能源方案调整前后减碳对比分析，冷热源提升前情况见表6.1-4，冷热源提升后情况见表6.1-5。

（4）节能降碳效果见表6.1-6。冷热源提升后能耗，基准方案：电制冷机组（COP=6.2）+燃煤锅炉（η=0.6）；分体式空调（COP=4）+燃煤锅炉（η=0.88）。

绿塔可再生能源利用　　　　　　　　　　　　表6.1-2

功能	面积（m²）	年使用时长（h）	设计冷负荷（kW）	设计热负荷（kW）	提升围护结构后冷负荷（kW）		提升围护结构后热负荷（kW）
办公	15988	2500	533.75	292.71	213.50		117.08

制冷耗电量（kWh）	制热耗电量（kWh）	设备插座用能（kWh）	照明用能（kWh）	输配能耗（kWh）	电梯能耗（kWh）	总能耗（kWh）	单位面积能耗（kWh/m²）
103439.92	61491.60	157429.84	390235.10	39170.60	8953.28	760720.34	47.58

绿塔核心区域碳排放测算　　　　　　　　　　表6.1-3

住宅建筑能耗	1077791.10	kWh/a	36.65	kWh/（m²·a）
公共建筑能耗	3992549.87	kWh/a	104.30	kWh/（m²·a）
总能耗	5070340.97	kWh/a	74.91	kWh/（m²·a）
核心区域建筑用能总碳排放量：4775.75tCO₂				
核心区域单位面积碳排放量：70.55kgCO₂/m²				
核心区域可再生能源利用量：3742629MWh				
核心区域可再生能源利用量：40.67%				

冷热源提升前能耗　　　　　　　　　　　　　　　表6.1-4

类别	制冷耗电量（kWh）	供暖耗热量（kWh）	可再生能源利用量（kWh）	能源换算后（kWh）
Ⅱ-1号绿塔办公	77480	687869	0	1040647.151
Ⅱ-2号商业	60780	798511	0	1132210.658
Ⅱ-2号文化设施	16390	333719	0	449750.6005
Ⅱ-3号商业	90739	1192127	0	1690316.515
Ⅱ-4号商业	29439	386763	0	548391.5052
Ⅱ-4号社区配套	16740	65373	0	123278.7273
Ⅱ-5号-8号住宅	20970	205963	0	305796.3055
Ⅱ-5号-8号商业	25920	340515	0	482820.3
Ⅱ-9号-1号住宅	2638	25918	0	38479.52864
Ⅱ-9号-2号酒店	181663	1874849	0	2759639.252
Ⅰ-1号-5号商业	139355	1804800	0	2564178.581

冷热源提升后能耗　　　　　　　　　　　　　　　表6.1-5

类别	制冷耗电量（kWh）	供暖耗量（kWh）	供暖可再生能源利用量（kWh）	能源换算后（kWh）	节能量（kWh）	电网碳排放因子（tCO_2/MWh）	减碳量（tCO_2）
Ⅱ-1号绿塔办公	37238.37	34681.26	378040	139130.91	901516	0.9419	849.1381515
Ⅱ-2号商业	29212.33	40259.65	438847	125068.82	1007142	0.9419	948.6269006
Ⅱ-2号文化设施	7878.14	16824.03	183407	41008.47	408742	0.9419	384.9942094
Ⅱ-3号商业	43610.23	60108.66	655167	186719.16	1503597	0.9419	1416.238345
Ⅱ-4号商业	14148.84	19500.66	212557	60577.78	487814	0.9419	459.4717511
Ⅱ-4号社区配套	5190.70	4834.29	52694	19393.64	103885	0.9419	97.84936132
Ⅱ-5号-8号住宅	6501.45	15228.00	166019	35481.94	270314	0.9419	254.6091017
Ⅱ-5号-8号商业	12457.67	17168.82	187140	53335.92	429484	0.9419	404.5313392
Ⅱ-9号-1号住宅	818.31	1912.39	20896	4460.73	34019	0.9419	32.04230844
Ⅱ-9号-2号酒店	87309.77	94531.61	1030378	342333.96	2417305	0.9419	2276.859851
Ⅰ-1号-5号商业	82285.71	90240.00	992640	324035.66	2240143	0.9419	2109.99062

节能降碳效果

表6.1-6

节能量	6326	MWh/a
光伏装机量	770	kWp
光伏发电量	883	MWh/a
可再生能源利用量	3742629	MWh/a
可再生能源利用率	40.67%	—
二氧化碳减排量	6688	tCO_2/a
二氧化碳减排强度	98.81	$kgCO_2/m^2$

6.2

项目设计理念

6.2.1

设计理念——控制原则和技术措施

控制原则和技术措施见表6.2-1，项目设计理念如图6.2-1所示。

1. 本土化设计理念

（1）反映地域气候、顺应生态本底、融合地势环境

1）尊重上位城市设计花街、溪谷的规划定位。

2）场地设计顺应西高东低的场地本底，低矮平台顺应低洼场地，交错板楼顺应坡地。

3）保留河溪绿道，恢复脆弱的河道生态，构建海绵生态系统。

4）积极利用谷地地形、修葺平台形成滨水景观长廊。

（2）优化交通系统、利用地下空间

1）利用社区景观步道连接场地东西向主要建筑和出入口。

2）社区、商业、景观入口与场地道路顺畅连接。

3）地下空间满足地下停车、滨水商业、技术展示、酒店餐饮、会议报告厅等功能。

4）巧妙利用滨水和山地的高差，使得建筑临水面对外开放，利于采光通风。

（3）挖掘青岛本地文化

1）对现有地形和水系充分保留。

2）景观设计充分利用现有地形河溪，生态修复同时恢复场地排。

3）对当地基础开挖出来的碎石岩层充分利用。

2. 人性化设计理念

（1）共享自然

1）规划层面在社区设计东西向穿行道路和桥梁，鼓励步行穿越，使核心区成为周边组团的联系中枢和服务中心。滨水区顺应整体漫步系统设计滨水景观步道。

2）在滨水、地面、空中立体坡道三个层级

控制原则和技术措施　　　　　　　　　　表6.2-1

四个控制	控制要素	技术措施		设计创新	美学构建
零碳设计之本	太阳、空气、水、植物、土壤、地下水	气候区与原生态的建筑分析 微气候自然资源分析 能源系统的选择		建筑和生态本底的关系 人、空间与自然的关系 能源系统与自然的关系	更适应 更整合
控制建设	少盖房，盖常用房，改不用的房，少拆房 勤维护	参与任务书策划		控制功能和规模	更轻量
		布局适配场地要素		尊重场地	更长寿
				布局适配	
				营造微气候	
				拓展功能	
控制用材	高质量、长寿命，轻结构、装配化，多再生、多碳汇，少装饰、少浪费	适应性空间设计		—	更长寿
		轻量化的结构系统		外挂坡道与轻量化结构	更轻量 更可视
		装配式钢结构和单元化幕墙系统		单元式和高度整合	
控制用能	压缩用能空间和时间	空间舒适度控制	热舒适度	—	更节能
			卫生舒适度		
			视觉舒适度	开放的室外生态阳台	更可视
			听觉舒适度		
	降低建筑本体负荷需求	被动技术的应用	形体	结合环境的地景化策略	更节能
				产能效率优先的体型	
			外维护结构	融合景观的底层架空	更可视
			自然通风、采光	贯通的拔风、采光中庭	
	健康行为引导	步行联系空间		—	更绿色
		编制用户使用指南		—	
	数字化设计和智慧化运维	参数化设计模型		智慧系统整合——数字运维和智慧能源管理	更节能
		全过程BIM设计（设计、施工、运维）			
		PHPP/DB能耗模拟			
		CFD风环境模拟			
		智能化能源控制运维系统			
控制碳排	多种树、增绿量，屋顶光伏化与田园化，废物回收利用，资源共享共用	生态系统	绿化立面	—	更绿色
			内部空间设置绿墙		
			鱼菜共生系统和食物种植		
		主动式设计策略（可再生能源利用）	可再生能源利用	光伏、遮阳一体化幕墙、地源热泵、光储直柔	更产能
			高效末端		
			能源网络	热泵系统和微电网	
			垃圾回收	—	
			雨水回收系统		

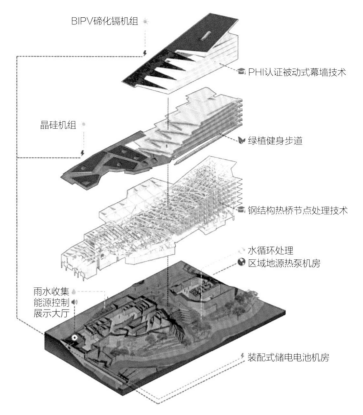

BIPV碲化镉机组

PHI认证被动式幕墙技术

晶硅机组

绿植健身步道

钢结构热桥节点处理技术

水循环处理
区域地源热泵机房

雨水收集
能源控制
展示大厅

装配式储电电池机房

图6.2-1　项目设计理念

的步道系统中设置社区服务站点。

（2）提升建筑环境质量

1）绿塔建筑中设置全智能化环境品质监测末端，应对室内人员长期或集中停留区域进行物理环境模拟计算和监控。

2）应对全部室内装修区域进行装修污染物预计算。

3）利用CFD工具对场地风环境进行模拟，在底层东西向形成适应场地的孔洞，利于建筑和场地外围风环境。

4）在屋顶顶层利用通风孔洞形成文丘里效应风廊，提高内部中庭的通风效果。

3. 低碳化设计理念

（1）空间节能

1）系统根据办公、展览、商业、住宿等房间功能、停留、类型热舒适等定义空间用能要

求，计算次要房间的用能负荷，同时对相似空间进行有效组合。

2）减少封闭的公共空间，创造与自然生态融合的过渡缓冲空间。

3）利用透光光伏屋面和采光中庭引入自然光，从而降低电力照明（使用规模和时间）。

4）利用建筑底层架空，在入口大厅处改善自然通风条件。

5）裙房区域利用天窗和通风窗改善室内通风条件。

6）高层区利用通风窗和中庭改善室内通风条件。

（2）节能措施

1）按照德国被动房PHI-PLUS标准设计外维护墙体热工性能和门窗气密性能。

2）透光光伏屋顶利用晶硅太阳能板形成

20%遮阳。

3）西侧立面利用动态感应中轴百叶形成遮阳。

4）绿塔构建区域能源中心，整合地源热泵资源，供给绿塔、酒店、商业用能。

5）构建光储直柔能源系统。

6）区域充分利用风能、地源热泵、太阳能等可再生能源，绿塔可再生能源满足德国被动房PHI-PLUS标准。

4. 长寿化设计理念

1）住宅设计采用框架结构大空间户型，适应未来使用布局的调整。

2）绿塔、商业空间采用大空间灵活布局，适应不同的业态调整。

3）采用装配式钢结构绿植阳台，高效建造的同时适应未来可替换性。

4）地面结合景观和建筑屋顶设计单元支架承托光伏屋面。

5）建筑采用清水混凝土结构-装饰一体化技术，提高结构耐久性的同时节约建筑材料。

5. 智慧化设计理念

1）利用CFD和BIM模型对风、光、声、热等绿色性能全过程模拟分析，进行跟踪的信息反馈与设计优化。

2）系统配置满足建筑功能的同时，为后期运维提供集成管理平台做好预留，设置建筑能源管理控制中心，为未来建筑能源管理、展示、零碳运维数据统筹做好基础。

6. 绿色创新

1）地景化的建筑屋面，为场地拓展更多绿化和活动空间。

2）模块化、地景化的光伏系统。

3）适应德国被动房PHI-PLUS标准的外围护系统和防冷桥节点。

4）生态化、模块化的立面系统。

5）机电全专业绿色技术的应用。

6）设计、施工、运营阶段的碳排放计算统计。

7）全专业BIM应用。

8）智慧化的针对建筑管理者和使用者的控制运维系统。

6.2.2
零碳核心技术

零碳建筑设计成功的核心是综合设计方法的应用，这包含了以下三个方面的内容：首先是减少隐含碳排放和运行碳排放，采用低碳或固碳建材，并在满足建筑用能需求、保证建筑使用品质的基础上降低建筑能源消耗；其次是建筑场地内可再生能源利用与电网交互，使用电力或蓄冷蓄热储能，使可再生能源具备平滑电网峰谷波动的能力，降低自身碳排放的同时，支持电网低碳发展；最后是外部抵消措施，对于建筑隐含碳排放，规定只能通过建筑外的碳抵消措施进行中和。

1. 建筑本体技术

（1）进行与本地区气候环境相适应的建筑设计，控制建筑体形系数，减小建筑外围护面积，采用建筑自遮阳、改善空间布局等方式，提高建筑运营用能效率。充分利用自然风，基于烟囱效应、室内外风压等实现室内外空气循环。

（2）提高建筑节能率。采用高保温性能的材料和门窗型材，降低建筑外墙、屋面、门窗及结构热桥的传热系数，进行关键节点的节能设计。

（3）各专业之间的协同设计。各专业间集成设计，保障设备、管线与建筑本体之间合理接触，提高建筑空间气密性，提高资源能源的合理"搭配"。

2. 建筑微生态技术

通过屋面绿化、墙体绿化、景观复层绿化等措施，打造建筑微生态，提高建筑碳汇，降低建筑周边环境的热岛效应。通过低影响开发设施，提高建筑微生态雨水涵养量和雨水回收量，提高建筑微生态"自然"水平。

3. 设施设备技术

采用高效节能设备，提高建筑用电效率。充分利用太阳能、地热源、江水源等可再生能源，形成微型电网，实现建筑能源需求的自给自足，降低煤、石油等传统化石燃料的消耗。充分利用智慧化手段，打造建筑"管家"控制系统，合理调节建筑室内温度、湿度、亮度，进一步降低能耗、节约资源。

6.3

零碳建筑给水排水系统

本项目为办公建筑，建筑总体设计目标为"零碳建筑""绿建三星"和"德国PHI-PLUS被动房认证"。本项目的给水排水设计主要以《绿色建筑评价标准》GB/T 50378—2019、《绿色建筑设计导则》《绿塔被动房相关技术参数报告》为技术依托，结合项目具体功能特点和能源顾问德国弗莱公司的咨询报告进行设计。本项目主要涵盖给水系统、污废水系统、雨水系统、雨水处理回用系统、消防系统等。

针对以上各系统，进行零碳建筑给水排水系统设计，主要从健康舒适、资源节约、安全耐久等几个方面展开。

6.3.1
满足零碳建筑认证要求的管道布置及保温措施

零碳建筑具有较高的保温隔热性、气密性的要求，对于此类建筑的给水排水管道布置原则主要是要求管道尽可能少穿越零碳建筑边界（被动区与非被动区），减少管道内介质对零碳建筑内部的扰动，对于不得不穿越零碳建筑边界（被动区与非被动区）的管道，分不同情况进行保温处理。

对于本建筑，管道保温的范围与其他非零碳建筑不同，比如雨水尽可能采取外排水形式。对于不得不进行内排水的雨水管道，从雨水斗至出户管需要整体包裹保温材料，防止低温的雨水带走建筑内热量，对于给水、污水、消防等管道，穿越零碳建筑边界位置也有区别于其他建筑的保温厚度及做法，保温材料及厚度做法见表6.3-1和图6.3-1。

6.3.2
充分利用市政水压、节约能耗，竖向供水系统合理分区

本项目市政水压为0.25MPa，系统竖向分为两个区，二层及以下为低区，三层及以上为高区。高区供水采用数字变频供水设备进行加压，如图6.3-2所示，供水设备采用数字集成全变频

保温材料及厚度做法　　　　　　　　　　　表6.3-1

类别	保温厚度	保温材质	设置位置
内排雨水管	≥70	聚氨酯	零碳建筑内整体范围及零碳建筑边界外1m
	≥50	气凝胶	
污水管、通气管	≥70	聚氨酯	顶层范围内包裹
	≥50	气凝胶	
给水管、消防管	≥70	聚氨酯	零碳建筑边界外1m
	≥50	气凝胶	

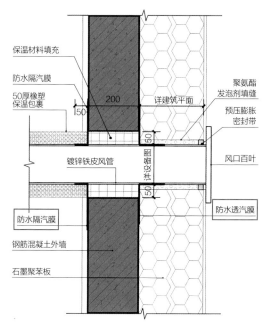

图6.3-1　管道穿墙体节点做法

图6.3-2　数字变频供水设备

控制技术，单台水泵均配置具有变频调速和控制功能的变频控制器。根据用水量和用水均匀性等因素合理选择气压罐，按供水需求自动控制水泵启动的台数，保证水泵均能在高效区工作。选用的清水泵效率不低于现行国家标准《清水离心泵能效限定值及节能评价值》GB 19762的规定。

6.3.3
科学正确地选用优质管材、阀门及相应零部件

供水管网老化、管材质量不佳、阀门等附属设施老化腐蚀等情况会导致管网系统阻力大、管网漏损及建筑水污染。科学正确地选用具备耐腐蚀、抗老化、耐久等性能且连接方便可靠的优质管材、阀门及相应零部件，可以避免以上问题，提高建筑水体安全性。

本项目根据山东省地方标准《绿色建筑评价标准》DB37/T 5097—2021。给水干管及主立管管材选用衬塑钢管，可锻铸铁衬塑管件；给水支管选用无规共聚聚丙烯（PP-R）管。污废水管、通气管采用柔性接口机制排水铸铁管。所有阀门选用耐腐蚀、零泄漏、高性能产品，密封件采用

三元乙丙橡胶软密封材料。用于消防系统、属于国家强制性产品认证目录里规定的特种阀门必须有3C认证。

管网末端的用水点，供水压力大于0.2MPa处使用支管减压阀进行减压，防止超压出流，造成水资源浪费，影响给水系统流量的正常分配。

节水型生活用水器具是比同类常规产品能减少流量或用水量，提高用水效率，体现节水技术的器件、用具。节水器具位于建筑供水系统末端，是所有用水点的控制关键点。本设计选用洁具及给水、排水配件均符合现行行业标准《节水型生活用水器具》CJ/T 164、现行国家标准《节水型卫生洁具》GB/T 31436、绿色建筑三星评价标准等的要求，用水效率达到一级，见表6.3-2。洗手盆、小便器、蹲式大便器等卫生器具选用感应式冲洗阀，采用陶瓷片等密封性能良好、耐用的水嘴。

根据零碳建筑设计理念，本项目按三级计量原则设置远传计量水表，将数据上传至建筑智能化信息集成平台，能分类、分级记录、统计分析各种用水情况，进行水平衡测试及能效分析。

给水设备监控：包括生活水箱高、低水位及溢流水位报警；变频给水泵运行状态、故障状态监视；排水设备监控内容包括集水坑溢流水位报警，排水泵运行状态、故障状态监视。给水排水系统智能化信息平台示意图如图6.3-3所示。

本项目根据《青岛市海绵城市建设试点实施方案》《中德生态园海绵城市建设评估》等标准，依据生态优先、因地制宜、系统建设等原则对园区整体进行了海绵城市设计与雨水资源化利用，其在设计、建造过程中与室外雨水排水系统统筹协调，既能保证雨水控制及利用系统的合理性和经济性，又能实现雨水排水系统安全有效运行。

本项目将场地雨水进行收集、处理、回用。经过下垫面分析，综合径流计算，场地综合径流

	卫生器具选型	表6.3-2
节水器具	节水器具参数及特点	用水效率等级
节水型水嘴	动态压力（0.1±0.01）MPa下，出流量不大于0.100L/s	1级
节水型淋浴器	动态压力（0.1±0.01）MPa下，出流量不大于0.08L/s	1级
节水型坐便器	平均冲水用量不大于4.0L/次，双冲全冲坐便器不大于5L/次，双冲半冲坐便器，半冲平均用水量不大于全冲用水量最大限定值的70%	1级
节水型蹲便器	蹲便器冲洗阀出水量不大于5L/次	1级
节水型小便器	小便器冲洗阀出水量不大于2L/次	1级

图6.3-3　给水排水系统智能化信息平台示意图

系数为0.55，场地需控制998m³雨水。本项目首先结合下凹绿地、雨水花园等设施对雨水进行初期净化和收集调蓄。通过以上设施可消纳736m³雨水，消纳率达到73.75%，实现低碳设计目标。

剩余262m³雨水经过雨水调蓄池进行调蓄回用，海绵城市雨水控制措施示意图如图6.3-4所示，下垫面分析及计算见表6.3-3，海绵设施的选择见表6.3-4。

渗透——把更多的雨水渗透到城市的地下储存起来。

铺装材料
人工管道
自然下渗

滞留——让一部分雨水在场地中暂留，把水更多的留在城市里。

微地形
雨水花园
景观旱溪

蓄存——采用多种措施将滞留和渗透入地下的水进行存蓄。

景观水景
人工湖泊
蓄水模块

净化——把蓄存的水进行净化，使之成为可使用的城市新水源。

生物净化
人工科技

利用——将净化后可利用的水进行循环使用，促进节约型社会。

绿化灌溉
景观利用
小区家用

排出——将未利用的水根据需要及时排出，解决雨洪问题。

城市管网
自然水系

图6.3-4　海绵城市雨水控制措施

下垫面分析及计算表　　　　　　　　　　　　　表6.3-3

序号	下垫面类型	下垫面面积（m²）	径流系数	综合径流系数
1	普通屋顶装	13549.64	0.85	$\phi = (0.85 \times 13549.64 + 0.40 \times 3258.15 + 0.15 \times 4331.27 + 0.15 \times 6510 + 0.85 \times 8863.16 + 0.20 \times 6000)/42512.22 = 0.55$
2	绿化屋顶	3258.15	0.4	
3	普通绿地	4331.27	0.15	
4	下凹绿地及雨水花园	6510（其中雨水花园203m²）	0.15	
5	普通铺装	8863.16	0.85	
6	透水铺装	6000	0.2	
7	合计	10134		0.55

海绵设施选择　　　　　　　　　　　　　表6.3-4

序号	海绵措施	面积（m²）	控制雨水量（m³）	有效下凹深度
1	下凹绿地	5660	566	100mm
2	雨水花园	850	170	200mm
合计			736	

6.4

零碳建筑暖通系统

本项目作为一个示范项目，在设计之初，建设方就定下了目标：零能耗零碳建筑，并且要取得"国家近零/超低能耗建筑"与"德国被动房PHI-PLUS"认证。依据这个目标要求，暖通设计主要以《绿色建筑评价标准》GB/T 50378—2019、《绿色建筑设计导则》为技术依托，根据项目所处区域，结合能源顾问德国弗莱公司的咨询报告及项目具体功能特点进行以运营阶段的低碳设计。

6.4.1
绿色低碳能源的应用

本项目冷热源由地源热泵和空气源热泵提供，地源热泵按冬季热量选取，夏季不足的冷量由空气源热泵提供，采用这两种能源互补，提高能源可靠性；同时地源热泵承担大部分负荷，系统能效最大化，绿色低碳能源组成如图6.4-1所示。

6.4.2
柔性智能空调系统

本项目在屋顶设有光伏太阳板，当光伏发电板产电量供建筑物使用后，仍有剩余时，优先提供给空调使用。空调冷热源系统末端通过一个缓冲储热/冷箱与冷热源相连，冷热源设备可以在太阳能过剩时提前制备冷/热量，并存储在缓冲

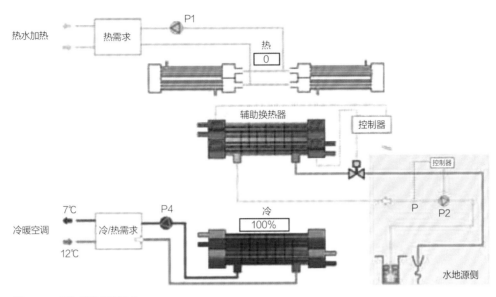

图6.4-1　绿色低碳能源组成

储热/冷箱中，末端有需求时可随时直接从水箱中取得冷/热量。不必同步耦合热源端进行工作，从而实现热源端与用户末端的相对独立，柔性智能空调系统还可以根据室内的温湿度状况，在满足人体舒适度的空间范围的前提下，利用室内空间及室内建筑构件作为蓄热体进行储能。本项目蓄冷系统容量450kWh，蓄热系统容量650kWh，柔性智能空调系统组成如图6.4-2所示。

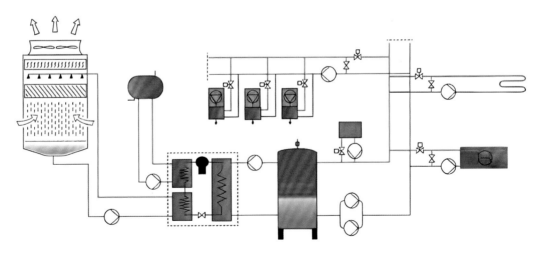

图6.4-2　柔性智能空调系统组成

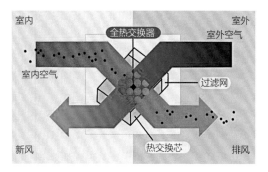

图6.4-3　高效热回收系统组成

图6.4-4　冷梁

高效热回收系统

热回收系统冬季可在不混合排风和新风的前提下。回收排风至少75%的余热对抽取室外新风进行加热；夏季则可以进行预冷由于被动房气密性极高，带热回收的空调新风系统可以实现最优化的空气更新速度，同时机组内带有过滤器，可过滤$PM_{2.5}$，在不开窗的情况下保证室内空气品质，具有极高的生态价值和社会价值。本工程热回收系统回收效率为：显热回收效率≥80%；湿回收效率≥60%，高效热回收系统组成如图6.4-3所示。

6.4.4
高效的设备

本工程选用的地热热泵机组制冷综合部分负荷性能系数≥7.5，机组制冷性能系≥6.0，新风热回收系统效率≥75%，机组单位风量功耗比国家标准规定低30%，风机变频调速。

6.4.5
高效末端系统

末端采用新风+冷梁的形式，部分采用干式风盘。冷梁作为显热调节设备，处于干工况运行，大幅度减少潮湿表面，杜绝了细菌滋生的隐患，冷梁夏季供回水温度18℃/21℃，有效利用了低品位能源，冷水机组的能效大幅较高，冷梁如图6.4-4所示。

6.4.6
小结

本项目通过以下一些技术路径，进行减碳设计：

1）保温隔热性能更高的非透明围护结构；

2）保温隔热性能和气密性能更高的外窗；

3）无热桥的设计与施工；

4）建筑整体的高气密性；

5）高效新风热回收系统；

6）充分利用可再生能源（地源热泵+空气源热泵）。

通过以上的技术路径，暖通专业的减碳结果如下：冷热源参照方案为电制冷机组/分体式空调（$COP=6.2/4$）+燃煤锅炉（效率0.6/0.88）。

（1）冷热源方案为地源热泵（$COP_h=4.76$，$COP_c=5.16$），与参照方案相比，年减碳量7353tCO_2。冷、热源提升前后能源耗量对比表见表6.4-1和表6.4-2。

（2）围护结构提升，提升后核心区总冷负荷为1278kW，总热负荷为977kW，冷热源同参照方案，年减碳量为6179tCO$_2$。

（3）冷热源方案与围护结构同时提升，年减碳量为9234tCO$_2$。

（4）整个核心区域建筑用能总碳排放量：4989.50tCO$_2$，单位面积碳排放量：73.71 kgCO$_2$/m^2。

冷热源提升前能源耗量　　　　　表6.4-1

类别	制冷耗电量（kWh）	供暖耗热量（kWh）	可再生能源利用量（kWh）	能源换算后（kWh）
Ⅱ-1号绿塔办公	77480	687869	0	1040647.151
Ⅱ-2号商业	60780	798511	0	1132210.658
Ⅱ-2号文化设施	16390	333719	0	449750.6005
Ⅱ-3号商业	90739	1192127	0	1690316.515
Ⅱ-4号商业	29439	386763	0	548391.5052
Ⅱ-4号社区配套	16740	65373	0	123278.7273
Ⅱ-5号~8号住宅	20970	205963	0	305796.3055
Ⅱ-5号~8号商业	25920	340515	0	482820.3
Ⅱ-9号~1号住宅	2638	25918	0	38479.52864
Ⅱ-9号~2号酒店	181663	1874849	0	2759639.252
Ⅰ-1号~5号商业	139355	1804800	0	2564178.581

冷热源提升后能源耗量　　　　　表6.4-2

制冷耗电量（kWh）	供暖耗电量（kWh）	供暖可再生能源利用量（kWh）	能源换算后（kWh）	节能量（kWh）	电网碳排放因子（tCO$_2$/MWh）	减碳量（tCO$_2$）
93095.93	86706.11	326015	347830.88	692816	0.9419	652.5636481
73029.77	100552.67	378454	312673.66	819537	0.9419	771.9219022
19693.26	42065.39	158166	102522.25	347228	0.9419	327.0543862
109027.67	150268.08	565008	466799.02	1223517	0.9419	1152.431133
35372.09	48751.64	183306	151444.44	396947	0.9419	373.8844397
12976.74	12085.71	45442	48484.11	74795	0.9419	70.44905348
16255.81	38077.11	143170	88719.19	217077	0.9419	204.4649355
31144.19	42922.06	161387	133339.80	349481	0.9419	329.1756872
2045.06	4791.63	18017	11162.94	27317	0.9419	25.72949477
218277.21	236325.48	888584	855837.83	1903801	0.9419	1793.190561
205714.29	225600.00	857280	810089.14	1754089	0.9419	1652.176841
						7353.042082

6.5

零碳建筑电气系统

6.5.1
交直流混合微电网系统建设

在绿塔内设置一套交直流混合微电网，以新能源分布式光伏系统为主体，构建光、储、直、柔性电力微网系统，实现源网荷储相互之间的交互能力、优化匹配、高效used。

1. 光伏发电系统建设

（1）光伏发电组件选择与安装

1）绿塔南向顶层斜屋面（7层及以上），采用单晶硅光伏组件，装机功率约为165.08kWp，年发电量约为18.108万kWh。

2）绿塔南向其他层斜屋面（二层~六层），采用20%透光碲化镉薄膜玻璃光伏组件，装机功率约为42.9kWp，年发电量约为5.0329万kWh。

3）绿塔裙房屋面，采用单晶硅光伏组件，装机功率约为144.62kWp，年发电量约为13.9838万kWh。

4）绿塔1号连桥架空地面，采用矩形光伏地砖组件，装机功率约为18.43kWp，年发电量约为1.4351万kWh。

5）9-2号酒店光伏采光顶面，采用20%透光碲化镉薄膜光伏组件，组件发电效率为10.2%，光伏组件安装面积约为227.75m²，装机功率约为22.985kWp，年发电量约为2.548万kWh。

6）9-2号酒店光伏幕墙，采用40%透光碲化镉薄膜光伏组件，组件发电效率为7.6%，光伏组件安装面积约为121.7m²，装机功率约为9.242kWp，年发电量约为0.6443万kWh。

综上，绿塔光伏总装机容量约为403.3kWp（含9-2号酒店部分32.27kWp）（注：由于9-2号酒店由绿塔变电所统一供电，故其光伏发电系统纳入绿塔统一管理）。

（2）太阳能光伏发电系统对发电量、光伏组件背板表面温度、室外温度和太阳总辐照量进行监测和计量。

（3）太阳能光伏发电组件设计使用寿命应高于25年，系统中多晶硅、单晶硅、薄膜电池组件自系统运行之日起，一年内的衰减率应分别低于2.5%、3%、5%，之后每年衰减应低于0.7%。

（4）光伏系统输出功率受外界环境影响较大，为保证光伏资源的最大化利用，直接通过最大功率跟踪（MPPT）技术控制系统可以始终工作在最大功率点上。绿塔光伏组件安装效果图如图6.5-1所示。

2. 储能系统建设

（1）储能系统的建设内容

1）化学储能（全钒液流电池）系统，250kW/500kWh。

2）暖通蓄冷系统容量450kWh，蓄热系统容量650kWh。

3）车电互联V2G双向直流充电桩30个，理论可充电空间240kWh，放电空间200kWh。

（2）化学储能系统建设

储能系统通过对电池充放电的控制，平抑光伏系统出力的瞬时波动，减少系统并网所带来的冲击性。有效提升电网的弹性和安全性。

1）储能系统的结构

储能系统由电池、BMS、功率变换系统（储能PCS）等构成。

图6.5-1　绿塔光伏组件安装效果图

2）电池的选择

由于本项目对储能系统安全性要求高，故选择全钒液流储能电池。全钒液流电池因其活性物质存在于电解液中，并不会引起物象变化，可深度放电而不影响电池寿命。另外，其反应过程不造成H_2等气体，无发生爆炸风险，也不会有短路故障的问题。

3）储能容量的选择

根据平均日负荷曲线和光伏发电曲线进行储能容量选择。全天分24h最大发电功率减去负荷功率和全天最大发电量减去负荷电量作为储能功率和储能容量的选择依据，并考虑预留一定裕度。

4）储能系统的选择和安装

为了降低化学储能系统的安全风险，化学储能系统采用室外预制舱式储能电站、电站与景观融合设计，规格6.1m×2.5m×2.9m（长×宽×高），外形为一台20尺标准集装箱，总占地约20m²。

安装位置位于核心区一期商业5号楼附近。储能系统的电池、BMS、功率变换系统（储能PCS）均集成在集装箱内安装，储能电站外形如图6.5-2所示。

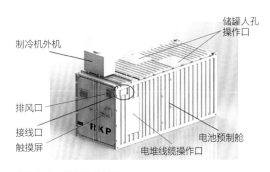

图6.5-2　储能电站外形

5）储能运行方式

储能系统配备双向DC/DC变流器，可以快速控制功率和双向调度能量，减少光伏发电波动和负荷波动对于配电系统的影响；可以转移建筑用能的峰谷负荷，实现削峰填谷；可以实现整个建筑用能按照计划出力，或者恒定功率取电，增加接入电网的友好性。

3．交流配电系统

（1）供电电源及电压等级

1）绿塔内设置一处变电所，由市政穿管地引来两路10kV外电源，两路高压引自不同外部变电站或开闭站。

2）引入变电所的两路高压进线平时均工作，各带一半负荷。当一路电源损坏时，另一路电源确保所有一、二级负荷供电。

（2）供电措施

1）一级负荷采用二路电源末端互投供电，当末端配电箱较分散时，采用二级配电后末端互投的供电方式。当变压器故障或该变压器进线电源停电时，由另一变压器负担。

2）二级负荷采用双电源末端互投供电或采用双电源前端互投供电。当变压器故障或该变压器进线电源停电时，可由另一变压器负担。

3）三级负荷采用单电源供电，当变压器故障或该变压器进线电源停电时，应将该部分荷载切除以保证一、二级负荷供电。

（3）变电所设计

1）绿塔设置一处变电所，位于绿塔地下一层，设置两台1250kVA变压器。变电所内高低压设备均采用上进线上出线方式。

2）高压供电系统

绿塔在变电所内设高压配电，采用真空断路器手车柜，变配电室的高压采用单母线分段方式运行。

（4）计量

采用高压集中计量，在10kV电源进线处设置专用计量装置。在每台变压器低压侧设置计量电表，变电所内低压开关柜出线开关全部设计计量智能表，按照不同负荷类型（照明插座、动力、空调、电梯、室外照明）分项计量。每层照明总箱设置独立的计量表，采用网络型电表。办公区域按出租区设置计量表。区分被动区内与被动区外进行分别计量。

4．直流微电网及直流配电系统

绿塔设置一套直流微电网，以直流配电的形式，用公共直流母线将分布式光伏、储能、直流负荷和建筑系统柔性控制平台等系统融合起来，构成一个可以实现自我控制、保护和管理的自治系统。

直流配电母线设置于绿塔地下一层变电所附近的互济机房内，母线电压采用750VDC。

（1）光伏发电系统通过DC/DC变换，接入直流微电网。

（2）储能系统通过DC/DC变换，接入直流微电网。

（3）直流空调负荷、直流双向充电桩通过直流母线直接供电。

（4）直流照明通过DC/DC变换，转为48VDC为照明负荷供电。

（5）微电网的直流母线通过AC/DC变流器（具有潮流控制功能）与交流电网并网连接。

（6）直流配电系统供电范围包括照明系统（主要为公区照明）、建筑车电互联V2G充电桩（30个）、光储直柔展厅内部展示性的插座、空调等动力负荷。

（7）直流照明负荷供电电压为DC48V；直流展示性空调主机供电电压为DC750V；直流展示性新风机组室内机供电电压为DC375V。

（8）绿塔直流配电系统图参见图6.5-3、图6.5-4。

5．绿塔交直流混合微电网建设

绿塔交直流混合微电网基本框架如图6.5-5所示。

绿塔交直流混合微电网建设内容为750VDC直流微电网和380VAC低压交流微电网的交直流

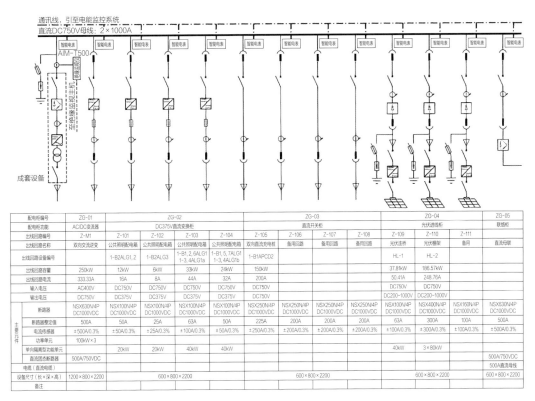

图6.5-3　绿塔直流配电系统图1

配电柜编号	ZG-01	ZG-02				ZG-03				ZG-04		ZG-05
配电柜功能	AC/DC变流器	DC375V直流变换柜				直流开关柜				光伏进线柜		联络柜
出线回路编号	Z-M1	Z-101	Z-102	Z-103	Z-104	Z-105	Z-106	Z-107	Z-108	Z-109	Z-110	Z-111
出线回路名称	双向交流逆变	公共照明配电箱	公共照明配电箱	公共照明配电箱	公共照明配电箱	双向直流充电桩	备用回路	备用回路	备用回路	光伏连桥	光伏棚架	备用	直流母联
出线回路设备编号		1-B2ALG1,2	1-B2ALG3	1-B1、2,6ALG1 1-3,4ALG1a	1-B1、5,7ALG1 1-3,4ALG1b	1-B1APCD2				HL-1	HL-2	
出线回路容量	250kW	12kW	6kW	33kW	24kW	150kW				37.81kW	186.57kW	
出线回路电流	333.33A	16A	8A	44A	32A	200A				50.41A	248.76A	
输入电压	AC400V	DC750V	DC750V	DC750V	DC750V	DC750V				DC750V	DC750V	
输出电压	DC750V	DC375V	DC375V	DC375V	DC375V	DC750V				DC200~1000V	DC200~1000V	
断路器	NSX630N/4P DC1000VDC	NSX100N/4P DC1000VDC	NSX100N/4P DC1000VDC	NSX100N/4P DC1000VDC	NSX100N/4P DC1000VDC	NSX250N/4P DC1000VDC	NSX250N/4P DC1000VDC	NSX250N/4P DC1000VDC	NSX250N/4P DC1000VDC	NSX100N/4P DC1000VDC	NSX400N/4P DC1000VDC	NSX160N/4P DC1000VDC	NSX630N/4P DC1000VDC
断路器整定值	500A	50A	25A	63A	50A	225A	200A	200A	200A	63A	300A	100A	500A
电流传感器	±500A/0.3%	±50A/0.3%	±25A/0.3%	±100A/0.3%	±50A/0.3%	±250A/0.3%	±200A/0.3%	±200A/0.3%	±200A/0.3%	±100A/0.3%	±300A/0.3%	±100A/0.3%	±500A/0.3%
功率单元	100kW×3												
单向隔离型功能单元		20kW	20kW	40kW	40kW					40kW	3×80kW		
直流固态断路器	500A/750VDC												500A/750VDC
电缆（直流电缆）													500A直流母线
设备尺寸（长×深×高）	1200×800×2200	600×800×2200				600×800×2200				600×800×2200		600×800×2200
备注												

（表左侧纵列标注：主要元件）

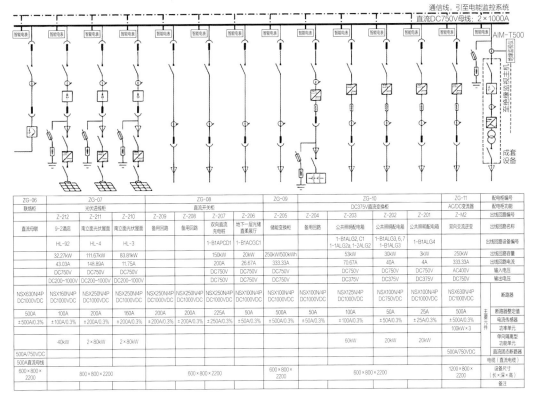

图6.5-4　绿塔直流配电系统图2

ZG-06	ZG-07			ZG-08				ZG-09		ZG-10				ZG-11	配电柜编号
联络柜	光伏进线柜			直流开关柜						DC375V直流变换柜				AC/DC变流器	配电柜功能
Z-212	Z-211	Z-210	Z-209	Z-208	Z-207	Z-206	Z-205	Z-204	Z-203	Z-202	Z-201	Z-M2		出线回路编号
直流母联	9-2酒店	南立面光伏屋面	南立面光伏屋面	备用回路	备用回路	双向直流充电桩	地下一层光储直柔展厅	储能变换柜	备用回路	公共照明配电箱	公共照明配电箱	公共照明配电箱	双向交流逆变	出线回路名称
	HL-92	HL-4	HL-3			1-B1APCD1	1-B1ACGC1			1-B1ALG3,6,7 1-1ALG2a,1-2ALG2	1-B1ALG3	1-B1ALG4		出线回路设备编号
	32.27kW	111.67kW	83.81kW			150kW	20kW	250kW/500kWh		53kW	30kW	3kW	250kW	出线回路容量
	43.03A	148.89A	11.75A			333.33A	26.67A			70.67A	40A	4A	333.33A	出线回路电流
	DC750V	DC750V	DC750V			DC750V	DC750V	DC750V		DC750V	DC750V	DC750V	AC400V	输入电压
	DC200~1000V	DC200~1000V	DC200~1000V							DC375V	DC375V	DC375V	DC750V	输出电压
NSX630N/4P DC1000VDC	NSX160N/4P DC1000VDC	NSX250N/4P DC1000VDC	NSX250N/4P DC1000VDC	NSX250N/4P DC1000VDC	NSX250N/4P DC1000VDC	NSX250N/4P DC1000VDC	NSX100N/4P DC1000VDC	NSX100N/4P DC1000VDC	NSX125N/4P DC1000VDC	NSX100N/4P DC750VDC	NSX100N/4P DC1000VDC	NSX630N/4P DC1000VDC		断路器
500A	100A	200A	160A	200A	200A	225A	50A	500A	50A	100A	50A	25A	500A	断路器整定值
±500A/0.3%	±100A/0.3%	±200A/0.3%	±200A/0.3%	±200A/0.3%	±200A/0.3%	±250A/0.3%	±50A/0.3%	±500A/0.3%	±50A/0.3%	±100A/0.3%	±50A/0.3%	±25A/0.3%	±500A/0.3%	电流传感器
													100kW×3	功率单元
	40kW	2×80kW	2×80kW							60kW	20kW	20kW		单向隔离型功能单元
500A/750VDC													500A/750VDC	直流固态断路器
500A直流母线														电缆（直流电缆）
600×800×2200	800×800×2200			600×800×2200			600×800×2200		600×800×2200				1200×800×2200	设备尺寸（长×深×高）
														备注

（表右侧纵列标注：主要元件）

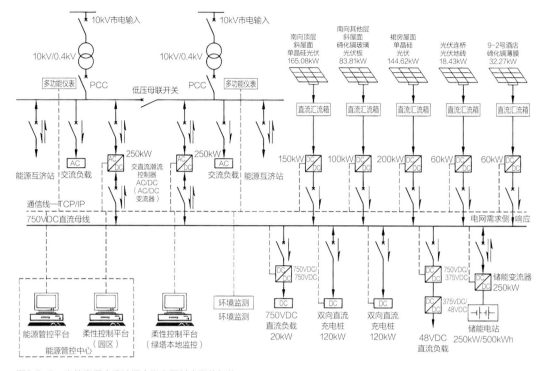

图6.5-5   光储直柔交直流混合微电网基本网络架构

混合微电网。包含装机功率约452.13kWp（含9-2号酒店部分32.27kWp）的分布式光伏系统，双向储能变流器（PCS）250kW，储能系统250kW/500kWh，并/离网运行模式，自发自用余电上网。系统建成后，可实现微电网的并网、离网以及并离网切换等运行模式，实现新能源的高效利用。

6. 能源互济系统建设

1）为最大限度实现核心区内光伏发电系统的整体消纳，将住宅子项、二期商业子项和绿塔子项微电网相互连接，形成能源互济系统。

2）互济网络采用380VAC系统，将住宅、二期商业和绿塔三个台区的微电网通过低压柔性互联装置实现连接，低压柔性互联装置统一安装于绿塔地下一层能源互济机房。各台区共享光伏和绿塔的储能设施。

3）各台区分布式发电系统产生的电能优先就地消纳，剩余电能由能源互济站统一调配，实现园区内多台区内部流转消纳。剩余电能储存在绿塔储能电站，当电能再有剩余时，由绿塔变电所内并网上传至市政电网。

4）绿塔光伏发电消纳逻辑：光伏发电（直流）→直流供电→逆变为交流→交流供电→余电经能源互济站为其他台区交流供电→储能电站充电（直流）→余电上网。

7. 微电网控制系统（"光储直柔"建筑系统柔性控制平台）

主动改变建筑从市政电网取电功率的能力，建筑用电设备应具备可中断、可调节的能力，从而解决市电供应、分布式光伏、储能以及建筑用能四者的协同关系，设置一套能源管理系统。

1）系统基于云边端架构，采用物联网、云边端协同、大数据、AI智能分析技术，可接收绝缘监测系统、电气火灾系统等信号，对设备进行状态读取、电能调配及运行管理。

2）支持变换器等"源网荷储"设备对接，

实现能源设备的即插即用。

3）预测光伏发电量、建筑负荷用电量，接受电网需求侧响应。

4）支持与光伏发电、储能、充电桩、智慧配电、多联机等子系统对接，制定储能及充电桩（电动汽车）充放电策略。

5）确保绿塔及园区微网内部电压稳定并给出系统负荷柔性调节裕度。

6）支持对系统设备进行设备状态评估和健康管理、系统故障预测与诊断、应急响应、业务管理、资产管理等。

7）系统在地下一层能源共济机房（兼作直流配电机房）内设置，同时接受地下一层能源管控中心的统一管理和控制。

6.5.2
照明系统

1. 照明光源

本项目全部选择高效LED光源，显色指数为80，特殊显色指数R9＞0，色温为3000～4000K，光效大于95lm/W，内置恒流电源。

2. 照度标准、照明功率密度值

主要房间或场所的照度及照明功率密度值满足现行国家标准《建筑照明设计标准》GB 50034、《建筑节能与可再生能源利用通用规范》GB 55015相关规定，主要房间或场所的照度及照明功率密度值见表6.5-1。

3. 照度控制方式

（1）照明控制结合建筑使用情况及天然采光状况，进行分区、分组控制。

（2）楼梯间照明采用人体红外感应控制。

（3）走廊、门厅、大堂、电梯厅、停车场等公共区域的照明，采用智能照明控制系统集中控制。

（4）具有自然采光的房间或局部区域，采用智能型照明控制系统，独立于其他区域的照明控制。

（5）对于进深较大或各方向采光差异较大的房间，采取分区传感器控制（分区传感器需在精装修阶段结合灯具布置和控制方案进行布置）。

（6）建筑景观照明、立面照明采用智能照明控制系统集中自动控制，并设置平时、一般节日、重大节日等多种模式。

主要房间或场所的照度及照明功率密度值　　　　　表6.5-1

项	参数限值（W/m²）	实际设计照度（lx）	实际设计限值（W/m²）
办公区	12	300	8.0
展览区（平均值）	4.8	200	8.0
会议室/培训教室	7.2	300	8.0
门厅	4.8	200	8.0
卫生间	4.8	150	5.0
设备间/储藏间	2.4	100	4.5
多功能厅	4.8	300	12
交通走道	2.4	100	3.5
休息空间	4.8	100	3.5
茶水间	4.8	100	3.5
楼梯间	4.8	50	2.0

（7）设备机房、配电室、变电所、独立小办公室等场所采用就地控制。

6.5.3
设备选择与控制

（1）照明产品、三相配电变压器、水泵、风机等设备满足国家现行有关标准的节能评价值的要求。

（2）选用的交流接触器吸持功率不高于现行国家标准《交流接触器能效限定值及能效等级》GB 21518规定的能效限定值。

（3）电梯系统：采用VID 4707标准中能效等级B级以上或同等能效的产品。

（4）垂直电梯应采取群控、变频调速或能量反馈等节能措施；自动扶梯应采用变频感应启动等节能控制措施。

（5）合理采用变频控制设备。

（6）电开水器等电热设备设置定时控制装置。

6.5.4
建筑能耗信息采集系统

（1）设置分类、分级用能自动远传计量系统，且设置能源管理系统实现对建筑能耗的监测、数据分析和管理。

（2）设置用水量远传计量系统，能分类、分级记录、统计分析各种用水情况。

（3）建筑的冷、热、电、水量，应区分被动区内与被动区外进行分别计量。

（4）被动区范围内的冷、热、电量及房间使用情况应根据主要建筑功能分区（办公、展览）及能源的不同用途进行分项分类计量，具体参照表6.5-2。

（5）建筑特殊功能，如厨房、多功能厅、报告厅、直流体验区、数据服务器机房、顶层膜结构展厅的冷、热、电量宜单独计量。

（6）可再生能源发电系统、暖通蓄冷/热系统、电池储能系统、电动车V2G双向充电系统、建筑智能化系统应分别单独计量其各自产、储、供、耗能量。

6.5.5
建筑环境监测系统

（1）对室外天气气象参数，如（温度、湿度、太阳辐照、空气质量、风速等）应进行监测。

主要建筑功能分区（办公、展览）及能源的不同用途进行分项分类计量表　　　　表6.5-2

用途	办公功能	展览功能	公共区域	其他
照明用电	√	√	√	
插座用电			√	
新风系统用电	√	√	√	
冷热源系统用电	√	√	√	
输配系统用电	√	√	√	
其他系统用电	√	√	√	
制热量	√	√	√	
制冷量	√	√	√	

（2）对建筑各功能空间的室内环境参数，如（温度、湿度、PM$_{10}$、PM$_{2.5}$、CO$_2$浓度、照度、使用人数等）应进行监测，且具有存储至少1年的监测数据和实时显示等功能，见表6.5-3。

6.5.6
建筑设备管理系统

1. 建筑设备监控系统

本工程设置建筑设备监控系统，对建筑机电系统各主要设备运行状况进行监测，提高对楼内机电设备的管理水平，达到节能降耗的目的。系统能够保证对各机电设备进行高效的监控管理，达到舒适、节能的设计目的。

2. 能效管理系统及智能抄表系统

能效管理系统工作站设在地下一层消防安防控制室，服务器设在弱电机房，通过智能化设备网络实现对建筑内用电、水、气、空调等能耗的统计分析。系统可实现对总能源消耗情况和各业态能源消耗情况的记录和分析，以便独立核算或调整能源使用策略，制定最优运营方案。

3. 环境监测系统

在地下停车库设置CO气体检测（位于住宅、车库子项），连锁开启相应的排风系统。对楼内主要空间（办公、展廊、多功能厅、报告厅）的温湿度、甲醛、光照、有机气体等环境信息数据进行监测（室内主要的几个空间），并连锁开启新风机组等相关空气处理设备。对园区室外有机气体、SO$_2$、CO$_2$、PM$_{2.5}$、PM$_{10}$、CO、温度、湿度、臭氧等环境信息数据进行检测（在人员相对密集的场所设置一两处）。环境监测系统纳入建筑设备监控系统。

6.5.7
智能化中台控制系统

智能化中台控制系统应根据用户需求端用电、用冷、用热、用水等使用需求，自动调节主要供应设备和系统的运行工况；智能化中台控制系统详见表6.5-4。

建筑各功能空间的室内环境参数控制表　　　　　　　　　　　表6.5-3

功能空间	温湿度	CO$_2$浓度	照度	使用人数/有无	异味/有毒气体
办公区	√	√	√		
展览区	√	√	√（有窗区域）	√	
会议室/培训教室	√	√	√	√	
门厅	√	√	√		
卫生间	√	√		√	√
设备间/储藏间				√	√
多功能厅	√	√			
报告厅	√	√	√（有窗区域）	√	
交通走道			√（有窗区域）		
休息空间	√	√	√（有窗区域）		
茶水间				√	√
楼梯间				√	

智能化中台控制系统表　表6.5-4

能源需求端	能源存储端	能源供给端
照明系统	储冷储热系统	
遮阳系统	电池储能系统	
自动开窗机系统	交互式充电桩系统	
新风系统	市政电网接口	
冷热量末端系统		可再生能源发电
		冷热源系统

智能化中台控制系统应对建筑整体实现信息集成和优化控制，并应具有下列三个层级的功能：

（1）在一个系统内集成并采集记录温度、湿度、空气质量、照度、人体在室信息等与室内环境控制相关的物理量及系统各设备运行状态、能耗等信息。

（2）房间的遮阳、照明、供冷、供热和新风末端设备相互之间优化联动控制；在满足室内环境参数需求的前提下，以降低综合能耗为目的，自动确定房间控制模式或根据用户指令执行不同的空间场景模式控制方案。

（3）建筑配备多种能源供给和存储措施（可再生能源发电系统、储冷储热系统、电池储能系统、车电互联V2G充电桩系统），智能化控制系统应根据气象预报信息、即时的气象信息、房间使用需求、各系统运行情况等对建筑各能源供给端、能源消耗端、能源存储端设备进行优化控制，使建筑达到整体能耗最低。

6.5.8
能耗计算初步结果

经德国弗莱建筑公司绿建顾问评估模拟，本项目能耗和可再生能源产能满足德国被动房Plus级别标准要求。为全国首个实现此标准的大型公共建筑，绿塔项目PHPP能耗计算结果如图6.5-6所示。

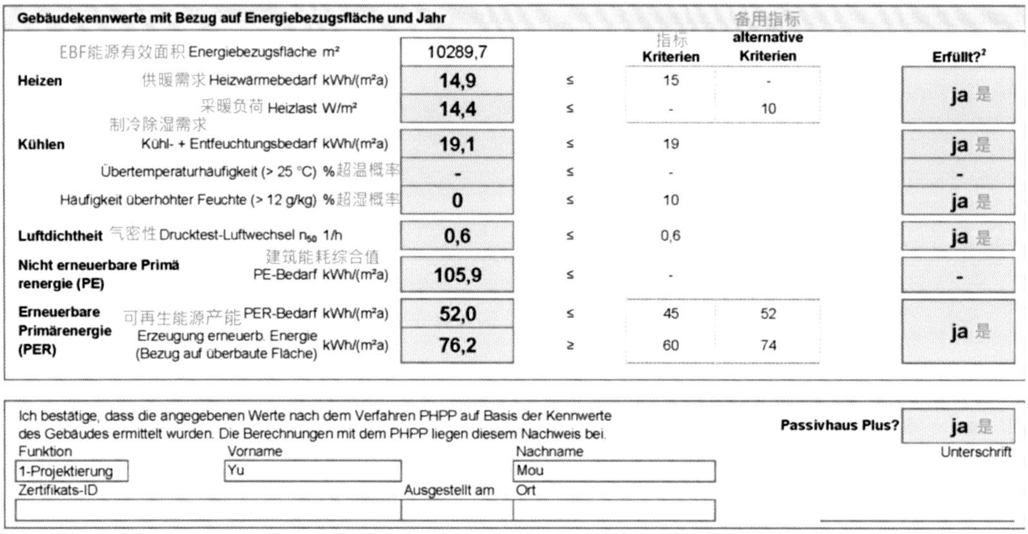

Gebäudekennwerte mit Bezug auf Energiebezugsfläche und Jahr				备用指标		
				指标 Kriterien	alternative Kriterien	Erfüllt?[2]
EBF能源有效面积 Energiebezugsfläche m²		10289,7				
Heizen	供暖需求 Heizwärmebedarf kWh/(m²a)	14,9	≤	15	-	**ja** 是
	采暖负荷 Heizlast W/m²	14,4	≤	-	10	
Kühlen	制冷除湿需求 Kühl- + Entfeuchtungsbedarf kWh/(m²a)	19,1	≤	19		**ja** 是
	Übertemperaturhäufigkeit (> 25 °C) % 超温概率	-	≤	-		-
	Häufigkeit überhöhter Feuchte (> 12 g/kg) % 超湿概率	0	≤	10		**ja** 是
Luftdichtheit 气密性 Drucktest-Luftwechsel n₅₀ 1/h		0,6	≤	0,6		**ja** 是
Nicht erneuerbare Primä renergie (PE)	建筑能耗综合值 PE-Bedarf kWh/(m²a)	105,9	≤			
Erneuerbare Primärenergie (PER)	可再生能源产能 PER-Bedarf kWh/(m²a)	52,0	≤	45	52	**ja** 是
	Erzeugung erneurb. Energie kWh/(m²a) (Bezug auf überbaute Fläche)	76,2	≥	60	74	

Ich bestätige, dass die angegebenen Werte nach dem Verfahren PHPP auf Basis der Kennwerte des Gebäudes ermittelt wurden. Die Berechnungen mit dem PHPP liegen diesem Nachweis bei.

Passivhaus Plus?　**ja** 是　Unterschrift

Funktion	Vorname	Nachname
1-Projektierung	Yu	Mou
Zertifikats-ID	Ausgestellt am	Ort

图6.5-6　绿塔项目PHPP能耗计算结果